附带DVD教学光盘

Revit

2016 中文版

建筑设计

从入门到精通

何凤 梁瑛 编著

U0309286

人民邮电出版社

北京

图书在版编目（ＣＩＰ）数据

Revit 2016中文版建筑设计从入门到精通 / 何凤，
梁瑛编著. -- 北京：人民邮电出版社，2017.1（2017.11 重印）
ISBN 978-7-115-43979-6

Ⅰ. ①R… Ⅱ. ①何… ②梁… Ⅲ. ①建筑设计－计算
机辅助设计－应用软件 Ⅳ. ①TU201.4

中国版本图书馆CIP数据核字(2016)第289252号

内 容 提 要

本书由浅到深、循序渐进地介绍了 Revit 2016 的基本操作及命令的使用，并配合大量的制作实例，使读者能更好地巩固所学知识。

为了拓展读者的建筑专业知识，书中在介绍每个绘图工具时都与实际的建筑构件绘制紧密联系，并增加了建筑绘图的相关知识和涉及的施工图的绘制规律、原则、标准及各种注意事项。

本书穿插有大量的技术要点，帮助读者快速掌握建筑模型设计技巧。向读者提供了超过 10 小时的设计案例的演示视频、全部案例的素材文件和设计结果文件，协助读者完成全书案例的操作。

本书紧扣建筑工程专业知识，不仅带领读者熟悉该软件，而且帮助读者了解建筑的设计过程，是真正面向实际应用的 Revit 基础图书。本书不仅可以作为高校、职业技术院校建筑和土木等专业的教材，而且还可以作为广大从事 Revit 工作的工程技术人员的参考书。

◆ 编　著　何 凤　梁 瑛
　　责任编辑　李永涛
　　责任印制　杨林杰

◆ 人民邮电出版社出版发行　　北京市丰台区成寿寺路 11 号
　　邮编　100164　电子邮件　315@ptpress.com.cn
　　网址　http://www.ptpress.com.cn
　　北京中石油彩色印刷有限责任公司印刷

◆ 开本：787×1092　1/16
　　印张：44.5
　　字数：1 095 千字　　　　　　2017 年 1 月第 1 版
　　印数：2 901-3 500 册　　　　2017 年 11 月北京第 3 次印刷

定价：128.00 元（附光盘）

读者服务热线：(010)81055410　印装质量热线：(010)81055316
反盗版热线：(010)81055315
广告经营许可证：京东工商广登字 20170147 号

Autodesk 公司的 Revit 是一款三维参数化建筑设计软件，是有效创建信息化建筑模型（Building Information Modeling，BIM）的设计工具。Revit 打破了传统的二维设计中平面图、立面图、剖面图各自独立，互不相关的模式。Revit 以三维设计为基础理念，直接采用建筑师熟悉的墙体、门窗、楼板、楼梯、屋顶等构件作为命令对象，快速创建出项目的三维虚拟 BIM 建筑模型，而且在创建三维建筑模型的同时自动生成所有的平面、立面、剖面和明细表等视图，从而节省了大量的绘制与处理图纸的时间，让建筑师的精力能真正放在设计上而不是绘图上。

本书内容

本书由浅到深、循序渐进地介绍了 Revit 2016 的基本操作及命令的使用，并配合大量的制作实例，使读者能更好地巩固所学知识。全书共 17 章，主要内容如下。

- 第 1 章：主要介绍建筑信息模型（BIM）与 Revit 的关系。
- 第 2 章：主要介绍 Revit 2016 软件入门的基本知识，包括建筑信息模型概述、软件安装、软件界面及学习帮助等内容。
- 第 3 章：主要介绍 Revit 强大的模型显示、视图操控和项目设置管理等功能。
- 第 4 章：Revit 中的项目管理与设置是建筑项目设计的重要中前期工作。本章介绍的相关设置与操作全都是针对整个项目的，并非针对单个图元对象。项目管理与设置是制作符合国内建筑行业设计标准样板的必要过程。
- 第 5 章：Revit 基本图形功能是通用功能，在建筑设计、结构设计和系统设计时，这些常用功能帮助读者定义和设置工作平面、创建模型线、模型组、模型文字，以及操作与编辑图元对象。
- 第 6 章：详细讲解如何修改模型和操作模型。Revit 提供了类似于 AutoCAD 中的图元变换操作与编辑工具。这些变换操作与编辑工具用来修改和操纵绘图区域中的图元，以实现建筑模型所需的设计。这些模型修改与编辑工具在【修改】上下文选项卡中。
- 第 7 章：详细介绍"族"，族是 Revit 中使用的一个功能强大的概念，有助于更轻松地管理和修改数据。每个族图元能够在其内定义多种类型，根据族创建者的设计，每种类型可以具有不同的尺寸、形状、材质设置或其他参数变量。
- 第 8 章：族包括系统族、可载入族和内建族，可载入族可分为二维族和三维族，本章仅介绍可载入族的二维族创建过程。
- 第 9 章：主要介绍可载入族的三维族创建、族的嵌套与使用方法。
- 第 10 章：详细讲解如何在 Revit Architecture 环境下进行概念体量设计。
- 第 11 章：详细讲解 Revit Architecture 如何从布局设计到项目出图的设计全过程。

本章着重讲解建筑项目设计初期的建筑初步布局设计，也就是标高、轴网和场地的设计。

- 第 12 章：进行建筑模型的构建，首先从墙体开始。建筑墙体属于 Revit 的系统族。另外，建筑幕墙系统是一种装饰性的外墙结构，因此也归纳到本章中讲解。
- 第 13 章：当墙体构建完成后，鉴于建筑门窗、室内摆设及建筑内外部的装饰柱多从第一层就开始设计，因此本章将从第一层的建筑装饰开始，详细介绍创建方法和建模注意事项。
- 第 14 章：使用楼板、屋顶和天花板工具完成建筑项目的设计，掌握楼板、屋顶、天花板和洞口工具的使用方法。
- 第 15 章：详细讲解在 Revit Architecture 中楼梯、坡度及扶手的设计方法和过程。
- 第 16 章：详细讲解在 Revit Architecture 中如何设计建筑效果图，包括室外效果图和室内效果图。
- 第 17 章：详细讲解从建筑总平面图到建筑与室内详图设计全过程。

本书特色

本书是指导初学者学习 Revit 2016 中文版绘图软件的标准教程。书中详细地介绍了 Revit 2016 强大的绘图功能及应用技巧，使读者能够利用该软件方便快捷地绘制工程图样。本书主要特色如下。

- 内容的全面性和实用性。

在定制本教程的知识框架时，就将写作的重心放在体现内容的全面性和实用性上。因此提纲的定制及内容的编写力求将 Revit 专业知识全面囊括。

- 知识的系统性。

从整本书的内容安排上不难看出，全书的内容是一个循序渐进的过程，即讲解建筑建模的整个流程，环环相扣，紧密相连。

- 知识的拓展性。

为了拓展读者的建筑专业知识，书中在介绍每个绘图工具时都与实际的建筑构件绘制紧密联系，并增加了建筑绘图的相关知识，涉及的施工图的绘制规律、原则、标准及各种注意事项。

本书由广西职业技术学院的何凤老师和桂林电子科技大学信息科技学院的梁瑛老师联合编著。

感谢您选择了本书，希望我们的努力对您的工作和学习有所帮助，也希望您把对本书的意见和建议告诉我们。

微信订阅号：盛世博文科技
官方 QQ 群：设计之门-Revit 456236569
设计之门邮箱：Shejizhimen@163.com

编者

2016 年 7 月

目 录

第1章　建筑信息模型（BIM）与 Revit

刚涉及 Revit 课程的读者，会被一些 BIM 宣传资料所误导，以为 Revit 代表 BIM，BIM 就是 Revit。本章就着重阐述两者之间的关系，以及各自的应用前景。

 本章要点

- 建筑信息模型（BIM）概述。
- BIM 的相关技术性。
- BIM 与 Revit 的关系。
- Revit 在建筑工程中的应用。

1.1　建筑信息模型（BIM）概述

建筑环境行业正在就建筑信息模型（BIM）定义、原因及实现方式等进行激烈争论。BIM 重申了该行业信息密集性的重要性，并强调了技术、人员和流程之间的联系。专家们正在预测该行业即将发生的革命性变革，各国政府正在实施各种全国性方案，并且希望从中收获重大利益，个人及各类组织正在迅速为其发展进行调整，虽然有些方面已实现一定程度的积极发展，但其他方面的发展趋势尚不明朗，仍需假以时日。

1.1.1　什么是 BIM

建筑信息模型（Building Information Modeling，BIM）是以建筑工程项目的各项相关信息数据作为模型的基础，进行建筑模型的建立，通过数字信息仿真模拟建筑物所具有的真实信息。

BIM 技术是一种应用于工程设计建造管理的数据化工具，通过参数模型整合各种项目的相关信息，在项目策划、运行和维护的全生命周期过程中进行共享和传递，使工程技术人员对各种建筑信息做出正确理解和高效应对，为设计团队及包括建筑运营单位在内的各方建设主体提供协同工作的基础，在提高生产效率、节约成本和缩短工期方面发挥重要作用。

虽然没有公认的 BIM 定义，但大部分相关资料都对"BIM 是什么"的问题给出了相似的答案。没有公认定义可能是 BIM 始终在不断变化：新领域和新的前沿因素不断地慢慢扩充"BIM"的定义。尽管如此，业界仍然给出了一些典型的定义，在这些定义中固有的，以及在关于 BIM 的最近争论中涉及的一些潜在力量需要明确强调说明。

- "建筑""设施""资产"及"项目"等词汇的使用表明在建筑信息模型中的

词汇"建筑"导致的概念模糊。为了避免在动词"建筑"与名词"建筑"之间的概念混淆，许多组织都使用"设施""项目"或"资产"等词汇代替"建筑"。

- 更多地关注词汇"模型"或"建模"而不是"信息"，这样做比较合理。有关 BIM 的大多数讨论文件都强调建模所捕获的信息比模型或建筑工作本身更重要（此指引文件认为，所捕获的信息依赖于开发模型的质量）。有些专家形象地把 BIM 定义为"在建筑资产的整个生命周期的信息管理"。

- "模型"通常可以与"建模"互换使用。BIM 清晰地表现了模型和建模过程，但最终目标远不只于此：通过一个有效的建模过程，实现有效、高效地利用该模型（和模型中存储的信息）才是最终目的。模型是否重要？建模过程是否重要或模型的应用是否最重要？

- 是否仅与建筑物相关？BIM 也应用于建筑环境的所有要素（新建的和已有的）。在基础设施范围中，BIM 应用越来越流行，BIM 在工业建筑中的应用早于在建筑物中的使用。

- BIM 是否与信息通信技术（ICT）或软件技术相关？此技术是否已经成熟到能够使我们仅注重与过程和人相关的问题？或者此技术是否仍然与这些问题交织在一起？

- 强调 BIM 的共享非常重要。当整个价值链包含 BIM，并且当技术、工作流程和实践都已经能够支持协作与共享 BIM 时，BIM 可能成为"必须拥有"。

显然，BIM 的整体定义涉及 3 个相互交织的方面。

- 模型本身（项目物理及功能特性的可计算表现形式）。
- 开发模型的流程（用于开发模型的硬件和软件、电子数据交换和互用性、协作工作流程及项目团队成员就 BIM 和共有数据环境的作用和责任的定义）。
- 模型的应用（商业模式、协同实践、标准和语义，以及在项目生命周期中产生真正的成果）。

不能只因为对建筑环境行业各方面有不同程度的影响就仅在技术层面对 BIM 进行处理。受影响的有以下主要方面。

(1) 人、项目、企业及整个行业的连续性，如图 1-1 所示。

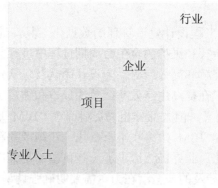

图1-1　人、项目、企业及整个行业的连续性

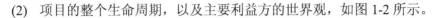

（2）项目的整个生命周期，以及主要利益方的世界观，如图1-2所示。

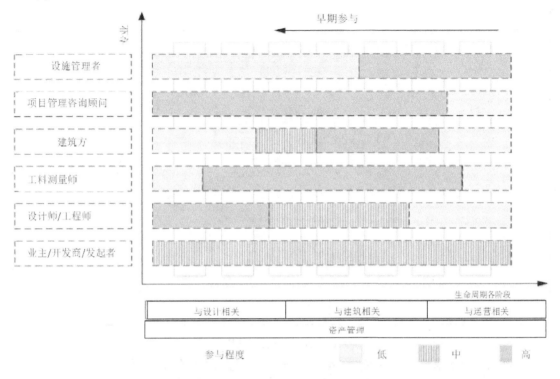

图1-2　BIM贯穿于生命周期各阶段及利益方的观点

（3）BIM与建筑环境基础"操作系统"的联系，如图1-3所示。

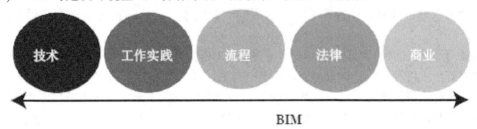

图1-3　BIM对项目操作系统的影响

（4）项目的交付方式，影响所有项目过程。

1.1.2　BIM 概念的起源及在我国的普及情况

1975 年，"BIM 之父"——乔治亚理工大学的 Charles Eastman 教授创建了 BIM 理念至今，BIM 技术的研究经历了 3 大阶段：萌芽阶段、产生阶段和发展阶段。BIM 理念的启蒙，受到了 1973 年全球石油危机的影响，美国全行业需要考虑提高行业效益的问题，1975 年，Eastman 教授在其研究的课题 "Building Description System" 中提出 "a computer-based description of-abuilding"，以便于实现建筑工程的可视化和量化分析，提高工程建设效率。

随着全球建筑工程设计行业信息化技术的发展，BIM 技术在国外发达国家逐步普及发展。发展中国家在实施 BIM 的舞台上姗姗来迟。这似乎不合常理，因为发展中国家的建筑工程量日趋增长，并且利用 BIM 可能取得巨大效益，图 1-4 所示为 BIM 在全球的应用情况。

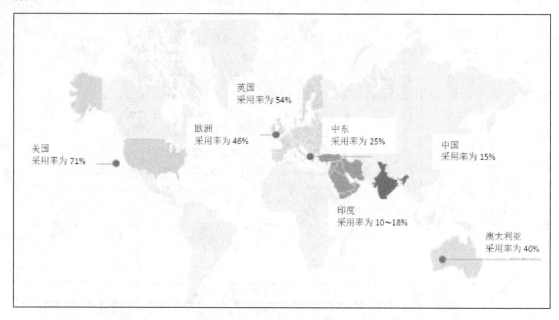

图1-4　BIM 在全球的应用情况

在我国，建筑信息模型被列为国家"十一五"规划的重点科研课题。

近几年，BIM 技术得到了国内建筑领域及业界各阶层的广泛关注和支持，整个行业对掌握 BIM 技术的人才的需求也越来越大。如何在高校教育体系中与行业需求相结合，培养并为社会提供掌握 BIM 技术并能学以致用的专业人才，成为当前建筑教育所面临的课题之一。

BIM 不仅是强大的设计平台，更重要的是，BIM 的创新应用——体系化设计与协同工作方式的结合，将对传统设计管理流程和设计院技术人员结构产生变革性的影响。高人力成本的、高专业水平的技术人员将从繁重的制图工作中解脱出来而专注于专业技术本身，而较低人力成本的、高软件操作水平的制图员、建模师、初级设计助理将担当起大量的制图建模工作，这也为社会提供了一个庞大的就业机会（制图员/模型师群体和高等院校的毕业生就业）。

1.1.3　BIM 的特点

真正的 BIM 符合以下 5 个特点。

一、可视化

可视化即"所见即所得"的形式。对于建筑行业来说，可视化的真正运用在建筑业的作用是非常大的，如经常拿到的施工图纸，只是各个构件的信息在图纸上的采用线条绘制表达，但是其真正的构造形式就需要建筑业参与人员去自行想象了。对于一般简单的对象来说，这种想象也未尝不可，但是近几年建筑业的建筑形式各异，复杂造型在不断的推出，那么这种光靠人脑去想象的对象就未免有点不太现实了。所以，BIM 提供了可视化的思路，让人们将以往的线条式的构件形成一种三维的立体实物图形展示在人们的面前。建筑业也有设计方面出效果图的事情，但是这种效果图是分包给专业的效果图制作团队进行识读设计制作出的线条式信息制作出来的，并不是通过构件的信息自动生成的，缺少了同构件之间的互动性和反馈性。BIM 提到的可视化是一种能够同构件之间形成互动性和反馈性的可视，在 BIM 中，整个过程都是可视化的，所以，可视化的结果不仅可以用来实现效果图的展示及报表的生成，更重要的是，项目设计、建造，以及运营过程中的沟通、讨论、决策都在可视化的状态下进行。

二、协调性

这个方面是建筑业中的重点内容，不管是施工单位还是业主及设计单位，无不在做着协调及相互配合的工作。一旦项目的实施过程中遇到了问题，就要将各有关人士组织起来开协调会，找各施工问题发生的原因及解决办法，然后出变更，做相应补救措施等。那么这个问题的协调真的就只能出现问题后再进行协调吗？在设计时，往往由于各专业设计师之间的沟通不到位，而出现各种专业之间的碰撞问题，例如，暖通等专业中的管道在进行布置时，由于施工图纸是各自绘制在各自的施工图纸上的，真正施工过程中，可能在布置管线时正好在此处有结构设计的梁等构件在此妨碍着管线的布置，这种就是施工中常遇到的碰撞问题，像这样的碰撞问题的协调解决就只能在问题出现之后再进行解决吗？BIM 的协调性服务就可以帮助处理这种问题，也就是说 BIM 可在建筑物建造前期对各专业的碰撞问题进行协调，生成协调数据，提供出来。当然，BIM 的协调作用也并不是只能解决各专业间的碰撞问题，它还可以解决如电梯井布置与其他设计布置及净空要求之协调，防火分区与其他设计布置之协调，地下排水布置与其他设计布置之协调等问题。

三、模拟性

模拟性并不是只能模拟设计出的建筑物模型，还可以模拟不能够在真实世界中进行操作的事物。在设计阶段，BIM 可以对设计上需要进行模拟的一些东西进行模拟实验，例如，节能模拟、紧急疏散模拟、日照模拟、热能传导模拟等；在招投标和施工阶段可以进行 4D 模拟（三维模型加项目的发展时间），也就是根据施工的组织设计模拟实际施工，从而来确定合理的施工方案来指导施工；同时还可以进行 5D 模拟（基于 3D 模型的造价控制），从而来实现成本控制；后期运营阶段可以模拟日常紧急情况的处理方式的模拟，如地震人员逃生模拟及消防人员疏散模拟等。

四、优化性

事实上，整个设计、施工、运营的过程就是一个不断优化的过程，当然，优化和 BIM 也不存在实质性的必然联系，但在 BIM 的基础上可以做更好的优化、更好地做优化。优化受 3 种因素的制约：信息、复杂程度和时间。没有准确的信息做不出合理的优化结果，BIM 提供了建筑物的实际存在的信息，包括几何信息、物理信息、规则信息，还提供了建筑物变化以后的实际存在。复杂程度高到一定程度，参与人员本身的能力无法掌握所有的信息，必须借助一定的科学技术和设备的帮助。现代建筑物的复杂程度大多超过参与人员本身的能力极限，BIM 及与其配套的各种优化工具提供了对复杂项目进行优化的可能。基于 BIM 的优化可以做下面的工作。

(1) 项目方案优化：把项目设计和投资回报分析结合起来，设计变化对投资回报的影响可以实时计算出来，这样业主对设计方案的选择就不会主要停留在对形状的评价上，而是知道哪种项目设计方案更有利于自身的需求。

(2) 特殊项目的设计优化：如裙楼、幕墙、屋顶、大空间到处可以看到异型设计，这些内容看起来占整个建筑的比例不大，但是占投资和工作量的比例和前者相比却往往要大得多，而且通常也是施工难度比较大和施工问题比较多的地方，对这些内容的设计施工方案进行优化，可以带来显著的工期和造价改进。

五、可出图性

BIM 并不是为了出大家日常多见的建筑设计院所出的建筑设计图纸，以及一些构件加工的图纸，而是通过对建筑物进行了可视化展示、协调、模拟、优化以后，帮助业主出如下图纸。

(1) 综合管线图（经过碰撞检查和设计修改，消除了相应错误以后）。

(2) 综合结构留洞图（预埋套管图）。

(3) 碰撞检查侦错报告和建议改进方案。

1.2　BIM 的相关技术性

1.2.1　理解 BIM 的深层技术

建筑信息模型是与一个项目的物理和功能信息相关的中央电子资料库。此电算化信息存储库已经延展到整个项目生命周期。在 BIM 设计过程中以多种方式采用这些信息，有的是直接采用，有的是在经过推导、计算及分析之后采用的。举例，一个项目的 3D 表示是此类信息最常见的视觉表示。同样，建筑物中的门窗表是从中央存储库获取的另一种形成的信息。

此信息的收集、储存、编辑、管理、检索及处理方式对 BIM 过程能否成功非常重要。鉴于此，建筑环境项目可视为由众多相互关联对象（例如，墙、门、梁、管道、阀门等）组成的一个庞大集合。支持 BIM 的基本 ICT 技术在执行前述任务时还采用了面向对象的方法。BIM 基本上可以视为存储于一个"智能"数据库中的"智能"对象集合。

从传统意义上讲，CAD 软件在内部利用点、线、矩形、面等几何实体表达各类数据（见图 1-5）。这种方法的缺点是，尽管该系统可以精确地描述任何区域中的几何形状中，但无法捕捉有关各类对象的特定域的信息（例如，一根柱梁的属性，在一面墙壁中安装的门或窗，管架的位置等）。这可以称为"傻瓜式"CAD，它制约了此方法在建筑环境产业中的应用。

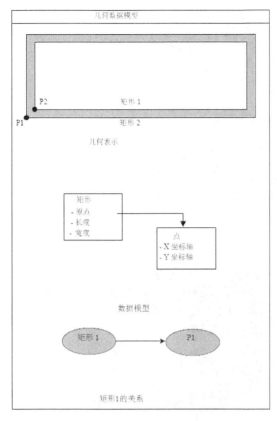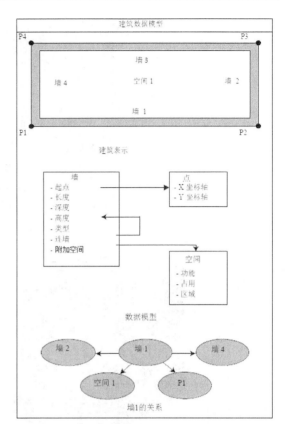

图1-5　BIM 中的对象表示

在图 1-6 中表示了 BIM 数据库中的智能对象概念。利用这些智能对象，及其特性、参数化设计和行为，在一个 BIM 环境中的模型进程得到实现。利用信息中央存储库，项目团队中的各成员在项目生命周期各阶段能够增加、编辑或从存储库提取信息。

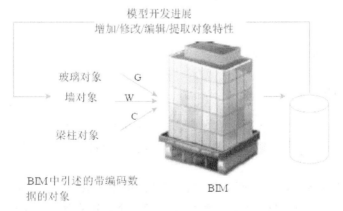

图1-6　BIM 环境中的模型发展状况

当这些对象获得更多信息时，模型变得更加丰富。如图 1-7 和图 1-8 所示，在此背景中，相关文献资料将 BIM 按照 4D、5D、6D 和 7D 分类（世界各地所用的术语有一定差异）。

X & Y = 2D

X, Y & Z =3D

3D + B + P ≈ BIM

BIM + 时间 ≈4D

CAD BIM + 成本 ≈5D CAD

BIM + 可持续性 ≈nD CAD

图1-7　BIM 的维度

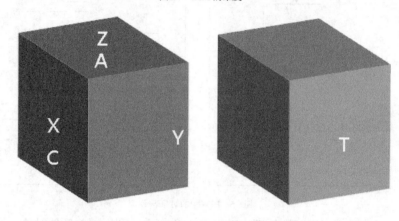

图例说明：

Y、Y、Z：三维空间

T：建筑顺序的时间维度

C：成本层面，工程量与价格

A：包括规范在内的相关信息

图1-8　BIM 的 6 个维度

1.2.2　联合模型

BIM 建模工具可以用于为项目开发模型。一个项目专门有一个用于存储所有信息的模型，这是理想的情况。但目前的做法要求每个项目以多个具体专业模型的形式建模，这主要是现有技术导致的。

这些模型结合起来生成一个联合模型，通过该模型为整个项目生成一个中央信息存储器。对于一个典型的建筑项目，联合模型可能包括一个建筑模型、一个结构模型及其他专业模型，如图 1-9 所示。

如图 1-10 所示，联合模型包含来自如下各方面的信息：业主、建筑咨询顾问、结构工程师、MEP 机电设备和给排水工程师，以及协助完成业主建筑物建设的承包商和分包商。联合模型的开发及该模型的管理和保证过程对整个 BIM 过程来说至关重要。

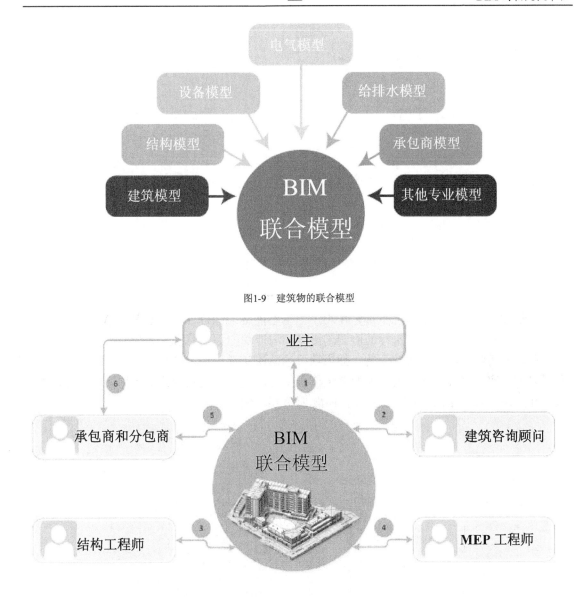

图1-9　建筑物的联合模型

图1-10　建筑项目中联合模型的应用

1.2.3　模型用途

有关 BIM 的许多论文都认为一个非常简单的模型开发过程能够提供无缝模型共享和推进。例如，如果一个建筑物的建筑师开发了一种"建筑模型"，此模型可无缝传输给结构设计师。反过来，结构设计师也可以获取该模型，并且可以毫不费力地将此模型转换为"结构模型"。其他设计咨询顾问也是如此，事实上，这也同样适用于承包商。这真的已经付诸实践了吗？在大多数情况中得到的答案是，未真正看到这类模型的开发、共享和推进。但可以大胆地设想，利用电子邮件和文件传送协议（FTP）服务器仍然能够实现模型共享。图 1-11 所示的是建筑产业中遵循的一种典型过程。

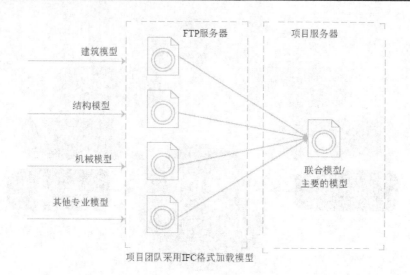

图1-11 基于 FTP 的模型共享

虽然此系统在大多数情况中都起作用，但也不能称为综合 BIM 过程。理想的情况是，围绕此模型开发与进展过程执行的协调、协作和沟通都能更多地实现无缝衔接与整合。

此过程实际上应是实时发生的。如果项目团队决定通过部署 BIM 服务器统一此过程，则可以实现实时进展。服务器将模型置于核心位置，使项目团队能够以一种综合、协调的方式工作，图 1-12 和图 1-13 给出了两个 BIM 服务器示例。

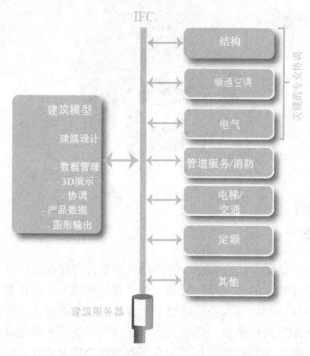

图1-12 IFC 模型服务器

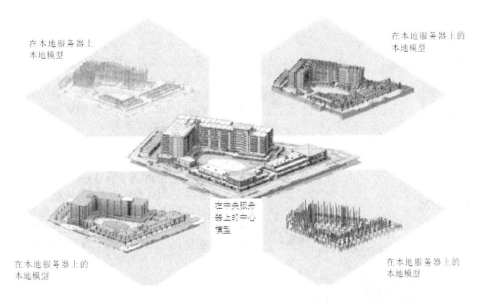

图1-13　市售模型服务器

1.2.4　BIM 与其他新兴技术链接

随着业界的 BIM 采用率增加，同时还出现部分技术发展，这可能对 BIM 的未来趋势产生重大影响。这些技术有助于存储数据、访问数据及扩展企业的建模能力（尤其是中小企业）。

一、云计算

BIM 的作用受到诸多的人、过程及技术等因素限制。业界正在努力解决人和过程的问题。在技术前沿，云计算可以提供许多基础性改进，从而能够部署和使用 BIM。

云计算不是一种特定技术或特殊的软件产品，而是关于在互联网上各类资源共享方法的一种总体概念。美国科学和技术研究所（NIST）将云计算定义为："一种有助于方便、实时通过网络访问可配置计算资源共享池（例如，网络、服务器、存储、应用及服务）的模型，此模型可以迅速地得到应用和部署，并且尽量减少管理或服务提供者的相互影响"。

简单地说，云计算是通过互联网访问所提供计算服务的一种技术。当在一个云平台上部署 BIM 时，可进一步促进合作过程，从而利用基于网络的 BIM 性能和传统文件管理程序来提高协调性。云计算的 4 个方面可能影响 BIM 实施，如图 1-14 所示。

图1-14　云计算同时具备的 4 种功能优势

- 模型服务器：利用可安装建筑物的中心模型，从而实现专业内及不同专业之间无缝安全访问模型内容，否则，在当前条件下无法实现（见图 1-15）。

VIN2000 BIM 生态云系统

智慧城市对接平台

- VeriCloud 的统一协议，统一管理可与智慧型城市系统无缝对接
- 云数据备份容易与数据安全保护
- GLA+BIM 的全新组合
- NVIDIA GRID 技术成就 BIM 加速数字城市、智慧城市建设

BIM 云协同平台

- 动态扩展 2000+用户跨地协同工作
- 重新定义 BIM 软件协同工作平台
- 完善协同中 BIM 标准的执行与落地
- 多种常用的 BIM 软件的直接集成应用
- 兼顾设计、调工、业主、运行和维护
- 实时图纸及文档的安全生命周期管理保护

BIM 智能运维平台

- 用于业主的高效管理平台
- 集群式 16 路实时监控展示系统
- 数据交换管理系统
- 能源监控与智能管理
- 应急系统与智能方案
- 支持图纸输出与打印

BIM 云渲染平台

- 高性能 GPU 配置
- 资源共享模式
- 提供高效的云渲染服务

BIM 云设计平台

- 高效能设计环境，可加载超大体量 BIM 模型
- 资源按需部署，避免资源浪费
- 节省 50%以上 BIM 投资预算
- 设计平台快速创建，提供工作效率
- 设计成果的安全保护

图 1-15　利用云计算的软硬件部署

- BIM 软件服务器：当前 BIM 软件需要利用大量硬件资源才能运行。此类硬件可以部署在云中，并且通过虚拟化使项目参与者之间实现有效共享。
- 内容管理：云计算为内容提供了一个集中式的安全存储环境，采用的是使用或部署 BIM 所需的数据属性/库的形式。
- 基于云计算的协作：云计算提供了一种新型的项目团队内部合作、协调及交流方式。通过遍布世界各地的项目团队成员，基于 BIM 功能的云计算平台在建筑环境产业中将发挥重要作用。

二、大数据

今天，数据无所不在——在设计师的办公室、项目现场、产品制造商的工厂、供应商的数据库或一个普查数据库中，到处都有数据。随着设计过程不断发展，建筑师是否能够实时访问这些数据，尤其是能否连接到 BIM 建模平台？答案是：现在利用一种被称为"大数据"的技术可实现。大数据是一种流行叫法,用于描述结构化和非结构化的数据的成倍增长和可用性,政府、社会组织及各企业可以利用该技术改善我们的生活。大数据为执行任务提供了前所未有的洞察力,并且提高了决策效率。此技术可用于改善建筑环境的设计、建设、运营和维护。从概念角度来讲,一个 BIM 平台可链接到大量数据,从而增强一个团队中的利益相关方的决策能力,如图 1-16 所示。

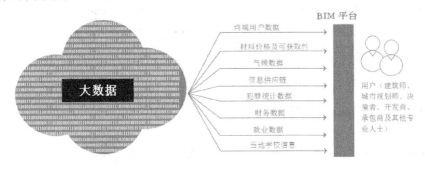

图1-16　大数据支持的 BIM 平台

三、从实体化到数字化

随着 BIM 的扩展,现有需要将竣工信息纳入 BIM 环境,大规模改造和重建项目更应如此。在这类情况中,利用现场上已有设备的基础数字模型开始非常有用。现在,这可以通过连接激光扫描和 360°视频或照相矢量技术实现。图 1-17、图 1-18 和图 1-19 显示的是竣工环境的激光扫描和视频图片示例,这些最终连接到一个模型。

图1-17　建筑物内部的激光扫描

图1-18　城市居住区 360°静态视觉效果

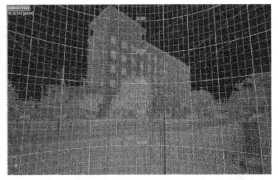

图1-19　城市居住区景象的激光扫描图像

13

对于成功地从"实体"环境转换到"数字"建模环境来说，详细的测量调查规范与约定的精度和规定的输出信息是至关重要的因素。在"点云"解析中，这可能是一个艰难的过程，并且需要专业化的调查技能和软件或经典的测量调查程序。另一个问题是，当前的 BIM 软件基本上是在设计基础上开发的，因此，可能很难使"真实世界"的调查数据与 BIM 软件中的环境匹配。

可能也会发现精确调查输出信息的其他途径，比如，应用于建筑设计目的的高精度线框模型，此模型使调查数据实实在在地获得一定的准确度。尽管激光扫描技术越来越流行，但也只是可采用的诸多测量技术之一。应注意将建筑信息模型与其外部环境联系起来（如必要）。通过连接相关的国家坐标系可以实现此目的。

1.3　BIM 与 Revit 的关系

要想弄清楚 BIM 与 Revit 的关联关系，还得先谈谈 BIM 与项目生命周期。

1.3.1　项目类型及 BIM 实施

从广义上讲，建筑环境产业可以分为两大类项目：房地产项目和基础设施项目。

有些业内说法也将这两个项目称为"建筑项目"和"非建筑项目"。在目前可查阅到的大量文献及指南文件中显示，见诸于文件资料的 BIM 信息记录在今天已经取得了极大的进步，与基础设施产业相比，在建筑产业或房地产业得到了更好的理解和应用。BIM 在基础设施或非建设产业的应用水平滞后了几年，但这些项目也非常适应模型驱动的 BIM 过程。事实上，麦肯锡全球研究院编写的一份 2003 年"基础设施生产率：如何每年节约 1 万亿美元"的报告指出：BIM 可成为一个"提高生产率"的工具，业界利用这个工具每年可以为全球节约 1 万亿美元。BIM 在基础设施产业界的众多支持者相信："孤立地"应用 BIM（即：由单一的利益方应用 BIM）的历史可能比我们从当今流行文献中获悉的历史更久远。

McGraw Hill 公司的一份名为"BIM 对基础设施的商业价值——利用协作和技术解决美国的基础设施问题"的报告将建筑项目上应用的 BIM 称为"立式 BIM"，将基础设施项目上应用的 BIM 称为"水平 BIM"和"土木工程 BIM（CIM）"或"重型 BIM"。

许多组织可能既从事建筑项目也从事非建筑项目，关键的是要理解项目层面的 BIM 实施在这两种情况中的微妙差异。例如，在基础设施项目的初始阶段需要收集和理解的信息范围可能在很大程度上都与房地产开发项目相似。并且，基础设施项目的现有条件、邻近资产的限制、地形，以及监管要求等也可能与建筑项目极其相似。因此，在一个基础设施项目的初始阶段，地理信息系统（GIS）资料及 BIM 的应用可能更加至关重要。

建筑项目与非建筑项目的项目团队结构及生命周期各阶段可能也存在差异（在命名惯例和相关工作布置方面），项目层面的 BIM 实施始终与其"以模型为中心"的核心主题及信息、合作及团队整合的重要性保持一致。

1.3.2　BIM 与项目生命周期

实际经验已经充分表明，仅在项目的早期阶段应用 BIM 将会限制发挥其效力，而不会提供企业寻求的投资回报。图 1-20 显示的是 BIM 在一个建筑项目的整个生命周期中的应用。重要的是，项目团队中负责交付各种类别、各种规模项目的专业人士应理解"从摇篮到摇篮"的项目周期各阶段的 BIM 过程。理解 BIM 在"新建不动产或保留的不动产"之间的交叉应用也非常重要。

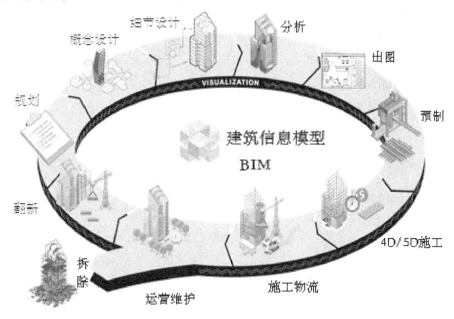

图1-20　项目生命周期各阶段以及 BIM 应用

开发一个包含项目周期各阶段、各阶段的关键目标、BIM 目标、模型要求及细化程度（发展程度）的矩阵是成功实施 BIM 的重要因素。表 1-1 所示的是利用 RIBA 施工计划的一个施工项目经理部责任矩阵。

表 1-1　施工项目经理部责任矩阵

阶段	管理工作内容	项目经理	技术，质量组	工程管理组	计划财务组	合同管理组	资源，安全组	办公室
前期工作内容	现场七通一平	☆	○	☆			○	
	现场及周边勘查	☆	☆	☆			○	
	现场调查	☆	○	☆			○	
	现场测试	☆	☆	○			○	
	现场警卫	☆	○	☆			○	
设计协调及技术管理	施工图管理	○	○					○
	施工组织与协商	○	○	☆				○
	编制质量保证体系	○	○					☆
	文书与档案管理	○						☆

续表

阶段	管理工作内容	项目经理	技术，质量组	工程管理组	计划财务组	合同管理组	资源，安全组	办公室
现场管理	试验检查		☆					
	测量定位	○	☆					
	质量验收	○	☆	○				
	信息管理	○		○		☆		
	现场管理	○		☆				
	设备动力调度	○		☆				
	安全监督	○		○			☆	○
	人力资源管理	○		○	○		☆	
	机械设备管理	○		○	○		☆	
	仓储管理	○		○	○		☆	
	机械设备管理	○					☆	
工程进度控制管理	编制专业施工方案	○	☆					
	材料设备计划	○	○		☆	☆		
	进度计划及控制	○	○	○	☆	☆		
	合同与预结算	○				☆		○
成本财务管理	成本分析及财务管理	○	○		☆	☆		○
采购管理	采购管理	○					☆	○
外连管理	对外接待与联络	○				○		☆

注：☆表示承担主要责任；○表示配合责任。

1.3.3 在 BIM 项目生命周期中何处使用 Revit

从图 1-20 我们可以看出，整个项目生命周期中每一个阶段差不多都需要某一种软件手段辅助实施。

Revit 软件主要用来进行模型设计、结构设计、系统设备设计及工程出图，也就是包含了图 1-20 中的从规划、概念设计、细节设计、分析到出图阶段。

可以说，BIM 是一个项目的完整设计与实施理念，而 Revit 是其中应用最为广泛的一种辅助工具。

Revit 具有以下 5 大特点。

(1) 使用 Revit 可以导出各建筑部件的三维设计尺寸和体积数据，为概预算提供资料，资料的准确程度同建模的精确度成正比。

(2) 在精确建模的基础上，用 Revit 建模生成的平立图完全对得起来，图面质量受人的因素影响很小，而对建筑和 CAD 绘图理解不深的设计师画的平立面图可能有很多地方不交接。

(3) 其他软件解决一个专业的问题，而 Revit 能解决多专业的问题。Revit 不仅有建筑、结构、设备，还有协同、远程协同，带材质输入到 3ds Max 的渲染、云渲染，碰撞分析和绿色建筑分析等功能。

(4) 强大的联动功能，平面图、立面图、剖面图、明细表双向关联，一处修改，处处更新，自动避免低级错误。

(5) Revit 设计会节省成本，节省设计变更，加快工程周期。而这些恰恰是一款 BIM 软件应该具有的特点。

1.4 Revit 在建筑工程中的应用

伴随着我国经济的蓬勃发展，建筑行业也进入了快速发展的时期，大规模的城市化进程为新建建筑带来了前所未有的需求。在建筑设计项目的复杂性越来越大，而设计周期短、工期紧张的情况下，传统的计算机辅助设计方式面临难以克服的瓶颈，其效率低、协同性差、数据重用率低、各专业配合程度差、项目各参与方沟通困难等缺点逐渐暴露出来。如何最大化地提高设计效率和更好地满足业主越来越苛刻的需求，成为摆在所有设计人员面前的最大问题。企业要想在设计周期、设计效率、设计品质上抢得先机，迫切需要一个能解决目前传统设计方式不足的新设计方法，而建筑信息模型（简称 BIM）便是这样一个提供协同设计、提高设计效率的得力工具平台，能有效提高建筑设计周期、设计效率、设计品质，Revit 成为目前 BIM 设计软件中建筑设计方面的常用软件，它包含建筑、结构、水暖电 3 个专业方向的应用软件。

一、Revit 的优势

Revit 作为目前 BIM 设计软件中建筑设计方面的常用软件，具有可视化、协调性、模拟性、优化性和可出图性等特点。

在应用 Revit 设计过程中，二维设计向三维动态可视化设计转变，数据库替代绘图，传统二维 CAD 设计通过向业主提供平面图、立面图、剖面图、详图，以及设计说明、材料表等设计图纸方式传递和提交设计成果。

Revit 在协同设计上的确为各专业提供了一个工作平台，各专业可以在同一软件平台上进行三维协同设计，这一前景非常好。但是由于与中国市场的设计需求尚有较大的差距，目前除了建筑专业之外，其他专业都因一些基本需求没有达到要求而不得不放弃使用。

BIM 是 Autodesk 公司开发 Revit 软件的根本目的，是相对于二维设计的一次变革。它试图将所有与建筑相关的信息都集中在一份文件中，包括建筑、结构、水、暖、电，不管在设计阶段、施工阶段还是将来的运营阶段，这些信息都能根据任何情况进行修改调整，保持持续更新。传统设计中的蓝图和洽商分离的状态可以得以整合，而建筑的改造也会直接以最新一版图纸作为设计的基础，而不用花大量时间重新核对错误百出的老图与无数张洽商单。这对于所有相关行业来讲，是一个很大的优势。但是，要做到这一点，理论上就要求 BIM 应最大可能地包括所有信息，换句话说，各专业设计人员要将全部内容表达出来，在施工过程中，任何一项洽商都需要在同一模型中修改。

二、Revit 在施工图中的应用

下面用一个工程的实际案例进行剖析。大多数人刚开始接触 Revit 软件的时候，都对它持怀疑态度。第一个疑问是：功能强大的软件应用起来必定麻烦，学习过程想必艰难，尤其对一些年纪大的同志来说，更是如此。

(1) 三维建模。

三维建模是本次施工图设计最关键的任务。我们希望应用 Revit 能够准确描述三维形体和空间，并转换成二维图形语言进行准确定位，利用 BIM 的优势提高工作效率，便于修改，减小工作强度。首先明确工作思路：将复杂任务依据一个统一的逻辑结构进行拆分，分解为几个中等难度的工作包；继续向深度扩展，形成金字塔式的树状逻辑结构，将中等难度工作包细化为很多个简单工作，并规范化一系列简单动作，用以保证简单工作的完成质量；依照逻辑结构逆向组合工作成果，最终得到解决方案。

具体分为以下几个步骤：第一步，参照一般施工中混凝土模板的尺寸，我们采用 2m×2m 的格网轴线，作为整个建筑平面及空间的基本定位尺度，所有的定位都与这套轴网发生关系；第二步，将垂直墙体和曲面屋顶分离开，分别由两个人去完成；第三步，将曲面屋顶按一定规律继续分解，逐个建模，再重新拼装，完成整个模型，如图 1-21 所示。

图1-21 复杂的曲面模型被彻底拆分为许多基本的单元构件

(2) 曲面屋顶及三维空间曲梁。

首先我们分解工作模型。先依照结构变形缝将较长的屋面一分为二，形成东、西两区，再按照形体分合的变化不同分解为一个个单独的曲面屋顶，最后将独立出来的曲面屋顶解体成为基本的结构构件——主梁、次梁、板、女儿墙和架空屋面板。于是，复杂的曲面模型被彻底拆分为许多基本的单元构件。

在分解模型之后，我们对基本单元构件进行分区定义和编号分组。编号是在轴线这个基本逻辑层面下增设的一个附属逻辑，这个工作步骤确立本案每一个基本构成元素的唯一性和空间确定性，以便以后进行工作成果的检查与修改。我们将全部构成元素列出一个完整的表格，在表格中可以看到每一个元素的制作负责人、完成程度、区域位置及难度。于是我们小组的每个模型制作成员手中都有一张分区组合图，这就相当于一份地图。这份地图清晰地量化出这项复杂的建模工作如何分工，每人的工作量是多少，如何组合已建成的模块，我们做到什么位置了，还差哪些区域，哪儿出现问题，每个构件需要花多长时间，还需要多少时间等。同时，这种工作方法还有一个好处，就是当我们面对一个个基本模块时，初次看到整体复杂形体时的恐惧消失了，取而代之的是思考如何制作这些难度不一的元素。我们一个一个地完成基本元素的模型制作，如果碰到非常复杂但又无法继续拆解的单元（如井字梁和漏斗），就把这个困难的构建建模传到 Autodesk 技术部门，请他们想办法共同解决，如果他们也没办法，甚至可以动用美国总部的资源。这里可以看到任务拆分的另一个好处——便于工作外包。

接下来就可以依据分区图制作基本构件了。由于时间有限，经过欧特克技术人员的简单培训，项目组成员只能硬着头皮上马，边学边干。具体步骤如下。

- 以方案模型为基础，切取截面并描绘。
- 根据构件编号，以曲面截面为基础逐一制作构件曲面。
- 将曲面导入 Project 环境并根据统一的坐标网格定位。
- 根据每个构件性质，赋予它们梁板柱的特性，并将墙体附着在屋面上。

不用说，在建模过程中遇到许多困难。其中难度最大的有 3 项内容，一是接待大厅屋面井字梁，二是回程部分的院落"漏斗"，三是空间曲梁。对于井字梁的制作过程，如何解决撕裂的曲面，在接触点保持曲率一致，如何应用 UV 线进行分格和调整，制作族文件并应用于曲面，都让我们花了大力气。同样，漏斗的制作也很费劲，如何分解制作不同曲率的曲面，如何将族文件的模块赋予到曲面上并相互连接顺畅，其间反反复复地尝试了许多遍。空间曲梁相对较容易一些，因为它的生成依赖于曲面屋顶，由于梁顶与屋面顶标高相同，因此提取已生成的屋面构件，在平面内找出梁的中心线，以柱子的中点为梁的两端点（梁居柱中的情况下），梁投影在空间的端点由此确定，在屋面构件的空间平面内用连续的点连接生成空间多异线，根据结构高度，沿着 z 轴方向复制梁的实际高度，连接两条多异线围合的线框，生成曲梁的中心截面，导入到 Revit 模型内，给梁的厚度赋值，于是空间曲梁便生成了（见图 1-22）。

图1-22 完成的效果越自然越符合设计要求

对于墙体、楼梯和窗户，Revit 在规则几何体建模方面几乎没有什么障碍，其常规构件库已经比较丰富了。垂直墙体的高度、厚度可以通过参数驱动进行修改，并具有延伸、倒角功能。楼梯的参数设置很细，踏步、栏杆、扶手等都能方便快速地建起来。唯一的难度在于像洞窟这样具有弧形倒角的外龛和窗户，则需要专门制作相应的族文件。一旦把族文件做好，即可在不同位置和高度安插到墙体，并通过参数改变窗洞的大小和比例，非常方便。

（3）定位。

为曲面屋面板、曲梁、任意断面进行空间定位这个问题，是 Revit 最终没能解决的问题。事实上我们利用了 Rhino 结合 Grasshopper 脚本，才完成了最后的空间定位这个工作，解决问题的关键在于插件 Grasshopper 的脚本，由于所有的空间定位都是依靠编排好的脚本来进行计算的，计算脚本完全因结构构件类型而异，因此必须先编排好脚本，由脚本计算出结构构件的三维定位，才能够向结构专业提图。

定位的具体步骤如下。

第一，提取 Revit 中需要定位的结构构件，导出 CAD 格式文件。

第二，在 Rhino 中导入 CAD 文件，在 Grasshopper 窗口环境下，由已编排好的脚本计算空间定位点的高度。

第三，在 Rhino 中导出 CAD 格式的文件，整理后提给结构专业。

所有平面定位都是以 2m×2m 网格为基础的，因此空间定位点也以此为依据，从而形成 2m×2m×2m 的空间网格坐标系统（涵盖建筑整体），所有结构构件如异形屋面板、曲梁等均置于这个空间网格中，定位点投影在网格的坐标都是（x，y，z）的模式，x 与 y 方向上的间距均为 2m，z 方向上的高度在 Rhino 中由 Grasshopper 计算得出，定位问题就此完成。定位的精准度完全依赖于选取的网格坐标，网格单位越小，则定位越精准，尤其对于形体比较复杂的建筑来说，定位点越多，越有利于施工，完成的效果自然越符合设计要求。

（4）二维图纸的生成。

在传统的二维设计中，平面图、立面图、剖面图往往是分开画的。画剖面图的时候，要把平面图转来转去，上下对位才能把一个剖面图画出来。当建筑空间复杂，层数很多时，往往画得晕头转向，还容易出错。最要命的是当所有的图纸画得差不多了，突然平面改了，还得花大量时间重新对位，修改剖面，同时相关的标注、文字、节点详图一起连锁反应，都得改。在 Revit 中，所有的平面、立面、剖面、详图、尺寸标注都与三维模型紧密关联，模型的任何地方发生修改，所有图纸全部自动更新，这样不仅能节省大量时间，大大提高效率，还不用担心遗漏修改。在本项目中，由于曲面屋顶的变化丰富，在任意一处的剖面都不一样，事先也不能完全确定需要剖切的位置，因此这种关联的功能显示出了非常准确和即时显示的好处。我们只需要做好关联的设置，即可放心地进行模型的修改了。

比较遗憾的是，由于模型中不同构件，如屋面板和墙体属性不同，不能很好地倒角相交，使得生成的剖面图不太符合我们的制图标准，而且目前软件的本土化程度还远远未达到我们传统的表达习惯，最后不得不回到 AutoCAD 中，将图纸重新整理输出。

第2章 Revit 2016 入门

本章将提供 Revit 2016 软件的入门知识，包括软件设计的建筑信息模型的概述、软件安装、软件界面介绍及学习帮助等内容。

 本章要点

- Revit 概述。
- Revit 2016 软件的安装。
- Revit 2016 的欢迎界面。
- Revit 2016 的工作界面。

2.1 Revit 概述

Autodesk（欧特克）公司的 Revit 是一款专业三维参数化建筑 BIM 设计软件，是有效创建信息化建筑模型（BIM），以及各种建筑设计、施工文档的设计工具。用于进行建筑信息建模的 Revit 平台是一个设计和记录系统，它支持建筑项目所需的设计、图纸和明细表，可提供所需的有关项目设计、范围、数量和阶段等信息，如图 2-1 所示。

图2-1　Revit 的建筑信息模型

在 Revit 模型中，所有的图纸、二维视图和三维视图及明细表都是同一个基本建筑模型数据库的信息表现形式。在图纸视图和明细表视图中操作时，Revit 将收集有关建筑项目的信息，并在项目的其他所有表现形式中协调该信息。

2.1.1　Revit 的参数化

"参数化"是指模型的所有图元之间的关系，这些关系可实现 Revit 提供的协调和变更管理功能。

这些关系可以由软件自动创建，也可以由设计者在项目开发期间创建。

在数学和机械 CAD 中，定义这些关系的数字或特性称为参数，因此该软件的运行是参数化的。该功能为 Revit 提供了基本的协调能力和生产率优势：无论何时在项目中的任何位置进行任何修改，Revit Structure 都能在整个项目内协调该修改。

下面给出了这些图元关系的示例。

* 门轴一侧门外框到垂直隔墙的距离固定。如果移动了该隔墙，门与隔墙的这种关系仍保持不变。
* 钢筋会贯穿某个给定立面等间距放置。如果修改了立面的长度，这种等距关系仍保持不变。在本例中，参数不是数值，而是比例特性。
* 楼板或屋顶的边与外墙有关，因此当移动外墙时，楼板或屋顶仍保持与墙之间的连接。在本例中，参数是一种关联或连接。

2.1.2　Revit 的基本概念

Revit 中用来标识对象的大多数术语都是业界通用的标准术语，多数工程师都很熟悉。但是，某些术语对 Revit 来讲是唯一的。了解下列基本概念对于了解本软件非常重要。

一、项目

在 Revit 中，项目是单个设计信息数据库——建筑信息模型。项目文件包含了建筑的所有设计信息（从几何图形到构造数据）。这些信息包括用于设计模型的构件、项目视图和设计图纸。通过使用单个项目文件，Revit 令用户不仅可以轻松地修改设计，还可以使修改反映在所有关联区域（平面视图、立面视图、剖面视图、明细表等）中。仅需跟踪一个文件同样还方便了项目管理。

二、标高

标高是无限水平平面，用作屋顶、楼板和天花板等以层为主体的图元的参照。标高大多用于定义建筑内的垂直高度或楼层。用户可为每个已知楼层或建筑的其他必需参照（如第二层、墙顶或基础底端）创建标高。要放置标高，必须处于剖面或立面视图中。图 2-2 所示为某别墅建筑的北立面图。

三、图元

在创建项目时，可以向设计中添加 Revit 参数化建筑图元。Revit 按照类别、族和类型对图元进行分类，如图 2-3 所示。

四、类别

类别是一组用于对建筑设计进行建模或记录的图元。例如，模型图元类别包括墙和梁。注释图元类别包括标记和文字注释。

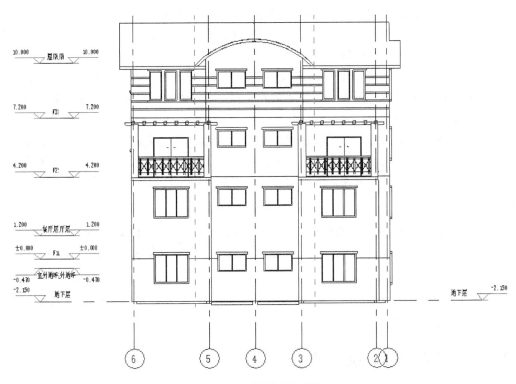

图2-2　某别墅建筑的北立面图

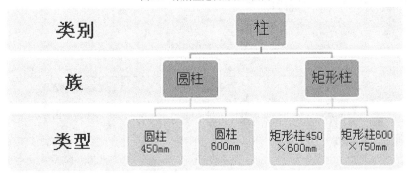

图2-3　图元的分类

五、族

族是某一类别中图元的类。族根据参数（属性）集的共用、使用上的相同和图形表示的相似来对图元进行分组。一个族中不同图元的部分或全部属性可能有不同的值，但是属性的设置（其名称与含义）是相同的。例如，可以将桁架视为一个族，虽然构成该族的腹杆支座可能会有不同的尺寸和材质。

有 3 族，分别介绍如下。

- 可载入族可以载入到项目中，且根据族样板创建。可以确定族的属性设置和族的图形化表示方法。
- 系统族包括楼板、尺寸标注、屋顶和标高。它们不能作为单个文件载入或创建。Revit Structure 预定义了系统族的属性设置及图形表示。

可以在项目内使用预定义类型生成属于此族的新类型。例如，墙的行为在系统中已经被预定义。但可使用不同组合创建其他类型的墙。

系统族可以在项目之间传递。

- 内建族用于定义在项目的上下文中创建的自定义图元。如果项目需要不重用的独特几何图形，或者项目需要的几何图形必须与其他项目几何图形保持众多关系之一，请创建内建图元。

  由于内建图元在项目中的使用受到限制，因此每个内建族都只包含一种类型。

  可以在项目中创建多个内建族，并且可以将同一内建图元的多个副本放置在项目中。与系统和标准构件族不同，不能通过复制内建族类型来创建多种类型。

六、类型

每一个族都可以拥有多个类型。类型可以是族的特定尺寸，例如，"30×42"或 A0 标题栏。类型也可以是样式，例如，尺寸标注的默认对齐样式或默认角度样式。

七、实例

实例是放置在项目中的实际项（单个图元），它们在建筑（模型实例）或图纸（注释实例）中都有特定的位置。

2.1.3　参数化建模系统中的图元行为

在项目中，Revit 使用 3 种类型的图元，如图 2-4 所示。

图2-4　Revit 使用 3 种类型的图元

- 模型图元表示建筑的实际三维几何图形。它们显示在模型的相关视图中。例如，结构墙、楼板、坡道和屋顶都是模型图元。
- 基准图元可帮助定义项目上下文。例如，轴轴网、标高和参照平面都是基准图元。
- 视图专有图元只显示在放置这些图元的视图中。它们有助于对模型进行描述或归档。例如，尺寸标注、标记和二维详图构件都是视图专有图元。

模型图元有两种类型。

- 主体（或主体图元）通常在构造场地在位构建。例如，结构墙和屋顶是主体。
- 模型构件是建筑模型中其他所有类型的图元。例如，梁、结构柱和三维钢筋是模型构件。

视图专有图元有两种类型。

- 注释图元是对模型进行归档并在图纸上保持比例的二维构件。例如，详图线、填充区域和二维详图构件都是注释图元。
- 详图是在特定视图中提供有关建筑模型详细信息的二维项。示例包括尺寸标注、标记和注释记号。

这些实现内容为设计者提供了设计灵活性。Revit 图元设计为可以由用户直接创建和修改，无须进行编程。在 Revit 中，在绘图时可以定义新的参数化图元。

在 Revit 中，图元通常根据其在建筑中的上下文来确定自己的行为。上下文是由构件的绘制方式，以及该构件与其他构件之间建立的约束关系确定的。通常，要建立这些关系，无须执行任何操作，执行的设计操作和绘制方式已隐含了这些关系。在其他情况下，可以显式控制这些关系，例如，通过锁定尺寸标注或对齐两面墙。

2.1.4 Revit 与 AutoCAD 相比的整体优势和特点

Revit 与 AutoCAD 相比，有以下整体优势和特点。

(1) 强大的建模功能。创建好模型的同时，系统自动生成平/立/剖面图纸，与 DWG 文件无缝连接，如图 2-5 所示。

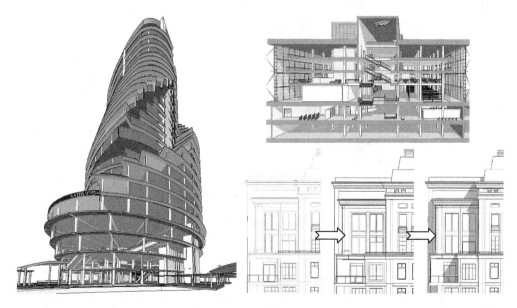

图2-5 强大的建模功能

(2) 关联修改。对模型的任意修改，自动体现在建筑的平/立/剖面图及构件明细表等相关图纸上，如图 2-6 所示。

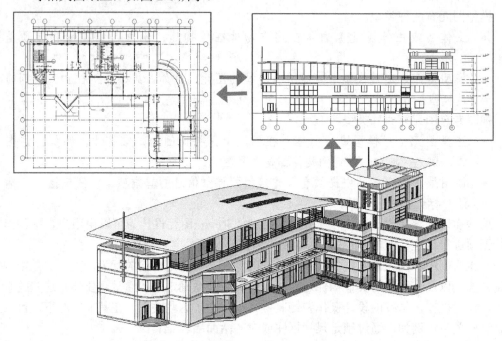

图2-6　关联修改

(3) 布局图上，系统自动管理图纸上的文字说明及标注尺寸的文字大小，使其与任意比例的图纸相匹配，并且系统能自动管理图纸，如图 2-7 所示。

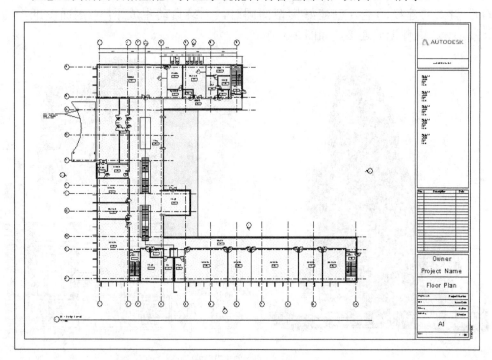

图2-7　系统自动管理图纸

(4) 可以根据需要实时输出任意建筑构件的明细表，适用于概预算工作时工程量的统计及施工图设计时的门窗统计表，如图 2-8 所示。

窗明细表					
类型标记	构造类型	宽度	高度	注释	合计
C0618	单腐塑钢固定窗	600	1800		8
C1518	塑钢推拉窗	1500	1800		25
C1527	塑钢推拉窗	1500	2700		3
C1530	塑钢推拉窗	1500	3000		1
C1536	塑钢推拉窗	1500	3600		4
C2418	塑钢推拉窗	2400	1800		4
C3618	塑钢推拉窗	3600	1800		2

总计: 45

门明细表						
类型标记	构造类型	防火等级	宽度	高度	说明	合计
						3
M0921			900	2100		6
M1021			1000	2100		9
M1521			1500	2100		30
M1529			1500	2700		1

总计: 49

图2-8 输出任意建筑构件的明细表

(5) 集成的设计工具。从方案的推敲到完成施工图设计，生成室内外透视效果图，以及三维漫游动画，一步到位，避免了以往工作模式中的数据流失和重复工作，如图 2-9 所示。

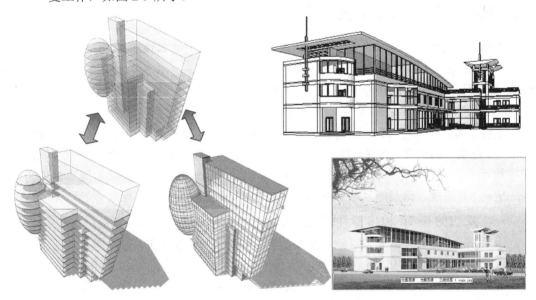

图2-9 集成的设计工具

(6) 大型项目的团队协同设计。Revit 提供了工作集和使用 Revit 的外部参照功能两种方式，如图 2-10 所示。

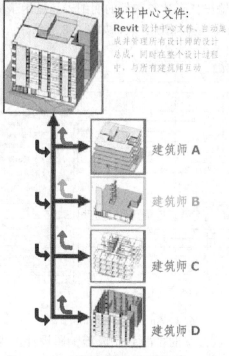

设计中心文件:
Revit 设计中心文件、自动集成并管理所有设计师的设计总成，同时在整个设计过程中，与所有建筑师互动

建筑师 **A**

建筑师 **B**

建筑师 **C**

建筑师 **D**

图2-10　团队协同设计

2.2　Revit 2016 软件的安装

在独立的计算机上安装产品之前，请确保计算机满足最低系统需求。

安装 Revit 2016 时，将自动检测 Windows 7 或 Windows 8 操作系统是 32 位版本还是 64 位版本。用户需选择适用于自己工作主机的 Revit 版本。例如，不能在 32 位版本的 Windows 操作系统上安装 64 位版本的 Revit。

工程点拨：可以在 **64** 位系统中安装 **32** 位的软件。为什么呢？原因是 **64** 位系统配置超出了 **32** 位系统的配置，而 **64** 位软件要比 **32** 位软件的系统要求要高很多，所以在 **64** 位系统中运行 **32** 位软件是绰绰有余的。此外，从 **Revit 2015** 开始，后续的版本将不再支持 **Windows XP** 系统，请及时换装 **Windows 7** 或 **Windows 8** 系统。

一、32 位的 Revit 2016 软件配置要求

- Windows 8 标准版、企业版或专业版，Windows 7 企业版、旗舰版、专业版或家庭高级版，Windows XP 专业版或家庭版（SP3 或更高版本）操作系统；
- 对于 Windows 8 和 Windows 7 系统：英特尔 i3 或 AMD 速龙双核处理器，需要 3.0 GHz 或更高，并支持 SSE2 技术；
- 2GB 内存（推荐使用 4GB）；
- 6GB 的可用磁盘空间用于安装；
- 1024×768（推荐 1600×1050）显示分辨率，真彩色；
- 安装 Internet Explorer 7 或更高版本的 Web 浏览器。

二、对于 64 位的 Revit 2016 软件配置要求

- Windows 8 标准版、企业版、专业版，Windows 7 企业版、旗舰版、专业版或家庭高级版；
- 支持 SSE2 技术的 AMD Opteron（皓龙）处理器，支持英特尔 EM64T 和 SSE2 技术的英特尔至强处理器，支持英特尔 EM64T 和 SSE2 技术的 Pentium 4 或 Athlon 64 处理器；
- 2GB 内存（推荐使用 4GB）；
- 6GB 的可用空间用于安装；
- 1024×768（推荐 1600×1050）显示分辨率，真彩色；
- Internet Explorer 7 或更高版本。

三、附加要求的大型数据集、点云和 3D 建模（所有配置）

- Pentium 4 或 Athlon 处理器，3GHz 或更高，英特尔或 AMD 双核处理器，2GHz 或更高；
- 1280×1024 真彩色视频显示适配器 128MB 或更高，支持 Pixel Shader 3.0 或更高版本的 Microsoft 的 Direct3D 的工作站级图形卡。

【例2-1】 Revit 2016 正版软件下载

Revit 2016 软件除了通过正规渠道购买正版以外，Autodesk 公司还在其官方网站提供 Revit 2016 软件供免费下载使用。

1. 首先打开计算机上安装的任意一款浏览器，并输入 "http://www.autodesk.com.cn/" 进入 Autodesk 中国官方网站，如图 2-11 所示。

图2-11 进入 Autodesk 中国官方网站

2. 在首页的标题栏【产品】中单击展开 Autodesk 公司提供的所有免费使用软件程序，然后选中 Revit 产品，如图 2-12 所示。

图2-12　选中 Revit 产品

3.　进入 Revit 产品介绍的网页页面，并在左侧选择【免费试用版】选项，再单击
　　【免费试用下载】选项，然后进入下载页面，如图 2-13 所示。

图2-13　选择【免费试用版】选项

4.　勾选下方的【我接受许可和服务协议的条款】和【我接受上述试用版隐私声
　　明的条款，并明确同意接受声明中所述的个性化营销】下载协议复选框，如
　　图 2-14 所示。最后单击【继续】选项，将进入在线安装 Revit 2016 环节。

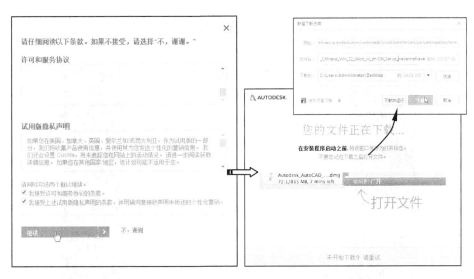

图2-14　同意接受服务协议，并开始下载

工程点拨：在选择操作系统时，一定要查看自己计算机的操作系统是 **32** 位还是 **64** 位。查看方法是：在 **Windows 7/Windows 8** 系统的桌面上右键单击【计算机】图标，在打开的右键菜单中选择【属性】命令，弹出系统控制面板，随后就可以看见自己计算机的系统类型是 **32** 位还是 **64** 位了，如图 **2-15** 所示。

图2-15　查看系统类型

5.　随后弹出安装 Revit 2016【许可和服务协议】对话框，选择两个复选项并单击【继续】选项，如图 2-16 所示。

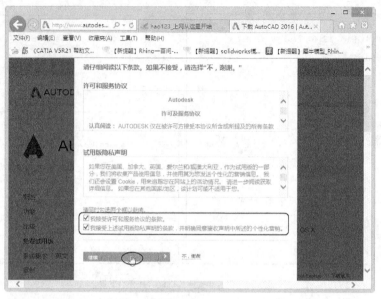

图2-16　接受许可协议并安装软件

6.　接下来会弹出工程点拨整个试用版软件的下载、安装及配置的操作步骤对话框。在 Revit 2016 安装启动之前最好不要关闭此对话框，此时浏览器下方会自动打开浏览器的下载器，如图 2-17 所示。只要单击【运行】按钮或【保存】按钮，即可进行下载并自动安装 Revit 2016。

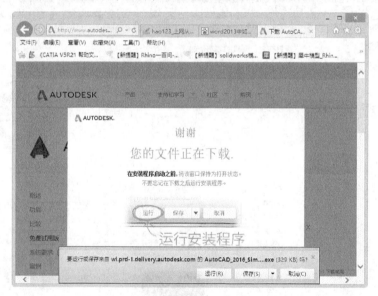

图2-17　下载 Revit 2016

工程点拨：如果您安装的是 360 浏览器、猎豹浏览器或百度浏览器，将会自动下载软件。图 2-18 所示为自动弹出的 360 浏览器的下载工具，直接单击【下载】按钮即可自动下载软件。

图2-18　迅雷 7 的下载

2.2.1　安装 Revit 2016

Revit 2016 的安装过程可分为安装和注册并激活两个步骤，接下来将 Revit 2016 简体中文版的安装与卸载过程作详细介绍。在独立的计算机上安装产品之前，请确保计算机满足最低系统需求。

【例2-2】　安装 Revit 2016

Revit 2016 安装过程的操作步骤如下。

1.　在安装程序包中双击 setup.exe，Revit 2016 安装程序进入安装初始化进程，并弹出【安装初始化】界面，如图 2-19 所示。

图2-19　安装初始化

2.　安装初始化进程结束以后，弹出【Revit 2016】安装窗口，如图 2-20 所示。

图2-20　【Revit 2016】安装窗口

3. 在【Revit 2016】安装窗口中单击【安装】按钮，会弹出 Revit 2016 安装 "许可协议" 的界面窗口。在窗口中单击【我接受】单选按钮，保留其余选项默认设置，再单击【下一步】按钮，如图 2-21 所示。

图2-21　接受许可协议

工程点拨：如果不同意许可的条款并希望终止安装，可单击【取消】按钮。

4. 随后【Revit 2016】窗口中弹出【产品信息】选项区。如果用户有序列号与产品钥匙，直接输入即可；若没有则可以试用 30 天，输入产品信息的数字后，请单击【下一步】按钮，如图 2-22 所示。

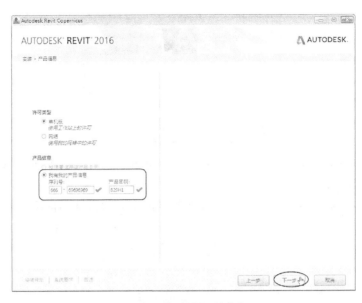

图2-22　设置产品和用户信息

工程点拨：在此处输入的信息是永久性的，将显示在 **Revit** 软件的窗口中，由于以后无法更改此信息（除非卸载该产品），因此请确保在此处输入的信息正确。

5. 设置产品和用户信息的安装步骤完成后，在【Revit 2016】窗口中弹出【配置安装】选项区，若保留默认的配置来安装，单击窗口中的【安装】按钮，系统开始自动安装 Revit 2016 简体中文版。在此选项区中可勾选或取消安装内容的选择，如图 2-23 所示。

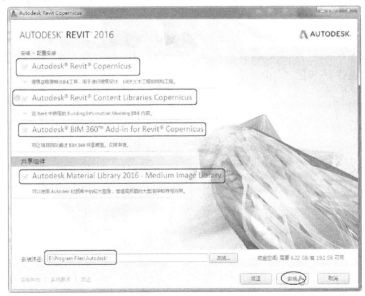

图2-23　选择安装选项

工程点拨：如果要重新设置安装路径，可以单击【浏览】按钮，然后在弹出的【**Revit 2016 安装**】对话框中选择新的路径进行安装，如图 **2-24** 所示。

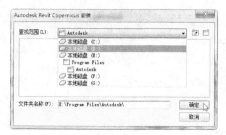

图2-24　选择安装路径

6. 随后系统依次按用户所选择的程序组件，并最终完成 Revit 2016 主程序的安装，如图 2-25 所示。

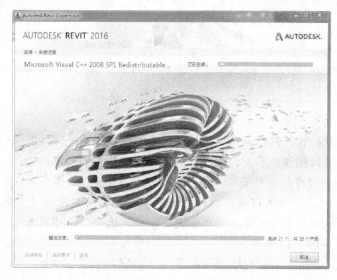

图2-25　安装 Revit 2016 的程序组件

7. Revit 2016 组件安装完成后，单击【Revit 2016】窗口中的【完成】按钮，结束安装操作，如图 2-26 所示。

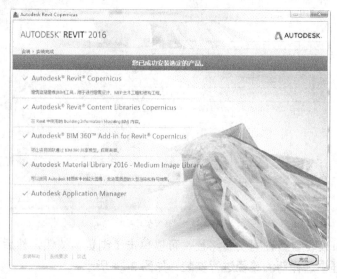

图2-26　完成 Revit 2016 的安装

【例2-3】　注册与激活 Revit 2016

用户在第一次启动 Revit 时，将显示产品激活向导。可在此时激活 Revit，也可以先运行 Revit 以后再激活它。

软件的注册与激活的操作步骤如下。

1. 在桌面上双击【Revit Copernicus】图标，启动 Revit 2016。Revit 程序开始检查许可，如图 2-27 所示。

图2-27　检查许可

2. 在打开软件之前程序弹出【Autodesk 许可】对话框，勾选此界面中唯一的复选框，然后单击【我同意】按钮，如图 2-28 所示。

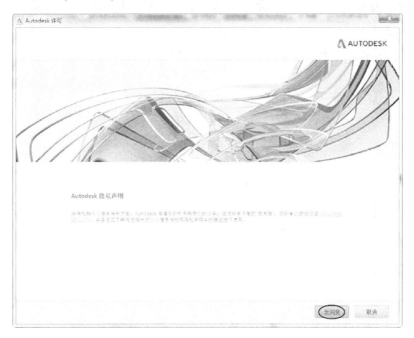

图2-28　阅读隐私保护政策

3. 随后单击【激活】按钮进入【Autodesk 许可-产品许可激活】界面，如图 2-29 所示。

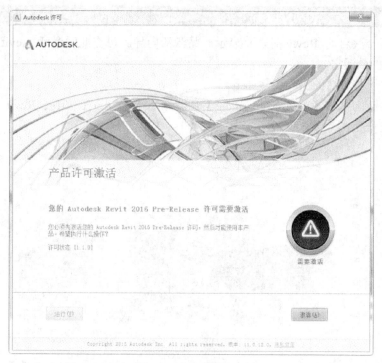

图2-29　单击【激活】按钮

4. 界面中提供了两种激活方法。一种是通过 Internet 连接来注册并激活，另一种就是直接输入 Autodesk 公司提供的激活码。单击【我具有 Autodesk 提供的激活码】单选按钮，并在展开的激活码列表中输入激活码（使用复制-粘贴方法），然后单击【下一步】按钮，如图 2-30 所示。

图2-30　输入产品激活码

5. 随后自动完成产品的注册，单击【Autodesk 许可-激活完成】对话框中的【完成】按钮，结束 Revit 产品的注册与激活操作，如图 2-31 所示。

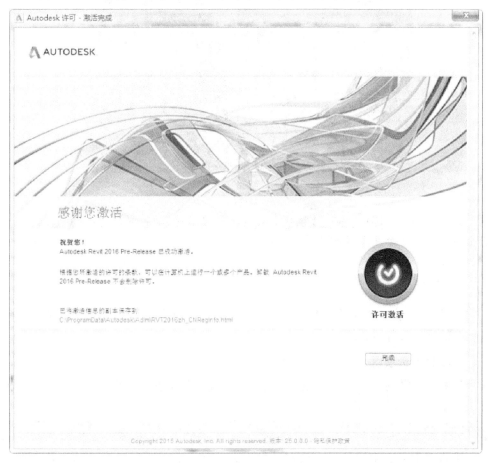

图2-31　完成产品的注册与激活

工程点拨：上面主要介绍的是单机注册与激活方法。如果连接了 Internet，可以使用联机注册与激活的方法，也就是选择【立即连接并激活】选项。

2.2.2　卸载 Revit 2016

卸载 Revit 时，将删除所有组件，这意味着即使以前添加或删除了组件，或者已重新安装或修复了 Revit，卸载程序也将从系统中删除所有的 Revit 安装文件。

即使已将 Revit 从系统中删除，但软件的许可仍将保留，如需要重新安装 Revit，用户无须注册和重新激活程序。Revit 安装文件在操作系统中的卸载过程与其他软件是相同的，卸载过程的操作就不再介绍了。

2.3　Revit 2016 的欢迎界面

Revit 2016 的欢迎界面延续了 Revit 2015 版本的【项目】和【族】的创建入口功能，启动 Revit 2016 会打开图 2-32 所示的欢迎界面。

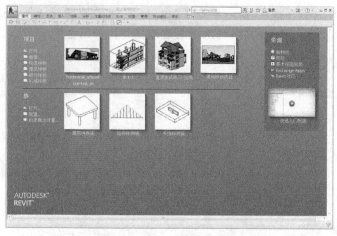

图2-32　Revit 2016 的欢迎界面

这个界面包括 3 个选项区域：【项目】、【族】和【资源】，各区域有不同的使用功能，下面我们来熟悉一下 3 个选项区域的基本功能。

2.3.1　【项目】组

"项目"就是指建筑工程项目，要建立完整的建筑工程项目，就要开启新的项目文件或打开已有的项目文件进行编辑。

一、【项目】选项区

【项目】选项区的选项包含了 Revit 打开或创建项目文件及选择 Revit 提供的样板文件并打开进入工作界面的入口工具。

【例2-4】　【打开】Revit 项目文件

1. 单击【打开】选项，可以通过【打开】对话框打开设计者自己的项目文件、族文件、AutoCAD 交换文件及样板文件等，如图 2-33 所示。或者找到 Revit 安装路径 "E:\Program Files\Autodesk\Revit Copernicus\Samples" 文件夹中的建筑样例项目文件，如图 2-34 所示。

图2-33　打开用户的项目文件

图2-34　打开 Revit 安装路径下的样例文件

工程点拨：Revit 的【打开】对话框只能打开 RVT（项目）、RFA（族）、ADSK（AutoCAD 交换文件）和 RTE（样板）文件。其他 CAD 软件生成的文件不能从这里打开，只能链接或导入打开。

2.　打开一个样例文件后，进入 Revit 2016 项目制作界面环境中，如图 2-35 所示。

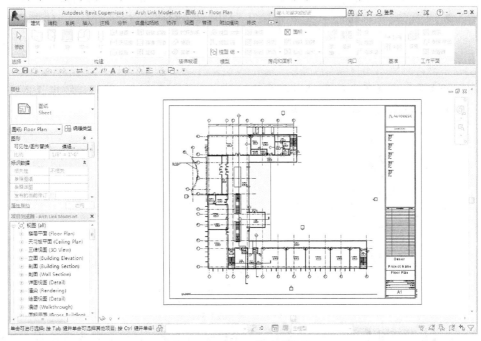

图2-35　Revit 2016 项目制作界面

3.　如果要打开新的文件，可以在【快速访问工具栏】中单击【打开】按钮，通过【打开】对话框打开文件即可，如图 2-36 所示。

图2-36　从【快速访问工具栏】中打开文件

【例2-5】　【新建】Revit 项目文件

【新建】工具可以新建项目文件，也可以新建项目样板文件。

1. 单击【新建】选项，打开【新建项目】对话框，如图 2-37 所示。
2. 对话框的【样板文件】列表中，用户可以选择已有的 Revit 样板，或者选择【无】来新建项目或项目样板，如图 2-38 所示。

图2-37　【新建项目】对话框

图2-38　可选的样板

3. 如果需要浏览更多的样板以便选择，可以单击 浏览(B)... 按钮，弹出【选择样板】对话框，如图 2-39 所示。

图2-39　【选择样板】对话框

4. 在【新建项目】对话框中，【项目】单选项和【项目样板】单选项控制用户将创建什么样的文件类型。若选择【项目】，则创建.rvt 后缀名的项目文件；若选择【项目样板】，将创建后缀名为.rte 的样板文件。
5. 或许读者不禁要问：我怎样才能知道新建的文件是项目文件还是样板文件

呢？很简单的一个操作即可解决此疑问，即单击【快速访问工具栏】上的
【保存】按钮，弹出【另存为】对话框。若选择【项目】而新建的项目文
件，可以看见【另存为】对话框底部的【文件类型】列表中自动显示"项目
文件（*.rvt）"，如图 2-40 所示。

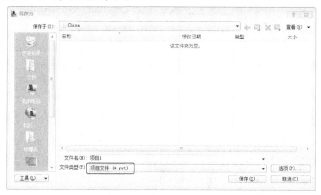

图2-40　保存的是.rvt 项目文件

6.　若是选择了【项目样板】选项而新建的文件，另存为时将显示"样板文件
（*.rte）"文件类型，如图 2-41 所示。

图2-41　保存的是.rte 样板文件

二、Revit 项目样板的区别

在欢迎界面的【项目】选项区选择【构造样板】、【建筑样板】、【结构样板】或【机械样
板】选项，实际上是选择样板文件来创建项目，也就是图 2-42 所示的选项设置。

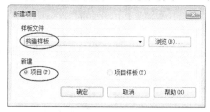

图2-42　选择样板

工程点拨：仅当安装了 Revit 族库文件后，才会在【项目】组显示样板文件。

项目样板为新项目提供了起点，包括视图样板、已载入的族、已定义的设置（如单位、
填充样式、线样式、线宽、视图比例等）和几何图形（如果需要）。

安装后，Revit 中提供了若干样板，用于不同的规程和建筑项目类型，如图 2-43 所示。

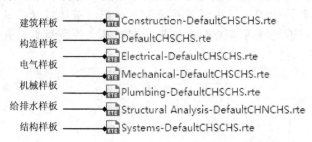

图2-43　Revit 项目样板

所谓项目样板之间的差别，其实是设计行业需求不同决定的，同时体现在【项目浏览器】中的视图内容不同。建筑样板和构造样板的视图内容是一样的，也就是说这两种项目样板都可以进行建筑模型设计，出图的种类也是最多的，图 2-44 所示为建筑样板与构造（构造设计包括零件设计和部件设计）样板的视图内容。

工程点拨：在 **Revit** 中进行建筑模型设计，其实只能做一些造型较为简单的建筑框架、室内建筑构件、外幕墙等模型，复杂外形的建筑模型只能通过第三方软件如 **Rhino**、**SketchUp**、**3ds Max** 等进行造型设计，通过转换格式导入或链接到 **Revit** 中。

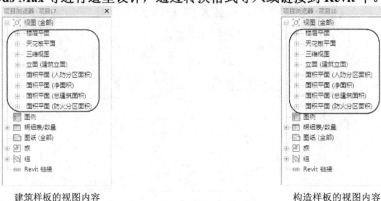

建筑样板的视图内容　　　　　　　　　　　　构造样板的视图内容

图2-44　建筑样板与构造样板的视图内容比较

其余的电气样板、机械样板、给排水样板、结构样板等视图内容如图 2-45 所示。

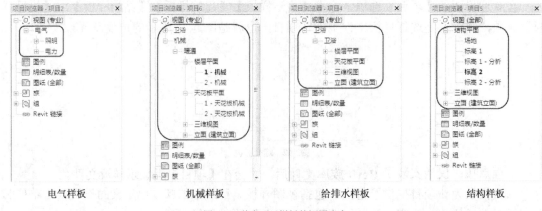

电气样板　　　　　　　机械样板　　　　　　　给排水样板　　　　　　　结构样板

图2-45　其余项目样板的视图内容

2.3.2 【族】组

族是一个包含通用属性（称作参数）集和相关图形表示的图元组，常见的家具、电器产品、预制板、预制梁等。

在【族】组中，包括【打开】、【新建】和【新建概念体量】3 个引导功能。下面通过操作来演示如何使用这些引导功能。

【例2-6】　【族】组的操作

1.　在【族】组中单击【打开】按钮，Revit 2016 自动打开族路径文件夹，如图2-46 所示。

图2-46　打开的族路径文件夹

技术要点：只有下载了 **Revit** 的族文件包，才会有这些族文件。默认情况下安装 **Revit** 是没有这些族文件的。关于族文件的下载和安装我们将在介绍"族"的章节中详细讲解。

2.　路径下包含有多个族文件夹，你可以选择所需的族类型。例如，依次打开【建筑】|【机械设备】|【锅炉.rfa】族文件，如图 2-47 所示。

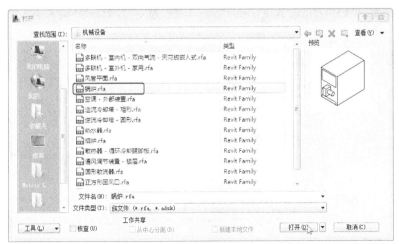

图2-47　打开族文件

3.　打开的"锅炉"族文件如图 2-48 所示。

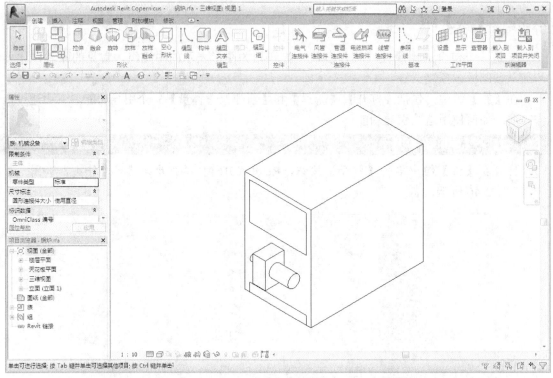

图2-48　打开的锅炉

4. 当用户需要建立自己的族时，在【族】组中单击【新建】按钮弹出【新族-选择样板文件】对话框，如图 2-49 所示。

图2-49　打开文件

5. 选择一个族样板文件，如选择"公制窗"，单击【打开】按钮，即可打开"公制窗"族，如图 2-50 所示。在窗族中根据相关需求对样板进行编辑，以此获得设计所需的窗族。

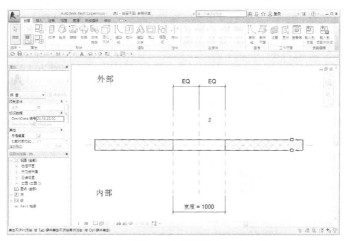

图2-50 打开窗族

6. "概念体量"是用来执行能量分析的，特别是在建筑设计早期阶段尤其重要。单击【族】组中的【新建】按钮，弹出【新概念体量-选择样板文件】对话框，可选"公制体量"样板文件，如图 2-51 所示。

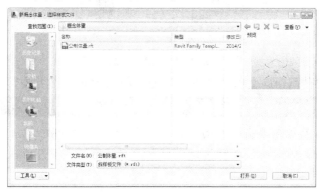

图2-51 选择概念体量样板文件

7. 单击【打开】按钮，进入概念体量环境，如图 2-52 所示。

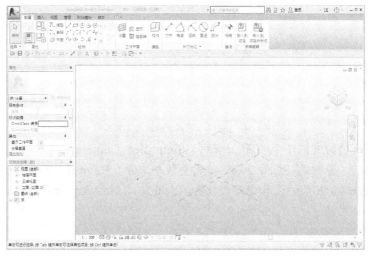

图2-52 打开的概念体量环境

2.3.3 　【资源】组

当安装了 Revit 2016 的中文帮助文档后，可以利用系统提供的资源辅助学习与技术交流。当然也可以从 Revit 2016 的标题栏上选择资源进行学习和交流，如图 2-53 所示。

图2-53　在标题栏上的资源选项

工程点拨：要使用帮助文档，必须进入 Autodesk 官网下载并安装。

【例2-7】　下载并安装 Revit 2016 中文帮助文档

1. 在【资源】组下单击【帮助】按钮，由于安装过帮助文档，所以会弹出【未找到帮助】对话框。在对话框底部点击链接地址，即可进入官网，如图 2-54 所示。

图2-54　点击下载帮助文档的链接地址

2. 在帮助文档的官网下载页面上找到 "Simplified Chinese (简体中文)"，包含 4 个下载包，分别是 Revit 2016 的完整帮助文档、Revit 2016 建筑设计帮助文档、Revit 2016 系统设计帮助文档和 Revit 2016 结构设计帮助文档，如图 2-55 所示。

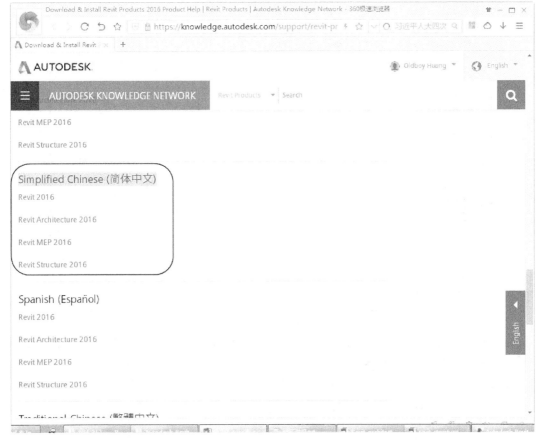

图2-55　找到中文帮助文档以便进行下载

3.　下载后的安装文件如图 2-56 所示。

　　　Autodesk_Revit_2016_Help_Simplified_Chinese_Win_64bit_dlm.sfx.exe
　　　Autodesk_Revit_Architecture_2016_Help_Simplified_Chinese_Win_64bit_dlm.sfx.exe
　　　Autodesk_Revit_MEP_2016_Help_Spanish_Win_64bit_dlm.sfx.exe
　　　Autodesk_Revit_Structure_2016_Help_Spanish_Win_64bit_dlm.sfx.exe

图2-56　下载的安装文件

4.　双击 "Autodesk_Revit_2016_Help_Simplified_Chinese_Win_64bit_dlm.sfx.exe"
　　安装文件，会提示用户选择一个目标文件夹来存放所有的安装包文件，单击
　　【确定】按钮默认解压即可，如图 2-57 所示。

图2-57　解压安装包

5.　解压后进入安装包文件夹，双击 Setup.exe 进行安装，如图 2-58 所示。

图2-58　双击程序安装

6. 然后启动安装界面，参照安装 Revit 2016 的方法，完成中文帮助文档程序包的安装，如图 2-59 所示。

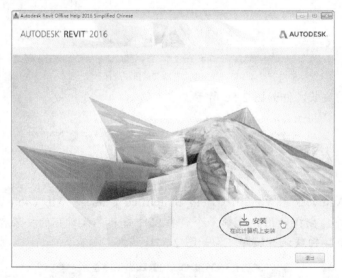

图2-59　安装界面

【例2-8】　如何在 Revit 中启动脱机帮助文档

通常，在 Revit 中启动帮助文档是通过网络来打开的，对于网速较慢的用户来说很不方便。那么是否启动脱机的帮助文档呢？答案是肯定的，只需要设置 Revit.ini 文件即可。下面列出设置步骤。

工程点拨：有的用户在安装帮助文档时，可能会选择 C 盘外的其他盘符进行安装，不要紧，重新设置 Revit.ini 中的路径地址即可。

1. 首先在计算机上（如 Windows 7 系统）双击【计算机】图标，打开文件管理窗口并进入 C 盘，然后在搜索筛选器中输入"Revit.ini"，系统会自动将 C 盘中关于 Revit.ini 文件地址信息全部列出，如图 2-60 所示。

图2-60 搜索"Revit.ini"

2. 从列出的地址信息可以看出，Revit.ini 文件实际上是存放在"C:\Users\Administrator\AppData\Roaming\Autodesk\Revit\Autodesk Revit 2016"路径和"C:\ProgramData\Autodesk\RVT 2016\UserDataCache"路径下。

3. 双击列出的"Revit.ini"文件，直接用记事本打开文档。在文档中执行菜单栏中的【编辑】|【查找】命令，向上或向下查找"Documentation"字符，如图 2-61 所示。

图2-61 查找字符串

4. 在查找到的[Documentation]下，添加"UseHelpServer=0"字符，再修改下一行"HelpFileLocation="字符串后的帮助文档路径（为用户安装的帮助文档路径），如图 2-62 所示。

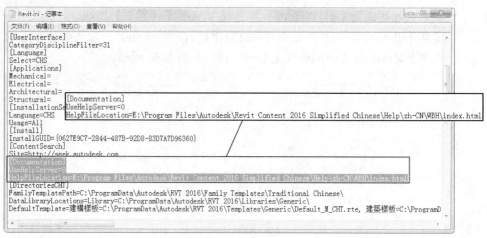

图2-62　输入新的字符

5. 输入完成后必须保存。同理，将另一路径下的 Revit.ini 文件也作相同的查找、输入字符、保存文件等操作。

6. 最后重新启动 Revit 2016，即可在软件中启动中文帮助。

2.4　Revit 2016 的工作界面

Revit 2016 工作界面继承了 Revit 2015 版本的界面风格，在欢迎界面的【项目】组中选择一个项目样板或新建项目样板，进入到 Revit 2016 工作界面中，如图 2-63 所示。

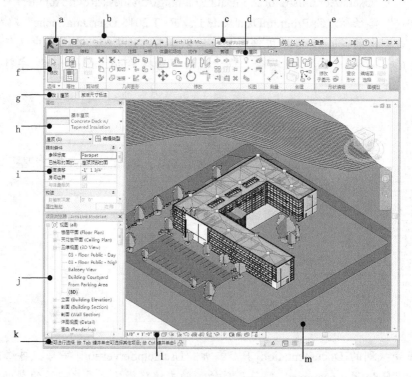

图2-63　Revit 2016 的工作界面

图中各编号对应介绍如下。

- a：应用程序菜单。应用程序菜单提供对常用文件操作的访问，如"新建""打开"和"保存"。还允许使用更高级的工具（如"导出"和"发布"）来管理文件，如图 2-64 所示。

图2-64　应用程序菜单

- b：快速访问工具栏。快速访问工具栏包含一组默认工具。可以对该工具栏进行自定义，使其显示最常用的工具。

- c：信息中心。用户可以使用信息中心搜索信息，显示"Subscription Center"面板以访问 Subscription 服务，显示"通讯中心"面板以访问产品更新，以及显示"收藏夹"面板以访问保存的主题。

- d：上下文功能区选项卡（简称"选项卡"）。使用某些工具或选择图元时，上下文功能区选项卡中会显示与该工具或图元的上下文相关的工具，如图 2-65 所示。在许多情况下，上下文选项卡与"修改"选项卡合并在一起。退出该工具或清除选择时，上下文功能区选项卡会关闭。

图2-65　上下文功能区选项卡

- e：功能区选项卡下展开的面板（简称"面板"）。面板标题旁的箭头表示该面板可以展开，来显示相关的工具和控件。
- f：功能区。创建或打开文件时，功能区会显示。它提供创建项目或族所需的全部工具，如图 2-66 所示。

图2-66　功能区

- g：选项栏。选项栏位于功能区下方，其显示的内容跟当前执行的命令（工具）或所选图元而异，如图 2-67 所示。

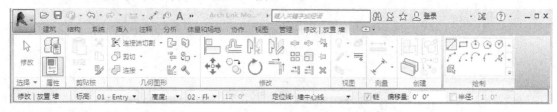

图2-67　选项栏

- h：类型选择器。如果有一个用来放置图元的工具处于活动状态，或者在绘图区域中选择了同一类型的多个图元，则【属性】选项板的顶部将显示"类型选择器"。"类型选择器"标识当前选择的族类型，并提供一个可从中选择其他类型的下拉列表，如图 2-68 所示。

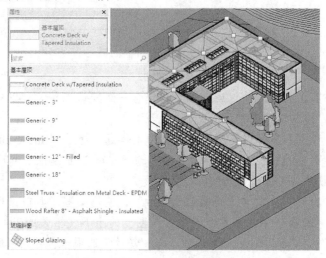

图2-68　类型选择器

- i：【属性】选项板。"属性"选项板是一个无模式对话框，通过该对话框，可以查看和修改用来定义 Revit 中图元属性的参数。
- j：项目浏览器。项目浏览器用于显示当前项目中所有视图、明细表、图纸、族、组、链接的 Revit 模型和其他部分的逻辑层次。展开和折叠各分支时，将显示下一层项目。

- k: 状态栏。状态栏沿 Revit 窗口底部显示。使用某一工具时，状态栏左侧会提供一些技巧或提示，告诉用户做些什么。高亮显示图元或构件时，状态栏会显示族和类型的名称。
- l: 视图控制栏。视图控制栏位于视图窗口底部，状态栏的上方。
- m: 绘图区。Revit 窗口中的绘图区域显示当前项目的视图，以及图纸和明细表。每次打开项目中的某一视图时，默认情况下此视图会显示在绘图区域中其他打开的视图的上面。其他视图仍处于打开的状态，但是这些视图在当前视图的下面。

第3章 视图控制与操作

Revit 有强大的模型显示、视图操控和项目设置管理等功能。要熟练掌握 Revit，必须先熟练掌握操控视图及项目管理设置等技能，本章就带领读者进入学习 Revit 2016 的第二步：视图操控与项目管理。

 本章要点

- 控制图形视图。
- 图形的显示与隐藏滤。
- 视图控制栏的视图显示工具。
- 图元的选择技巧。

3.1 控制图形视图

在中文版 Revit 2016 中，用户可以使用多种方法来观察绘图窗口中绘制的图形。如使用右键菜单中的命令，使用鼠标+键盘快捷键方式，以及使用视口和鸟瞰视图等。通过这些方式可以灵活地观察图形的整体效果或局部细节。

3.1.1 利用 ViewCube 操控视图

ViewCube 是用户在二维模型空间或三维视图样式中处理图形时显示的导航工具。通过 ViewCube，用户可以在标准视图和等轴测视图间切换。

ViewCube 在绘图区的右上方，如图 3-1 所示。

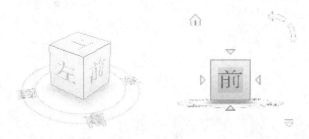

图3-1　ViewCube

【例3-1】 利用 ViewCube 操控视图

1. 在应用程序菜单中执行【选项】命令，打开【选项】对话框。在

【ViewCube】选项面板中通过勾选或取消勾选【显示 ViewCube】复选框来显示或隐藏图形区右上方的 ViewCube，如图 3-2 所示。

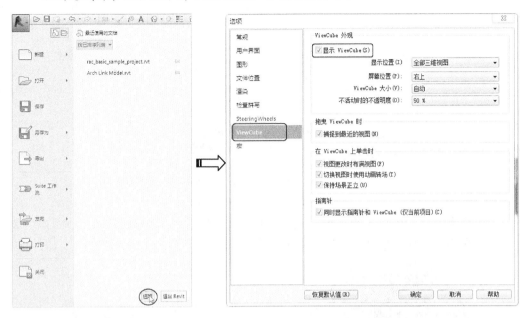

图3-2　显示或隐藏 ViewCube

2. ViewCube 的视图控制方法之一是单击或拖动 ViewCube 中的∨、∧、〈和〉来选择俯视、仰视、左视、右视、前视及后视视图，或者旋转视图，如图 3-3 所示。

3. ViewCube 的视图控制方法之二是单击 ViewCube 中的角点、边或面，如图 3-4 所示。

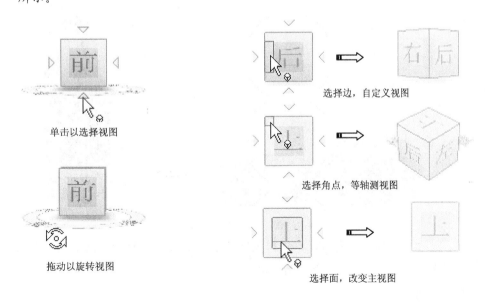

图3-3　选择或旋转视图　　　　　　图3-4　选择 ViewCube 改变视图

4. ViewCube 的视图控制方法之三是单击或拖动 ViewCube 中指南针的字（东、

南、西和北），以获得西南、东南、西北、东北等方向视图，或者绕上视图旋转得到任意方向视图，如图 3-5 所示。

单击"字"以改变视图　　　　　　　　拖动"字"旋转视图

图3-5　ViewCube 的第三种用法

5. 指南针以外还有 3 个图标。单击 ⌂（主视图）图标，无论先前是何种视图，会立刻恢复到主视图方向，如图 3-6 所示。

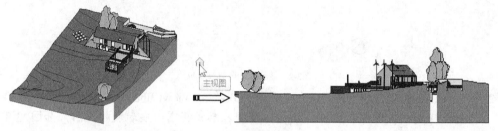

图3-6　恢复主视图

6. 当单击 图标时，视图以 90°逆时针或顺时针进行旋转，如图 3-7 所示。

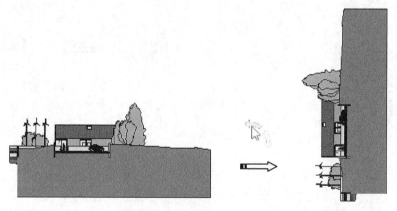

图3-7　定向 90°旋转视图

7. 当单击 关联菜单图标时，弹出关联菜单，如图 3-8 所示。通过此关联菜单也可以控制视图。

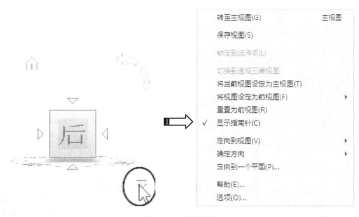

图3-8　关联菜单

3.1.2　利用 SteeringWheels 导航栏操控视图

导航栏是一种用户界面元素，用户可以从中访问通用导航工具和特定于产品的导航工具，如图 3-9 所示。

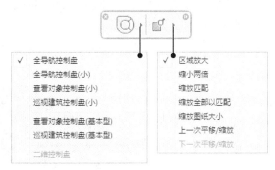

图3-9　导航栏

导航栏中提供以下通用导航工具。

- 控制盘⊙菜单：提供在专用导航工具之间快速切换的控制盘集合。
- 范围缩放⋇菜单：用于缩放视图的所有命令集合。

【例3-2】　利用全导航栏操控视图

1. 单击【全导航控制盘】按钮⊙，会弹出图 3-10 所示的全导航控制盘。
   控制盘上包含有动态观察（旋转）、缩放、平移、回放、漫游、向上/向下、环视、中心等视图工具。指针移到【动态观察】工具上并按住移动即可旋转视图（即动态观察），如图 3-11 所示。

   工程点拨：其中，动态观察、平移、回放和缩放工具为"查看对象"工具，漫游、向上/向下、环视、中心等视图工具则称为"巡视建筑"工具。

2. 按住并拖动指针，将显示轴心标记符号，视图将绕轴心旋转，如图 3-12 所示。放开鼠标，恢复全导航控制盘。

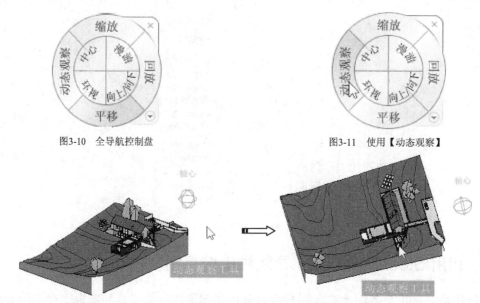

图3-10 全导航控制盘   图3-11 使用【动态观察】

图3-12 动态观察视图

工程点拨：默认情况下，这个轴心就是整个视图的中心，非模型的中心。要想使用自定义的轴心操控视图，可使用控制盘中的【中心】工具。

3. 将指针移到【中心】工具上，按下并移动指针，自定义的轴心就放置到模型上，如图 3-13 所示。

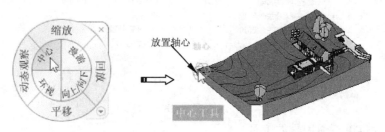

图3-13 自定义轴心

4. 放置轴心后，再做动态观察视图操作，观察效果如图 3-14 所示。

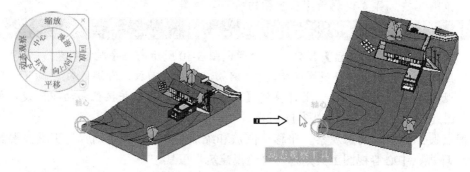

图3-14 自定义轴心后的动态观察

5. 全导航控制盘上的其他视图工具操作方法相同，就不一一示范了。

6. 单击控制盘上右下角的 ▼ 按钮，可打开视图控制菜单，如图 3-15 所示。

7. 菜单中的各视图命令包含了所有全导航控制盘的视图工具。执行【关闭控制

盘】命令将结束视图控制操作，当然也可以在全导航控制盘的右上角上单击 ✕
按钮关闭控制盘，如图 3-16 所示。

图3-15　视图控制菜单

图3-16　关闭控制盘

3.1.3　利用鼠标+键盘快捷键操控视图

可以使用鼠标+键盘快捷键方式观察图形，表 3-1 列出了键盘和鼠标的视图控制功能。

表 3-1　三键滚轮鼠标的使用方法

鼠标按键	作　　用	操作说明
左键	用于选择图形对象，以及选择按钮和绘制几何图元等	单击或双击鼠标左键，可执行不同的效果
中键（滚轮）	滚动中键滚轮 （放大或缩小视图） 按 Ctrl+中键 （放大或缩小视图）	放大或缩小视图
	按 Shift+中键 （旋转）	提示：仅在三维视图中才可用
	按中键 （平移）	按 Ctrl+中键并移动指针，可将模型按鼠标移动的方向平移
右键	按 Shift+右键 （旋转）	提示：仅在三维视图中才可用
	单击右键，可以通过弹出的右键快捷菜单，执行相关指令控制视图	

3.1.4 视图窗口管理

视图窗口指的是绘图区。既然称为"窗口"，说明绘图区是可以放大、缩小或关闭的，这是软件窗口最重要的 3 个特征。

【例3-3】 视图窗口的操作

1. 图 3-17 所示为某图纸的视图窗口最大化状态。可以单击窗口右上角的【恢复窗口大小】按钮，使窗口独立显示，如图 3-18 所示。

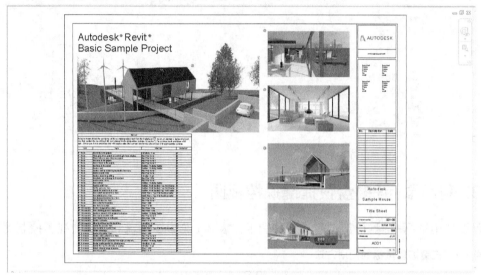

图3-17 视图窗口最大化

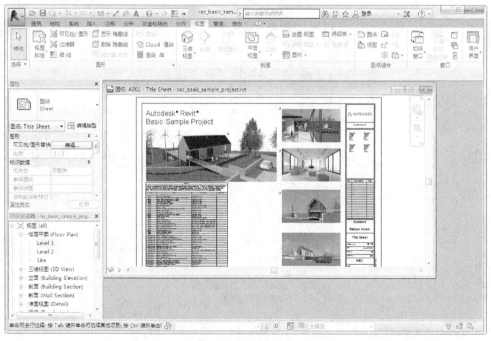

图3-18 窗口独立显示

2. 如果通过【项目浏览器】打开多个视图，例如，双击名为"Level 1"的视图，会打开新的视图窗口，如图 3-19 所示。

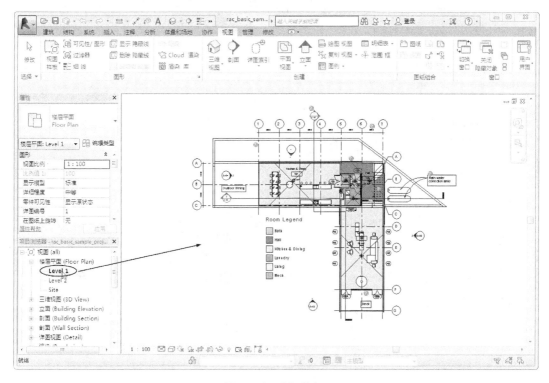

图3-19 打开新视图窗口

3. 同样，可以打开多个视图窗口。若需要切换不同的窗口，可以通过快速访问工具栏上的【切换窗口】菜单，选择视图窗口，如图 3-20 所示。

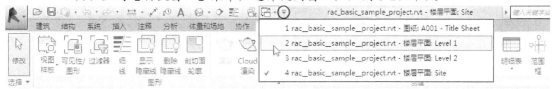

图3-20 通过快速访问工具栏切换窗口

4. 还可以在功能区【视图】选项卡的【窗口】面板中，单击【切换窗口】按钮，然后选择要切换的窗口，如图 3-21 所示。

图3-21 通过功能区选项卡切换窗口

5. 如果仅需要当前显示的视图，其他视图可以进行关闭处理。处理的方式是：在【视图】选项卡的【窗口】面板中单击【关闭隐藏对象】按钮，将隐藏的窗口全部关闭。

6. 窗口不但可以关闭，还可以进行复制。如图 3-22 所示，单击【窗口】面板中的【复制】按钮，可以将当前活动的窗口进行复制。

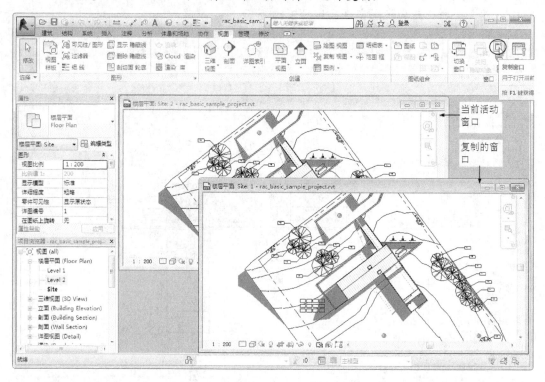

图3-22　复制窗口

7. 单击【窗口】面板中的【层叠】按钮，可以将多个视图窗口层叠，如图
3-23 所示。

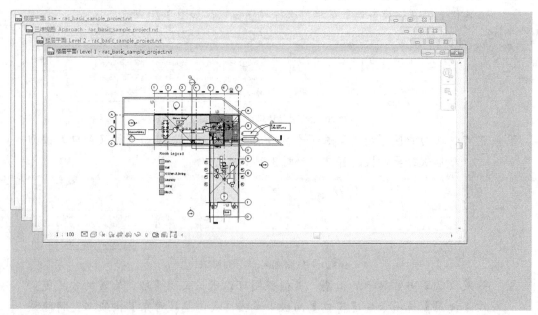

图3-23　层叠窗口

8. 单击【平铺】按钮，可以将视图窗口按规则平铺在软件的窗口区域中。图

3-24 所示为 4 个窗口平铺。

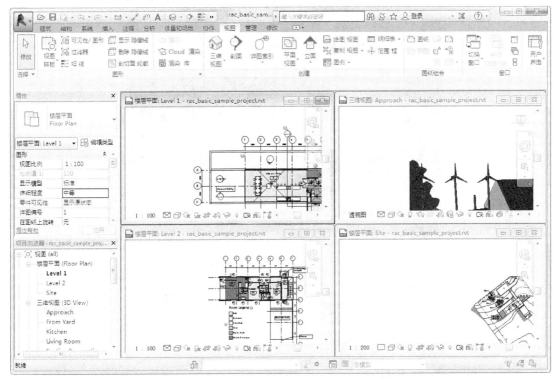

图3-24　窗口平铺

3.2　图形的显示与隐藏

Revit 图形包括图元、阴影、照明、背景等元素。图形的显示和隐藏或显示样式均可以通过相关的选项设置和操作命令来完成。

3.2.1　图形的显示选项设置

图形的显示选项设置可以设置显示样式、透明度、阴影显示、勾绘线、照明、曝光等。下面简单介绍设置方法。

【例3-4】　显示选项设置

1. 在 Revit 2016 的欢迎界面中选择建筑样例项目，如图 3-25 所示。或者在 Revit 2016 的工作界面中单击快速访问工具栏上的【打开】按钮，通过【打开】对话框在 "E:\Program Files\Autodesk\Revit Copernicus\Samples" 路径下打开 "rac_basic_sample_project.rvt" 项目样板文件，如图 3-26 所示。

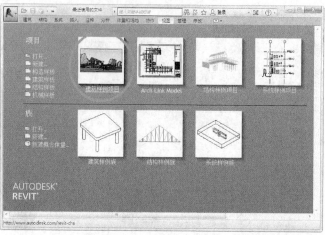

图3-25 从欢迎界面中打开样板文件

图3-26 从【打开】对话框中打开样板文件

2. 打开的建筑项目样板文件如图 3-27 所示。

图3-27 打开的建筑项目样板文件

3. 在项目浏览器中双击打开【视图】|【三维视图】|【3D】视图，如图 3-28 所示。

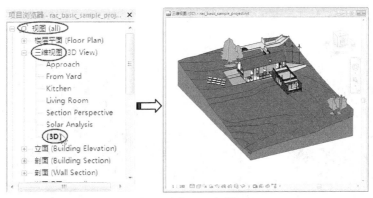

图3-28　打开 3D 视图

4. 在功能区【视图】选项卡的【图形】面板右下角单击【图形显示选项】按钮，打开【图形显示选项】对话框，如图 3-29 所示。

工程点拨：也可以在【属性】选项板中单击图形显示选项的【编辑】按钮。

5. 首先设置模型显示。从【样式】列表中可以看出，当前视图中的默认显示样式为"一致的颜色"，重新选择【着色】样式，并取消【显示边】复选框的勾选，如图 3-30 所示。重新设置显示样式的前后对比效果如图 3-31 所示。

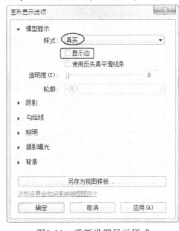

图3-29　【图形显示选项】对话框　　　　　　　图3-30　重新设置显示样式

默认显示样式　　　　　　　　　　　　设置后的显示样式

图3-31　设置显示样式后的效果对比

6.　其他几种显示样式效果如图 3-32 所示。

线框显示　　　　　　　　　　隐藏线显示　　　　　　　　　　着色显示

图3-32　其他显示样式效果

7.　当显示样式为"隐藏线"时，还可以设置线轮廓，图 3-33 所示为设置轮廓为"中粗线"的效果。

图3-33　设置隐藏线的轮廓

8.　拖动透明度的滑块，可以调节图形的透明程度，图 3-34 所示为设置透明度后的效果。

图3-34　设置图形的透明度

9. 展开【阴影】选项区，可以勾选【投射阴影】和【显示环境光阴影】复选框
   来设置图形的阴影显示，效果如图 3-35 所示。

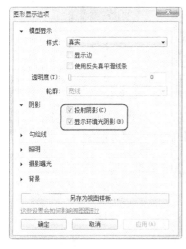

图3-35　设置阴影

10. 展开【勾绘线】选项区。仅当模型显示样式为"线框""隐藏线"或"一致的
    颜色"时，可以设置勾绘线，使模型的边线与手工绘制的线类似，让人感觉
    此图形就是手绘的，如图 3-36 所示。

工程点拨：【抖动】和【延伸】设置得越大，就越接近于真实的手绘效果。

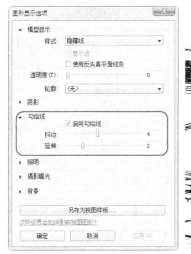

图3-36　启用【勾绘线】选项

11. 展开【照明】选项区，可以调整日光、灯光、环境光和阴影，如图 3-37
    所示。

**工程点拨：在设置【照明】选项区中的阴影前，必须在【阴影】选项区中勾选【投射
阴影】复选框，否则无效。**

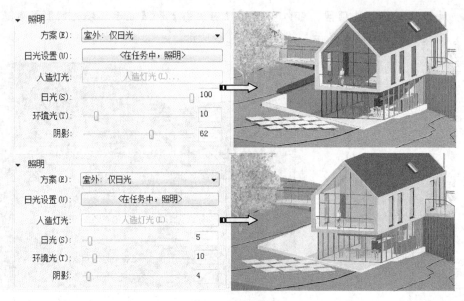

图3-37　照明设置

12. 展开【摄影曝光】选项区，你可以设置图像的曝光度。图 3-38 所示为启用或不启用曝光度的效果对比。

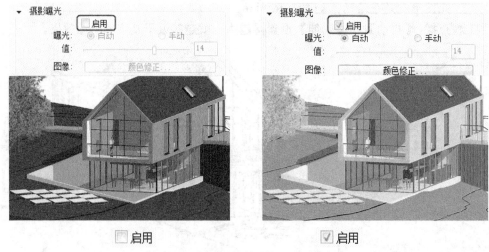

图3-38　启用曝光度前后效果对比图

13. 【背景】选项区是用于设置整个图像的背景，主要用于渲染 3D 场景，在后面章节中有详细的介绍。

14. 最后单击对话框中的【确定】按钮，完成图形选项的设置。

3.2.2　图形的可见性

我们还可以通过【视图】选项卡【图形】面板中的【可见性/图形】工具，控制模型图元、基准图元和视图专有图元的可见性及图形显示。

单击【可见性/图形】按钮，弹出【×××的可见性/图形替换】对话框。"×××"是因视图类型而异，例如，当前的视图为"三维视图"的"3D"视图，那么对话框的标题应该为【三维视图：{3D}的可见性/图形替换】，如图 3-39 所示。

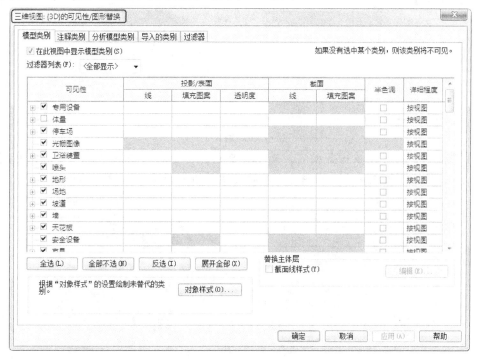

图3-39 对话框的标题名

工程点拨：也可以在【属性】选项板的"可见性/图形变换"栏单击【编辑】按钮，打开对话框。

对话框包含 5 个选项标签，可以根据不同的类别来控制图形的显示。

一、【模型类别】标签

【模型类别】选项标签下的选项是用来控制视图中模型图元的显示。各选项含义如下。

- 【在此视图中显示模型类型】：勾选此复选框，会显示视图中所有的模型图元，如果取消勾选，将不会显示任何图元。
- 【过滤器列表】：在列表中有 5 类过滤器，如图 3-40 所示。包括建筑、机械、电气、结构和管道。全部勾选，将会显示视图中包含这 5 类图元，取消勾选，将不会显示。

图3-40 过滤器列表

- 选项标签中间是图元列表，如图 3-41 所示。通过在【可见性】列中勾选或取消勾选图元类别，确定所选图元是否显示。

图3-41 图元类别列表

- 【全选】按钮：单击此按钮，选中全部图元类别。选中后可以设置图元的颜色、线宽、填充图案、透明度、截面线型及填充图案等，如图 3-42 所示。

图3-42 全选图元

- 【全部不选】按钮：单击此按钮，将不选中所有图元。
- 【反选】按钮：如果先前单选了某一个或几个类别图元，单击此按钮将反选其余所有图元，如图 3-43 所示。

图3-43 反选

- 【展开全部】按钮：单击此按钮，将展开全部类别图元，如图3-44所示。

图3-44 展开所有类别图元

- 【对象样式】按钮：单击此按钮，可以在打开的【对象样式】对话框中设置样式来替代【×××的可见性/图形替换】对话框中的图元样式，如图 3-45 所示。

图3-45 【对象样式】对话框

- 【截面线样式】：勾选此复选框，可以设置截面线样式，其后的【编辑】按钮亮显可用。单击【编辑】按钮，将打开【主体层线样式】对话框，如图 3-46 所示。

图3-46　截面线样式的编辑

【例3-5】　图元的显示与隐藏操作

下面举例说明图元的显示与隐藏方法。

仍然以"ac_basic_sample_project.rvt"项目样板文件作为范例源文件。

1. 以范例文件中的人物（名叫 YnYin）进行演示操作。人物（YinYin）属于"环境"族，如图 3-47 所示。

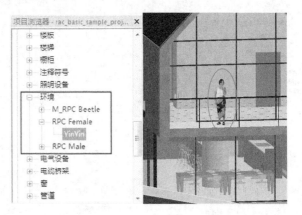

图3-47　环境族

2. 在知道人物属于"环境"族中的一图元族后，就可以设置可见性了。在功能区【视图】选项卡【图形】面板中单击【可见性/图形】按钮，打开【可见性/图形替换】对话框。

3. 在图元类别列表中，取消"环境"类别的勾选，然后单击对话框底部的【应用】按钮，如图3-48 所示。其余设置保留默认。

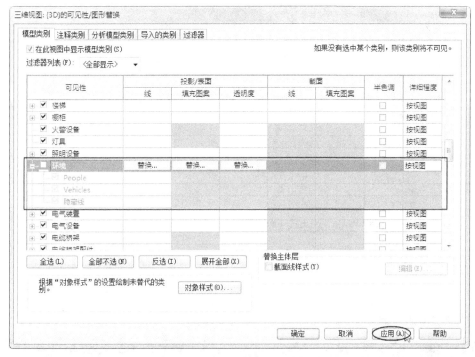

图3-48 取消"环境"类别的勾选

4. 随后可看见视图中的人物图元隐藏了，如图 3-49 所示。

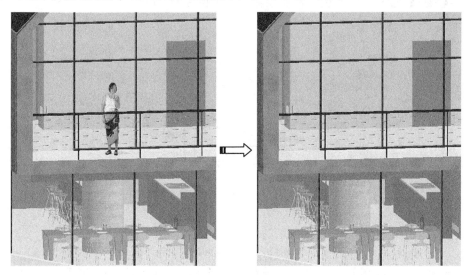

图3-49 图元的隐藏

5. 同理，在对话框中勾选"环境"类别，再单击【应用】按钮，人物图元
    显示。

二、【注释类别】标签

【注释类别】选项标签用来设置视图中所有的注释类别的可见性，如图 3-50 所示。

图3-50　【注释类别】选项卡

下面举例说明注释类别的可见性操作。

【例3-6】　注释标记的显示与隐藏

1. 接上例的建筑样例文件。在【项目浏览器】中双击【视图】|【立面】|
   【East】视图，打开 East 立面图窗口，如图 3-51 所示。

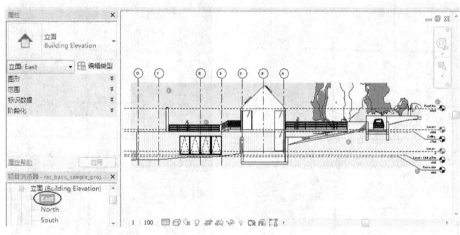

图3-51　打开立面图窗口

2. 在功能区【视图】选项卡的【图形】面板中单击【可见性/图形】按钮，打
   开【可见性/图形替换】对话框。

3. 在对话框的【注释类别】标签下，分别取消可见性列表中【常规注释】组与
   【自适应点】组下的【标高】选项与【轴网】选项，如图 3-52 所示。

可见性	投影/表面 线	半色调	可见性	投影/表面 线	半色调
☑ 尺寸标注		☐	☑ 结构钢筋网标记		☐
☑ 屋顶标记		☐	☑ 结构钢筋网符号		☐
☑ 属性标记		☐	☑ 自适应点		☐
☑ 常规模型标记		☐	☑ 范围框		☐
☑ 常规注释		☐	☑ 视图参照		☐
☑ 幕墙竖梃标记		☐	☑ 视图标题		☐
☑ 幕墙系统标记		☐	☑ 详图索引		☐
☑ 平面区域		☐	☑ 详图项目标记		☐
☑ 平面视图中的支撑符号		☐	☑ 跨方向符号		☐
☑ 建筑红线线段标记		☐	☑ 软管标记		☐
☑ 房间标记		☐	☑ 软风管标记		☐
☑ 护理呼叫设备标记		☐	☐ 轴网		☐
☑ 拼接线		☐	☑ 连接符号		☐
☑ 数据设备标记		☐	☑ 通讯设备标记		☐
☑ 文字注释		☐	☑ 部件标记		☐
☑ 明细表图形		☐	☑ 配电盘明细表图形		☐
☑ 机电设备标记		☐	☑ 门标记		☐
☑ 材质标记		☐	☑ 零件标记		☐
☐ 标高		☐	☑ 面积标记		☐
☑ 栏杆扶手标记		☐	☑ 面荷载标记		☐

图3-52 取消【标高】与【轴网】复选框的勾选

4. 然后再单击【应用】按钮，立面图中的标高标记和轴网标记被隐藏，如图 3-53 所示。

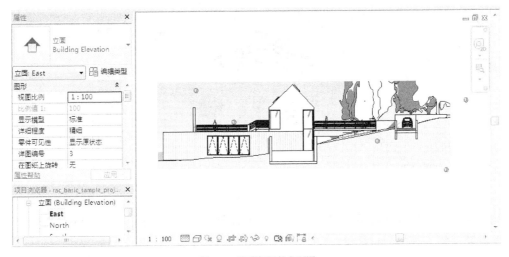

图3-53 隐藏标记的立面图

5. 同理，若勾选复选框并单击【应用】按钮，将显示被隐藏的标记。

三、【分析模型类型】标签

【分析模型类型】标签仅针对于结构分析的模型可用，下面举例说明操作步骤。

【例3-7】 分析模型中的图元显示与隐藏

1. 在 Revit 欢迎界面单击打开【结构样例项目】文件，或者通过【打开】对话框调出 "rst_basic_sample_project.rvt" 结构样板文件，如图 3-54 所示。

图3-54　打开结构样例文件

2. 打开的结构样例项目如图 3-55 所示。

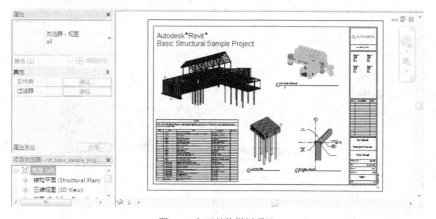

图3-55　打开结构样例项目

3. 在项目浏览器【视图】|【三维视图】项目节点下双击 Analytical Model 视图，显示结构模型分析视图窗口，如图 3-56 所示。

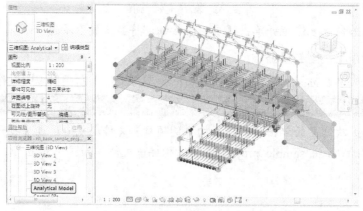

图3-56　打开分析模型视图窗口

视图中包含有多重分析模型的图元要素。在功能区【视图】选项卡【图形】面板中单击【可见性/图形】按钮，打开【可见性/图形替换】对话框。

4. 在对话框的【分析模型类别】标签下，取消可见性列表中【分析节点】复选框的勾选，如图3-57所示。

图3-57 取消【分析节点】复选框的勾选

5. 单击对话框中的【应用】按钮，分析模型视图中的所有节点被隐藏，如图3-58所示。

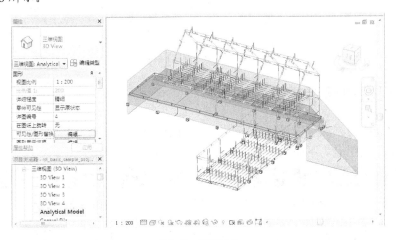

图3-58 隐藏节点

6. 同理，按此操作可以将其他图元隐藏或显示。

四、其他标签选项

【导入的类别】标签主要控制导入的外部图形、二维图元及图像等元素的显示与隐藏。如导入 CAD 图纸文件，【导入的类别】标签下"可见性"列表中就增加了该 CAD 图纸文件，如图 3-59 所示。

图3-59　【导入的类别】标签

【过滤器】标签主要是通过图元的线型、颜色、线宽、填充图案等可见性特点，控制显示与隐藏，如图 3-60 所示。

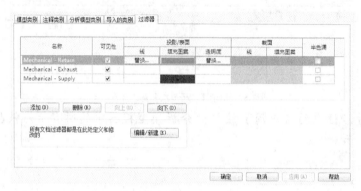

图3-60　【过滤器】标签

3.2.3　在视图中显示或隐藏图元

虽然前面介绍的方法可以显示或隐藏图元，但还是稍显麻烦。最快捷的操作就是直接在视图中显示或隐藏图元。下面介绍几种显示与隐藏的操作方法。

【例3-8】　执行右键菜单命令——在视图中显示或隐藏图元

1.　从 Revit 欢迎界面中打开"系统样例项目"文件，如图 3-61 所示。

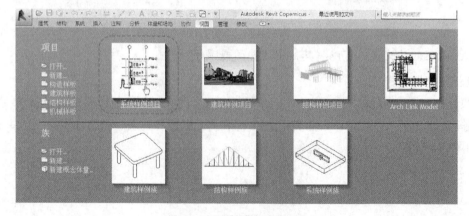

图3-61　打开系统样例项目文件

2. 默认显示的是电气设备安装的剖面图。选中电气设备标记为 T-SVC 的配电箱图元，如图 3-62 所示。

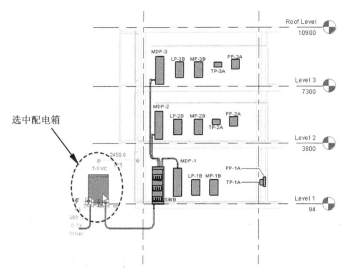

图3-62 选中配电箱图元

3. 单击鼠标右键显示快捷菜单，执行快捷菜单上的【在视图中隐藏】|【图元】命令，所选的配电箱图元立即被隐藏，如图 3-63 所示。

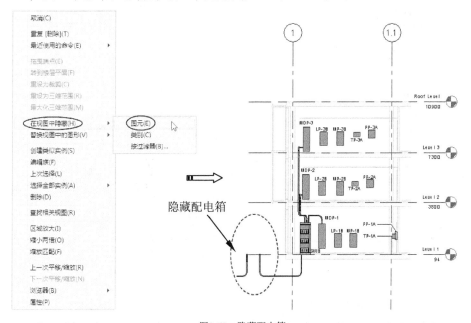

图3-63 隐藏配电箱

4. 在图形区底部的视图控制栏中单击【显示隐藏的图元】按钮 🔲，将视图中隐藏的图元全部显示（以深紫色亮显显示），如图 3-64 所示。

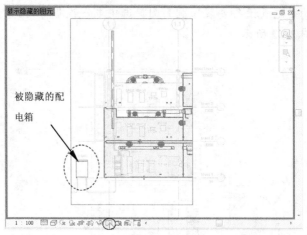

图3-64　显示被隐藏的所有图元

5. 选中被隐藏的配电箱，再执行右键菜单中的【取消在视图中隐藏】|【图元】命令，如图 3-65 所示。

6. 然后在图形区空白位置单击鼠标，并在功能区【管理】选项卡【显示隐藏的图元】面板中单击【切换显示隐藏图元模式】按钮⊠，可看见配电箱设备重新显示，如图 3-66 所示。

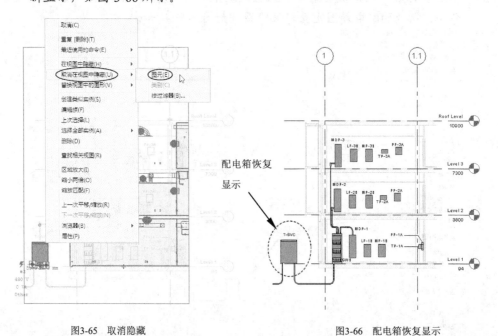

图3-65　取消隐藏　　　　　　　　　　　　　　　　图3-66　配电箱恢复显示

【例3-9】　利用功能区选项卡命令——在视图中显示与隐藏图元

继续上一结构样例项目进行操作。

1. 选中电气设备标记为 T-SVC 的配电箱图元，如图 3-67 所示。

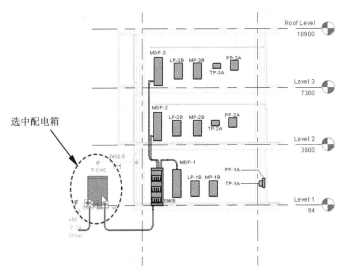

图3-67　选中配电箱图元

2. 在功能区显示的【修改|电气设备】选项卡的【视图】面板中单击【在视图中隐藏】|【隐藏图元】按钮 ⚲，如图 3-68 所示。

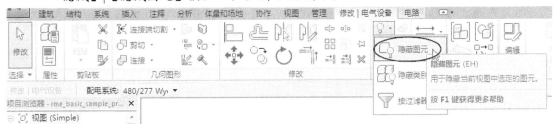

图3-68　执行功能区选项卡中的隐藏命令

3. 所选的配电箱图元立即被隐藏，如图 3-69 所示。

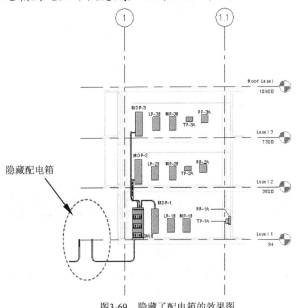

图3-69　隐藏了配电箱的效果图

4. 在图形区底部的视图控制栏中单击【显示隐藏的图元】按钮，将视图中隐藏的图元全部显示（以深紫色亮显显示），如图 3-70 所示。

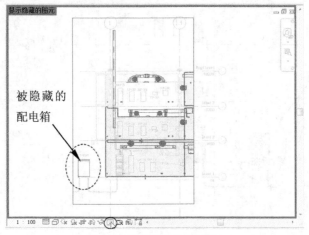

图3-70 显示被隐藏的所有图元

5. 选中被隐藏的配电箱，在功能区显示的【修改|电气设备】选项卡的【显示隐藏的图元】面板中单击【取消隐藏图元】按钮，再单击【切换显示隐藏图元模式】按钮关闭选项卡，即可看见配电箱设备重新显示，如图 3-71 所示。

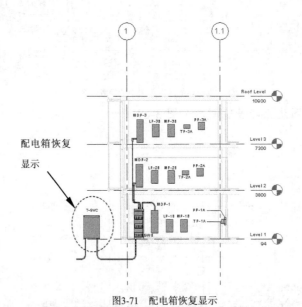

图3-71 配电箱恢复显示

【例3-10】 利用视图控制栏命令——在视图中显示与隐藏图元

本操作介绍的是一种临时显示或隐藏图元的方法。

1. 选中电气设备标记为 T-SVC 的配电箱图元。

2. 在【视图控制栏】中单击【临时隐藏/隔离】按钮，然后在弹出的子菜单上执行【隐藏图元】命令，如图 3-72 所示。

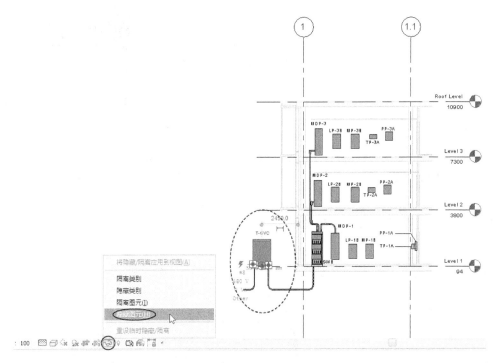

图3-72　执行视图控制栏中的隐藏命令

3.　随后所选的配电箱图元被立即隐藏，如图 3-73 所示。

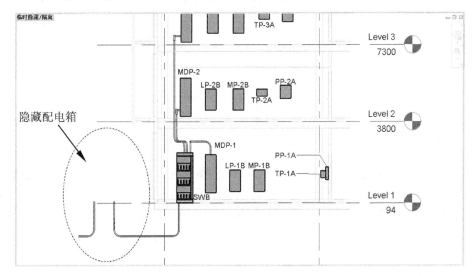

图3-73　隐藏了配电箱的效果图

4.　在视图控制栏中再单击【临时隐藏/隔离】按钮 ，并在弹出的子菜单上执行
　　【重设临时隐藏/隔离】命令，如图 3-74 所示。

图3-74　执行视图控制栏的命令

5.　被临时隐藏的配电箱自动恢复显示，如图 3-75 所示。

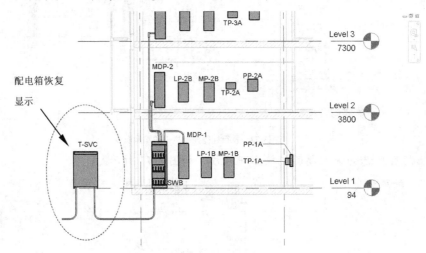

图3-75　临时隐藏的配电箱恢复显示

3.3　视图控制栏的视图显示工具

视图控制栏上的视图工具可以帮用户快速操作视图，前面已经介绍了【临时隐藏/隔离】工具和【显示隐藏的图元】工具，本节仅介绍视图控制栏上的其他视图显示工具。

视图控制栏上的视图显示工具如图 3-76 所示。下面简单介绍这些工具的基本用法。

图3-76　视图控制栏

一、视图样式

在前面 3.2.1 小节中介绍过图形的模型显示样式设置，此功能也可以在视图控制栏上利用【视图样式】工具来实现。单击【视图样式】按钮 □ 展开菜单，如图 3-77 所示。选择【图形显示选项】命令，可打开【图形显示选项】对话框进行视图设置，如图 3-78 所示。

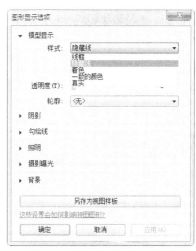

图3-77 【视图样式】菜单

图3-78 【图形显示选项】对话框

二、日光设置

当渲染场景为白天时，可以设置日光（我们将在"建筑模型渲染"一章中详细讲解）。单击【日光设置】按钮 ，弹出包含3个选项的菜单，如图3-79所示。

图3-79 日光设置菜单

日光路径是指阳光一天中在地球上照射的时间和地理路径，并以运动轨迹可视化表现，如图3-80所示。

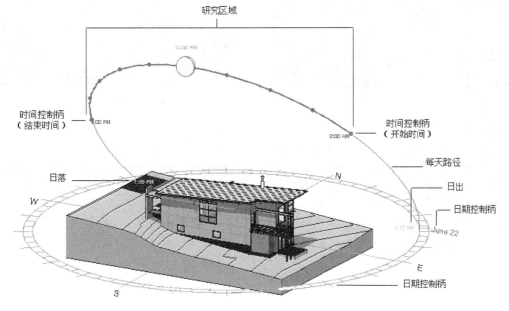

图3-80 "一天"的日光路径

选择【日光设置】选项可以打开【日光设置】对话框进行日光研究和设置，如图 3-81 所示。

图3-81　【日光设置】对话框

三、阴影开关

在视图控制栏上单击【打开阴影】按钮或【关闭阴影】按钮，可控制真实渲染场景中的阴影显示或关闭。图 3-82 所示为打开阴影的场景，图 3-83 所示为关闭阴影的场景。

图3-82　打开阴影状态　　　　　　　　图3-83　关闭阴影状态

四、视图的剪裁

剪裁视图主要用于查看三维建筑模型剖面在剪裁前后的视图状态。

【例3-11】　查看视图的剪裁与不剪裁状态

1. 从欢迎界面中打开"建筑样例项目"文件。
2. 进入 Revit 建筑项目设计工作界面，在项目浏览器中双击【视图】|【立面图】|【East】视图，如图 3-84 所示。

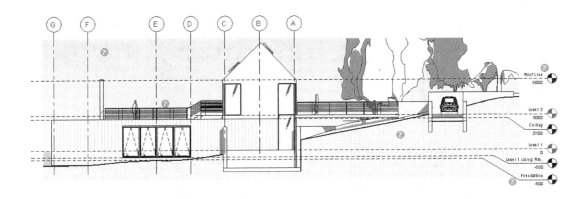

图3-84　打开 East 立面图查看

3. 此视图实际上是一个剪裁视图。单击视图控制栏上的【不剪裁视图】按钮，可以查看被剪裁之前的整个建筑剖面图，如图 3-85 所示。

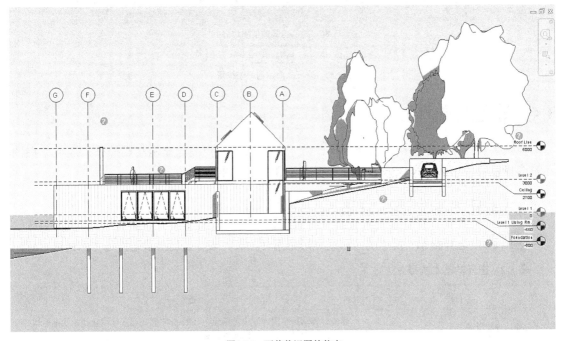

图3-85　不剪裁视图的状态

4. 此时是没有显示视图剪裁边界的，要想显示，可单击旁边的【显示剪裁区域】按钮，显示剪裁的视图边界如图 3-86 所示。

5. 要返回正常的立面图视图状态，需再单击【剪裁视图】按钮和【隐藏剪裁区域】按钮，如图 3-87 所示。

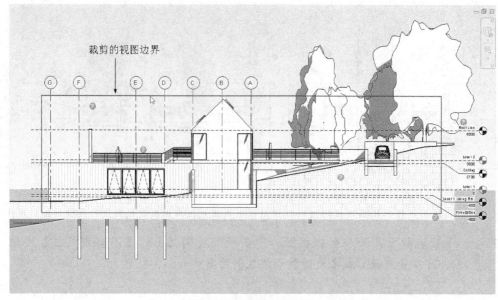

图3-86 显示剪裁的视图边界

图3-87 恢复立面图的两个按钮

3.4 图元的选择技巧

要熟练操作 Revit 并用于快速制图，除了前面所述的视图的显示与操控外，还要掌握图元的选择技巧。下面介绍图元的基本选择方法和按过滤器选择的方法。

3.4.1 图元的基本选择方法

在 Revit 中选择图元，常用的方法就是采用指针拾取，表 3-2 列出了几种基本的拾取方式。

表 3-2 图元的基本选择方法

目标	操作
定位要选择的所需图元	将指针移动到绘图区域中的图元上。Revit 将高亮显示该图元并在状态栏和工具提示中显示有关该图元的信息
选择一个图元	单击该图元
选择多个图元	在按住 Ctrl 键的同时单击每个图元
确定当前选择的图元数量	检查状态栏（ ⧩:4 ）上的选择合计
选择特定类型的全部图元	选择所需类型的一个图元，并键入 SA（表示"选择全部实例"）
选择某种类别（或某些类别）的所有图元	在图元周围绘制一个拾取框，并单击【修改】|【选择多个】选项卡|【过滤器】面板|单击【过滤器】按钮 ⧩。选择所需类别，并单击【确定】按钮
取消选择图元	按住 Shift 键的同时单击每个图元，可以从一组选定图元中取消选择该图元
重新选择以前选择的图元	按住 Ctrl 键的同时按左箭头键

以案例来说明图元的选择步骤。

【例3-12】 几种图元的基本选择方法

1. 单击快速访问工具栏上的【打开】按钮 ，从【打开】对话框中打开 Revit 安装路径下 （E:\Program Files\Autodesk\Revit Copernicus\Samples） 的 "rac_advanced_sample_family.rfa" 族文件，如图 3-88 所示。

图3-88 打开族文件

2. 将指针移动到绘图区域中要选择的图元上，Revit 将高亮显示该图元并在状态栏和工具提示中显示有关该图元的信息，如图 3-89 所示。

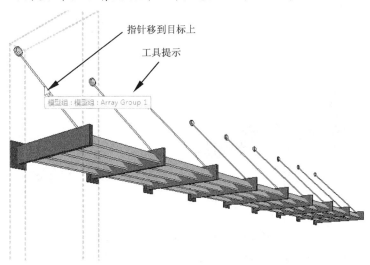

图3-89 移动指针到目标图元位置上

工程点拨：如果几个图元彼此非常接近或互相重叠，可将指针移到该区域上并按 **Tab** 键，直至状态栏描述所需图元为止。按 **Shift+Tab** 组合键可以按相反的顺序循环切换图元。

3. 单击显示工具提示的图元，同一类型（模型组）的图元被选中，选中的图元呈半透明蓝色状态显示，如图 3-90 所示。

4. 按住 Ctrl 键继续选中其他图元，随后多个图元被选中，如图 3-91 所示。

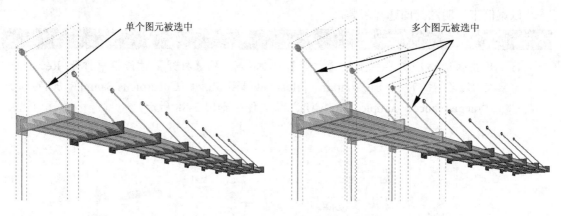

| 图3-90 选中单个图元 | 图3-91 选中多个图元 |

5. 此时可以在状态栏最右侧查看当前所选的图元数量，如图 3-92 所示。

图3-92 查看所选的图元数量

6. 单击 ▽:3 图标，将打开【过滤器】对话框，取消勾选或勾选类别复选框，可控制所选图元不显示或显示，如图 3-93 所示。

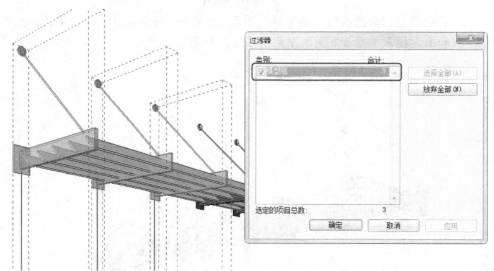

图3-93 通过【过滤器】对话框控制所选图元是否显示

7. 如果需要同时选择同一类别的图元，方法是：先选中一个图元，然后直接输入 SA（为"选择全部实例"的快捷键命令），其余同类别的图元被同时选中，如图 3-94 所示。

工程点拨：由于 Revit 没有命令行输入文本框，所以输入的快捷命令只能显示在状态栏上。

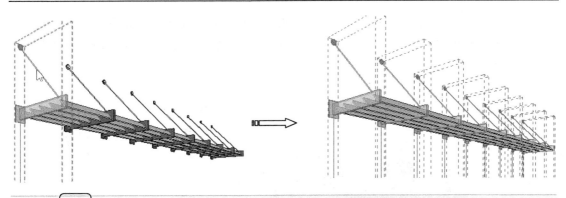

快捷方式: (SA) 选择全部实例: 在整个项目中 (关联菜单)   :1

图3-94　选择同一类别的图元

8. 当然，我们也可以通过项目浏览器来选择全部实例。在项目浏览器的【族】|
【常规模型】|Support Beam 节点下，右键单击某个族，在弹出的右键菜单中
执行【选择全部实例】|【在整个项目中】（或执行【在视图中可见】）命令，
将全部选中 Support Beam 族图元，如图 3-95 所示。

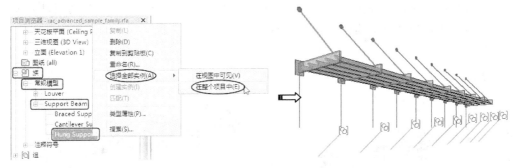

图3-95　通过项目浏览器选择全部实例

- 还有一种选择全部实例的方式就是执行右键菜单命令，选中一个图元后，单
击右键并执行右键菜单中的【选择全部实例】|【在视图中可见】（或【在整个
项目中】）命令即可同时选中同类别的全部图元，如图 3-96 所示。

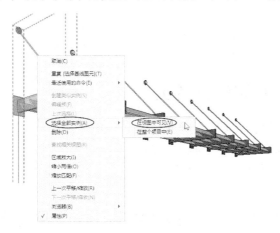

图3-96　执行右键菜单命令选择全部实例

- 也可以通过指针拾取框来选择单个或多个图元，首先用指针在图形区由右向左画一个矩形，矩形边框所包含或相交的图元都将被选中，选中的图元不分类别，如图 3-97 所示。

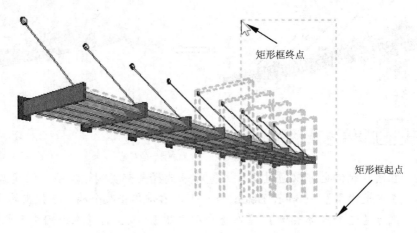

矩形框终点

矩形框起点

图3-97　利用矩形拾取框来选择图元

9. 选中图元后，如果要取消部分图元或全部取消，可以按住 Shift 键的同时再选择图元，即可取消选择，如图 3-98 所示。

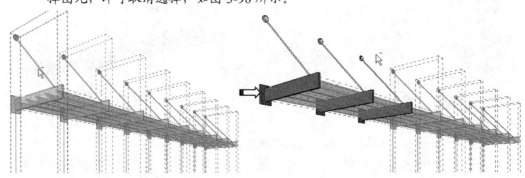

图3-98　取消图元的选择

工程点拨：按 Shift 键时可看见指针箭头上新增一个 "－" 符号，按 Ctrl 键时会看见新增一个 "＋" 符号。

10. 如果要快速地全部取消图元的选择，按 Esc 键退出操作即可。

3.4.2　通过选择过滤器选择图元

Revit 提供了控制图元显示的过滤器选项，功能区【选择】面板中的过滤器选项及状态栏右端的选择过滤器按钮如图 3-99 所示。

一、选择链接

"选择链接"是跟链接的文件及链接的图元相关。勾选此复选框，将可以选择包括

图3-99　选择过滤器选项

Revit 模型、CAD 文件和点云扫描数据文件等类别。如图 3-100 所示，图中左侧的建筑模型是通过链接插入的 RVT 模型，直接选择链接模型是不能被选取的，仅当勾选了【选择链接】过滤器复选项后才可以被选中。

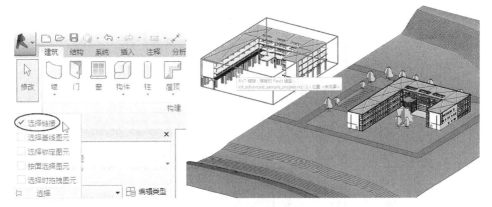

图3-100 选择链接的模型

工程点拨：判断一个项目中是否有链接的模型或文件，在项目浏览器底部的【Revit 链接】节点下查看是否有链接对象，如图 3-101 所示。或者在功能区【管理】选项卡的【管理项目】面板中单击【管理链接】按钮，打开【管理链接】对话框查看，如图 3-102 所示。

图3-101 项目浏览器

图3-102 【管理链接】对话框

二、选择基线图元

很多新手对于"基线"很难理解或理解不够，或许会参考帮助文档，但也不会得到具体的满意答案。

于是，笔者的理解是：在制作平面图（包括楼层平面图、天花平面图、基础平面图等）过程中，有时会需要本建筑的其他图纸作为参考，这些参考（仅显示墙体线）就是"基线"并以灰色线显示，如图 3-103 所示。

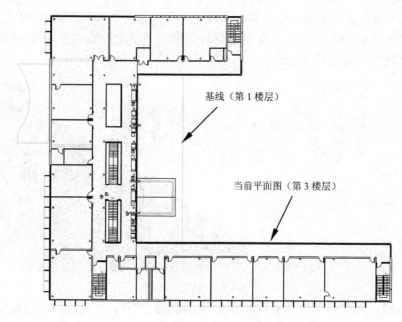

图3-103 "基线"在平面图中的作用

基线（第1楼层）

当前平面图（第3楼层）

下面用案例说明"基线"的设置、显示与选择。默认情况下，这些基线是不能选择的，只有勾选了【选择基线图元】复选框后才可以被选中。

【例3-13】 选择基线图元

1. 单击快速访问工具栏上的【打开】按钮 ，从【打开】对话框中打开 Revit 安装路径下（ E:\Program Files\Autodesk\Revit Copernicus\Samples ）的 "rac_advanced_sample_project.rvt"建筑样例文件。

2. 在项目浏览器的【视图】|【楼层平面】节点下双击打开"03 – Floor"视图，如图 3-104 所示。

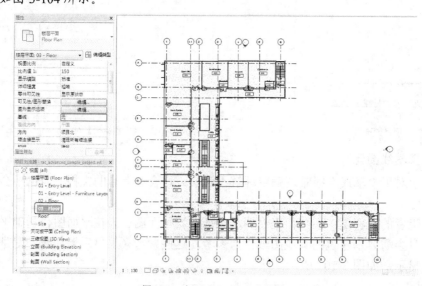

图3-104 打开"03 – Floor"视图

3. 在属性选项板的【图形】选项区中找到【基线】选项，单击右侧的列表框展开，再选择【01 - Entry Level】作为基线，并单击属性选项板底部的【应用】按钮进行确认并应用，如图 3-105 所示。

图3-105　设置基线

4. 随后图形区中显示楼层 1 的基线（灰显），如图 3-106 所示。

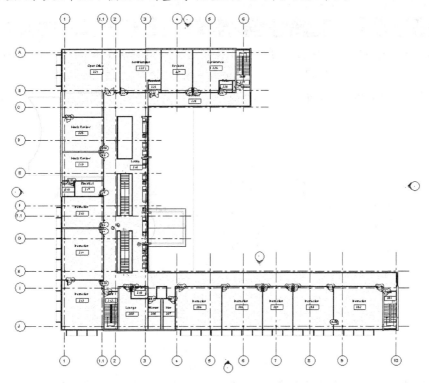

图3-106　显示基线

5. 在【选择】面板中勾选【选择基线图元】复选框，或者在状态栏右侧单击【选择基线图元】按钮，随后即可选择灰显的基线图元了，如图 3-107 所示。

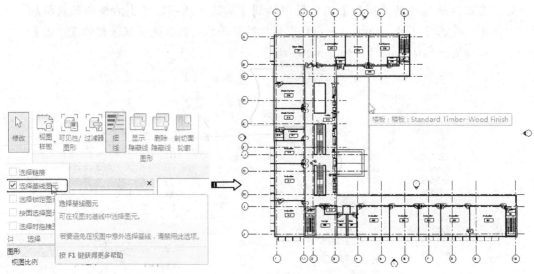

图3-107 选择基线图元

三、选择锁定图元

在建筑项目中，某些图元一旦被锁定后，将不能被选择。要想取消选择限制，需设置【选择锁定图元】过滤器选项。下面仍以案例进行说明。

【例3-14】 选择锁定的图元

1. 单击快速访问工具栏上的【打开】按钮 ，从【打开】对话框中打开 Revit 安装路径下（E:\Program Files\Autodesk\Revit Copernicus\Samples）的 "rme_advanced_sample_project.rvt" 样例文件。打开的样例如图 3-108 所示。

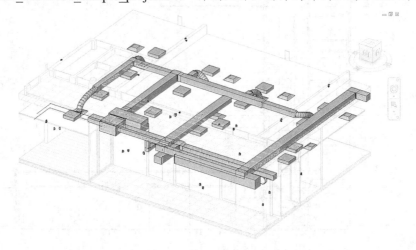

图3-108 打开的样例文件

2. 在图形区中，选择默认视图中的一个通风管道图元，并执行右键菜单中的【选择全部实例】|【在整个项目中】命令，选中该类别的所有通风管图元，如图 3-109 所示。

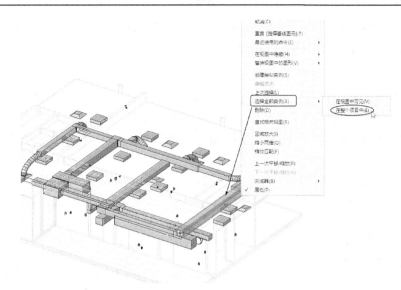

图3-109　选择所有实例

3. 然后在弹出的【修改|风管】上下文选项卡的【修改】面板中单击【锁定】按钮 ，被选中的风管图元上添加了图钉标记，表示被锁定，如图 3-110 所示。

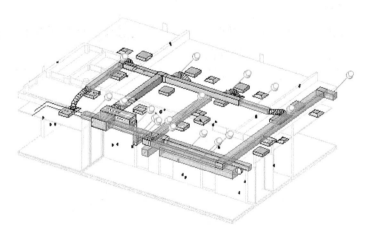

图3-110　锁定图元

4. 默认情况下，被锁定的图元不能选择。需在【选择】面板中勾选【选择锁定图元】复选框解除选择限制，如图 3-111 所示。

图3-111　解除锁定图元的选择限制

工程点拨：解除选择限制不是解除锁定状态。要解除锁定状态，请到【修改|风管】上下文选项卡的【修改】面板中单击【解锁】按钮 。

四、按面选择图元

当用户希望能够通过拾取内部面而不是边来选择图元时，可开启【按面选择图元】复选框。例如，启用此选项后，可通过单击墙或楼板的中心来将其选中。

工程点拨：**此选项适用于所有模型视图和详图视图。但它不适用于视图样式为"线框"的视图。**

图 3-112 所示为"按面选择图元"的选择状态，指针可以在模型的任意位置选择。图 3-113 所示为取消"按边选择图元"选项后的选择状态，指针只能在模型边上选择。

图3-112　按面选择图元

图3-113　按边选择图元

五、选择时拖曳图元

当你需要既要选择图元又要同时移动图元时，可勾选【选择】面板上的【选择时拖曳图元】复选框或单击状态栏上的【选择时拖曳图元】按钮 。

勾选此复选框后（最好同时勾选【按面选择图元】复选框），可以迅速地选择图元并同时移动图元，如图 3-114 所示。

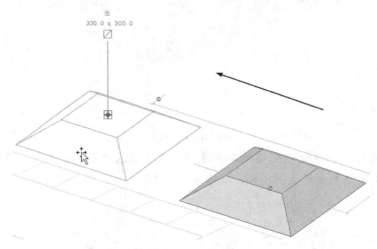

图3-114　选择时拖曳图元

工程点拨：如果不勾选此复选框，要移动图元须分两步：选中图元释放鼠标，再单击拖动图元。

第4章 项目管理与设置

Revit 有强大的模型显示、视图操控、和项目设置管理等功能。要熟练掌握 Revit，必须先熟练操控视图及项目管理设置等技能，本章就带领读者进入学习 Revit 2016 的第二步：视图操作与项目管理。

 本章要点

- Revit 选项设置。
- 项目设置。
- 定义项目位置——地点。
- 项目阶段化。

4.1 Revit 选项设置

Revit 的【选项】设置对话框可以控制界面和部分功能应用。在应用程序菜单中单击【选项】按钮，弹出【选项】对话框，如图4-1 所示。

图4-1 【选项】对话框

4.1.1　【常规】设置

【常规】页面中，可以设置文件的保存提醒时间、Autodesk 360 用户名查看、日志文件清理、工作共享频率及视图选项等。

【例4-1】　　【常规】设置操作

1. 设置【通知】选项区。【通知】选项区用来设置用户建立项目文件或族文件要及时保存文档的提醒时间，Revit 并不能自动保存文件。很多情况下，我们会遇到很多不可控的突然断电、计算机死机、软件 BUG 出现导致重启等问题，如果没有及时保存文件，那么工作白干的事时有发生，因此保持一个常保持文件的良好习惯是很有必要的。设置保持的提醒时间最少是 15 分钟，可根据实际情况选择其他时间进行保存，如图 4-2 所示。

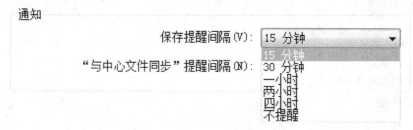

图4-2　设置文件保存的提醒时间

2. 设置【用户名】选项区。【用户名】选项区显示与软件特定任务相关的标记，例如，通过在工作站中与其他工程师协同设计时，第一次登录 Autodesk 360 的默认用户名。在以后的设计中，可以重新设置用户名，让大家能清楚地知道每一个设计师代号及他们所设计的人物，便于设计师们能够及时的进行沟通，提升工作效率。

3. 设置【日志文件清理】选项区。日志文件是记录 Revit 任务中每个步骤的文本文档。这些文件主要用于软件支持进程。要检测问题或重新创建丢失的步骤或文件时，可运行日志。在每个任务终止时，会保存这些日志。

　　工程点拨：设置日志文件的限制量后，系统会自动进行清理，并始终保留设定数量的日志文件。后面产生的新日志会自动覆盖前面的日志文件。

4. 设置【工作共享更新频率】选项区。【工作共享更新频率】选项区用来设置工作共享的更新频率。使用工作共享显示模式可以很直观地区分工作共享项目的图元。工作共享是一种设计方法，此方法允许多名团队成员同时处理同一个项目模型。在许多项目中，会为团队成员分配一个让其负责的特定功能领域。图 4-3 所示为团队成员共享一个中心模型的示意图。

工作共享

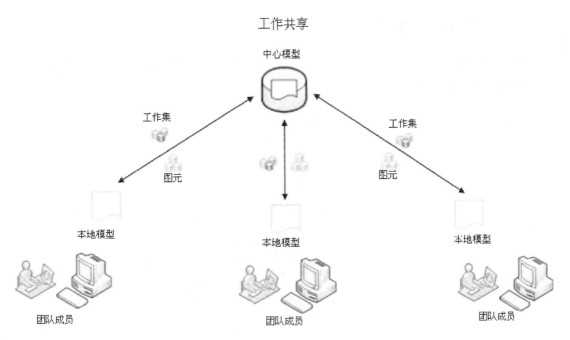

图4-3　团队成员共享一个中心模型

5. 启用工作共享可以在【协作】选项卡的【管理协作】面板中单击【工作集】
按钮🏠，打开【工作共享】对话框，如图 4-4 所示。单击【确定】按钮即可启
动工作共享。

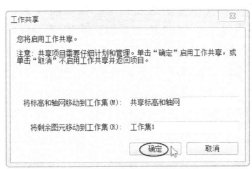

图4-4　【工作共享】

工程点拨：关于协同设计我们将在后续章节中详细讲解。

6. 设置【视图选项】选项区。【视图选项】选项区用来设置视图的规程，也就是
样板的类型，如图 4-5 所示。当用户新建空白的项目文件进入工作界面后，可
以按设计要求进行设置。

图4-5　设置默认视图规程

4.1.2 【用户界面】设置

【用户界面】选项设置页面中，包括工具和分析配置、工具提示设置、快捷键设置、选项卡切换行为设置等，如图 4-6 所示。

图4-6 【用户界面】选项设置页面

【例4-2】 【用户界面】设置操作

1. 【配置】选项区。在【配置】选项区中，通过在【工具和分析】列表下勾选或取消勾选工具复选框，可以控制功能区中选项卡的显示或关闭。例如，取消【"建筑"选项卡和工具】复选框，单击对话框中的【确定】按钮后，功能区中将不再显示【建筑】选项卡，如图 4-7 所示。

图4-7 不显示【建筑】选项卡的设置

其余选项设置含义如下。

- 活动主题：活动主题是指界面中的功能区标题、软件标题等元素的背景颜色深浅设置。活动主题分"亮"和"暗"两种，如图 4-8 所示。

图4-8　活动主题的设置

- 快捷键：Revit 与欧特克其他软件一样，都可以设置命令快捷键，有助于快速制图。单击【自定义】按钮，打开【快捷键】对话框，如图 4-9 所示。设置快捷键方法是：搜索 Revit 中的命令，然后在【按新键】文本框内键入键盘快捷键，单击【指定】按钮，即可完成设置。
- 双击选项：双击选项是定义鼠标左键双击的动作。如图 4-10 所示，单击【自定义】按钮，打开【自定义双击设置】对话框，通过选择图元类型，进而设置相对应的双击操作。

图4-9　【快捷键】对话框

图4-10　【自定义双击设置】对话框

- 工具提示助理：此选项可设置工具提示的内容多少，当指针移至功能区选项卡某面板上的命令上时，会显示工具提示，如图 4-11 所示。其中"无"表示没有工具提示；"最小"表示工具提示所展示的内容只有文字提示；"标准"表示既有文字也有图片内容（甚至还有 Flash 动画）；"高"与"标准"基本相同，若有更多的展示内容，"高"将全部展示。

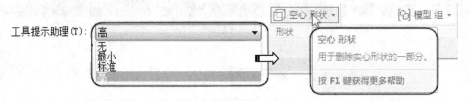

图4-11 工具提示助理

- 【启动时启用"最近使用的文档"页面】复选框：勾选此复选框，软件启动后将会在应用程序菜单中显示"最近使用的文档"页面，如图 4-12 所示。

图4-12 显示"最近使用的文档"页面

2. 设置【选项卡切换行为】选项区。此选项区可设置上下文选项卡在功能区中的行为。选项含义如下：【清除选择或退出后】选项是指选择某个图元进行编辑时，功能区会新增一个上下文选项卡——【修改|×××】上下文选项卡，"×××"命名为当前所选图元的类型，图元类型不同，新选项卡的名称也会有所不同，如图 4-13 所示。

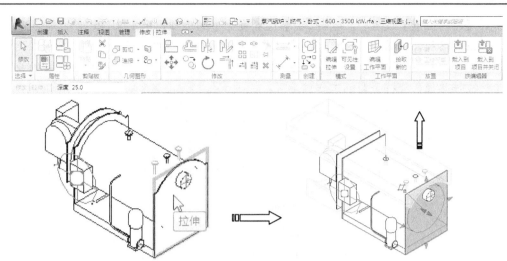

图4-13   【修改|×××】上下文选项卡

3. 在【项目环境】列表中有两个选项：返回到上一个选项卡和停留在"修改"
   选项卡。

- 返回到上一个选项卡：设置为此选项时，关闭【修改|×××】上下文选项卡后将
  返回到上下文选项卡紧邻的那一个选项卡。

- 停留在"修改"选项卡：如果设置为【停留在"修改"选项卡】选项，那么
  关闭【修改|×××】上下文选项卡后只能是返回到"修改"选项卡。

4. 勾选【选择时显示上下文选项卡】复选框，当选择图元要进行编辑时会自动
   弹出【修改|×××】上下文选项卡。

【例4-3】   其他选项设置

1. 【图形】设置。【图形】设置页面中的选项主要控制软件的图形模式及界面的
   颜色、临时尺寸标注的文字外观等，如图 4-14 所示。

图4-14   【图形】设置页面

2. 【文件位置】设置。【文件位置】设置页面中的选项用来定义 Revit 文件和目录的路径，如图 4-15 所示。前面我们介绍过，如果安装了族文件，必须在此页面中指定族文件的路径，否则每次使用族文件，将不会默认指向安装的族文件路径，那将会影响工作效率。

图4-15　【文件位置】设置页面

3. 【渲染】设置。【渲染】设置页面如图 4-16 所示。【渲染】设置页面中提供有关在渲染三维模型时如何访问要使用的图像的信息，可指定以下内容。
- 用于渲染外观的文件的路径。
- 用于贴花的文件的路径。
- ArchVisionDashboard 的配置信息。

4. 【检查拼写】设置。此页面设置输入文字时的语法设置，如图 4-17 所示。

图4-16　【渲染】设置页面

图4-17　【检查拼写】设置页面

5. 【SteeringWheels】设置。此选项页面中的选项用来设置 SteeringWheels 视图

导航工具的选项。SteeringWheels 视图导航工具如图 4-18 所示。【SteeringWheels】设置页面如图 4-19 所示。

6. 【ViewCube】设置。【ViewCube】的设置在前一章中简要介绍过，主要设置 ViewCube 的外观、指南针和鼠标单击行为，如图 4-20 所示。

图4-18　SteeringWheels 视图导航工具

图4-19　【SteeringWheels】设置页面

图4-20　【ViewCube】设置页面

7. 【宏】设置。【宏】设置页面可定义用于创建自动化重复任务的宏的安全性设置，如图 4-21 所示。宏是一种程序，旨在通过实现重复任务的自动化来节省时间。

图4-21　【宏】设置页面

每个宏可执行一系列预定义的步骤来完成特定任务。这些步骤应该是可重复执行的，操作是可预见的。例如，可以定义宏，用于向项目添加轴网、旋转选定对象，或者收集有关结

构中所有房间的平方英尺的信息。其他一般示例包括:

- 定位 Revit 内容并将其提取到外部文件;
- 优化几何图形或参数;
- 创建多种类型的图元;
- 导入和导出外部文件格式。

4.2 项目设置

Revit 功能区【管理】选项卡【设置】面板中的工具主用来定制符合自己企业或行业的建筑设计标准。【设置】面板如图 4-22 所示。

图4-22 【设置】面板

4.2.1 材质设置

"材质"是 Revit 对 3D 模型进行逼真渲染时模型上的真实材料表现。说简单点,就是建筑框架完成后进行装修时,购买的建筑材料,包括室内的和室外的材料。那么在 Revit 中,我们会以贴图的形式附着在模型表面上,可获得渲染的真实场景反映。

对于材质的设置,我们会在后续的建筑模型渲染一章中详细讲解,这里仅仅介绍对话框的操作形式。

单击【材质】按钮◎,弹出【材质浏览器】对话框,如图 4-23 所示。通过该对话框,用户可以从系统材质库中选择已有材质,也可以自定义新材质。

图4-23 【材质浏览器】对话框

4.2.2 对象样式设置

"对象样式"工具主要是用来设置项目中任意类别及子类型的图元的线宽、线颜色、线型和材质等。

【例4-4】 设置对象样式

1. 单击【对象样式】按钮，弹出【对象样式】对话框，如图 4-24 所示。

图4-24 【对象样式】对话框

2. 此对话框其实跟【可见性/图形替换】对话框的功能类似，都能实现对象样式的修改或替换。

3. 对话框的类别列表中，灰色图块表示此项不能被编辑，白色图块是可以编辑的。

4. 例如，设置线宽时，双击白色图块，会显示列表，可从列表中选择线宽编号，如图 4-25 所示。

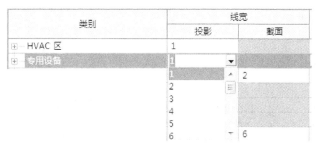

图4-25 设置线宽

4.2.3 捕捉设置

在绘图及建模时启用捕捉功能，可以帮助用户精准地找到对应点、参考点，完成快速建模或制图。

　　单击【捕捉】按钮 🧲，打开【捕捉】对话框，如图 4-26 所示。

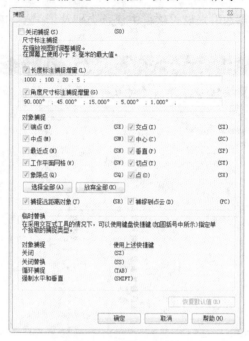

图4-26　【捕捉】对话框

一、尺寸标注捕捉

选项含义如下。

- 【关闭捕捉】复选框：默认情况下，此复选框是取消勾选的，即当前已经启动了捕捉模式。勾选此复选框，将关闭捕捉模式。

- 【长度标注捕捉增量】复选框：勾选此复选框，在绘制有长度图元时会根据设置的增量进行捕捉，达到精确建模。例如，仅设置长度尺寸增量为 1000，绘制一段剪力墙墙体时，指针会每隔 1000 时停留捕捉，如图 4-27 所示。

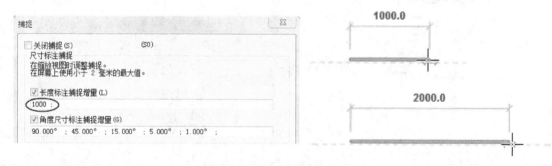

图4-27　长度标注捕捉增量

- 【角度尺寸标注捕捉增量】复选框：勾选此复选框，在绘制有角度图元时会根据设置的增量进行捕捉，达到精确建模。例如，仅设置角度尺寸增量为 30，绘制一段墙体时，指针会以角度 30° 时停留捕捉，如图 4-28 所示。

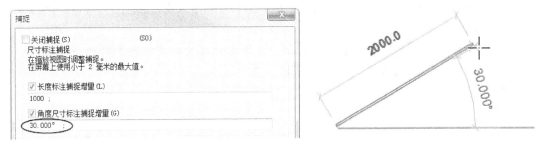

图4-28　长度标注捕捉增量

二、对象捕捉

对象捕捉设置在绘制图元时非常重要，如果不启用对象捕捉，图 4-29 所示的图中，两条线间隔很近，要拾取标示的交点是很不容易的。

可以设置的捕捉点类型如图 4-30 所示。

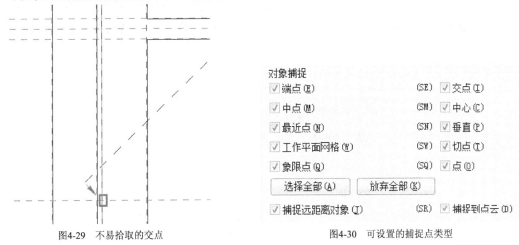

图4-29　不易拾取的交点　　　　　　　　图4-30　可设置的捕捉点类型

可以根据实际建模需要，取消勾选或勾选部分捕捉点复选框，也可以单击 选择全部(A) 按钮全部勾选，还可单击 放弃全部(K) 按钮取消所有捕捉点复选框的勾选。

三、临时替换

在放置图元或绘制线时，可以临时替换捕捉设置。临时替换只影响单个拾取。

选择要放置的图元。为需要多次拾取的图元（例如墙）选择图元并进行第一次拾取。

执行以下操作之一。

(1) 输入键盘快捷键。这些快捷键位于"捕捉"对话框中。

(2) 单击鼠标右键，并单击"捕捉替换"，然后选择一个选项。

(3) 完成放置图元。

【例4-5】　利用捕捉绘制简单的平面图

1. 在快速访问工具栏单击【新建】按钮□，打开【新建项目】对话框，选择【建筑样板】样板文件，单击【确定】按钮进入工作环境中，如图 4-31 所示。

2. 由于此案例仅仅是利用捕捉功能绘制基本图形，其他选项设置暂时不考虑。

在项目浏览器中，在【视图】|【楼层平面】节点下双击"标高 1"视图，激活该视图。

3. 执行右键菜单中的【重命名】命令，在弹出的【重命名视图】对话框中输入"一层"，单击【确定】按钮，如图 4-32 所示。

图4-31 新建建筑项目文件

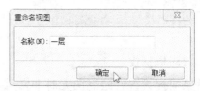

图4-32 重命名视图

4. 单击【管理】选项卡【设置】面板中的【捕捉】按钮，打开【捕捉】对话框。设置"长度标注捕捉增量"值和"角度尺寸标注捕捉增量"值，并全部启用所有的对象捕捉，如图 4-33 所示。设置后单击【确定】按钮关闭对话框。

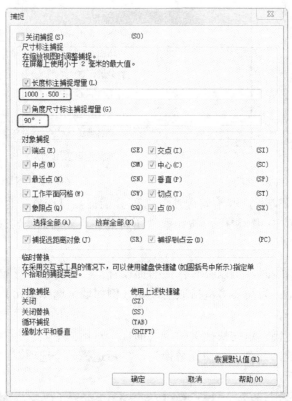

图4-33 设置捕捉选项

5. 在【建筑】选项卡【基准】面板上单击【轴网】按钮，然后在图形区绘制第 1 条轴线，绘制过程中捕捉到角度尺寸标注 90°，如图 4-34 所示。

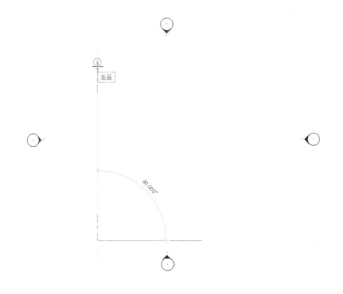

图4-34　捕捉角度尺寸标注绘制数竖直方向的轴线

6.　继续绘制第 2 条竖直方向的轴线，捕捉第 1 条轴线的起点（千万不要单击），然后水平右移，再捕捉长度尺寸标注，最终停留在 3500 位置单击，以确定第 2 条轴线的起点，最后再竖直向上并捕捉到第 1 轴线终点作为第 2 轴线的终点参考，如图 4-35 所示。

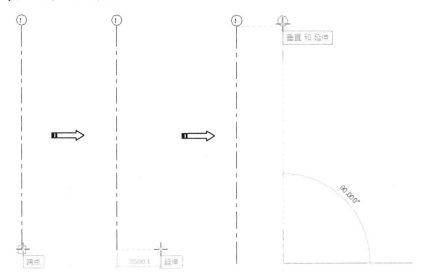

捕捉第 1 轴网起点水平右移捕捉长度标注确定起点后竖直向上确定终点

图4-35　绘制第 2 条轴线

7.　同理，再依次绘制出向右平移距离分别为 5000、4500、3000 的 3 条轴线，如图 4-36 所示。

工程点拨：如果绘制的轴线中间部分没有显示，说明轴线类型需要重新选择，在属性选项板上选择"轴网-6.5mm 编号"即可。

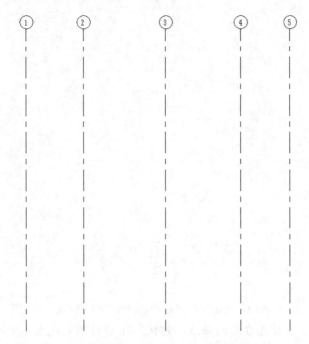

图4-36　绘制另外 3 条竖直方向的轴线

8.　同理，启用捕捉模式再绘制水平方向的轴线及轴线编号，如图 4-37 所示。水平方向的轴线编号需要双击并更改为 A、B、C、D。

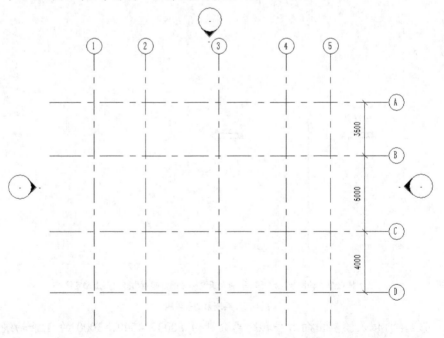

图4-37　绘制水平方向的轴线

9.　在【建筑】选项卡【构建】面板上单击【墙】按钮，捕捉到轴网中两相交轴线的交点作为墙的点，如图 4-38 所示。

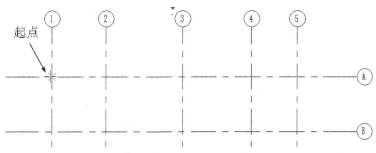

图4-38 捕捉轴线交点为墙体绘制的起点

10. 继续捕捉轴线交点并依次绘制出整个建筑的一层墙体，如图 4-39 所示。

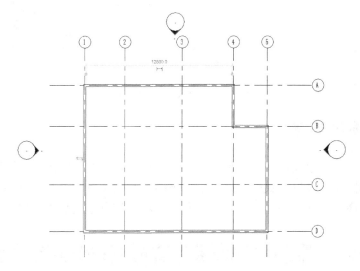

图4-39 绘制墙体

4.2.4 项目信息

"项目信息"是建筑项目中设计图图签及明细表、标题栏中的信息，可以通过单击【项目信息】按钮在打开的【项目属性】对话框中进行编辑或修改，如图 4-40 所示。

此对话框仅仅是用来修改值或编辑值，但不能删除参数，要添加或删除参数，可以通过【项目参数】设置进行，下一小节再介绍。

通常，标题栏的信息在【其他】中，明细表信息在【标识数据】中。图 4-41 所示为图纸标题栏与项目信息。

图4-40 【项目属性】对话框

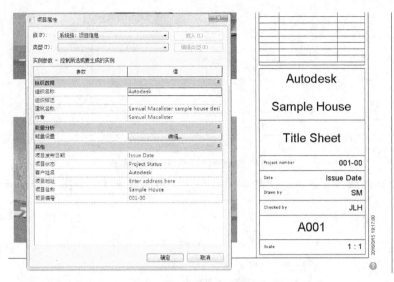

图4-41 图纸标题栏与项目信息

4.2.5 项目参数设置

项目参数特定于某个项目文件。通过将参数指定给多个类别的图元、图纸或视图，系统会将它们添加到图元。项目参数中存储的信息不能与其他项目共享。项目参数用于在项目中创建明细表、排序和过滤。跟"项目参数"不同，项目信息不增加项目参数只提供项目信息并修改信息。

【例4-6】 设置项目参数

1. 在【管理】选项卡的【设置】面板中单击【项目参数】按钮，弹出【项目参数】对话框，如图 4-42 所示。

图4-42 【项目参数】对话框

2. 通过该对话框可以添加项目参数、修改项目参数和删除项目参数。单击【添加】按钮，会弹出图 4-43 所示的【参数属性】对话框。

图4-43 【参数属性】对话框

下面介绍【参数属性】对话框下各选项区及选项的含义。

一、【参数类型】选项区

【参数类型】选项区包括两种参数类型：项目参数和共享参数。两种类型的参数含义在其选项的下方括号中。

"项目参数"仅仅在本地项目的明细表中，"共享参数"可以通过工作共享本机上的模型及所有参数。

二、【参数数据】选项区

- 名称：输入新数据的名称，将会在【项目信息】对话框中显示。
- 类型：选择此选项，将以族类型方式存储参数。
- 实例：选择此选项，将以图元实例方式存储参数，另外还可将实例参数指定为"报告参数"。
- 规程：规程是 Revit 中进行规范设计的应用程序，如建筑规程、结构规程、电气规程、管道规程、能量规程及 HVAC 规程等，如图 4-44 所示。其中电气、管道、能量和 HVAC 是在 RevitMEP 系统设计模块中进行的。"公共"规程是指项目参数应用到下列所有的规程中。
- 参数类型：设定项目参数的参数编辑类型。"参数类型"列表如图 4-45 所示。怎样使用呢？例如，选择"文字"，将在【项目信息】对话框中此参数后面只可输入文字。如果选中"数值"，那么只能在【项目信息】对话框中此参数之后仅能输入数值。

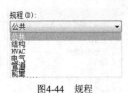

图4-44　规程

图4-45　"参数类型"列表

- 参数分组方式：设定参数的分组，可在【项目信息】对话框中或属性选项板上查看。
- 编辑工具提示：单击此按钮，可编辑项目参数的工具提示，如图 4-46 所示。

图4-46　编辑工具提示

三、【类别】选项区

【类别】选项区中包含所有 Revit 规程的图元类别。可以选择"过滤器列"列表中的规程过滤器进行过滤选择。例如，仅勾选【建筑】规程，下方的列表框内显示所有建筑规程的图元类别，如图 4-47 所示。

图4-47　选择规程过滤器

4.2.6 项目单位设置

"项目单位"用来设置建筑项目中的数值单位，如长度、面积、体积、角度、坡度、货币及质量密度等。

【例4-7】 设置项目单位

1. 单击【项目单位】按钮，弹出【项目单位】对话框，如图 4-48 所示。

图4-48 【项目单位】对话框

2. 从对话框上的选项可以看出，在各规程下可以设置单位与格式，以及小数位数/数位分组。

3. 单击格式列的按钮，可以打开相对应单位的格式设置对话框，如图 4-49 所示，单击"长度"单位的 [1235 [mm]] 按钮，打开【格式】对话框。默认的长度单位是 mm。根据建筑项目设计的要求，选择适合图纸设计的单位即可。

图4-49 【格式】对话框

4. 其余单位设置也如此操作。

4.2.7　共享参数

【共享参数】工具用于指定在多个族或项目中使用的参数。本机用户可以将本建筑项目的设计参数以文件形式保存并共享给其他设计师。

【例4-8】　为通风管添加共享参数

1. 打开 Revit 提供的"ArchLinkModel.rvt"建筑样例文件。
2. 单击【共享参数】按钮，打开【编辑共享参数】对话框，如图 4-50 所示。
3. 单击 创建(C)... 按钮，在打开的【创建共享参数文件】对话框中输入文件名并单击 保存(S) 按钮，如图 4-51 所示。

图4-50　【共享参数】对话框

图4-51　新建参数文件

4. 接下来单击【组】选项组下的【新建】按钮，输入新的参数组名，如图 4-52 所示。
5. 参数组建立好后，为参数组添加参数。单击【参数】组中的【新建】按钮打开【参数属性】对话框。输入名称、设置选项等，如图 4-53 所示。

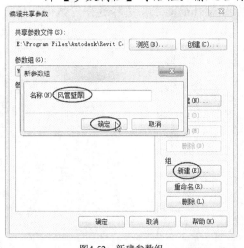

图4-52　新建参数组

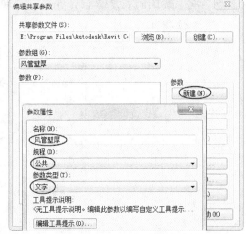

图4-53　新建参数

6. 单击【编辑共享参数】对话框中的【确定】按钮，完成编辑。

7. 在【管理】选项卡的【设置】面板中单击【项目参数】按钮 打开【项目参数】对话框。单击【添加】按钮再打开【参数属性】对话框，并选择【共享参数】单选项，如图 4-54 所示。

图4-54　添加共享参数

8. 单击 选择(L)... 按钮打开【共享参数】对话框，并选择前面步骤中所创建的共享参数，如图 4-55 所示。

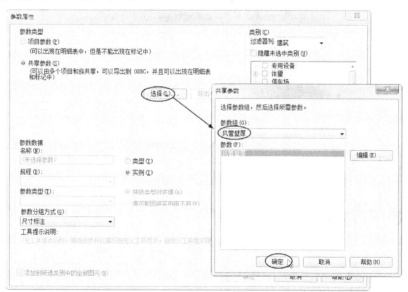

图4-55　选择要共享的参数组及参数

9. 在【参数属性】对话框的右侧【类别】选项区下勾选【风管、风管管件、风管附件】等复选框，最后单击【确定】按钮完成共享参数的操作，如图 4-56 所示。

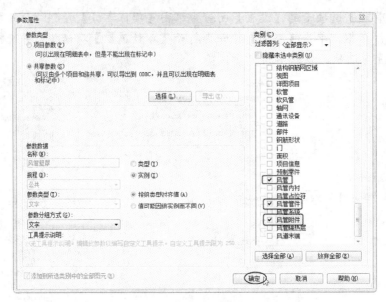

图4-56　选择参数类别

10. 此时可看见【项目参数】对话框中多了【风管壁厚】项目参数，如图 4-57 所示。

图4-57　增加的项目参数

4.2.8　传递项目标准

有些项目设计时，或许有多个设计院参与设计，如果采用的设计标准不一样，会对项目设计和施工会产生很大影响。在 Revit 中采用统一标准的方法目前有两种：一种是建立可靠的项目样板，另一种就是传递项目标准。

第一种适合新建项目时，第二种适合不同设计院设计同一项目时继承统一标准。

【传递项目标准】工具就是帮助设计师统一不同图纸设计标准的好工具，具有高效、快捷的效果。缺点是如果采用统一的标准中出现问题，那么所有图纸都会出现相同的错误。

下面介绍如何传递项目标准。

【例4-9】 传递项目标准

1. 打开本例素材源文件 "\实训项目\源文件\Ch04\建筑中心文件.rvt",如图 4-58 所示。

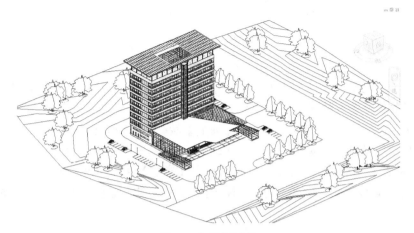

图4-58　打开素材文件

2. 为了证明项目标准被传递,先看下打开的样例中的一些规范,以某段墙为例,查看其属性中有哪些自定义的标准,如图 4-59 所示。

图4-59　查看属性

3. 在接下来的项目标准传递中,会把墙的标准传递到新项目中。在快速访问工具栏上单击【新建】按钮□,新建一个建筑项目文件并进入项目设计环境中,如图 4-60 所示。

图4-60　新建项目

4. 在功能区【管理】选项卡的【设置】面板中单击【传递项目标准】按钮 📇 打开【选择要复制的项目】对话框。

5. 单击 　选择全部(A)　 按钮，再单击【确定】按钮，如图 4-61 所示。

6. 随后开始传递项目标准，传递过程中如果遇到与新项目中的部分类型相同，Revit 会弹出【重复类型】对话框，单击【覆盖】按钮即可，如图 4-62 所示。

　　工程点拨：虽然有些类型的名称相同，但涉及的参数与单位可能会不同，所以最好完全覆盖。

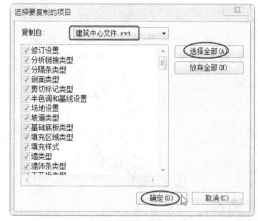

图4-61　选择要复制的项目

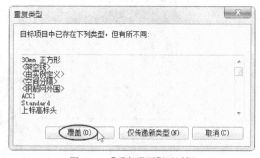

图4-62　【重复类型】对话框

7. 传递项目标准完成后，还会弹出警告信息提示对话框，如图 4-63 所示。单击信息提示对话框右侧的【下一个警告】按钮 ➡，查看其余的警告。

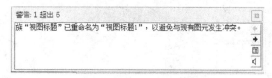

图4-63　弹出警告信息提示对话框

8. 下面验证是否传递了项目标准。在【建筑】选项卡【构建】面板中单击【墙】按钮 ⬜，进入绘制与修改墙状态（这里无须绘制墙）。

9. 在属性选项板中查看墙的类型列表，如图 4-64 所示。素材源文件中的墙类型全部转移到了新项目中，说明传递项目标准成功。

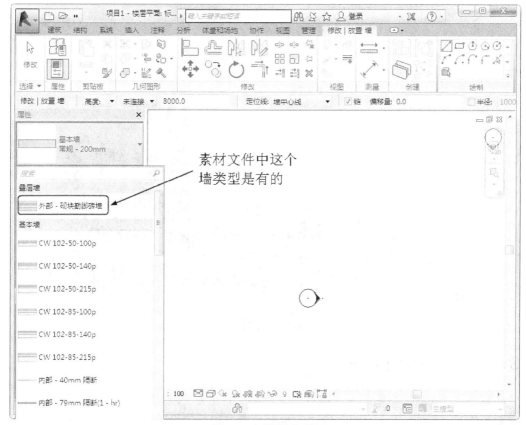

图4-64　查看属性选项板

4.3　项目阶段化

在建设项目管理过程中，经常分为这几个阶段：准备管理（立项准备工作）设计阶段、施工阶段、项目竣工阶段和运营维护阶段，当然在伴随整个项目管理的过程中还有项目中分项工程的招标、投标的管理。阶段化的应用是项目管理的关键，决定了团队的成立，人员的分配和项目的标准化进行。

Revit 作为一款具有生命周期的信息化、参数化三维设计软件，其中对【阶段化】的使用就是对建筑物的全生命周期的分阶显示及信息的归类。【阶段化】功能是作为一个项目建置的实施者合理运用的规程，对项目进行进度及构建信息的合理规划，可在整个项目在运用上更加有条理性。反之，如果项目未对项目进行阶段规划会出现很多模型整合显示不灵活的问题。

Revit 的【阶段化】既符合了项目全生命周期的进程，也适用于模型的阶段控制，确保了建模过程中的明确分工和模型的规范化、标准化，如图 4-65 所示。

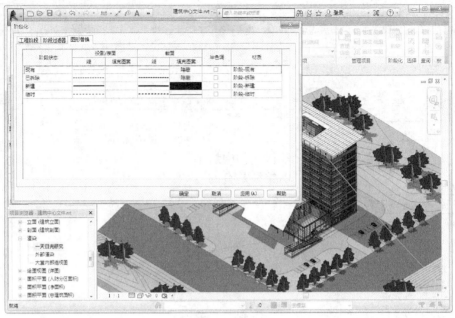

图4-65　Revit 的阶段化

4.3.1　Revit 阶段化意义

许多项目（比较明显的如二工项目或改造项目）是分阶段进行的，每个阶段都代表了项目周期中的不同阶段。Revit 的阶段化的运用是根据项目的阶段进行制定，而制定这些阶段的意义在于：

(1) 项目周期本来就复杂且出现很多假设及预设的工程，如不给予阶段性的归类，会出现模型显示杂乱；

(2) 从结构体工程到装饰工程，模型建置的信息构建将非常多，如若无使用规程将出现很难单独去显示某个阶段的视图；

(3) 通过使用阶段功能，可使明细表数量统计按阶段区分开来，减少了很多分类上的麻烦，从而能快速的提取相对应的数据。

Revit 通过追踪创建或拆除的图元，利用过滤的方式将阶段内模型显示，并可以控制建筑信息在不同方面的使用，如明细表、项目视图等，创建与各个阶段对应的完整的项目文档，更好的对整个项目文件进行编辑和展示。

4.3.2　阶段化设置

阶段可以通过在【管理】选项卡【阶段化】面板中单击【阶段】按钮来打开【阶段化】的设置对话框。对话框分 3 个设置标签：工程阶段、阶段过滤器、图形替换，如图 4-66 所示。

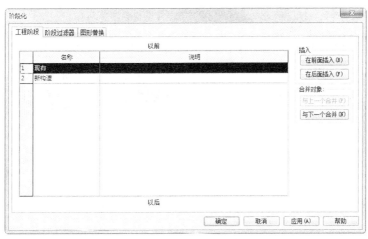

图4-66 【阶段化】对话框

一、【工程阶段】标签

设置栏用来规划阶段的结构，按照项目要求可对项目阶段进行定义。"名称"为阶段类别的名称，可通过右侧的【插入】及【合并对象】选项组功能进行内容定义。

二、【阶段过滤器】标签

设置栏用来设置视图中各个阶段不同的显示状态，和图面表达效果有直接联系，其显示状态分为"按类别""不显示"及"已替代"，如图 4-67 所示。

图4-67 【阶段过滤器】标签

阶段过滤器的配置是可以根据自己的要求新建或编辑的。

三、【图形替换】标签

该标签（见图 4-68）用来设置不同阶段对象的替换样式来替换其原有的对象样式（包括线型、填充图案等），配合阶段过滤器设置中的"已替代"选项进行应用。

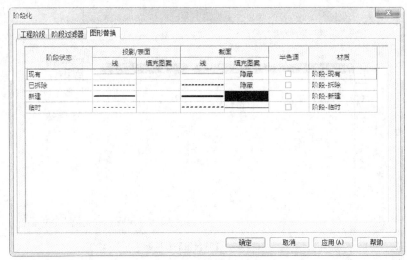

图4-68　【图形替换】标签

在设置栏中的【半色调】复选框，这个功能也是经常被人忽略。通过勾选【半色调】可以使图元的线颜色与背景颜色融合，不过对着色视图中的材质颜色不会产生影响。

除了在阶段化里面有【半色调】的选项，在其他控制图元显示方式的功能中同样也具有，如可见性条件等。

在【管理】选项卡|【设置】面板|【其他设置】下选择【半色调/基线】工具，打开【半色调/基线】对话框，如图 4-69 所示。

图4-69　【半色调/基线】对话框

调整【半色调】的亮度可以将图元的线颜色与视图背景颜色融合到指定的量中，更容易在视图中辨别图元。

在打印视图或图纸时，可指定半色调打印为细线，以保存打印精度。

4.3.3　图元的阶段属性

在选择图元时，可以从属性选项板看到阶段化有这两项：【创建的阶段】和【拆除的阶段】，如图 4-70 所示。

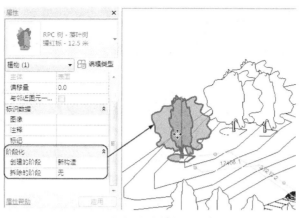

图4-70 属性选项板中的阶段化属性选项

一、创建的阶段

该阶段主要用于标识新添加图元的阶段，一般默认为当前视图的阶段，可对其进行修改。

二、拆除阶段

该阶段主要用于标识拆除图元的阶段，一般默认为"无"。当选择图元并选择拆除阶段时，拆除图元的阶段更新为当前视图的阶段。除了通过属性控制拆除阶段还可以通过在功能区【修改|×××】上下文选项卡【几何图形】面板中单击【拆除】按钮，便可以将图元设为"拆除"。相应拆除的显示方式可以根据上文提到的【图形替换】进行设置。

根据项目的进程，多少会进行设计施工等变更，可以通过阶段的创建和合并去更新图元的阶段属性。

由以上的阶段设置内容，我们可以大概整理出阶段化的一个工作流程。

(1) 分析确定项目工作阶段，为每个工作阶段创建一个相应阶段。

(2) 选择相应的项目浏览器架构（下文会提到）。

(3) 为每个阶段的视图创建副本，命名成"视图+阶段"。

(4) 将每个视图的属性选项中选择相应的阶段。

(5) 为现有、新建、临时和拆除的图元指定相应样式。

(6) 创建不同阶段的图元。

(7) 为项目创建特定阶段的明细表（下文会提到）。

(8) 创建特定阶段的施工图文档。

根据流程完成项目的阶段化设置，可以使 Revit 模型管理更有条理，使信息的提取更快速和准确。

4.3.4 项目浏览器阶段化运用

为了将项目浏览器中的视图排列的更有序和直观，可以把视图按阶段进行排列。在【视图】选项卡的【窗口】面板中单击【用户界面】下拉按钮，在弹出的列表中选择【浏览器组织】，打开【浏览器组织】对话框，勾选【阶段】选项即可，如图 4-71 所示。

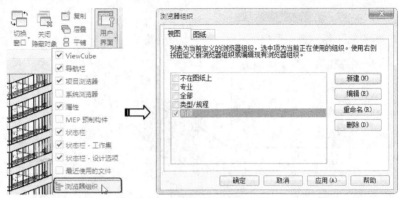

图4-71　【浏览器组织】对话框

每个视图组织架构适用于项目进程的不同阶段，包括单专业作业和多专业协同作业等，可根据自身需要选择相应的组织架构，也可以通过新建架构，制定符合项目的项目浏览器样式。

对于视图，可以进行视图复制，在其命名中加入相应阶段，便于使用者查找相应视图，如"1F-结构体"和"1F-二工"等。切记，保证视图的阶段和所命名的阶段一致，否则会导致模型阶段紊乱。

4.3.5　明细表阶段化运用

除了对模型图元应用阶段外，还可以对明细表应用阶段，如图 4-72 所示。

图4-72　对明细表应用阶段

通过属性选项板【阶段化】选项组下的【相位】列表，选择相应阶段，便可以输出相应阶段不同构件的明细表，这个功能有点类似【共享参数】通过参数对构建的分类后，进行过滤而导出相应明细。

例如，在项目有二工（第二工程阶段）的情况下，往往需要拆除在二工不需要或要替换的一共构件，这部分的数量、面积等计量参数也是要进行统计，需要相应的明细。利用阶段化，可以创建一张拆除前的明细表和一张改造后的明细表，并对每张明细表应用相应的阶段，这样工程在一工（第一工程阶段）拆除部分的统计就不会有所缺漏。像这类的应用还很多，例如，旧房改造，大型工厂扩建等，明细表阶段化应用可以准确的得出相应构件在不同阶段的明细。

4.4 综合范例——制作 GB 规范的 Revit 项目样板

不同的国家、不同的领域、不同的设计院设计的标准及设计的内容都不一样，虽然 Revit 软件提供了若干样板用于不同的规程和建筑项目类型，但是仍然与国内各个设计院标准相差较大，所以每个设计院都应该在工作中定制适合自己的项目样板文件。

要制作中国建筑规范的项目样板，必须对下列的类型进行设置。

(1) 项目设置类。
- 材质。
- 填充样式。
- 对象样式。
- 项目单位。
- 项目信息及项目参数。

(2) 标注注释类。
- 标注样式。
- 标记及注释符号。
- 填充区域。
- 文字系统族。
- 详图项目。

(3) 出图及统计类。
- 线宽设置。
- 图签。
- 明细表。
- 面积平面。
- 视图样板。

鉴于要设置的内容较多，因此本节不会一一将设置过程详细表述。

在本节中我们将使用传递项目标准的方法来建立一个符合中国建筑规范的 Revit 2016 项目样板文件，步骤如下。

1. 首先从本例的光盘源文件夹打开 "\实训项目\源文件\Ch04\Revit 2014 中国样板" 样板文件。图 4-73 所示为该项目样板的项目浏览器中的视图样板。

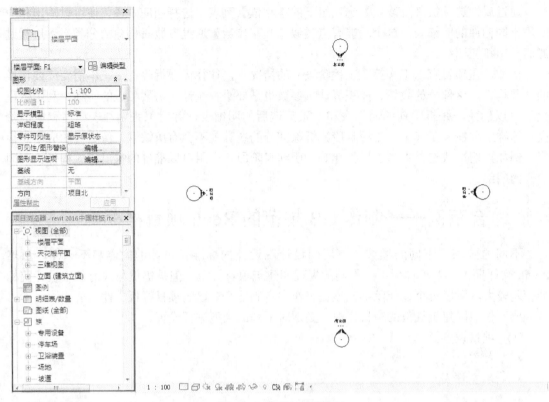

图4-73　Revit 2014 中国样板

工程点拨：此样板为 **Revit 2014** 软件制作，但与 **Revit 2016** 的项目样板相比，视图样板有些区别。

2. 在快速访问工具栏单击【新建】按钮□，在【新建项目】对话框中选择"建筑样板"样板文件，设置新建的类型为"项目样板"，单击【确定】按钮进入 Revit 项目样板中，如图 4-74 所示。

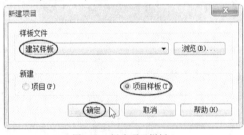

图4-74　新建项目样板

3. Revit 2016 的建筑项目的视图样板如图 4-75 所示。

4. 在功能区【管理】选项卡【设置】面板中单击【传递项目标准】按钮，打开【选择要复制的项目】对话框。对话框中默认选择了来自"Revit 2014 中国样板"的所有项目类型，单击【确定】按钮，如图 4-76 所示。

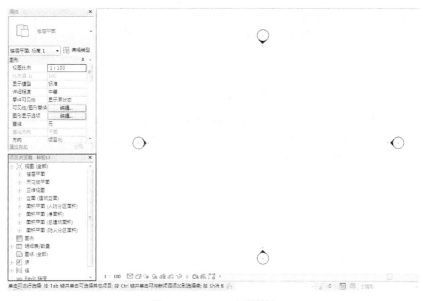

图4-75　Revit 2016 视图样板

图4-76　传递项目标准

5.　在随后弹出的【重复类型】对话框中单击【覆盖】按钮，完成参考样板的项
　　目标准传递，如图 4-77 所示。

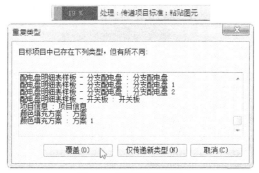

图4-77　覆盖原项目标准

6.　覆盖完成后，会弹出警告提示对话框，如图 4-78 所示。

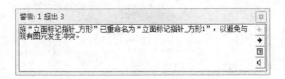

图4-78 警告提示对话框

7. 最后在应用菜单浏览器中执行【另存为】|【样板】命令，将项目样板命名为 "Revit 2016 中国样板" 并保存在 "C:\ProgramData\Autodesk\RVT 2016\Templates\China" 路径下。

第5章 公共辅助建模工具

Revit 基本图形功能是通用功能，在建筑设计、结构设计和系统设计时，这些常用功能帮助用户如何定义和设置工作平面、创建模型线、模型组、模型文字，以及图元对象的操作与编辑。

 本章要点

- 关于控制柄和造型操纵柄。
- 认识工作平面。
- 绘制基本模型图元。

5.1 关于控制柄和造型操纵柄

当我们在 Revit 中选择各种图元时，图元上或在图元旁边会出现各种控制手柄和操纵柄。这些快速操控模型的辅助工具可以用来做很多编辑工作，比如，移动图元、修改尺寸参数、修改形状等。

不同类别的图元或不同类型的视图，所显示的控制柄是不同的。下面介绍常用的一些控制手柄和造型操纵柄。

5.1.1 拖曳控制柄用法

拖曳控制柄是在拖曳图元时会自动显示，它可以用来改变图元在视图中的位置，也可以改变图元的尺寸。

Revit 使用下列类型的拖曳控制柄。

- 圆点（ ●————————● ）：当移动仅限于平面时，此控制柄在平面视图中会与墙和线一起显示。拖曳圆点控制柄可以拉长、缩短图元或修改图元的方向。平面中一面墙上的拖曳控制柄（以蓝色显示）如图 5-1 所示。

图5-1 圆点的拖曳控制柄

- 单箭头（ ⌐⌐ ）：当移动仅限于线，但外部方向是明确的时，此控制柄在立面视图和三维视图中显示为造型操纵柄。例如，未添加尺寸标注限制条件的三维形状会显示单箭头。三维视图中所选墙上的单箭头控制柄也可以用于移动墙，如图 5-2 所示。

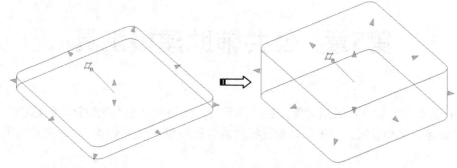

图5-2   在三维形状上拖曳控制柄

工程点拨：将指针放置在控制柄上并按 Tab 键，可在不改变墙尺寸的情况下移动墙。

● 双箭头（ ✛ ）：当造型操纵柄限于沿线移动时显示。例如，如果向某一族添加了标记的尺寸标注，并使其成为实例参数，则在将其载入到项目并选择它后，会显示双箭头。

工程点拨：可以在墙端点控制柄上单击鼠标右键，并使用关联菜单选项来允许或禁止墙连接。

【例5-1】   利用拖曳控制柄改变模型

1. 在欢迎界面中打开"建筑样例族"族文件，如图 5-3 所示。

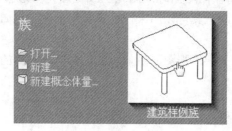

图5-3   打开建筑样例族文件

2. 首先选中并双击凳子的 4 只腿，进入拉伸编辑模式，如图 5-4 所示。

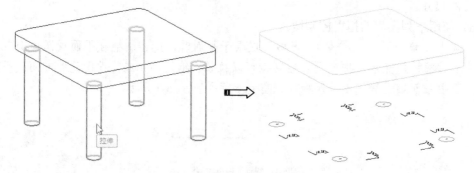

图5-4   双击凳子腿进入编辑模式

3. 选择凳子腿截面曲线（圆）修改器半径值，如图 5-5 所示。同理，修改其余 3 只腿的截面曲线的半径。

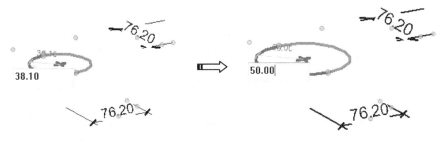

图5-5　修改腿截面曲线半径

工程点拨：修改技巧是先选中曲线，然后再选中显示的半径标注数字，即可显示尺寸数值文本框。

4. 在【修改|编辑拉伸】上下文选项卡的【模式】面板中单击【完成编辑模式】按钮 ，退出编辑模式。

5. 拖动造型操纵柄向下，移动一定的距离，使凳子腿变长，如图 5-6 所示。

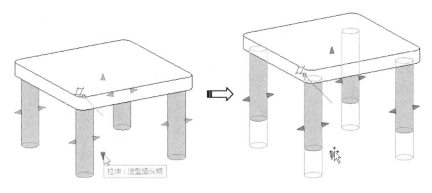

图5-6　拖动造型操纵柄

6. 选中凳面板显示全部的拖曳控制柄。再拖动凳面上的控制柄箭头，拖曳到新位置，如图 5-7 所示。

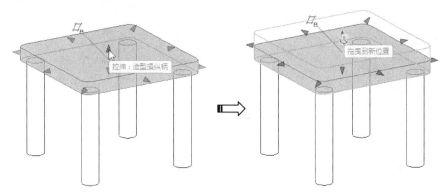

图5-7　拖动控制柄箭头

7. 随后会弹出错误的警告信息提示框，单击 删除限制条件 按钮即可完成修改，如图 5-8 所示。

图5-8 删除限制条件

工程点拨：当第一次删除限制条件仍然不能修改模型时，可以反复多次拉伸并删除限制条件。

8. 接着再拖动水平方向上的控制柄箭头，使凳子面加长，如图 5-9 所示。

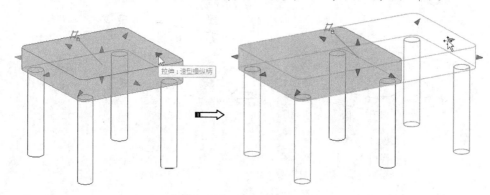

图5-9 拖动水平方向的控制柄箭头

工程点拨：如果拖动圆角上的控制柄箭头，可以同时拉伸两个方向，如图 **5-10** 所示。

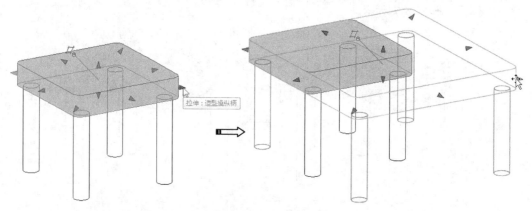

图5-10 同时拉伸两个方向的情况

9. 最终修改完成的模型如图 5-11 所示。

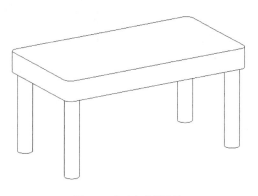

图5-11　修改完成的模型

5.1.2　造型操纵柄

造型操纵柄主要用来修改图元的尺寸。在平面视图中选择墙后，将指针置于端点控制柄（蓝色圆点）上，然后按 Tab 键可显示造型操纵柄。在立面视图或三维视图中高亮显示墙时，按 Tab 键可将距指针最近的整条边显示为造型操纵柄，通过拖曳该控制柄可以调整墙的尺寸。拖曳用作造型操纵柄的边时，它将显示为蓝色（或定义的选择颜色），如图 5-12 所示。

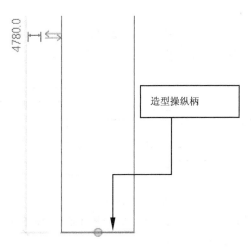

图5-12　造型操纵柄

【例5-2】　利用造型操纵柄修改墙体尺寸

1.　新建建筑项目文件，选择我们上一章建立的 Revit 2016 中国样板文件作为当前建筑项目样板，如图 5-13 所示。

2.　在功能区【建筑】选项卡【构建】面板中单击【墙】按钮，然后绘制几段基本墙，如图 5-14 所示。

3.　选中墙体，然后在属性选项板中重新选择基本墙，并设置新墙体类型为"基础-900mm 基脚"，如图 5-15 所示。

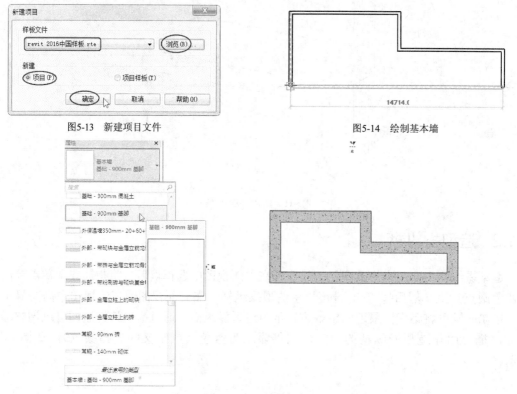

图5-13　新建项目文件　　　　　　　　　　图5-14　绘制基本墙

图5-15　重新选择墙体类型

4. 选中其中一段基脚，显示造型操纵柄，如图 5-16 所示。

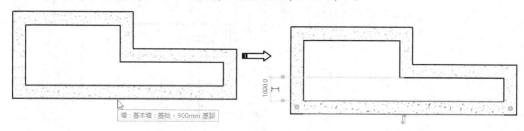

图5-16　显示造型操纵柄

5. 拖曳造型操纵柄，改变此段基脚的位置（也就使竖直方向的基脚尺寸改变了），同时删除，如图 5-17 所示。

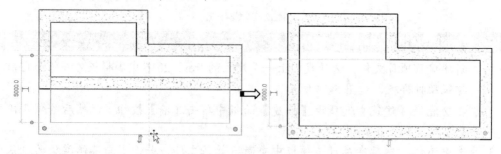

图5-17　拖曳操纵柄改变基脚尺寸

6. 最后将结果另存。

5.2 认识工作平面

要想在三维空间中创建建筑模型，就必须先了解什么是工作平面？对于已经使用过三维建模软件的读者，"工作平面"就不难理解了，接下来本节我们就介绍有关工作平面在建模过程中的作用及设置方法。

5.2.1 工作平面的定义

工作平面是在三维空间中建模时用来作为绘制起始图元的二维虚拟平面，如图 5-18 所示。工作平面也可以作为视图平面，如图 5-19 所示。

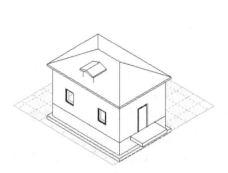

图5-18 绘制起始图元的工作平面

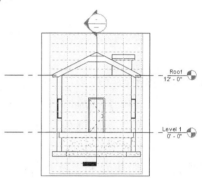

图5-19 用作视图平面的工作平面

创建或设置工作平面的工具在【建筑】选项卡或【结构】选项卡的【工作平面】面板中，如图 5-20 所示。

图5-20 【工作平面】面板

5.2.2 设置工作平面

Revit 中的每个视图都与工作平面相关联。例如，平面视图与标高相关联，标高为水平工作平面，如图 5-21 所示。

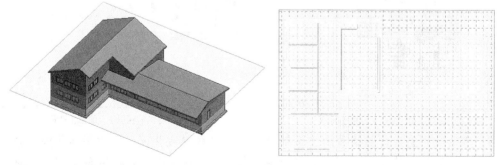

图5-21 平面视图与标高相关联

在某些视图（如平面视图、三维视图和绘图视图）及族编辑器的视图中，工作平面是自动设置的。在立面视图和剖面视图中，则必须设置工作平面。

在【工作平面】选项卡单击【设置】按钮，打开【工作平面】对话框，如图 5-22 所示。

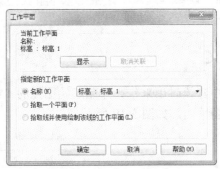

图5-22　【工作平面】对话框

【工作平面】对话框的顶部信息显示区域会显示当前的工作平面基本信息。还可以通过【制定新的工作平面】选项组中的 3 个子选项来定义新的工作平面。

- 名称：可以从右侧的列表中选择已有的名称作为新工作平面的名称。通常，此列表中将包含有标高名称、网格名称和参照平面名称。

工程点拨：即使尚未选择"名称"选项，该列表也处于活动状态。如果从列表中选择名称，Revit 会自动选择"名称"选项。

- 拾取一个平面：选择此选项，可以选择建筑模型中的墙面、标高、拉伸面、网格和已命名的参照平面作为要定义的新工作平面。如图 5-23 所示，选择屋顶的一个斜平面作为新工作平面。

工程点拨：如果选择的平面垂直于当前视图，会打开"转到视图对话框，可以根据自己的选择，确定要打开哪个视图。例如，如果选择北向的墙，则允许在对话框上面的窗格中选择平行视图（东立面或西立面视图），或在下面的窗格中选择三维视图，如图 5-24 所示。

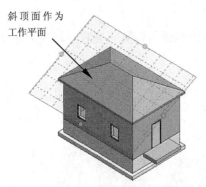

斜顶面作为
工作平面

图5-23　选择斜顶屋面作为工作平面

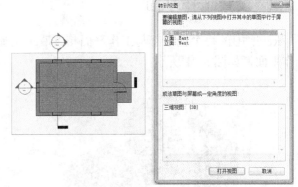

图5-24　与当前视图垂直的工作平面

- 拾取线并使用绘制该线的工作平面：可以选取与线共面的工作平面作为当前工作平面。例如，选取图 5-25 所示的模型线，则模型线是在标高 1 层面上进行绘制的，所以标高 1 层面将作为当前工作平面。

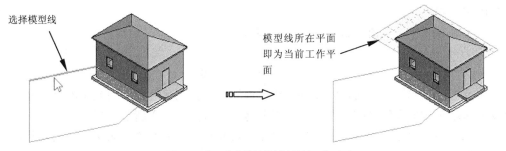

选择模型线

模型线所在平面
即为当前工作平
面

图5-25　拾取线并使用绘制该线的工作平面

【例5-3】　利用工作平面添加屋顶天窗

本例是利用设置的工作平面，在屋顶上创建天窗，天窗由墙体、人字形屋顶及小窗户构成。图 5-26 所示为添加天窗前后的对比效果。

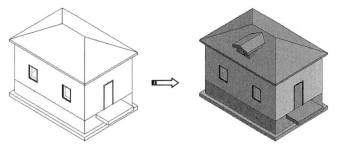

图5-26　添加天窗前后对比

下面介绍操作过程。

1. 打开本例光盘源文件夹中的 Revit 项目文件 "小房子.rvt"（图 5-27 左图）。
2. 要创建墙体，必须先设置工作平面（或选择已有的标高）。在【建筑】选项卡的【构建】面板中单击【墙】按钮，打开【修改|放置墙】上下文选项卡。
3. 在【属性】选项面板的类型选择器中选择 "Generic-8″" 墙体类型，如图 5-28 所示。

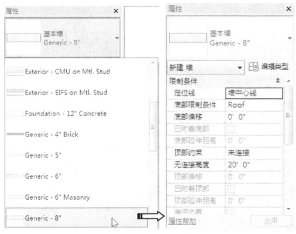

图5-27　选择墙体类型

　　工程点拨：这里值得注意的是，必须先选择墙体类型，否则将不能按照设计要求来设

置墙体的相关参数。

4. 在选项栏中设置图 5-28 所示的选项及墙参数。

图5-28　设置墙选项及参数

工程点拨：在本例中，我们将在 **Roof** 屋顶标高位置创建墙体，因此在创建墙体时可选择标高作为新工作平面的名称；否则，可用其他两种方式来设置新工作平面。

5. 在绘图区右上角的指南针上选择"上"视图方向，将视图切换为图 5-29 所示的俯视图。

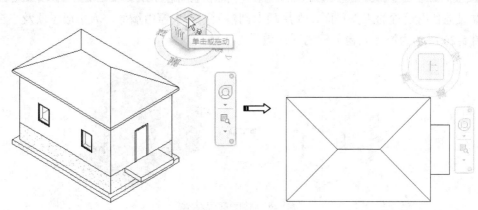

图5-29　切换视图方向

6. 在【修改|放置墙】上下文选项卡的【绘制】面板中单击【直线】按钮，绘制图 5-30 所示的墙体。绘制墙体后连续两次按 Esc 键结束绘制。

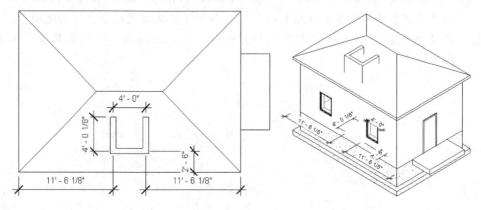

图5-30　绘制墙体

7. 在【建筑】选项卡的【工作平面】面板中单击【设置】按钮，打开【工作平面】对话框。在对话框中选择【拾取一个平面】单选项，再单击【确定】按钮，然后选择图 5-31 所示的墙体侧面作为新工作平面。

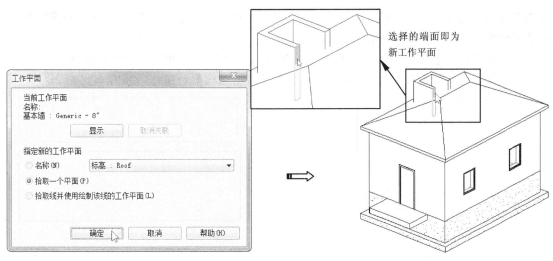

图5-31　指定工作平面

8. 在【建筑】选项卡【构建】面板中选择【屋顶】命令下拉列表中的【拉伸屋顶】命令，打开【屋顶参照标高和偏移】对话框。保留默认选项单击【确定】按钮，关闭此对话框，如图 5-32 所示。

图5-32　设置屋顶参照标高和偏移

9. 在指南针上选择前视图方向，然后利用【直线】命令绘制人字形屋顶轮廓线。绘制步骤如图 5-33 所示。

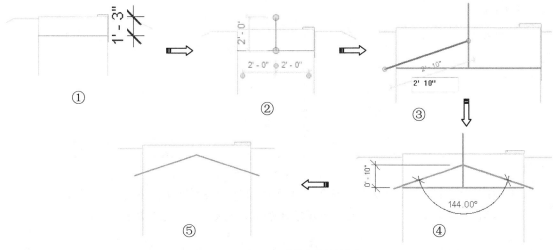

图5-33　人字形屋顶的轮廓线绘制步骤

工程点拨：图 **5-34** 所示中，步骤①绘制的是辅助线，用于确定中心线位置。步骤②就是选取水平线的中点来绘制中心线，此中心线的作用是确定人字形轮廓的顶点位置，其次是作为镜像中心线。步骤③是绘制人字形轮廓的一半斜线。步骤④为镜像斜线得到完整的人字形轮廓。步骤⑤是人字形轮廓的结果。

10. 在【属性】选项面板中选择基本屋顶类型为 "Generic-9""，如图 5-34 所示。单击【编辑类型】按钮 编辑类型，打开【类型属性】对话框，如图 5-35 所示。

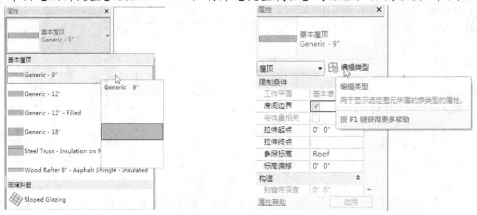

图5-34　选择基本屋顶类型　　　　　　　图5-35　执行【编辑类型】命令

11. 在【类型参数】选项列表中【结构】栏再单击【编辑】按钮，打开【编辑部件】对话框。将厚度尺寸修改为 "0' 6""，然后单击【确定】按钮完成编辑，如图 5-36 所示。

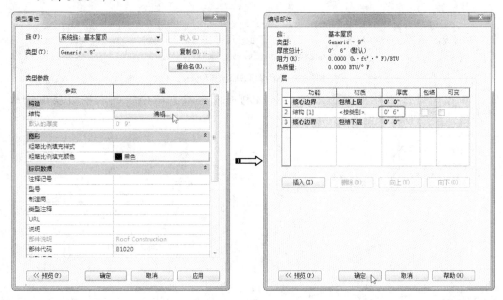

图5-36　编辑屋顶厚度

12. 在【修改|创建拉伸屋顶轮廓】上下文选项卡的【模式】面板中单击【完成编辑模式】按钮 ，完成人字形屋顶的创建，结果如图 5-37 所示。

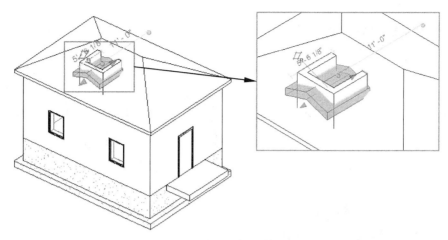

图5-37　创建人字形屋顶

13. 接下来对创建的墙体进行修剪。在绘图区中，将指针移动到墙体上，亮显后再按 Tab 键配合选取整个墙体，如图 5-38 所示。

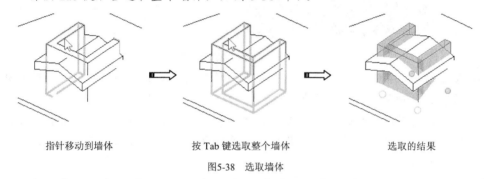

指针移动到墙体　　　　　　按 Tab 键选取整个墙体　　　　　　选取的结果

图5-38　选取墙体

14. 选取墙体后墙体模型处于编辑状态，并弹出【修改|墙】上下文选项卡。在【修改墙】面板中单击【附着墙 顶部/底部】按钮，在选项栏中选中【顶部】单选项，最后再选择人字形屋顶作为附着对象，完成修剪操作，结果如图 5-39 所示。

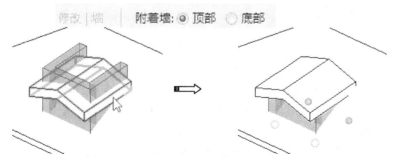

图5-39　完成修剪

15. 同理，再将修剪后的墙体重复修剪操作，但附着对象变更为小房子的大屋顶，附着墙位置设为"底部"，修剪屋顶斜面以下墙体部分的操作流程如图 5-40 所示。

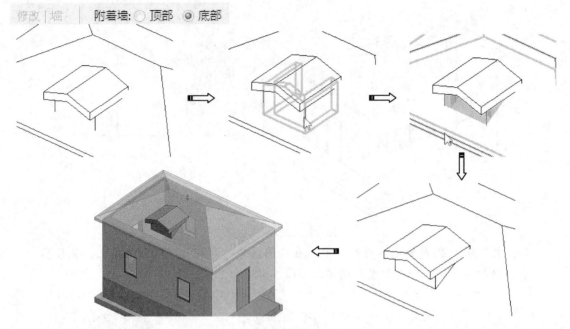

图5-40　修剪屋顶斜面下的墙体部分

16. 接着编辑人字形屋顶部分。选中人字形屋顶使其变成可编辑状态，同时打开【修改|屋顶】上下文选项卡。

17. 在【几何图形】面板中单击【连接/取消连接屋顶】按钮，按信息提示先选取人字形屋顶的边及大屋顶斜面作为连接参照，随后自动完成连接，结果如图 5-41 所示。

选取屋顶边　　　　　　　　　　选取连接参照　　　　　　　　　　连接结果

图5-41　编辑人字形屋顶的过程

18. 再接下来的工作是创建大屋顶上的老虎窗（"老虎窗"的定义将在后面章节中详细描述）。在【建筑】选项卡的【洞口】面板中单击【老虎窗】按钮，再选择大屋顶作为要创建洞口的参照。

19. 将视觉样式设为"线框"，然后选取天窗墙体内侧的边缘，如图 5-42 所示。通过单击【修改】面板中的【修剪/延伸单个图元】按钮，修剪选取的边缘，结果如图 5-43 所示。

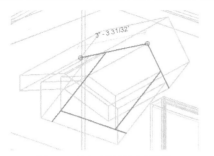

图5-42　选取天窗墙体内侧边缘

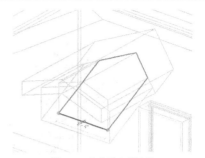

图5-43　修剪选取的边缘

20. 单击【完成编辑模式】按钮 ✓，完成老虎窗洞口的创建。隐藏天窗的墙体和人字形屋顶图元，查看老虎窗洞口，如图 5-44 所示。

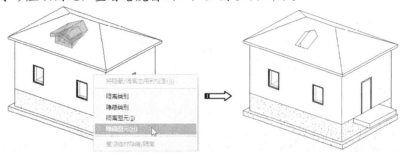

图5-44　查看老虎窗洞口

21. 最后添加窗模型。切换视图为前视图。在【建筑】选项卡【构建】面板中单击【窗】按钮 🪟，然后在【属性】选项面板选择 "Fixed 16" ×24" " 规格的窗模型，并将其添加到墙体中间，如图 5-45 所示。

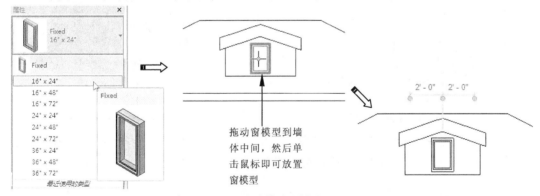

图5-45　添加窗模型到墙体上

22. 添加窗模型后，连续两次按 Esc 键结束操作。至此，我们就完成了利用工作平面来添加屋顶天窗的所有步骤。

5.2.3　显示、编辑与查看工作平面

工作平面在视图中显示为网格，如图 5-46 所示。

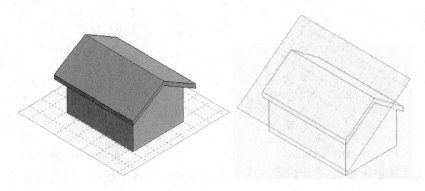

图5-46　显示工作平面

一、显示工作平面

要显示工作平面，在功能区【建筑】选项卡、【结构】选项卡或【系统】选项卡的【工作平面】面板中单击【显示】按钮即可。

二、编辑工作平面

工作平面是可以编辑的，可以修改其边界大小、网格大小。

【例5-4】　编辑工作平面

1. 打开本例光盘源文件夹中的 Revit 项目文件"编辑工作平面.rvt"，如图 5-47 所示。

2. 单击【显示】按钮显示模型视图中的工作平面，如图 5-48 所示。

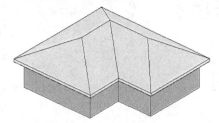

图5-47　打开的模型

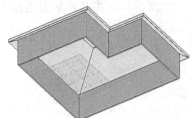

图5-48　显示工作平面

3. 直接选择工作平面是无法拾取的，需要按 Tab 键切换选择才可以，选中工作平面后，可以拖动工作平面的边界控制点，改变其大小，如图 5-49 所示。

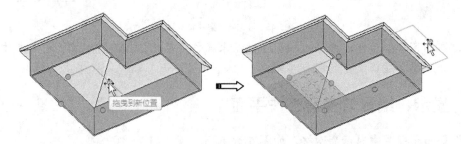

图5-49　拖动改变工作平面大小

4. 最终拖动修改工作平面的结果如图 5-50 所示。

5. 在选项栏中修改【间距】选项的值为 5000，按 Enter 键后可以看见工作平面的网格密度发生了变化，如图 5-51 所示。

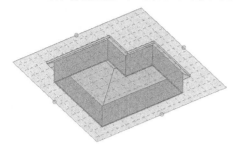

图5-50 修改工作平面大小

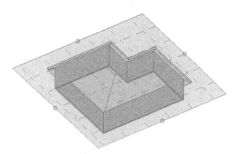

图5-51 修改工作平面网格密度

三、查看工作平面

在新建 Revit 项目文件进入工作环境后，默认状态下工作平面是关闭的，可以通过查看器查看工作平面所在的视图，还可以通过查看器修改模型。

工程点拨：其实查看器就是启动当前工作平面的视图窗口，所以在新窗口中是可以选中图元进行修改的。

【例5-5】 通过工作平面查看器修改模型

1. 打开本练习的源文件"办公桌.rfa"族文件，如图 5-52 所示。
2. 双击桌面图元，显示桌面的截面曲线，如图 5-53 所示。

图5-52 打开族文件

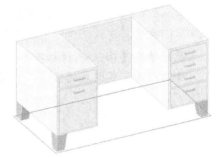

图5-53 双击桌面显示截面曲线

3. 单击【查看器】按钮 📷，弹出图 5-54 所示的工作平面查看器活动窗口。

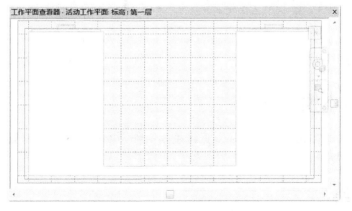

图5-54 打开工作平面查看器窗口

4. 选中左侧边界曲线，然后拖动拖曳控制柄改变其大小，如图 5-55 所示。

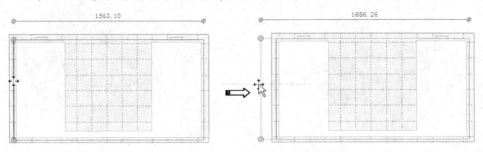

图5-55　拖动边界曲线改变位置结果

5. 同理，也拖动右侧的边界曲线改变其位置，拖动的距离大致相等即可，如图 5-56 所示。

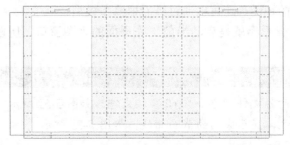

图5-56　拖动改变位置的结果

6. 关闭查看器窗口，实际上桌面的轮廓曲线已经发生改变，如图 5-57 所示。

7. 最后单击【修改|编辑拉伸】上下文选项卡的【完成编辑模式】按钮 ✓，退出编辑模式完成图元的修改，如图 5-58 所示。

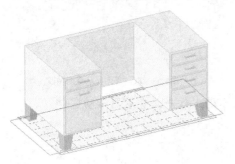

图5-57　桌面轮廓曲线

图5-58　修改完成的桌面

5.3　绘制基本模型图元

本节要介绍的基本模型图元是基于三维空间工作平面的单个或一组模型单元。包括模型线、模型文字和模型组。

5.3.1　模型线

模型线可以用来表达 Revit 建筑模型或建筑结构中的绳索、固定线等物体。模型线可以是某个工作平面上的线，也可以是空间曲线。若是空间模型线，在各个视图中都将可见。

模型线是基于草图的图元，通常利用模型线草图工具来绘制诸如楼板、天花板和拉伸的轮廓曲线。

在【模型】面板中单击【模型线】按钮 ，功能区中将显示【修改/放置线】上下文选项卡，如图5-59所示。

图5-59　【修改/放置线】上下文选项卡

【修改/放置线】上下文选项卡的【绘制】面板及【线样式】面板中就包含了所有用于绘制模型线的绘图工具与线样式设置，如图5-60所示。

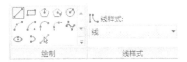

图5-60　线绘制与样式设置工具

一、直线

单击【直线】按钮 ，选项栏显示绘图选项，且指针由 变为 ，如图5-61所示。

图5-61　直线绘图选项

- 放置平面：该列表显示当前的工作平面，还可以从列表中选择标高或拾取新平面作为工作平面，如图5-62所示。

图5-62　放置平面

- 链：勾选此复选框，将连续绘制直线，如图5-63所示。

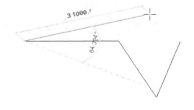

图5-63　绘制链

- 偏移量：设定直线与绘制轨迹之间的偏移距离，如图5-64所示。
- 半径：勾选此复选框，将会在直线与直线之间自动绘制圆角曲线（圆角半径为设定值），如图5-65所示。

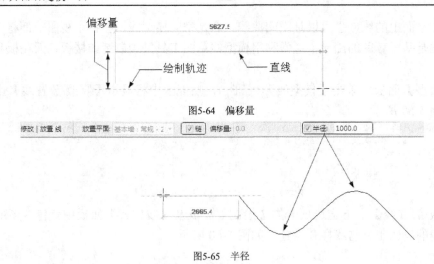

图5-64 偏移量

图5-65 半径

工程点拨：要使用【半径】选项，必须勾选【链】复选框。否则绘制单条直线是无法创建圆角曲线的。

二、矩形□

【矩形】命令将绘制由起点和对角点构成的矩形。单击【矩形】按钮□，选项栏显示矩形绘制选项，如图 5-66 所示。

图5-66 矩形绘制选项

由于选项栏中的选项与【直线】命令选项栏相同，下面仅介绍绘制的过程。

【例5-6】 绘制矩形

1. 单击【矩形】按钮□，选项栏显示矩形绘制选项。此时，【链】复选框灰显，说明在绘制矩形时是不能创建链的。
2. 在选项卡选择放置平面，如"标高 1"。
3. 勾选【半径】复选框，并输入半径值"200"，按 Enter 键确认，如图 5-67 所示。

图5-67 设置半径

4. 在图形区指定矩形起点和终点，绘制长度和宽度分别为 10000、5000 的矩形，如图 5-68 所示。

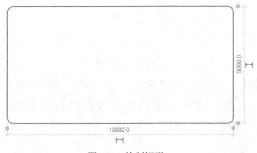

图5-68 绘制矩形

三、多边形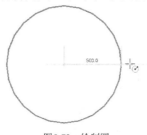

Revit 中绘制多边形有两种方式：内接多边形（内接于圆）和外接多边形（外切于圆），如图 5-69 所示。

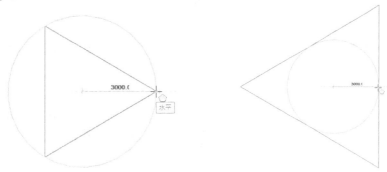

图5-69 内接多边形和外接多边形

单击【内接多边形】按钮，选项栏显示多边形绘制选项，如图 5-70 所示。

图5-70 内接多边形的选项栏

- 边：输入正多边形的边数，至少边数为 3 及以上。
- 半径：关闭此复选选项时，可绘制任意半径（内接于圆的半径）的正多边形。若勾选此复选框，可精确绘制输入半径的内接多边形。

在绘制正多边形时，选项栏中的"半径"是控制多边形内接于圆或外切于圆的大小参数，如要控制旋转角度，请通过【管理】选项卡【设置】面板中的【捕捉】选项，设置【角度尺寸标注捕捉设置】的角度，如图 5-71 所示。

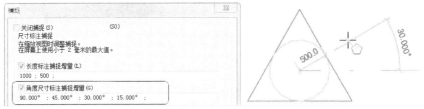

图5-71 绘制多边形时角度的捕捉

四、圆形

单击【圆形】按钮，可以绘制由圆心和半径来控制的圆，如图 5-72 所示。

图5-72 绘制圆

五、其他图形

【绘制】面板中的其他图形工具包括圆弧、样条曲线、椭圆、椭圆弧、拾取线等。如表

5-1 所示。

表 5-1　图形绘制工具

绘图工具		图形	说明
圆弧	起点-终点-半径弧		圆弧的起点、端点和中点或半径画弧
	圆心-端点弧		指定圆弧的圆心、圆弧的起点（确定半径）和端点（确定圆弧角度）
	相切-端点弧		绘制与两平行直线的相切弧，或者绘制与相交直线之间的连接弧
	圆角弧		绘制两相交直线间的圆角
样条曲线			绘制控制点的样条曲线
椭圆			绘制轴心点、长半轴和短半轴的椭圆
椭圆弧			绘制由长轴和短半轴控制的半椭圆
拾取线			拾取模型边进行投影，得到的投影曲线作为绘制的模型线

六、线样式

可以为绘制的模型线设置不同的线型样式，在【修改|放置线】上下文选项卡的【线样式】面板中，提供了多种可供选择的线样式，如图 5-73 所示。

图5-73　线样式

要设置线样式，先选中要变换线型的模型线，然后再选择线样式列表中的线型，如图5-74 所示。

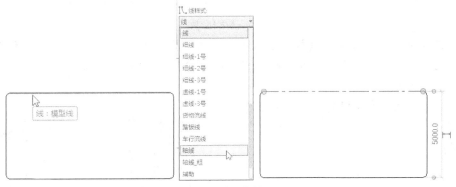

图5-74　设置线样式

5.3.2　模型文字

模型文字是基于工作平面的三维图元，可用于建筑或墙上的标志或字母。对于能以三维方式显示的族（如墙、门、窗和家具族），可以在项目视图和族编辑器中添加模型文字。　模型文字不可用于只能以二维方式表示的族，如注释、详图构件和轮廓族。

【例5-7】　创建模型文字

1. 打开本例的源文件"实验楼.rvt"建筑模型，如图 5-75 所示。

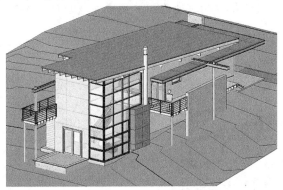

图5-75　打开的 Revit 建筑模型

2. 单击功能区【建筑】选项卡【工作平面】面板中的【设置】按钮，打开【工作平面】对话框。

3. 选择【拾取一个平面】单选项，再单击【确定】按钮，然后选择 east 立面的墙面作为新的工作平面，如图 5-76 所示。

图5-76 选择工作平面

4. 在【建筑】选项卡的【模型】面板上单击【模型文字】按钮，弹出【编辑文字】对话框。在对话框中输入文本"实验楼"，并单击【确定】按钮，如图 5-77 所示。

5. 将文本放置在大门的上方，如图 5-78 所示。

图5-77 输入文本

图5-78 放置文本

6. 放置文本后自动生成具有凹凸感的模型文字，如图 5-79 所示。

7. 接下来编辑模型文字，使模型文字变小、厚度变小。首先选中模型文字，在属性选项板中设置尺寸标注的深度为 50，并单击【应用】按钮，如图 5-80 所示。

图5-79 生成模型文字

图5-80 编辑模型文字的深度

8. 在属性选项板中单击【编辑类型】按钮，打开【类型属性】对话框。

在对话框中设置文字字体为"长仿宋体"，字体大小为"500"，勾选【粗体】复选框，最后单击【应用】按钮完成模型文字的属性编辑，如图 5-81 所示。

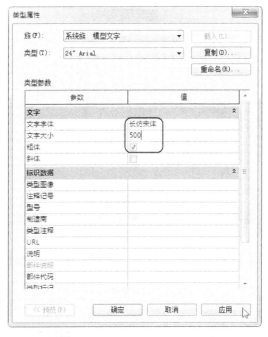

图5-81　编辑类型属性

9. 编辑属性后，模型文字的位置需要重新设置。拖动模型文字到新位置即可，如图 5-82 所示。

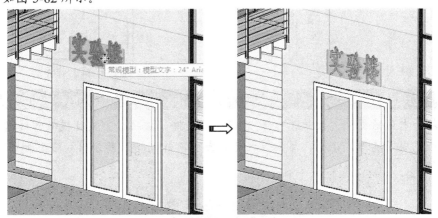

图5-82　拖动模型文字改变位置

10. 完成后将文件保存。

5.3.3　创建模型组

对于组的应用是对现有项目文件中可重复利用图元的一种管理和应用方法，我们可以通过组这种方式来像族一样管理和应用设计资源。组的应用可以包含模型对象、详图对象及模型和详图的混合对象。

Revit 可以创建以下类型的组。

- 模型组：此组合全由模型图元组成，如图 5-83 所示。

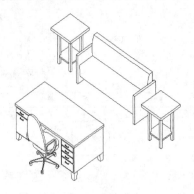

图5-83 模型组

- 详图组：详图组则由尺寸标注、门窗标记、文字等注释类图元组成，如图 5-84 所示。
- 附着的详图组：可以包含与特定模型组关联的视图专有图元，如图 5-85 所示。

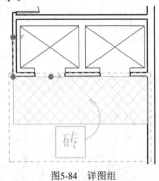

图5-84 详图组

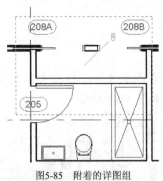

图5-85 附着的详图组

【例5-8】 创建模型组

1. 打开本例源文件"教学楼.rvt"建筑项目文件，该项目为某院校教学楼模型，已完成了墙体、楼板、屋顶等大部分图元，并创建了部分门和窗，如图 5-86 所示。

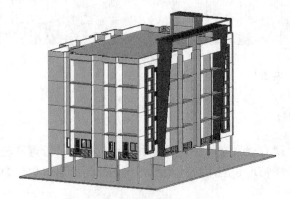

图5-86 教学楼模型

2. 切换至"Level 2"楼层平面视图。在该项目中，已经为左侧住宅创建了门窗、阳台及门窗标记，如图 5-87 所示。

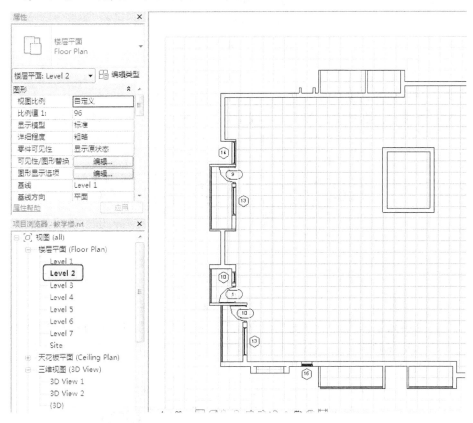

图5-87 "Level 2"楼层平面视图

3. 配合使用 Ctrl 键选择西侧"Level 2"楼层的所有阳台栏杆、门和窗，自动切换至【修改|选择多个】上下文选项卡，如图 5-88 所示。

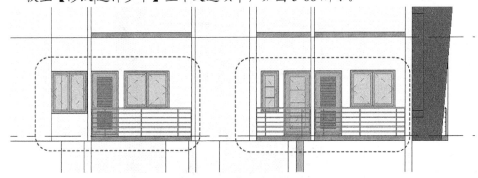

图5-88 选中要创建组的图元

4. 单击【创建】面板中的【创建组】按钮，弹出图 5-89 所示的【创建模型组】对话框，在【名称】栏中输入"标准层阳台组合"作为组名称，不勾选【在组编辑器中打开】选项，单击【确定】按钮，将所选择图元创建生成组，按 Esc 键退出当前选择集。

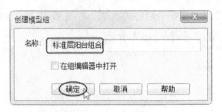

图5-89　创建模型组

5. 单击组中任意楼板或楼板边图元，Revit 将选择"标准层阳台组合"模型组中的所有图元，自动切换至【修改|模型组】上下文选项卡，如图 5-90 所示。

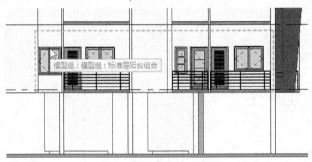

图5-90　选中模型组

6. 使用【阵列】工具 ，在选项栏中设置"项目数"为 4（按 Enter 键确认），其余选项保留默认。然后在视图中选择一个参考点作为阵列复制的起点，如图 5-91 所示。

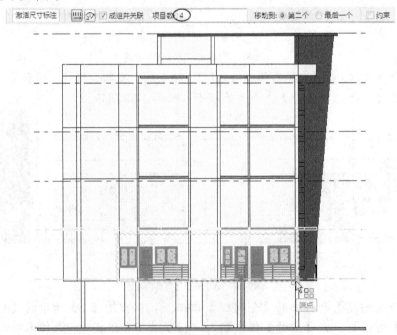

图5-91　设置选项并选择复制起点

7. 然后在"Level 3"楼层的标高线上拾取一点作为复制的终点，且该终点与起点呈垂直关系，如图 5-92 所示。

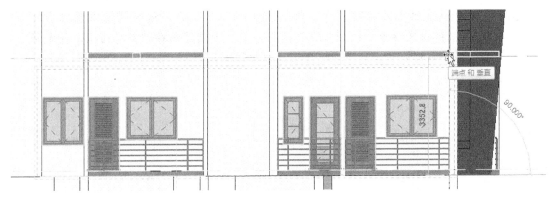

图5-92　拾取复制的终点

8.　单击终点可以查看阵列复制的预览效果，如图 5-93 所示。

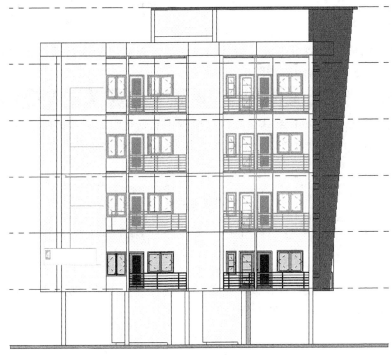

图5-93　阵列的预览效果

9.　最后在空白位置单击，将弹出警告对话框，如图 5-94 所示。单击警告对话框
中的【确定】按钮即可完成模型组的阵列操作，按 Esc 键退出【修改|模型
组】编辑模式。

图5-94　警告对话框

10. 在项目浏览器中的【组】|【模型】节点项目下，右键选择【标准层阳台组合】，从弹出的菜单中选择【保存组】命令，弹出【保存组】对话框，指定保存位置并输入文件名称，单击【保存】按钮保存即可，如图 5-95 所示。

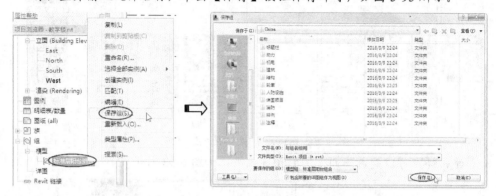

图5-95　保存组

工程点拨：如果该模型组中包含附着的详图组，还可以勾选对话框底部的【包含附着的详图组作为视图】选项将附着详图组一同保存。

【例5-9】　编辑模型组

1. 创建模型组后，Revit 默认会在组的中心位置创建组原点，如图 5-96 所示。此点既是模型组进行旋转时的参考点，也是插入组时的放置参考点。

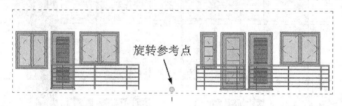

图5-96　显示组原点

2. 按住并拖动组原点可以修改其位置。在旋转组实例时，默认将按组原点位置绕 z 轴线旋转，如图 5-97 所示。

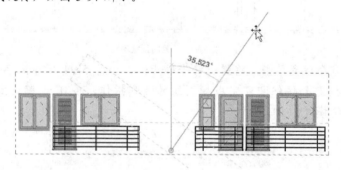

图5-97　旋转模型组

工程点拨：在修改组原点位置时，不会移动或修改组中各隶属图元的位置。在创建组时，组原点要位于组中图元所在的标高位置。

3. 选择模型组实例，在属性选项板中可以修改当前模型组所参考的标高及组原点相对标高的偏移量，如图 5-98 所示。"参照标高"和"原点标高偏移"参数用于修改组实例在项目中的空间高度位置。

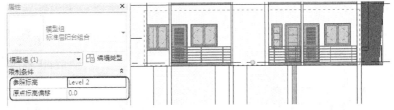

图5-98　编辑属性

工程点拨： 每一个组都是系统族"模型组"或"详图组"的类型。因此，可以像 **Revit** 中的其他图元一样，复制创建多个不同的新"类型"，便于组的编辑和修改。

4. 要将组保存为独立的组文件，除了在项目浏览器中通过右键单击将组保存为独立组文件外，还可以在【应用程序菜单】选择【另存为】|【库】|【组】命令，同样可以访问【保存组】对话框，如图 5-99 所示。

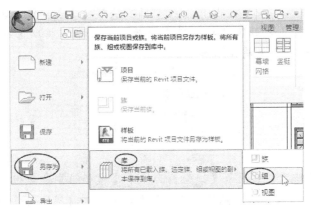

图5-99　保存为独立的组文件

【例5-10】放置模型组

若不需要用阵列的方式放置组，还可以用插入的方式来放置模型组。

1. 打开本例源文件"教学楼.rvt"建筑项目文件，如图 5-100 所示。

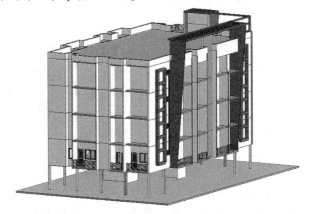

图5-100　教学楼模型

2. 切换至 "Level 2" 楼层平面视图。配合使用 Ctrl 键选择西侧 "Level 2" 楼层的所有阳台栏杆、门和窗，自动切换至【修改|选择多个】上下文选项卡，如图 5-101 所示。

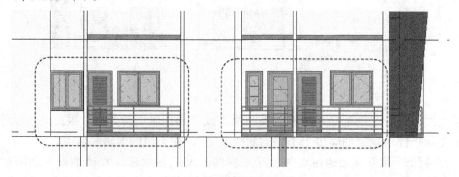

图5-101　选中要创建组的图元

3. 单击【创建】面板中的【创建组】按钮，弹出图 5-102 所示的【创建模型组】对话框，在【名称】栏中输入 "标准层阳台组合" 作为组名称，不勾选【在组编辑器中打开】选项，单击【确定】按钮，将所选择图元创建生成组，按 Esc 键退出当前选择集。

图5-102　创建模型组

4. 在功能区【建筑】选项卡【模型】面板中【模型组】命令组中单击【放置模型组】按钮，Revit 以组原点为放置参考点，并捕捉到与 Level 3 阳台上表面延伸线的交点，如图 5-103 所示。

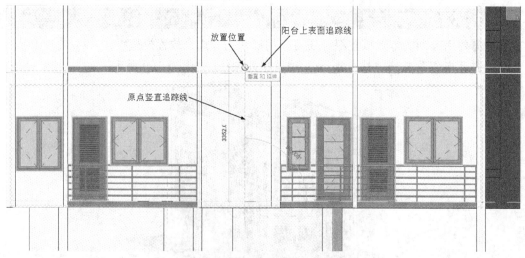

图5-103　捕捉组原点竖直追踪线与阳台上表面交点

5. 在组原点竖直追踪线与阳台上表面交点单击，放置模型组，功能区显示【修改|模型组】上下文选项卡，如图 5-104 所示，单击上下文选项卡中的【完

成】按钮✅，结束放置模型组的操作。

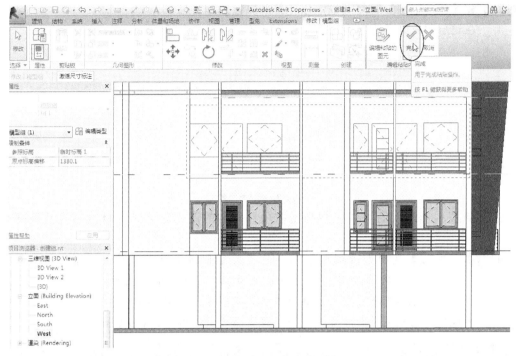

图5-104　放置模型组

【例5-11】 载入组

　　可以将任何 RVT 项目文件作为组导入到项目文件中。如果是附加详图组，还可以导入与模型组对应的附加详图。以导入组的方式导入 RVT 项目文件可以实现项目图元的重复利用。下面使用导入组的方式快速创建楼层平面组合，说明如何导入 RVT 组文件。

1.　以光盘源文件夹中的"revit 2016 样板.rte"为项目样板建立新项目。切换至 F1
楼层平面视图，如图 5-105 所示。

2.　在【插入】选项卡【从库中载入】面板单击【作为组载入】按钮，弹出
【将文件作为组载入】对话框。打开本章源文件夹中的"A1 户型.rvt"项目文
件，如图 5-106 所示。

图5-105　新建项目文件

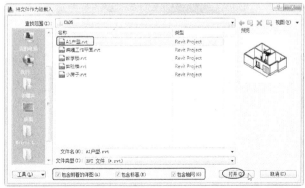

图5-106　载入项目文件

工程点拨：在【将文件作为组载入】对话框底部一定要勾选【包含附着的详图】、【包含标高】和【包含轴网】等复选框，以此得到完整的项目信息。

3. 在稍后弹出的【重复类型】对话框中单击【确定】按钮，如图 5-107 所示。

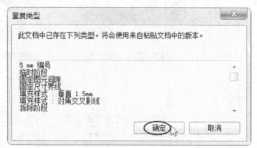

图5-107 确认重复类型

工程点拨：当载入的组中包含与当前项目同名的图元对象时，将给出重复类型对话框。

4. 在【建筑】选项卡【模型】面板的【模型】组中单击【放置模型组】按钮 ，切换至【修改|放置组】上下文选项卡。确认当前视图为 "标高 1" 楼层平面，在视图中任意空白位置单击放置模型组，如图 5-108 所示。

5. 完成后按 Esc 键退出放置组模式，放置的模型组如图 5-109 所示。

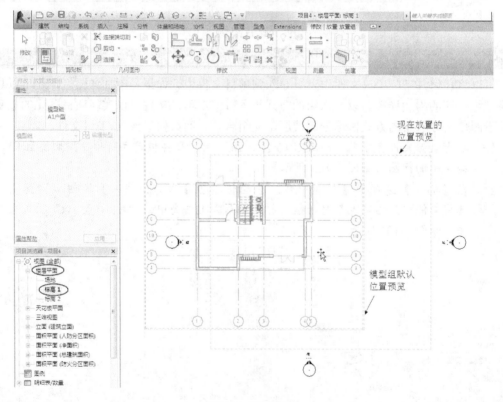

图5-108 放置模型组

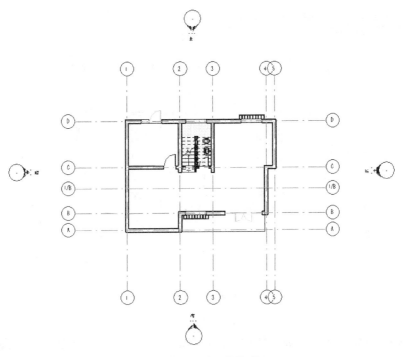

图5-109 放置完成的模型组

工程点拨：放置组时 **Revit Architecture** 会自动放置原组中的轴网。切换至东立面视图，已经载入原组中的标高，且原组±**0.000** 标高与当前项目±**0.000** 标高对齐，如图 **5-110**所示。

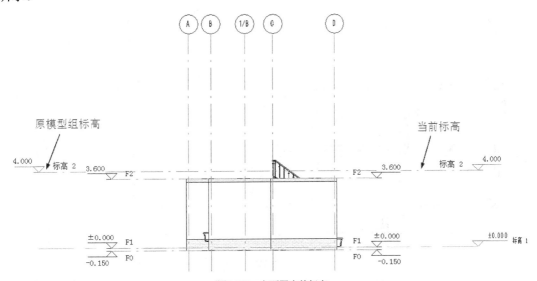

图5-110 立面图中的标高

6. 切换至"标高 1"楼层平面视图。选择组实例，切换至【修改|模型组】上下文选项卡。使用【镜像-拾取轴】工具，确认勾选选项栏中的【复制】选项，拾取 1 轴线镜像生成新组实例。Revit Architecture 会自动重新命名组实例中的各轴网编号，如图 5-111 所示。

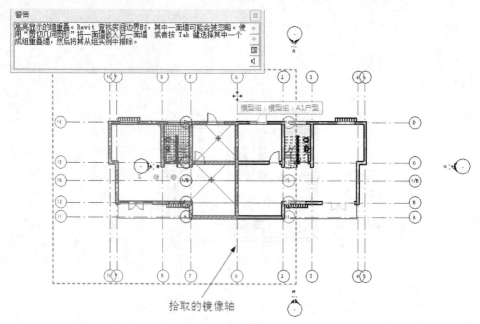

图5-111　拾取镜像轴线

工程点拨：选择轴线 1 生成镜像预览后，轴线 1 将与轴线 6 重叠，所以会弹出警告提示框，无须理会该警告，按 Esc 键关闭警告对话框即可。

7. 移动鼠标指针至 1 轴线垂直墙的位置。循环按键盘中的 Tab 键，直到垂直墙高亮显示时单击右键选择【排除】命令，从组实例中删除该墙对象，如图 5-112 所示。

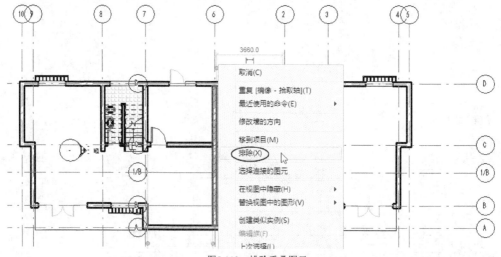

图5-112　排除重叠图元

8. 选择其中一个模型组，切换至【修改|模型组】上下文选项卡。单击【成组】面板中的【附着的详图组】按钮 ，将与该模型组关联的"楼层平面：注释信息"详图组附着到当前视图中，如图 5-113 所示。

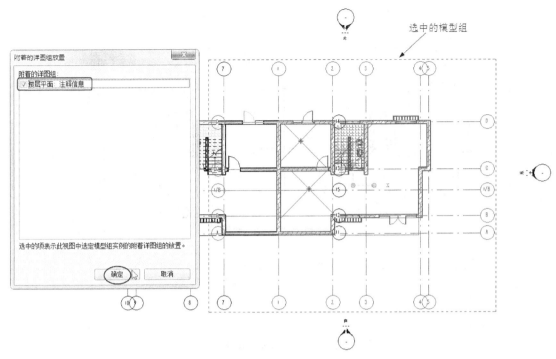

图5-113　附着详图组到视图

9. 附着的详图组如图 5-114 所示。

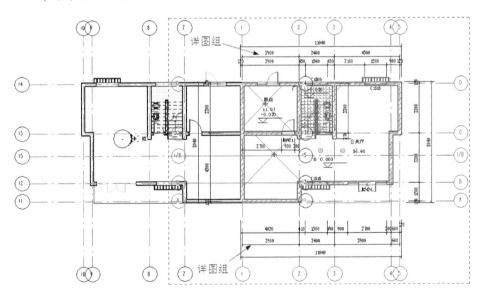

图5-114　附着的详图组

10. 分别选择两个模型组，在【修改|模型组】单击【成组】面板中的【解组】按钮，将组分解为独立图元。重新编辑轴网编号和尺寸标注，完成后如图 5-115 所示。

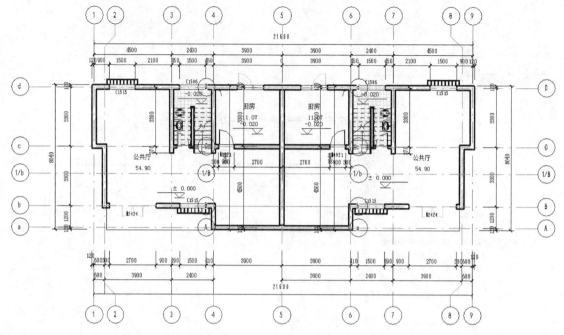

图5-115　编辑完成的视图

11. 保存该文件。

第6章 模型修改工具

Revit 提供了类似于 AutoCAD 中的图元变换操作与编辑工具。这些变换操作与编辑工具用来修改和操纵绘图区域中的图元，以实现建筑模型所需的设计。这些模型修改与编辑工具在【修改】上下文选项卡中，本章将详细讲解如何修改模型和操作模型。

本章要点

- 【修改】选项卡。
- 编辑与操作几何图形。
- 变换操作——移动、对齐、旋转与缩放。
- 变换操作——复制、镜像与阵列。

6.1 【修改】选项卡

在功能区的【修改】选项卡中，用户可以利用其中的变换操作与修改工具修改模型图元。图 6-1 所示为【修改】选项卡。

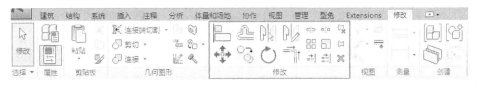

图6-1 【修改】选项卡

当选择要修改的图元对象后，功能区中会显示【修改|×××】上下文选项卡。因选择的修改对象不同，其修改的上下文选项卡命名与命令面板也会有所不同。

无论要修改的图元类型是什么，上下文选项卡中修改命令面板是默认不变的，如图 6-2 所示。也就是说这部分的修改及操作工具是通用的。

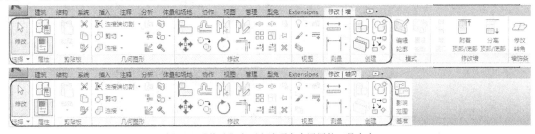

图6-2 【修改】上下文选项卡中通用的工具命令

6.2　编辑与操作几何图形

在【修改】选项卡【几何图形】面板中的工具用于连接和修剪几何图形，这里的"几何图形"其实是针对三维视图中的模型图元，下面详细介绍。

6.2.1　切割与剪切工具

修剪工具包括【应用连接端切割】、【删除连接端切割】、【剪切几何图形】和【取消剪切几何图形】工具。

一、应用与删除连接端切割

【应用连接端切割】与【删除连接端切割】工具主要应用在建筑结构设计中梁和柱的连接端口的切割。下面我们举例说明这两个工具的基本用法与注意事项。

【例6-1】　建筑结构件的连接端切割

1. 打开本例源文件"\实训项目\源文件\Ch06\钢梁结构.rvt"，如图 6-3 所示。

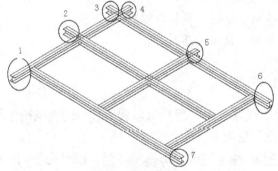

图6-3　钢梁结构模型

工程点拨：从打开的钢梁结构看，纵横交错的多条钢梁连接端是相互交叉的，需要用工具切割。尤其值得注意的是：必须先拖曳结构框架构件端点或造型操纵柄控制点来修改钢梁的长度，以便能完全切割与之相交的另一钢梁。

2. 在 1 号位置上选中钢梁结构件，如图 6-4 所示，将显示"结构框架构件端点"和"造型操纵柄"。

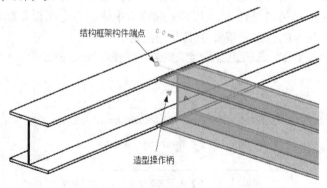

图6-4　钢梁构件的"结构框架构件端点"和"造型操纵柄"

3. 拖动构件端点或造型操纵柄控制点，拉长钢梁构件，如图 6-5 所示。

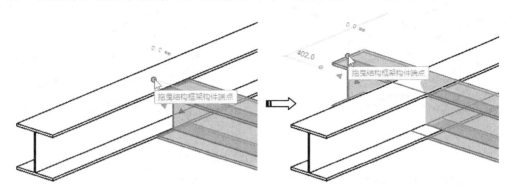

图6-5 拖动结构框架构件端点改变钢梁构件长度

4. 拖曳时不要将钢梁构件拉伸得过长，这会影响切割的效果。其原因是：拖曳过长，得到的是相交处被切断，切断处以外的钢梁构件均保留，如图 6-6 所示。此处我们需要的是两条钢梁构件要相互切割，多余部分将切割掉不保留。

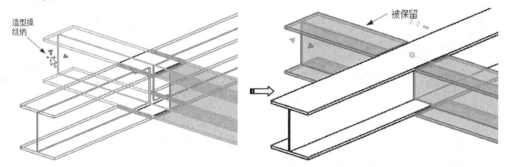

图6-6 拖动造型控制柄的切割结构

5. 同理，将相交的另一钢梁构件（很明显太长了）也拖动其构件端点缩短其长度，如图 6-7 所示。

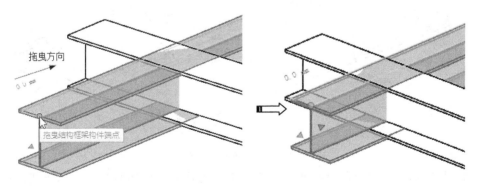

图6-7 拖曳另一钢梁构件的端点改变其长度

6. 经过上述修改钢梁构件长度后，在【修改】选项卡的【几何图形】面板中单击【连接端切割】按钮，首先选择被切割的钢梁构件，再选择作为切割工具的另一钢梁构件，如图 6-8 所示。

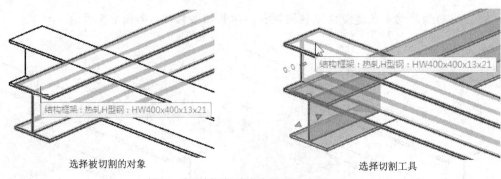

选择被切割的对象　　　　　　　　　　　　选择切割工具

图6-8　选择连接端切割的切割对象和切割工具

7. 随后 Revit 自动切割，切割后的效果如图 6-9 所示。

8. 同理，交换切割对象和切割工具，对未切割的另一钢梁构件进行切割，切割结果如图 6-10 所示。

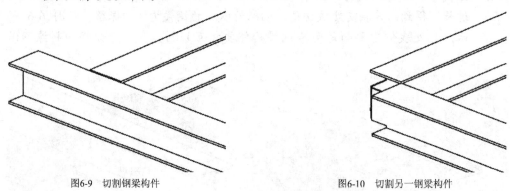

图6-9　切割钢梁构件　　　　　　　　　　　图6-10　切割另一钢梁构件

9. 按此方法，对编号 2、3、4、5、6 位置处的相交钢梁构件进行连接端切割。切割完成的结果如图 6-11 所示。

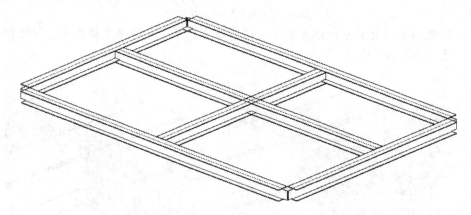

图6-11　切割其他位置的钢梁构件

10. 最后切割中间形成十字交叉的两根钢梁构件，仅仅切割其中一根即可，结果如图 6-12 所示。

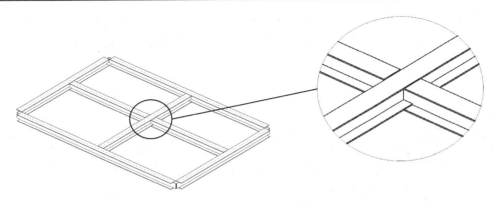

图6-12　切割中间十字交叉的钢梁构件

　　工程点拨：作为被切割对象的钢梁，判断其是否过长，不妨先切割下，若是切割效果非你所要，我们可以拖动构件端点或造型操纵柄控制点修改其长度，Revit 会自动完成切割操作，如图 6-13 所示。

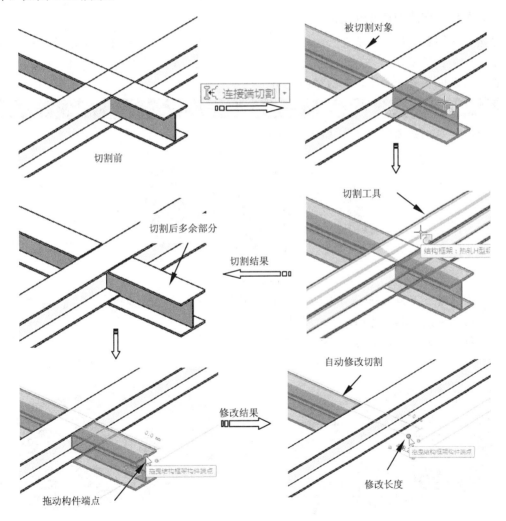

图6-13　因钢梁构件过长进行切割后的修改操作

11. 切割完成后须仔细检查结果，如果切割效果不理想需要重新切割，可以单击
【删除连接端切割】命令，然后依次选择被切割对象与切割工具，删除连接
端切割，如图 6-14 所示。

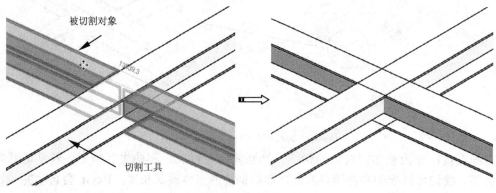

图6-14　删除连接端切割

二、剪切与取消剪切几何图形

使用【剪切】工具可以从实心的模型中剪切出空心的形状。剪切工具可以是空心，也可以是实心的。此工具和【取消剪切几何图形】工具可用于族，但也可以使用"剪切几何图形"将一面墙嵌入另一面墙。下面举例说明。

【例6-2】　将一面墙嵌入另一面墙

1. 打开本例源文件"墙体-1.rvt"，如图 6-15 所示。

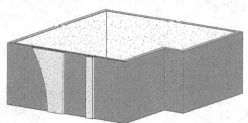

图6-15　墙体

2. 在【修改】选项卡的【几何图形】面板中单击【剪切】按钮 剪切，按信息
提示首先拾取被剪切的对象（墙体），如图 6-16 所示。

3. 接着再拾取剪切工具，如图 6-17 所示。

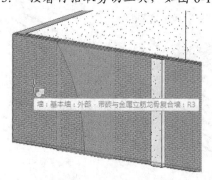

图6-16　拾取被剪切对象（主墙体）

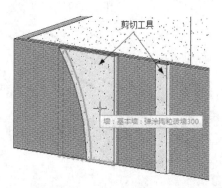

图6-17　拾取剪切工具

4. 随后自动完成剪切，将剪切工具隐藏，结果如图 6-18 所示。

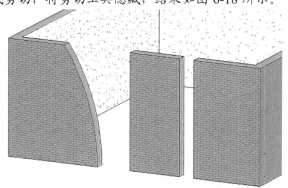

图6-18 剪切结果

5. 单击【取消剪切几何图形】按钮 ，依次选择主墙体（被剪切对象）和重叠
墙体（剪切工具），可取消剪切。

6.2.2 连接工具

连接工具主要用于两个或多个图元之间的连接部分的清理，实际上是布尔求和或求差运算。

一、【连接几何图形】工具

包括【连接几何图形】、【取消连接几何图形】和【切换连接顺序】等工具。

下面以案例方式说明其用途。

【例6-3】 清理柱和地板间的连接

1. 打开本例源文件 "花架.rvt"，如图 6-19 所示。

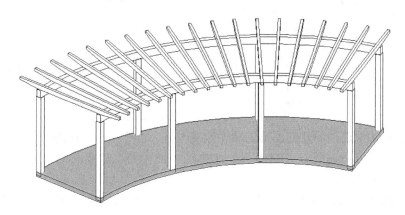

图6-19 花架模型

2. 单击【连接】按钮 ，拾取要连接的实心几何图形——地板，如图 6-20 所示。

3. 再拾取要连接到所选地板的实心几何图形——柱子（其中一根），如图 6-21 所示。

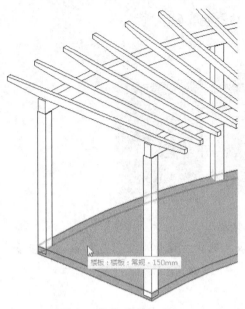

图6-20　拾取要连接的对象	图6-21　拾取要连接到的对象

4. 随后 Revit 自动完成柱子与地板的连接，连接的前后对比效果如图 6-22 所示。

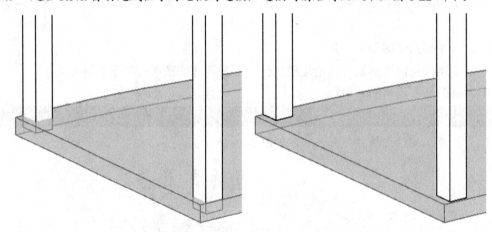

连接前的柱子与地板　　　　　　　　　　　　　　　连接后的柱子与地板

图6-22　完成一根柱子与地板的连接

工程点拨：如果连接的几何图形的顺序改变一下，会产生不同的连接效果。

5. 如果单击【取消连接几何图形】按钮，随意拾取柱子或地板，即可接触两者之间的连接。

6. 如果改变连接几何图形的顺序，可单击【切换连接顺序】按钮，任意选择柱子或地板，即可得到另一种连接效果。如图 6-23 所示，前者为先拾取地板再拾取柱子的连接效果，后者则是单击【切换连接顺序】按钮后的连接效果（也叫嵌入）。

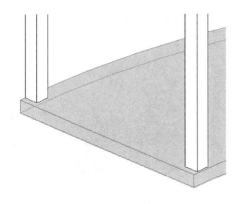
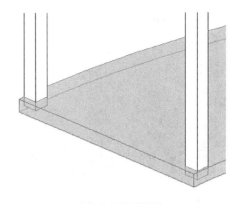

先地板后柱子的连接　　　　　　　　　　　先柱子后地板的连接

图6-23　切换连接顺序

二、【连接/取消连接屋顶】工具

此连接工具主要用于屋顶与屋顶的连接，以及屋顶与墙的连接。常见范例如图 6-24 所示。此工具仅当创建了建筑屋顶后才变为可用。

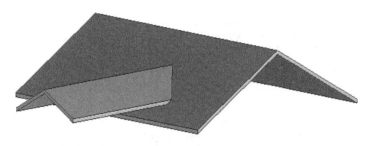

图6-24　连接的屋顶

【例6-4】　连接屋顶

1. 打开本例源文件 "小房子.rvt"，如图 6-25 所示。
2. 在【修改】选项卡的【几何图形】面板中单击【连接/取消连接屋顶】按钮，然后选择小房子中大门上方屋顶的一条边作为要连接的对象，如图 6-26 所示。

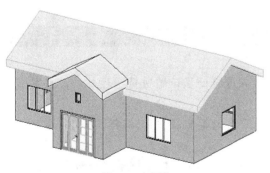

图6-25　小房子　　　　　　　　　　　图6-26　选择要连接的一条屋顶边

3. 按信息提示再选择另一个屋顶上要进行连接的屋顶面，如图 6-27 所示。

4. 随后 Revit 自动完成两个屋顶的连接，结果如图 6-28 所示。

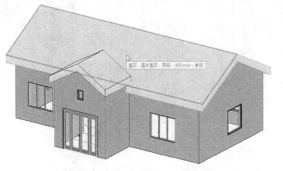

图6-27 选择要进行连接的屋顶面

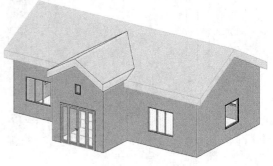

图6-28 连接两个屋顶的结果

三、【梁/柱连接】工具

【梁/柱连接】工具可以调整梁和柱端点的缩进方式。图 6-29 所示显示了 4 种缩进方式。

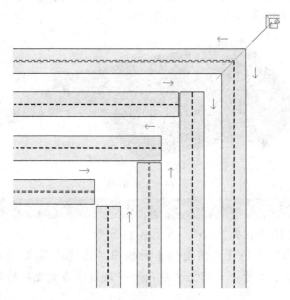

图6-29 4 种梁和柱的缩进方式

【梁/柱连接】工具可以修改缩进方式。下面用案例说明。

【例6-5】 修改钢梁缩进方式

1. 打开本例源文件"简易钢梁.rvt"。

2. 单击【梁/柱连接】按钮，梁与梁的端点连接处显示缩进箭头控制柄，如图 6-30 所示。

3. 单击缩进箭头控制柄，改变缩进方向，使钢梁之间进行斜接，如图 6-31 所示。

4. 同理，其余 3 个端点连接位置也要改变缩进方向，最终钢梁连接效果如图 6-32 所示。

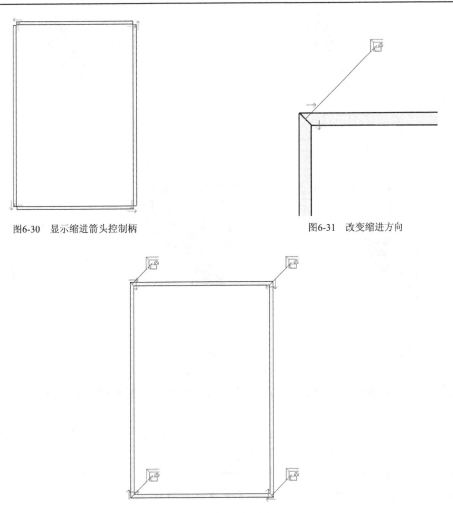

图6-30 显示缩进箭头控制柄　　　　　　　　图6-31 改变缩进方向

图6-32 最终梁连接效果

工程点拨：梁与柱之间的连接是自动的，建筑混凝土形式的梁与梁连接、柱与梁连接也是自动的。

四、【墙连接】工具

【墙连接】工具用来修改墙的连接方式，如斜接、平接和方接。当墙与墙相交时，Revit 通过控制墙端点处"允许连接"方式控制连接点处墙连接的情况。该选项适用于叠层墙、基本墙和幕墙各种墙图元实例。

绘制两段相交的墙体后，在【修改】选项卡的【几何图形】面板中单击【墙连接】按钮，拾取墙体连接端点，选项栏显示墙连接选项，如图 6-33 所示。

配置 上一个 下一个 ◉ 平接 ○ 斜接 ○ 方接 显示 使用视图设置 ▼ ◉ 允许连接 ○ 不允许连接

图6-33 墙连接选项栏

各选项含义如下。

- 上一个/下一个：当墙连接方式设为"平接"或"方接"时，可以单击【上一个】或【下一个】按钮循环浏览连接顺序，如图 6-34 所示。

【上一个】连接顺序

【下一个】连接顺序

图6-34　循环浏览

- 平接/斜接/方接：3 种墙体连接的基本类型，如图 6-35 所示。

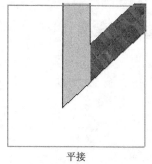

平接

斜接

方接

图6-35　墙体的 3 种连接方式

工程点拨：同类墙体的连接方式是 3 种，不同墙体的连接方式仅包括 "平接" 和 "斜街"。

- 显示：当允许墙连接时，【显示】选项列表中有 3 个选项，包括 "清理连接" "不清理连接" 和 "使用视图设置"。
- 允许连接：选择此单选项，将允许墙进行连接。
- 不允许连接：选择此单选项，将不允许墙进行连接，如图 6-36 所示。

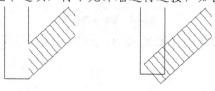

允许连接　　　　　　　　不允许连接

图6-36　墙体的允许连接和不允许连接

6.2.3　拆分面与拆除墙工具

一、【拆分面】工具

【拆分面】工具拆分图元的所选面，该工具不改变图元的结构。

可以在任何非族实例上使用【拆分面】。在拆分面后，可使用【填色】工具为此部分面应用不同材质。

【例6-6】　为门、窗做贴面

1.　打开本例源文件 "小房子 2.rvt"。

2. 在项目浏览器中双击【视图】|【立面】|【南】子节点项目，切换为南立面视图，如图 6-37 所示。

图6-37 切换南立面视图

3. 在【修改】选项卡【几何图形】面板中单击【拆分面】按钮 ，然后选择要拆分的区域面——即南立面墙的墙面，如图 6-38 所示。

图6-38 选择要拆分的区域面

4. 随后切换到【修改|拆分面> 创建边界】上下文选项卡。

5. 利用【直线】命令在大门门框边上绘制直线（底边无须绘制），如图 6-39 所示。

6. 单击【修改】面板中的【偏移】按钮 ，在选项栏设置偏值为"100"并回车确认，然后拾取直线向外偏移，得到图 6-40 所示的结果。

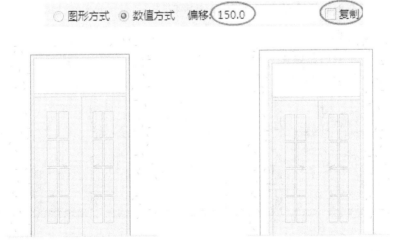

图6-39 绘制直线	图6-40 偏移直线

工程点拨：注意，如果偏移结果是相反，可按 **Ctrl+Z** 组合键返回，重新偏移。

7. 绘制完成后按【完成编辑模式】按钮 ☑ 结束当前命令，所选的区域面被自动拆分，如图 6-41 所示。

图6-41 完成大门周边的面拆分操作

8. 同理，在旁边的两个窗户位置也绘制出直线（或矩形）并偏移相同距离，完成拆分面操作，结果如图 6-42 所示。

图6-42 完成所有拆分面的结果

工程点拨：拆分面只能允许一个封闭轮廓进行拆分。

二、【拆除】工具

【拆除】工具在室内装修设计中（特别是二手房装修）可用来拆除部分墙体，合理的调整室内户型格局，如图 6-43 所示。

原布局   准备拆除   拆除完成

图6-43 拆除工具在室内设计中的应用

6.3　变换操作——移动、对齐、旋转与缩放

【修改】选项卡【修改】面板中的修改工具，可以对模型图元进行变换操作，如移动、旋转、缩放、复制、镜像、阵列、对齐、修剪与延伸等，本节先介绍【移动】、【旋转】和【缩放】的操作方法。

6.3.1　移动

【移动】工具可将图元移动到指定的新位置。

选中要移动的图元，再单击【修改】面板中的【移动】按钮✥，选项栏显示移动选项，如图 6-44 所示。

图6-44　移动选项

- 约束：勾选此复选框，可限制图元沿着与其垂直或共线的矢量方向的移动。
- 分开：勾选此复选框，可在移动前中断所选图元和其他图元之间的关联。例如，要移动连接到其他墙的墙时，该选项很有用。也可以使用"分开"选项将依赖于主体的图元从当前主体移动新的主体上。

【例6-7】　移动图元

1. 打开本例源文件"加油站服务区.rvt"文件。在项目浏览器双击【楼层平面】|【二层平面图】节点项目，切换至二层平面图视图，如图 6-45 所示。

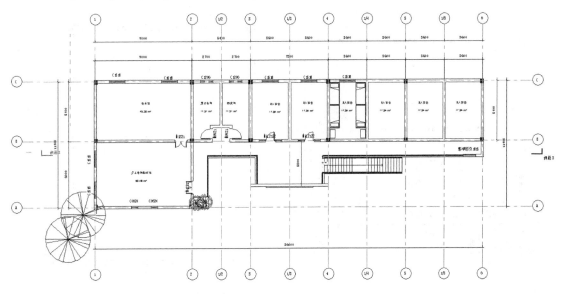

图6-45　二层平面图视图

2. 单击【视图】选项卡【窗口】面板中的【关闭隐藏对象】按钮，关闭其他视图窗口。
3. 在项目浏览器中，双击打开【剖面（建筑剖面）】|【剖面 3】节点视图。再利

用【视图】选项卡【窗口】面板中的【平铺】工具，Revit 将左右并列显示二层平面图和剖面 3 视图窗口，如图 6-46 所示。

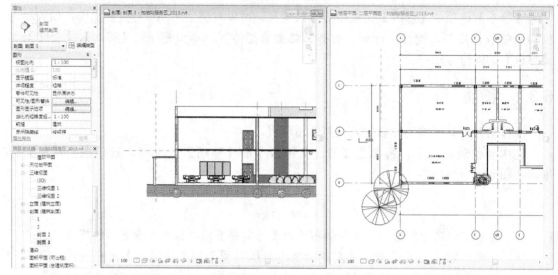

图6-46　打开 2 个视图并平铺视图窗口

4. 单击其中一个视图窗口，将激活该视图窗口。滚动鼠标滚轮，放大显示二层平面视图中的会议室房间，以及剖面 3 视图中 1～2 轴线间对应的位置，如图 6-47 所示。

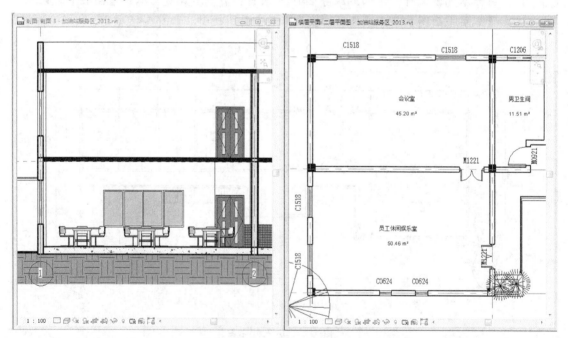

图6-47　放大显示视图窗口中的视图

5. 激活二层平面图视图，选择会议室 B 轴线墙上编号为 M1221 的门图元（注意不要选择门编号 M1221），Revit 将自动切换至与门图元相关的【修改|门】上下文选项卡。

工程点拨："属性"面板也自动切换为与所选择门相关的图元实例属性，如图 **6-48** 所示，在类型选择器中，显示了当前所选择的门图元的族名称为"门-双扇平开"，其类型名称为**"M1221"**。

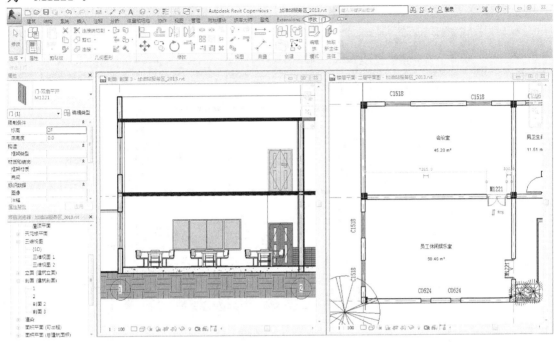

图6-48　选择门图元

6. 单击属性面板的【类型选择器】下拉列表，该列表中显示了项目中所有可用的门族及族类型。如图 6-49 所示，在列表中单击选择【塑钢推拉门】类型的门，该类型属于"型材推拉门"族。Revit 在二层平面视图和剖面 3 视图中，将门修改为新的门样式。

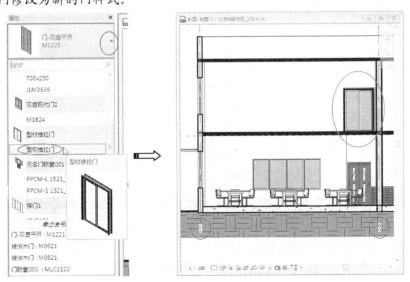

图6-49　修改门类型

7. 激活剖面 3 视图窗口并选中门图元，然后在【修改|门】上下文选项卡的【修

改】面板中单击【移动】按钮，随后在选项栏中仅勾选【约束】复选项，
如图 6-50 所示。

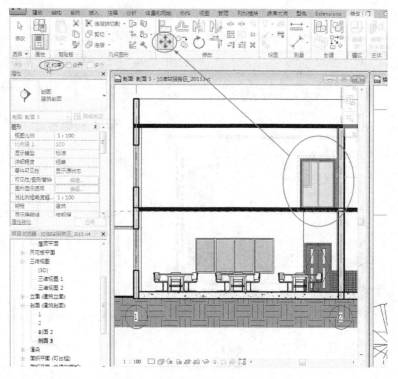

图6-50　使用并设置【移动】选项

工程点拨：如果先单击【移动】按钮再选中要移动的图元，需要按 Enter 键确认。

8. 在剖面 3 视图中，指针拾取门右上角点作为移动起点，向左移动门图元，在
移动过程中直接键入数值 100（通过键盘输入），单击 Enter 键确认完成移动，
如图 6-51 所示。

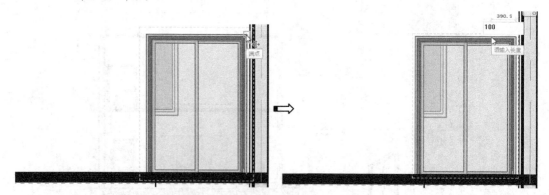

图6-51　拾取移动起点和终点来移动门图元

　　**工程点拨：由于勾选了选项栏中的【约束】选项，因此 Revit 仅允许在水平或垂直方向
移动鼠标。Revit 将门向左移动 100 的距离。由于 Revit 中各视图都基于三维模型实时剖切
生成，因此在"剖面 3"视图中移动门时，Revit 同时会自动更新二层平面视图中门的
位置。**

6.3.2 对齐

【对齐】工具可将单个或多个图元与指定的图元进行对齐，对齐也是一种移动操作。下面，将使用对齐修改工具，使刚才移动的会议室门洞口右侧与一层餐厅中门洞口右侧精确对齐。

【例6-8】 对齐图元

继续上一案例。

1. 单击【修改】选项卡【编辑】面板中的【对齐】按钮，进入对齐编辑模式，鼠标指针变为。取消勾选选项栏中的【多重对齐】选项，如图 6-52 所示。

□多重对齐　首选: 参照墙面　▼

图6-52　取消【多重对齐】选项的勾选

2. 确认激活剖面 3 视图。如图 6-53 所示，移动鼠标指针至一层餐厅门右侧洞口边缘，Revit 将捕捉门洞口边并亮显。单击鼠标左键，Revit 将在该位置处显示蓝色参照平面。

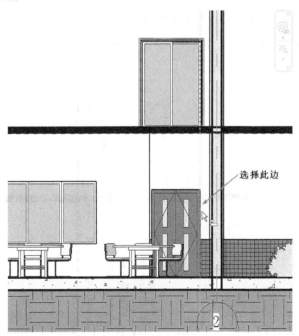

图6-53　选择要对齐的参照

3. 移动鼠标指针至二层会议门洞口右侧，Revit 会自动捕捉门边参考位置并亮显，如图 6-54 所示。

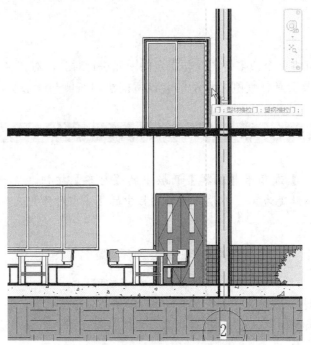

图6-54　选择要对齐的实体（门边）

4. Revit 将会议室门向右移动至参照位置，与一层餐厅门洞对齐，结果如图 6-55 所示。按 Esc 键两次退出"对齐"操作模式。

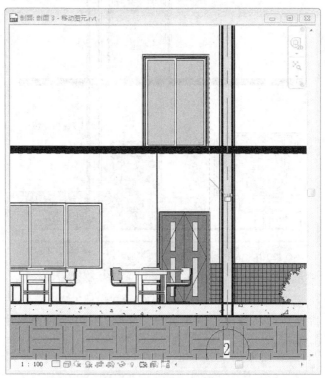

图6-55　自动对齐门

工程点拨：使用对齐工具对齐至指定位置后，Revit 会在参照位置处给出锁定标记，

单击该标记，**Revit** 将在图元间建立对齐参数关系，同时锁定标记变为🔒。当修改具有对齐关系的图元时，**Revit** 会自动修改与之对齐的其他图元。

6.3.3　旋转

【旋转】工具用来绕轴旋转选定的图元。某些图元只能在特定的视图中才能旋转，例如，墙不能在立面视图中旋转、窗不能在没有墙的情况下旋转。

选中要旋转的图元再单击【旋转】按钮⟳，选项栏显示旋转选项，如图 6-56 所示。

图6-56　旋转选项

- 分开：选择【分开】选项，可在旋转之前中断选择图元与其他图元之间的连接。该选项很有用，例如，需要旋转连接到其他墙的墙时。
- 复制：选择【复制】选项可旋转所选图元的副本，而在原来位置上保留原始对象。
- 角度：指定旋转的角度，然后按 Enter 键，Revit 会以指定的角度执行旋转，跳过剩余的步骤。
- 旋转中心：默认的旋转中心是图元的中心，如果想要自定义旋转中心，可以单击地点按钮，捕捉新点作为旋转中心。

【例6-9】　旋转图元

1. 打开本例源文件"加油站服务区.rvt"文件。在项目浏览器双击【楼层平面】|【场地布置图】节点项目，切换至场地布置视图，如图 6-57 所示。

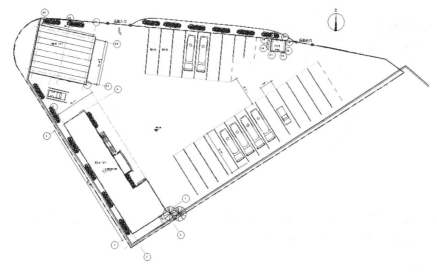

图6-57　场地布置视图

2. 滚动鼠标滚轮放大视图，选中场地右下方油罐车车库中的小汽车图元，然后执行【移动】命令，将其移动到"门卫室"旁的小型车车位上，如图 6-58 所示。

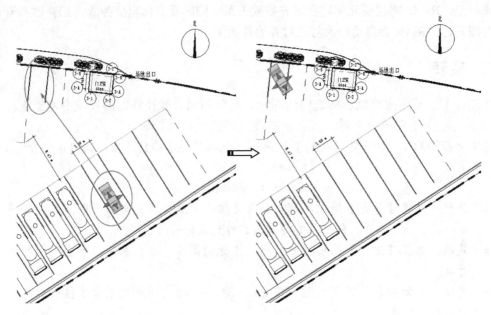

图6-58　移动小汽车到新车位

3. 在小汽车模型仍处于编辑状态下，单击【旋转】按钮，以默认的旋转中心将小汽车旋转一定的角度（输入 140），直接按 Enter 键确认，即可旋转小汽车，如图 6-59 所示。

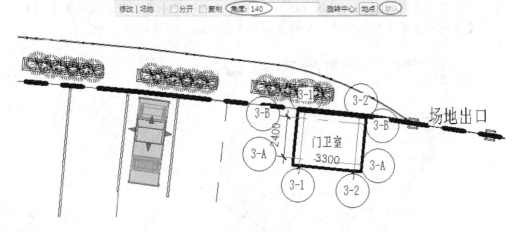

图6-59　旋转小汽车

工程点拨：当然也可以指定旋转起点和终点，手动控制旋转角度。由于小汽车本就是独立的一个图元，所以无须选择【分开】选项。

6.3.4　缩放

【缩放】工具适用于线、墙、图像、DWG 和 DXF 导入、参照平面及尺寸标注的位置。可以图形方式或数值方式来按比例缩放图元。

调整图元大小时，请考虑以下事项。

- 调整图元大小时，需要定义一个原点，图元将相对于该固定点同等地改变大小。
- 所有图元都必须位于平行平面中。选择集中的所有墙必须都具有相同的底部标高。
- 调整墙的大小时，插入对象与墙的中点保持固定距离。
- 调整大小会改变尺寸标注的位置，但不改变尺寸标注的值。如果被调整的图元是尺寸标注的参照图元，则尺寸标注值会随之改变。
- 导入符号具有名为"实例比例"的只读实例参数。它表明实例大小与基准符号的差异程度。可以通过调整导入符号的大小来修改该参数。

图 6-60 所示为缩放模型文字的范例。

选择要缩放的图元　　　　　　指定缩放起点和终点　　　　　　完成图元的缩放

图6-60　缩放模型文字

6.4　变换操作——复制、镜像与阵列

　　【复制】、【镜像】和【阵列】工具都属于复制类型的工具，当然也包括使用 Windows 剪贴板的复制、粘贴功能。

6.4.1　复制

　　【修改】面板中的【复制】工具是复制所选图元到新位置的工具，仅仅在相同视图中使用。跟【剪贴板】面板中的【复制到粘贴板】有所不同。【复制到粘贴板】工具可以在相同或不同的视图中使用，得到图元的副本。

　　【复制】工具的选项栏如图 6-61 所示。

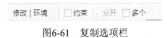

图6-61　复制选项栏

多个：勾选此复选框，将会连续复制多个图元副本。

【例6-10】复制图元

1.　打开本例的源文件"加油站服务区-2.rvt"，如图 6-62 所示。

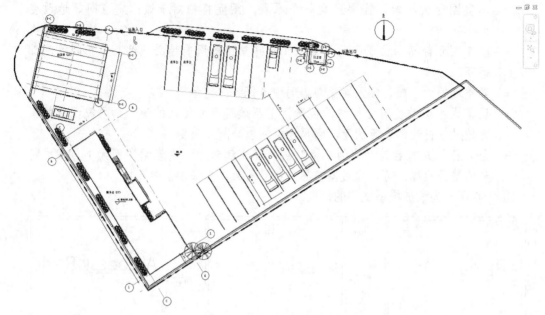

图6-62　打开的建筑项目源文件

2. 按 Ctrl 键选中场地布置图中右下角的 4 部油罐车模型，然后单击【修改】面板中的【复制】按钮，保持选项栏中各选项不被勾选，并拾取复制的基点，如图 6-63 所示。

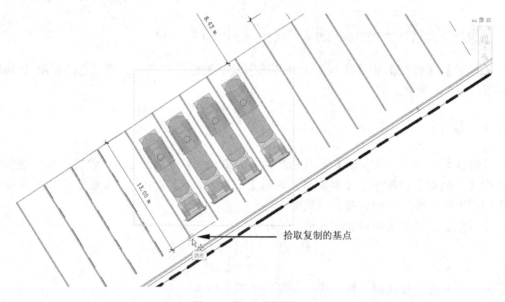

拾取复制的基点

图6-63　拾取复制的基点

3. 拾取基点后，再拾取一个车位上的一个点作为放置副本的参考点，如图 6-64 所示。

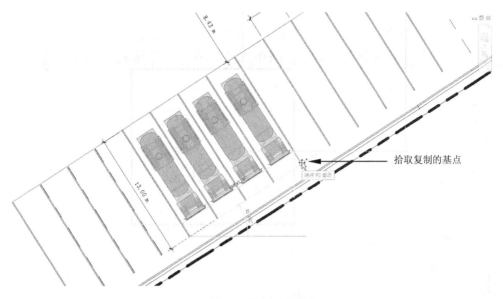

拾取复制的基点

图6-64　拾取复制的基点

4.　拾取放置参考点后，Revit 自动创建副本，如图 6-65 所示。

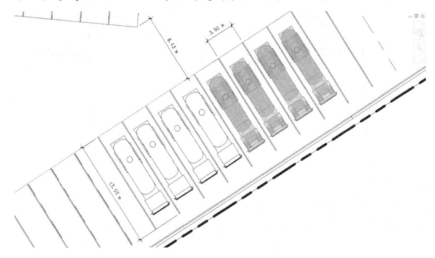

图6-65　完成油罐车模型的复制

【剪贴板】面板中的【复制到剪贴板】工具的用法，可以用键盘的快捷键替代，即 Ctrl+C（复制）和 Ctrl+V（粘贴）。当然如果不需要保留原图元，可以使用 Ctrl+X 组合键剪切原图元。

6.4.2　镜像

镜像工具也是一种复制类型工具，镜像工具是通过指定镜像中心线（或叫镜像轴）、绘制镜像中心线后，进行对称复制的工具。

Revit 中镜像工具包括【镜像-拾取轴】和【镜像-绘制轴】。

- 【镜像-拾取轴】 ：【镜像-拾取轴】工具的镜像中心线是通过指定现有的线

或图元边而确定的。

- 【镜像-绘制轴】:【镜像-绘制轴】工具的镜像中心线是通过手工绘制的。

【例6-11】 镜像图元

1. 打开本例的建筑项目文件"农家小院.rvt"，如图 6-66 所示。
2. 所显示的楼层中，主卧和次卧是没有门的，如图 6-67 所示，需要添加门。

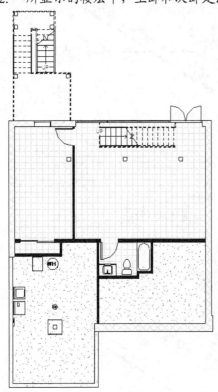

图6-66　打开的建筑项目源文件

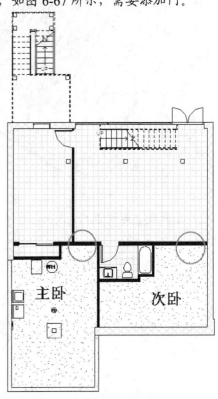

图6-67　主卧与次卧没有门

3. 选中卫生间的门图元，单击【镜像-拾取轴】按钮，再拾取主卧与次卧隔离墙体的中心线作为镜像中心线，如图 6-68 所示。

图6-68　拾取镜像中心线

4. 随后 Revit 自动完成镜像并创建副本图元，如图 6-69 所示。在空白处单击鼠标可以退出当前操作。

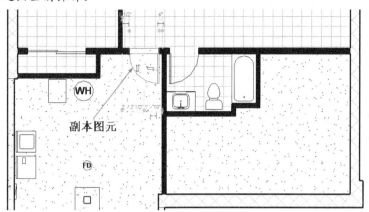

图6-69　完成镜像

5. 选中卫生间的门图元，然后单击【镜像-绘制轴】按钮，捕捉卫生间浴缸一侧墙体的中心线，确定镜像中心线的起点和终点，如图 6-70 所示。

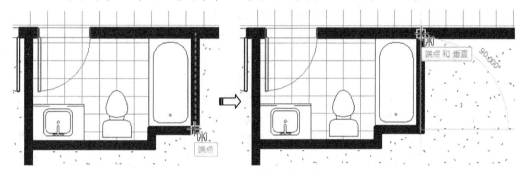

图6-70　指定镜像中心线起点和终点

6. 随后 Revit 自动完成镜像并创建副本图元，即次卧的门，如图 6-71 所示。

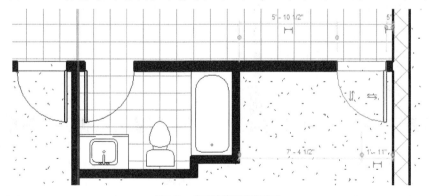

图6-71　完成镜像创建次卧门

6.4.3　阵列

利用【阵列】工具可以创建线型阵列或创建径向阵列（也称"圆周阵列"），如图 6-72 所示。

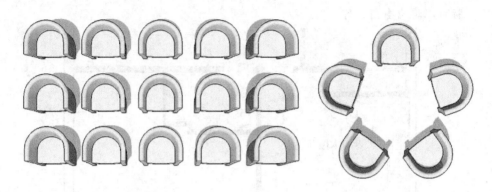

线性阵列　　　　　　　　　　　　　　径向阵列

图6-72　图元的阵列

选中要阵列的图元并单击【阵列】按钮，选项栏默认显示线性阵列的选项设置，如图 6-73 所示。

| 修改 | 卫浴装置 | 激活尺寸标注 | ▦ ✓ 成组并关联 项目数：2 | 移动到：◉ 第二个 ○ 最后一个 □ 约束 |

图6-73　线性阵列选项栏

但如果单击【径向】按钮，选项栏则将显示径向阵列的选项设置，如图 6-74 所示。

| 修改 | 卫浴装置 | ▦ ✓ 成组并关联 项目数：3 | 移动到：◉ 第二个 ○ 最后一个 角度： | 旋转中心：地点 默认 |

图6-74　径向阵列选项栏

- 【线性】按钮：单击此按钮，将创建线性阵列。
- 【径向】按钮：单击此按钮，将创建径向阵列。
- 【激活尺寸标注】：仅当为【线性】阵列时才有此选项，单击此选项，可以显示并激活要阵列图元的定位尺寸，图 6-75 所示为不激活尺寸标注和激活尺寸标注的情况。

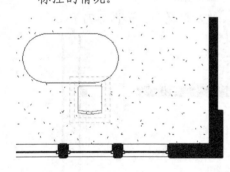
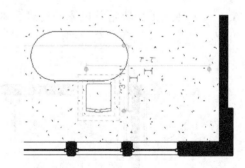

不激活尺寸标注　　　　　　　　　　　　激活尺寸标注

图6-75　激活尺寸标注

- 【成组并关联】：此选项控制各阵列成员之间是否存在关联关系，勾选即产生关联，反之非关联。
- 【项目数】文本框：此文本框用来键入阵列成员的项目数。
- 【移动到】：成员之间的间距的控制方法。
- 【第二个】：选中此单选项，将指定第一个图元和第二个图元之间的间距为成员间的阵列间距，所有后续图元将使用相同的间距，如图 6-76 所示。

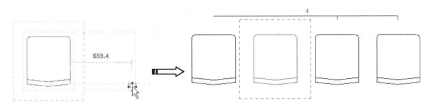

图6-76 【第二个】阵列间距设定方式

- 【最后一个】: 指定第一个图元和最后一个图元之间的间距, 所有剩余的图元将在它们之间以相等间隔分布, 如图 6-77 所示。

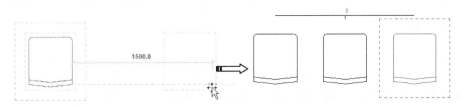

图6-77 【最后一个】阵列间距设定方式

- 【约束】: 勾选此复选框, 可限制图元沿着与其垂直或共线的矢量方向的移动。
- 【角度】文本框: 键入总的径向阵列角度, 最大为 360° 圆周, 图 6-78 所示为总阵列旋转角度为 360°、成员数为 6 的径向阵列。
- 【旋转中心】: 设定径向阵列的旋转中心点。默认的旋转中心点为图元自身的中心, 单击【地点】按钮, 可以指定旋转中心。

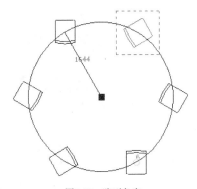

图6-78 阵列角度

【例6-12】 径向阵列餐椅

1. 打开本例建筑项目源文件 "两层别墅.rvt", 如图 6-79 所示。

图6-79 打开的建筑项目源文件

2. 选中餐厅中的餐椅图元，再单击【阵列】按钮，在选项栏中单击【径向】
   按钮，接着单击地点按钮，设定径向阵列的旋转中心点为圆桌的中心点，如
   图 6-80 所示。

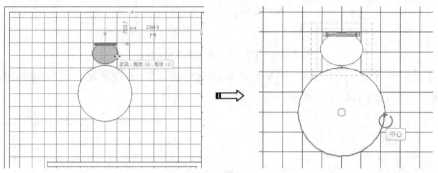

图6-80　选择阵列对象与拾取阵列中心点

工程点拨： 在拾取圆桌圆心的时候，要确保【捕捉】对话框中的【中心】选项被勾
选，如图 **6-81** 所示。且在捕捉时，仅拾取圆桌边即可自动捕捉到圆心。

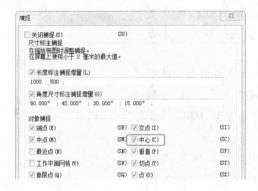

图6-81　设置捕捉

3. 捕捉到阵列旋转中心点后，在选项栏输入项目数为 6，角度为 360°，按 Enter
   键，即可自动创建径向阵列，如图 6-82 所示。

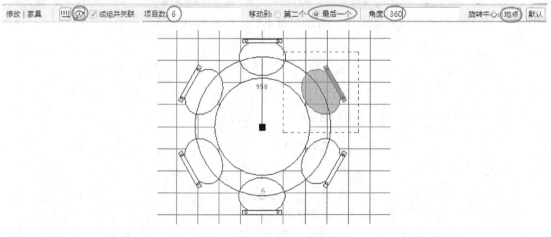

图6-82　设置选项并创建径向阵列

第7章 了解 Revit 族概念

族是 Revit 建筑项目的基础。不论模型图元还是注释图元，均由各种族及其类型构成。Revit 中的所有图元都是基于族的。

在本章中，"族"是 Revit 中使用的一个功能强大的概念，有助于更轻松地管理数据和进行修改。每个族图元能够在其内定义多种类型，根据族创建者的设计，每种类型可以具有不同的尺寸、形状、材质设置或其他参数变量。

 本章要点

- 什么是族?
- 族样板文件。
- 创建族的编辑器模式。
- 创建 Revit 族要注意的事项。

7.1 什么是族

族是一个包含通用属性（称作参数）集和相关图形表示的图元组。属于一个族的不同图元的部分或全部参数可能有不同的值，但是参数的集合却是相同的。族中的这些变体称作"族类型"或"类型"。

例如，门类型所包括的族及族类型可以用来创建不同的门（防盗门、推拉门、玻璃门、防火门等），尽管它们具有不同用途及材质，但在 Revit 中的使用方法却是一致的。

7.1.1 族类型

Revit 2016 中的族有 3 种形式：系统族、可载入族（标准构件族）和内建族。

一、系统族

系统族已在 Revit 中预定义且保存在样板和项目中，用于创建项目的基本图元，如墙、楼板、天花板、楼梯等，如图 7-1 所示。

系统族还包含项目和系统设置，这些设置会影响项目环境，如标高、轴网、图纸和视图等。Revit 不允许用户创建、复制、修改或删除系统族，但可以复制和修改系统族中的类型，以便创建自定义系统族类型。

相比 SketchUp 软件，Revit 建模极其方便，当然最主要的是它包含了一类构件必要的信息。

图7-1 创建系统族

工程点拨：本书第 **4** 章中介绍的"项目管理与设置"其实就是在使用系统族、设置系统族的属性、管理系统族等。

二、可载入族

可载入族为由用户自行定义创建的独立保存为.rfa 格式的族文件，如图 7-2 所示。

图7-2 可载入族

由于可载入族的高度灵活的自定义特性，因此在使用 Revit 进行设计时最常创建和修改的族为可载入族。Revit 提供了族编辑器，允许用户自定义任何类别、任何形式的可载入族。

可载入族分为 3 种类别：体量族、模型类别族和注释类别族。

- 体量族用于建筑概念设计阶段（将在后面章节中详细讲解）;
- 模型类别族用于生成项目的模型图元、详图构件等;
- 注释族用于提取模型图元的参数信息，例如，在综合楼项目中使用"门标记"族提取门"族类型"参数。

Revit 的模型类别族分为独立个体和基于主体的族。独立个体族是指不依赖于任何主体的构件，例如，家具、结构柱等。

基于主体的族是指不能独立存在而必须依赖于主体的构件，如门、窗等图元必须以墙体为主体而存在。基于主体的族可以依附的主体有墙、天花板、楼板、屋顶、线、面，Revit 分别提供了基于这些主体图元的族样板文件。

三、内建族

内建族是用户需要创建当前项目专有的独特构件时所创建的独特图元。创建内建族，以便它可参照其他项目几何图形，使其在所参照的几何图形发生变化时进行相应大小调整和其他调整。内建族的示例包括：

- 斜面墙或锥形墙;
- 特殊或不常见的几何图形，例如非标准屋顶;
- 不打算重用的自定义构件;
- 必须参照项目中的其他几何图形的几何图形;
- 不需要多个族类型的族。

内建族的创建方法与可载入族类似，但与系统族一样，这些族既不能从外部文件载入，也不能保存到外部文件中。它们是在当前项目的环境中创建的，并不打算在其他项目中使用。它们可以是二维或三维对象，通过选择在其中创建它们的类别，可以将它们包含在明细表中。

但是，内建族与系统族和可载入族不同，因为不能通过复制内建族类型的方式来创建多个类型。

尽管将所有构件都创建为内建图元似乎更为简单，但最佳的做法是只在必要时使用它们，因为内建族会增加文件大小，使软件性能降低。

7.1.2 学习族的术语

- 不可剖切：无论剖切面是否与之相交均在投影中显示的族。不可剖切族的示例包括栏杆、环境、家具和植物。
- 主体放样：放样从主体构件（如墙或屋顶）中剖切几何图形。主体放样的示例包括墙饰条、屋顶封檐带、檐槽和楼板边，如图 7-3 所示。
- 公式：对依赖其他参数值的参数值进行控制的方式。一个简单的例子是将宽度参数设置为等于某个对象高度的两倍。
- 共享参数：独立于族或项目存储在文本文件中的参数。可将共享参数添加到族或项目中，并可供其他族和项目共享。通过共享参数，还可添加族文件或项目样板中尚未定义的特定数据。此外，共享参数也可以用在标记和明细表中。

- 内建族：正在处理的当前项目所独有的族。与系统族类似，可在项目中创建和修改内建族，并将其保存在项目文件中。只要在项目中进行修改，内建族即会相应更新。不能将内建族载入到其他项目中。

- 分隔缝：墙中的可移除墙材质的切断，如图 7-4 所示。

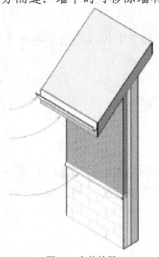

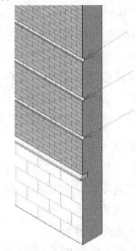

图7-3　主体放样　　　　　　　　　　　　　　　　图7-4　分隔缝

- 参数：用来控制图元的大小和外观的属性。族中不同图元的部分或全部参数可有不同的值，但该族中所有图元的参数集都相同。

- 参照平面：在建筑模型中设计模型图元族或放置图元时用作参照平面或工作平面的三维平面。

- 取消连接几何图形：使用该命令可以删除用"连接几何图形"命令应用的（两个或多个图元之间）连接。

- 可剖切：如果族是可剖切的，则当视图剖切面与所有类型视图中的此族相交时，此族显示为截面。在【族图元可见性设置】对话框中，【当在平面/天花板平面视图中被剖切时】选项决定当剖切面与此族相交时，是否显示族几何图形。例如，在门族中，如果在平面视图中剪切门，则显示推拉门几何图形；如果没有剪切门则不显示，如图 7-5 所示。

- 图元：建筑模型中的单个项目。Revit 建筑项目使用 3 种类型的图元。
  模型图元表示建筑的实际三维几何图形（例如，墙、窗、门和屋顶）。
  注释图元有助于记录模型（例如，尺寸标注、文字注释和剖面标记）。
  基准图元是用来建立项目上下文的非物理项目（例如，标高、网格和参照平面）。

- 图元属性：控制项目中图元的外观或行为的参数或设置。图元属性是图元的实例参数和类型参数的组合。要查看或修改图元属性，请在绘图区域中选择图元，然后在选项栏上单击【图元属性】图标。

- 基于主体的族：其构件需要主体的族（例如，门族以墙族为主体）。仅当其主体类型的图元存在时，才能在项目中放置基于主体的族，如图 7-6 所示。

图7-5　可剖切

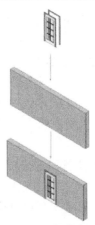

图7-6　基于主体的族

- 子类别：对类别中的图元子组的可视属性进行控制的方式。通过指定子类别，可以控制几何图形在项目中显示时所使用的线型图案、线宽、线颜色和材质。

- 定义原点：指定此参照平面属性，以将参照平面的交点标识为族的原点。原点是 Revit 将族载入项目时所在的点（交点），也是参数原点。族样板中已为参照平面选择"定义原点"选项，但用户可对其进行修改。

- 实例参数：控制参数族中的单个图元的设置，如华丽造型的长度/弧度。修改某一实例参数的值时，只有该类型的该实例会发生变化。

- 实心形状：定义三维构件的几何图形。Revit 支持若干种类型的实心形状：融合、放样、放样融合、拉伸和旋转。创建连续体量的实心形状，如图 7-7 所示。

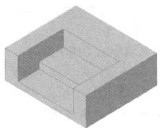

图7-7　实心形状

- 嵌套族：已载入到其他族中的族。可以在独立于主族模型的情况下表示部分嵌套族。例如，可以创建窗台族，并将其嵌套在窗族中。

- 工作平面：可在其中添加绘制线或其他构件几何图形的平面。Revit Architecture 中的每个视图都与工作平面相关联。命名的参照平面可以定义工作平面。

- 库：存储族的文件夹结构。要将族载入项目，请选择【从库中载入】|【载入族】命令，并定位到要载入的族所在的目录。可以从本地库、网络库或 Web 库中载入族。载入族后，该族会与项目一起保存。

- 弱参照：参照平面的参数，该参数在进行尺寸标注时的优先级最低。可以通过在项目中访问弱参照平面来执行对齐或标注尺寸操作，但必须使用 Tab 键高亮显示该参照平面。

- 强参照：参照平面的参数，该参数在进行尺寸标注和捕捉时具有最高优先级。在项目中选择族时，临时尺寸标注将显示在强参照上。在将构件载入到项目时，用实例参数进行尺寸标注的强参照会向族构件添加造型操纵柄。

工程点拨： "是参照" 属性设置为 "强参照" 或命名参照（如 "顶"）的参照平面是强参照。

- 循环参照链：在绘制几何图形时，当一个图元参照另一个图元，第二个图元又参照第一个图元时（参照环中可能有两个以上图元），即会出现循环参照链。下面是出现该错误的情况的示例。
  创建参照墙的楼板。
  编辑墙立面轮廓，并将其约束到楼板。

- 拉伸：使用拉伸可定义族的三维几何图形。可以通过在平面中定义二维草图来创建拉伸；Revit Architecture 随后便会在起点和终点之间拉伸该草图，如图 7-8 所示。

图7-8　拉伸

- 放样：用于创建需要绘制或应用轮廓（造型）并沿路径拉伸此轮廓的几何图形的工具。可以使用放样创建模型、扶手或简单的管道。放样需要两种草图。路径可以是闭合环，也可以是开放的一系列连接线、样条曲线和弧。
  轮廓必须是不与绘制线相交的闭合环。

工程点拨： 路径的第一条线定义轮廓的工作平面。

- 方向参照：定义方向（例如，左、右、上）的预定义系统值。如果参照平面定义族的左边缘，则在 "图元属性" 对话框中使用 "左" 作为 "是参照" 值。

- 旋转：绕轴旋转的实心几何图形。通过绕轴旋转闭合二维草图便可创建旋转形式。旋转几何图形的示例包括门的球形捏手、圆屋顶或柱，如图 7-9 所示。

图7-9　旋转

- 族：具有一组通用参数及相关的图形表示的图元组，如建筑的所有内部门。

- 族样板：设置和默认内容的集合，可将其作为创建族的起点。在其他图元中，样板可以包括参照平面和尺寸标注。

- 族类型：通过族类型可以预定义族的变体。例如，可为大小不同的相同构件创建族类型。每个类型都用选定的参数来表示。

- 族类型参数：用于控制嵌套族内的族类型的参数。在将嵌套构件标记为族类型参数后，随后载入的同类别的族就会自动成为可互换的族。例如，如果向门族添加 2 个气窗，则仅需要定位 1 个气窗，将其标记为族类型参数，那么另一个气窗将成为可用气窗列表的一部分。如果再载入 5 个气窗类型，则这些类型都可供选择。

- 族编辑器：Revit Architecture 的基于草图的编辑器，通过它可以创建项目中要包括的族。当开始创建族时，在编辑器中打开要使用的样板。该编辑器与 Revit Architecture 中的项目环境具有相同的外观和特征，但在设计栏中包括的命令不同。

- 无主体族：不需要在模型中放置主体构件的族。

- 无参照：指定给参照平面的参数，可以在族中使用，但不能通过在项目中访问它来执行对齐或标注尺寸操作。该参照平面不捕捉也没有造型操纵柄。

- 是参照：用来指定参照平面强度的参照平面属性。在项目中放置族时，此属性的值决定捕捉、尺寸标注和造型操纵柄的创建。

- 构架：用来创建形成实心几何图形的结构的族的参照平面，如图 7-10 所示。

图7-10　构架

- 标准构件族（可载入族）：具有通用构件的配置和在建筑设计中使用的符号的标准尺寸族。可在"族编辑器"中创建和修改标准构件族，并将其保存为扩展名为 .rfa 的外部 RFA 文件。

- 模型线：用于在不需要显示实心几何图形的情况下绘制二维几何图形的草图的线。例如，可以以二维形式绘制门面板和五金器具，而不用绘制实心拉伸。模型线存在于三维空间中，并且在所有的视图中都可见。

- 空心形状：剖切实心形状的造型空间。与实心类似，空心形状也有几种类型：融合、放样、拉伸和旋转，如图 7-11 所示。

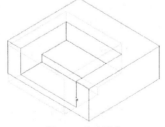

图7-11　空心形状

- 符号线：不属于实心几何图形的一部分且主要作为符号的线。例如，在创建门族时，可能要在平面视图中绘制符号线来表示门开启方向。符号线在其所绘制的视图中是可见的且与该视图平行。

- 类别：用于对建筑设计建模或记录的一组构件。例如，家具类别中可以包含用于书桌、梳妆台和沙发的族构件。在为新族选择类别时，该族类别的属性将被指定给该构件。

- 类型参数：对参数族类型的所有图元的外观进行控制的属性，例如，华丽造型的弧半径。如果修改类型参数的值，则项目中该类型的所有实例都会改变。

- 类型目录：在族中定义类型的分隔 TXT 文件。通过类型目录，可以通过族目录进行排序和只载入项目需要的特定族类型。此选择过程有助于减小项目的大小，并在选择类型时最大程度地缩短类型选择器的下拉列表长度。

- 系统族：建筑信息模型 (BIM) 中的基本建筑图元的族。该族包含在现场建立（而不是发送和安装）的真实构件（例如，屋顶、楼板和墙）。系统族的属性和图形表示是在产品中预定义的。

- 融合：融合可平滑连接彼此平行放置的两个二维形状（一个基准草图和一个顶部草图）。基准草图和顶部草图必须是不与绘制线相交的闭合环。融合中的每个草图都设置为不同的高度，如图 7-12 所示。

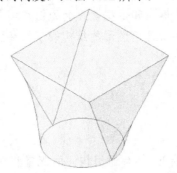

图7-12　融合

- 详图构件：详图构件是预绘制的基于线的二维图元，可将其添加到任何视图中（通常为详图视图或绘图视图）。详图构件仅在添加它们的视图中可见。详图构件的示例包括木制构架构件、金属立柱或垫片。详图构件以符号形式显示，不以三维形式显示。

- 调整：通过在族类型之间切换、调整尺寸标注和在主体类型之间切换（如果适用）来测试族的方式。这些测试可确保族的构架能正确地进行。

- 轮廓族：一系列闭合二维线和弧构成的族，可将其应用于项目中任何类型的实心几何图形。要创建其他三维几何图形，请使用轮廓来定义对象横截面，如扶手、栏杆、檐底板、檐口和其他放样定义的对象。

- 过约束：在族的图元之间添加的关系过多。当族过约束时，无法在不出现错误的情况下满足所有限制条件。

- 连接几何图形：用来在两个独立的几何图形之间创建联合的命令。连接将继承主体图元的材质和可见性属性。

- 限制条件：建筑设计中两个图元之间的关系。例如，可以通过放置并锁定尺寸标注，也可以通过创建相等限制条件来创建限制条件。如图 7-13 所示。

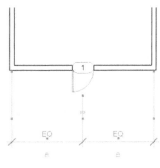

图7-13　限制条件

7.2　族样板文件

　　Revit 附带大量的族样板。在新建族时，从选择族样板开始。根据选择的样板，新族有特定的默认内容，如参照平面和子类别。Revit 因模型族样板、注释族样板和标题栏样板的不同而不同。

　　在 Revit 2016 初始欢迎界面的【族】选项区域中单击【新建】选项，弹出【新族-选择样板文件】对话框，如图 7-14 所示。该对话框中显示的就是官方自带的族样板文件，包括标题栏族样板、概念体量样板、注释族样板和模型组样板。

图7-14　【新族-选择样板文件】对话框

一、模型族样板

　　公制模型族样板位于"C:\ProgramData\Autodesk\RVT 2016\Family Templates\Chinese"路径下。表 7-1 列出了模型族样板及应用说明。

表 7-1　Revit 2016 模型族样板

样板文件名（*.rft）	说明
公制栏杆.rft	栏杆族的族样板 栏杆立面
公制栏杆 - 支柱.rft	栏杆支柱的族样板 栏杆支柱立面
公制栏杆 - 嵌板.rft	栏杆嵌板族的族样板 栏杆嵌板立面
基于墙的公制橱柜.rft	橱柜的族样板。包含样本墙几何图形。基于墙的族只能放置在项目中的墙面上 放置边

样板文件名（*.rft）	说明
公制橱柜.rft	橱柜的族样板。可以将几何图形锁定到立面视图中较高和较低的参照标高 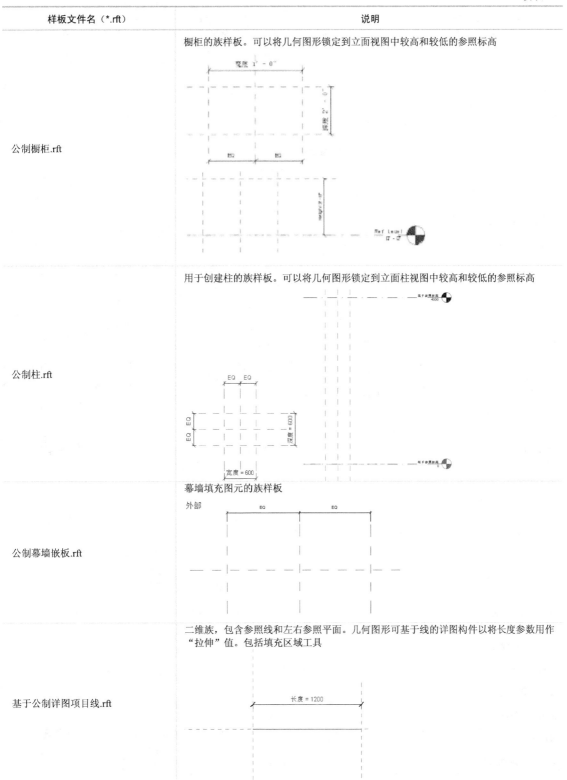
公制柱.rft	用于创建柱的族样板。可以将几何图形锁定到立面柱视图中较高和较低的参照标高
公制幕墙嵌板.rft	幕墙填充图元的族样板
基于公制详图项目线.rft	二维族，包含参照线和左右参照平面。几何图形可基于线的详图构件以将长度参数用作"拉伸"值。包括填充区域工具

样板文件名（*.rft）	说明
公制详图项目.rft	二维族，用于创建二维详图构件。包括填充区域工具 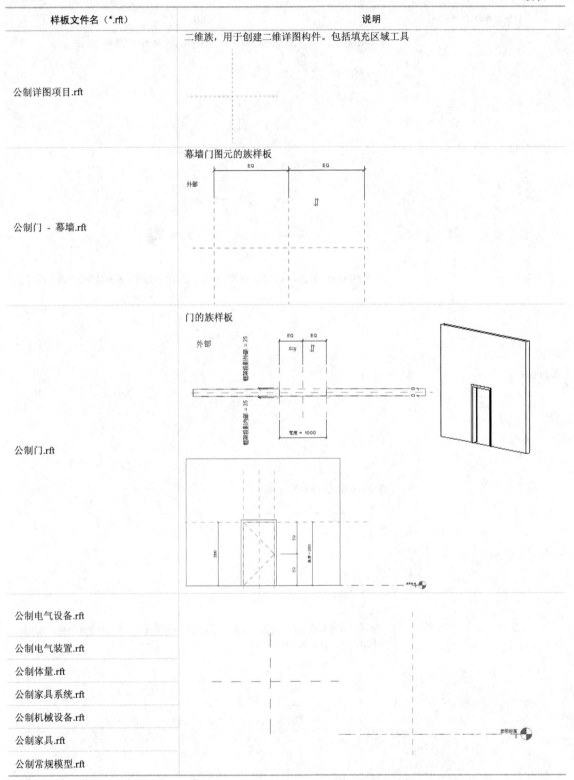
公制门 - 幕墙.rft	幕墙门图元的族样板
公制门.rft	门的族样板
公制电气设备.rft	
公制电气装置.rft	
公制体量.rft	
公制家具系统.rft	
公制机械设备.rft	
公制家具.rft	
公制常规模型.rft	

样板文件名（*.rft）	说明
公制停车场.rft	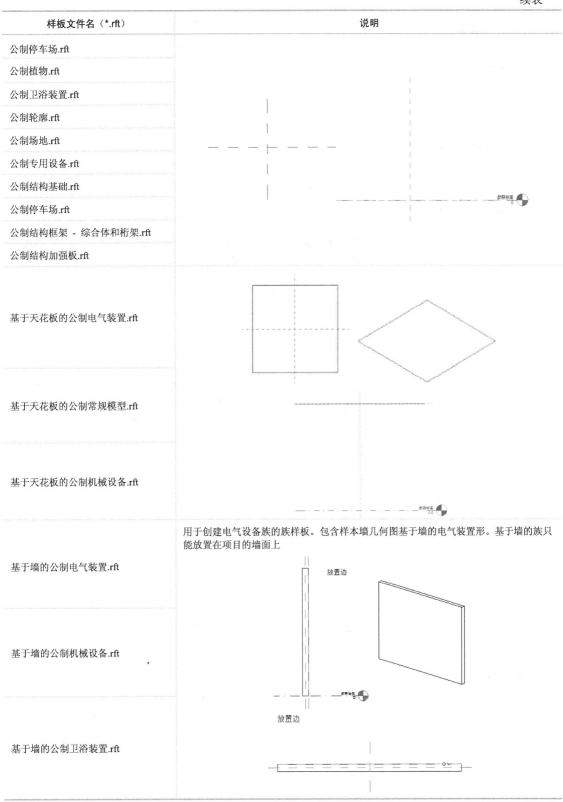
公制植物.rft	
公制卫浴装置.rft	
公制轮廓.rft	
公制场地.rft	
公制专用设备.rft	
公制结构基础.rft	
公制停车场.rft	
公制结构框架 - 综合体和桁架.rft	
公制结构加强板.rft	
基于天花板的公制电气装置.rft	
基于天花板的公制常规模型.rft	
基于天花板的公制机械设备.rft	
基于墙的公制电气装置.rft	用于创建电气设备族的族样板。包含样本墙几何图基于墙的电气装置形。基于墙的族只能放置在项目的墙面上
基于墙的公制机械设备.rft	
基于墙的公制卫浴装置.rft	

样板文件名（*.rft）	说明
基于面的公制常规模型.rft 基于楼板的公制常规模型.rft 基于屋顶的公制常规模型.rft	用于创建电气设备族的族样板
基于楼板的公制照明设备.rft	用于创建照明设备的族样板。包含样本楼板几何图基于楼板的照明设备形。基于楼板的族只能放置在项目的楼板面上。此族具有渲染工具的照度属性
基于屋顶的公制照明设备.rft	用于创建照明设备的族样板。包含样本屋顶几何图基于屋顶的照明设备形。基于屋顶的族只能放置在项目的屋顶面上。此族具有渲染工具的照度属性
公制照明设备.rft	用于创建照明设备的族样板。此族具有渲染工具的照度属性

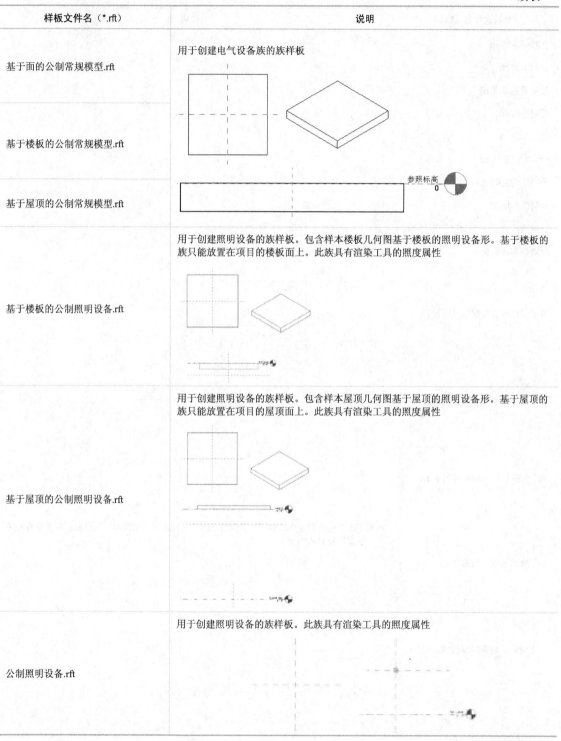

样板文件名（*.rft）	说明
基于天花板的公制照明设备.rft	用于创建照明设备的族样板。包含样本天花板几何基于天花板的照明设备图形。基于天花板的族只能放置在项目的天花板面上。此族具有渲染工具的照度属性
基于墙的公制照明设备.rft	用于创建照明设备的族样板。包含样本墙几何图基于墙的照明设备形。基于墙的族只能放置在项目的墙面上。此族具有渲染工具的照度属性
基于墙的公制专用设备.rft	
公制轮廓 - 主体.rft	用于为主体创建二维轮廓的族样板。可以使用【建轮廓-主体模】菜单【主体放样】中的工具在项目中使用基于此样板的族。可明确指定轮廓用途。轮廓仅与系统族结合使用

样板文件名（*.rft）	说明
公制轮廓 - 竖梃.rft	用于为竖梃创建二维轮廓的族样板 内部　　　　竖梃中心 幕墙嵌板修剪至轮廓线与中心(前/后)参照平面相交的位置。 前中/后参照平面 外部
公制轮廓 - 扶栏.rft	用于为扶手创建二维轮廓的族样板。包含默认参照轮廓-扶手平面"扶栏中心线"和"扶栏顶部" 扶栏中心线 扶栏顶部
公制轮廓 - 分隔缝.rft	用于为墙饰条和墙分隔缝创建二维轮廓的族样板。可明确指定轮廓用途 墙面 墙 墙 墙 墙

样板文件名（*.rft）	说明
公制轮廓 - 楼梯前缘.rft	用于为楼梯前缘创建二维轮廓的族样板 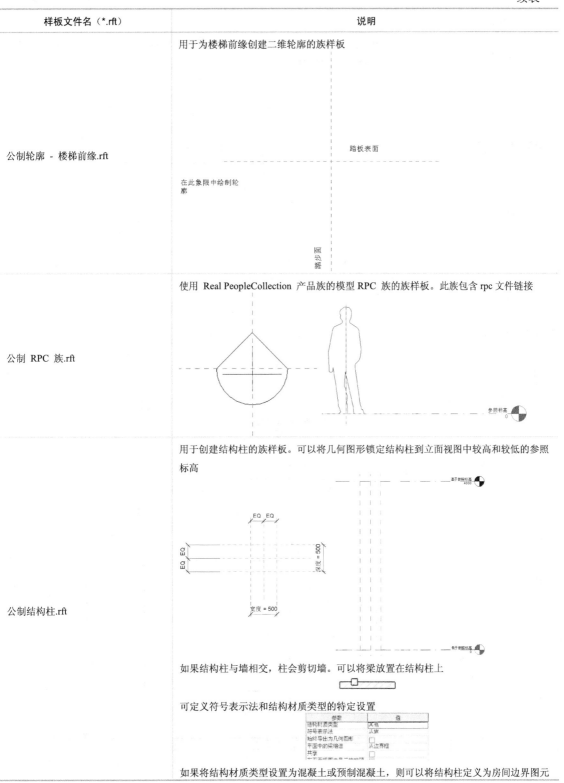
公制 RPC 族.rft	使用 Real PeopleCollection 产品族的模型 RPC 族的族样板。此族包含 rpc 文件链接
公制结构柱.rft	用于创建结构柱的族样板。可以将几何图形锁定结构柱到立面视图中较高和较低的参照标高 如果结构柱与墙相交，柱会剪切墙。可以将梁放置在结构柱上 可定义符号表示法和结构材质类型的特定设置 如果将结构材质类型设置为混凝土或预制混凝土，则可以将结构柱定义为房间边界图元

续表

样板文件名（*.rft）	说明
公制结构框架 - 梁和支撑.rft	用于创建结构框架族（如梁和支撑）的族样板。族结构框架 - 梁和支撑样板包含构件和棍状符号的特定参照平面
公制窗 - 幕墙.rft	幕墙的窗图元的族样板
带贴面的公制窗.rft	外部边包含贴面的窗的族样板

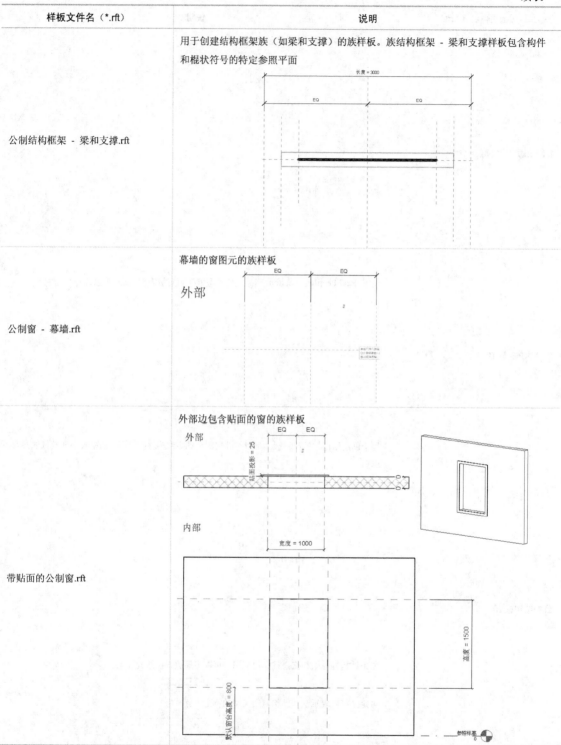

样板文件名（*.rft）	说明
公制窗.rft	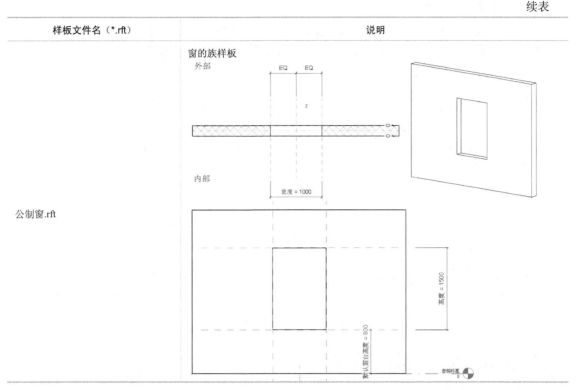 窗的族样板

二、注释族样板

注释族主要由线、填充区域、文字和参数组成。两个参照平面的交点定义标记的插入点。

注释族与比例相关。符号尺寸、文字大小和参数文字大小始终与视图控制栏的当前比例相关。因此，在打印图纸上，以文字高度 2.0mm 创建的参数文字的大小为 2.0mm。图7-15 所示的【新族-选择样板文件】对话框中列出了注释族的样板。

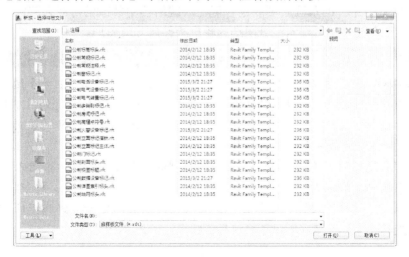

图7-15　注释族的样板

三、标题栏族样板

标题栏族主要由平面边界线、填充区域、文字和参数组成。将图像导入标题栏。图7-16 所示的【新族-选择样板文件】对话框中列出了标题栏族的公制样板。

图7-16　标题栏族公制样板

7.3　创建族的编辑器模式

不同类型的族有不一样的族设计环境（族编辑器模式）。族编辑器是 Revit 中的一种图形编辑模式，能够创建和修改在项目中使用的族。族编辑器与 Revit 建筑项目环境的外观相似，不同的是应用工具。

族编辑器不是独立的应用程序。创建或修改构件族或内建族的几何图形时可以访问族编辑器。

工程点拨：与系统族（它们是预定义的）不同，可载入族（标准构件族）和内建族始终在族编辑器中创建。但系统族可能包含可在族编辑器中修改的可载入族，例如，墙系统族可能包含用于创建墙帽、浇筑或分隔缝的轮廓构件族几何图形。

【例7-1】　打开族编辑器方法一

1. 在 Revit 2016 的初始欢迎界面的【族】选项区域中，单击【打开】选项，弹出【打开】对话框。通过该对话框可直接打开 Revit 自带的族。如图 7-17 所示，"标题栏"文件夹中的族文件为标题栏族，"注释"文件夹中的族文件为注释族，其余文件夹中的文件为模型族。

2. 在"标题栏"文件夹中打开其中一个公制的标题栏族文件，可进入到族编辑器模式中，如图 7-18 所示。

3. 如果在"注释"文件夹中打开"标记"或在"符号"子文件夹下的建筑标记或建筑符号，可进入到注释族编辑器模式，如图 7-19 所示。

图7-17　【打开】对话框中的 Revit 族

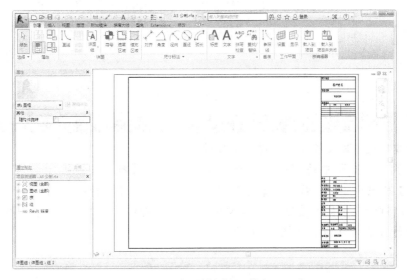

图7-18　标题栏族编辑器模式

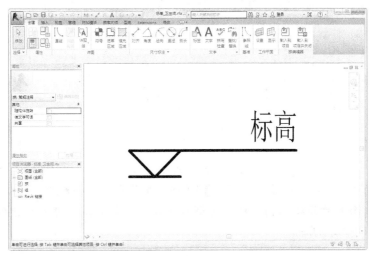

图7-19　注释族编辑器模式

4. 如果打开模型族库中的某个族文件，如【建筑】|【按填充图案划分的幕墙嵌板】文件夹中的"1-2 错缝表面.rfa"族文件，会进入模型族编辑器模式中，如图 7-20 所示。

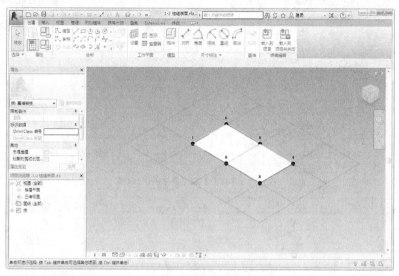

图7-20　模型族编辑器模式

【例7-2】　打开族编辑器方法二

1. 新建建筑项目文件并进入建筑项目设计环境中。
2. 在项目浏览器中将视图切换至三维视图。在【插入】选项卡的【从库中载入】面板中单击【载入族】按钮，打开【载入族】对话框。
3. 从该对话框中载入【建筑】|【橱柜】|【家用厨房】文件夹中的"底柜 - 2 个柜箱.rfa"族文件，如图 7-21 所示。

图7-21　选择建筑-橱柜族文件

4. 载入的族将在项目浏览器的【族】|【橱柜】节点下可查看到。
5. 选中一个尺寸规格的橱柜族，拖到视图窗口中释放，即可添加族到建筑项目中，如图 7-22 所示。

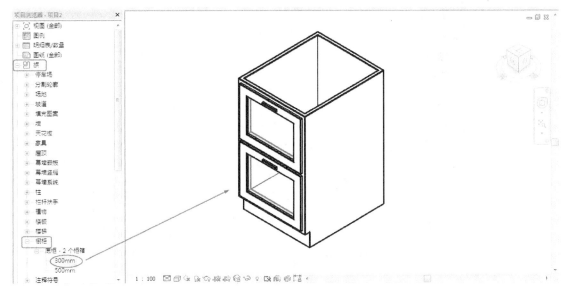

图7-22 添加族到建筑项目中

6. 在视图窗口中选中橱柜族，并选择右键快捷菜单中的【编辑】命令，或者双击橱柜族，即可进入橱柜族的族编辑器模式中，如图 7-23 所示。

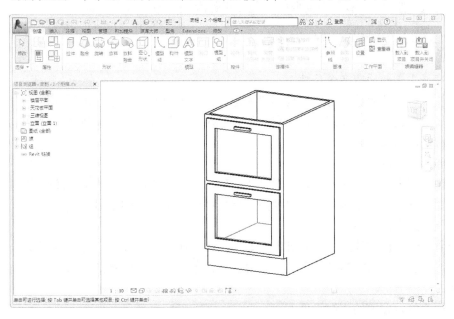

图7-23 进入族编辑器模式中

还有一种打开族编辑器模式的方法就是在建筑项目中，在【建筑】选项卡的【构建】面板中选择【构件】|【内建模型】命令，在弹出的【族类别和族参数】对话框设置族类别，再单击【确定】按钮即可激活内建模型族的族编辑器模式，如图 7-24 所示。

图7-24 设置族类型和族参数

7.4 创建 Revit 族要注意的事项

下面是从一些 Revit 教程中提取的经验和设计准则，希望大家牢记。

7.4.1 设计中需要考虑的问题

(1) 族是否需要适应多个尺寸？

为一件仅有一种配置的定做家具创建内建族。对于可根据多个预设尺寸使用的窗，或者可按任何长度构建的书架，请创建标准构件族。对象的尺寸可变性和复杂程度决定了是创建内建族，还是标准构件族。

(2) 如何在不同视图中显示族？

对象在视图中应显示的方式确定了需要创建的三维和二维几何图形，还确定了如何定义可见性设置。确定对象是否应在平面视图、立面视图或剖面视图中显示。

(3) 该族是否需要主体？

对于通常以其他构件为主体的对象（如窗或者照明设备）而言，开始时应使用基于主体的样板。如何设置族的主体（或者说，族附着什么主体，或不附着到什么主体）确定了应用于创建族的样板文件。

(4) 如何确定建模的详细程度？

在某些情况下，可能不需要以三维形式表示几何图形，而只需要绘制二维几何图形来表示族。同时，还可以简化模型的三维几何图形，以便节省创建族的时间。例如，与在内部渲染中看到的带有凸起嵌板和侧灯的门相比，仅在内部立面从远处查看的壁装电源插座所需的详细程度更低。

(5) 什么是族的原点？

例如，柱族的插入点可以是圆形基面的中心。无障马桶的插入点可能距邻近墙 18 英寸，以满足法规要求。确定适当的插入点将有助于用户在项目中放置族。

7.4.2　创建族的过程

创建族的过程如下。

(1)　选择适当的族样板。

(2)　定义原点，并确保锁定样板参照平面。

(3)　布局有助于绘制构件几何图形的参照平面。

(4)　添加尺寸标注，以指定参数化构件几何图形或二维表示。

(5)　标记尺寸标注，以创建类型/实例参数或二维表示。

(6)　通过指定不同的参数定义族类型的变化。

(7)　调整框架。

(8)　在实心或空心中添加单标高几何图形，并将该几何图形约束到参照平面。

(9)　调整新模型（类型和主体），以确认构件的行为是否正确。

(10)　重复上述步骤直到完成族几何图形。

(11)　定义族的子类别，以帮助控制对象的可见性。

(12)　使用子类别和实体可见性设置指定二维和三维几何图形的显示特征。

(13)　保存新定义的族，然后将其载入到项目进行测试。

7.4.3　命名规则

一、族/类型命名规则

- 对于族和类型名称使用标题大小写。
- 不要在类型名称中重复使用族名称。
- 类型名称应该体现出实际用途。要在名称中指明尺寸，请使用特定的尺寸标注，而非不明确的描述（如"大"）。
- 名称中的英制单位格式应该是 a' - b c/d" x a' - b c/d"。大多数情况下，应该以英寸作为尺寸单位，即 aa"xbb"。
- 名称中公制单位的格式应该是 ZZZZ × YYYY mm。
- 公称尺寸不应将单位指示器用于名称，即对于木料尺寸标注使用 2×4，而不是 2"×4"。

二、单位

对单位中性的族而言，每个单位系统至少应有一种类型，除非该族表示仅在一个系统中生产和销售的项目。

三、参数

- 参数名称应该尽可能接近于自然语言。尽量少用缩写词和截词。
- 应尽量多用标准参数名称。
- 为参数名称使用标题大小写。参数是区分大小写的。

- 创建参数仅是为了反映有意义的、表示真实可能性的差异类型。
- 对于重新用于创建等式的参数名称，应仔细检查名称的一致性。

四、组织族内容

将族内容组织到一个类似 Revit 库的系统中。这使用户更易于找到需要的族。这还意味着，当存在新版本时，只要在自定义族内容上运行升级文件工具，就可以替换整个 Revit 库。考虑向族添加参数以指示版本（基于软件版本），这样就可以比较载入到项目中的门版本和库中的门版本。可能需要为族来源添加参数。

7.4.4　族创建指南

一、布置参照平面

在创建任何族几何图形之前，请添加参照平面。在创建几何图形并将草图和几何图形捕捉到这些参照平面上时，可以使用这些参照平面。

- 锁定现有的样板参考平面：中心左/右和中心前/后。
- 定位新参照平面，使其与规划的几何图形的主轴对齐。
- 为参照平面指定"是参照"属性（在将族放在项目中时，将对这些参照平面进行尺寸标注）。
- 命名参照平面，以便可以将其指定为当前工作平面。如果没有名称，则必须能够看到参照平面，以便可以将其选作工作平面。
- 标记参数。

二、绘制

- 使用基于阶段的方法，利用以下步骤添加几何图形：在添加下一标高之前，先创建单标高几何图形并对其进行调整。
- 使用"对齐"工具，将几何图形或二维表示附着到参照平面。
- 使用 Tab 键高亮显示供选择的参照平面。
- 不要直接在参照平面上绘制几何图形，而是稍粗略地绘制形状，再将形状与参照平面对齐。关键是将这些绘制线锁定到参照平面上。
- 在从参照平面移开绘制线，或将绘制线移回参照平面时，将会显示锁符号，允许锁住或解锁绘制线。（通过"对齐"工具，可以使用锁符号创建限制条件。）
- 将所有拉伸终点都锁定到它们必须随之移动的任何参照平面上。通过改变表面位置或主体尺寸标注进行测试。
- 对于必须保持深度不变或深度要进行参数化控制的所有拉伸，对其拉伸深度标注尺寸。
- 必须将所有线锁定到它们必须随之移动的任何参照平面。通过改变表面位置进行测试。

三、向族几何图形添加限制条件

- 将限制条件保持在最低限度。该做法有助于在移动对象时将"无法保持连接”错误数降到最低限度，并避免不必要的性能损失。

- 不要对草图内部的对象标注尺寸，然后对草图外部的对象进行约束。在草图内部或草图外部创建所有限制条件。
- 在尺寸标注字符串中使用相等选项（EQ）可以强制图元之间保持相等间距。
- 选择三个受相等约束的图元中的一个成员时会显示锚定符号，该符号确定了应用限制条件的方式，从而确定了将拉伸或调整图元的方式。可将该锚定拖拽到中部图元，这样 3 个图元将从中间进行相等调整。例如，如果锚定是在左侧图元上，则 3 个参照平面将从左到右调整。
- “不满足限制条件”警告通常意味着该参数正尝试控制已经由其他参数约束的部件。随着向模型添加更多参数，请确保调整多个参数以对它们进行测试。例如，如果能正常调整宽度，则设置一个新宽度并调整高度。尝试不同组合，确保所有这些都按照预期移动。
- 在将一个参数或变量用于多个公式，而且值互相依赖来计算结果时，会显示“循环链参照”警告。
- 主体对象应该足够大，以容纳族的所有合理变化。
- 只有在用户放置了楼板后，才能在项目中安装以楼板为主体的图元。如果大多数基于楼板的族在基于标高的样板中建立，则这些族的执行效果会更好。只有图元在楼板上进行修改，或预计图元通常被安装在倾斜楼板上的情况下，才使用楼板主体。

四、确定详细程度

- 如果不需要将内容在三维视图中显示为实体，仅用二维图元来构建它。通过向平面或立面表示添加细节，可以更好地处理大多数构件。
- 不要描述用户通常不会表示的任何细节（避免为细枝末节的东西建模）。
- 如果外观修改对于除了典型的整个建筑比例外的其他比例有意义，而且会在实际项目中表示，则使用与比例相关的表示。
- 检查不同视图比例，确保只有正确图元是可见的。
- 如果细节在某些视图中十分重要，则为图元指定详细程度可见性，从而在不需要的时候来隐藏它们或将它们指定给适当的粗略、中等或精细程度。

五、使用可见性设置

- 为几何图形建模时，请利用可见性设置。在可见性设置中，为平面和立面表示设置详细程度（粗略、中等、精细）及视图专有的显示选项。
- 如果任何视图中图元的表示方式不同于三维图元的截面或投影，则必须为这些视图绘制视图专有的表示。
- 在所有视图中检查图元的可见性，以便符号图元不会复制在同一视图中可见的三维图元截面或投影。
- 在族编辑器中工作时，“临时隐藏/隔离”工具会起到帮助作用。例如，在将“是/否”参数指定给图元时，这些图元不会隐藏，它们只是变得暗淡了。它有助于在工作时临时隐藏图元。

- 在族编辑器中修改视图比例可以改善显示的线质量。这使得用户可以更轻松地处理具有很多参数和限制条件的复杂族。
- 如果根据需要将图元指定给适当子类别，将可以进行适当的可见性控制。
- 通过从属性下拉列表中进行选择，可以将线指定到其子类别的适当表示样式（截面与投影）。
- 不要重命名子类别。

六、使用类型目录

类型目录使冗长的类型列表变得易于管理，也更易于在文本文件中输入。族本身的测试简单了很多，因为族编辑器不会由于有多种类型要检查而造成混乱。

- 对于具有典型尺寸的真实示例的情况，应生成预定义类型。
- 对于一个族中具有 6 个以上预定义类型的情况，应使用类型目录组织类型。

七、性能注意事项

- 并非所有族都需要是参数化族。
- 避免过度使用空心形状、公式和阵列。
- 限制使用详细的、嵌套的而且高度参数化的族。
- 在平面视图中使用符号线而不是几何图形形。
- 始终在项目环境中进行测试。
- 如果要重用构件，应创建标准构件而不是内建族。
- 实例参数可以使得族过于灵活，而且不能表示真实对象。诸如窗和门的变量族可能会生成完美的早期设计占位符，但最终应被以更佳效果表示要安装图元的对象所替换。

第8章 创建 Revit 二维族

上一章我们学习了 Revit 族的基本概念，本章将学习如何使用和创建二维族。

族包括系统族、可载入族和内建族，关于系统族其实在前面中已经介绍过一些基本用法和属性的编辑。族可分为二维族和三维族，在本章我们仅介绍可载入族的二维族创建过程。三维族将在下一章详解。

 本章要点

- 二维族概述。
- 创建注释类型族。
- 创建标题栏族。
- 创建轮廓族。
- 创建详图构件族。

8.1 二维族概述

二维模型族和三维模型族同属模型类别族。二维模型族可以单独使用，也可以作为嵌套族载入到三维模型族中使用。

二维模型族包括注释类型族、标题栏族、轮廓族、详图构件族等。不同类型的族由不同的族样板文件来创建。注释族和标题栏族是在平面视图中创建的，主要用作辅助建模、平面图例和注释图元。轮廓族和详图构件族仅仅在【楼层平面】|【标高 1】或【标高 2】视图的工作平面上创建。

8.2 创建注释类型族

注释类型族是 Revit Architecture 非常重要的一种族，它可以自动提取模型族中的参数值，自动创建构件标记注释。使用"注释"类族模板可以创建各种注释类族，例如，门标记、材质标记、轴网标头等。

注释类型族是二维的构件族，分标记和符号两种类型。

8.2.1 创建标记族

标记主要用于标注各种类别构件的不同属性，如窗标记、门标记等，如图 8-1 所示；而符号则一般在项目中用于"装配"各种系统族标记，如立面标记、高程点标高等，如图 8-2

所示。

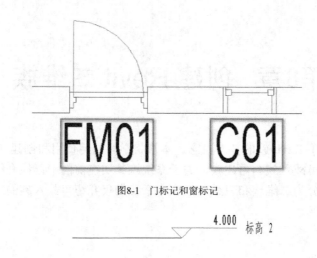

图8-1   门标记和窗标记

图8-2   标高标记

注释构件族的创建与编辑都很方便，主要便是对于标签参数的设置，以达到用户对于图纸中构件标记的不同需求。

与另一种二维构件族"详图构件"不同，注释族拥有"注释比例"的特性，即注释族的大小会根据视图比例的不同而变化，以保证在出图时注释族保持同样的出图大小，如图 8-3 所示。

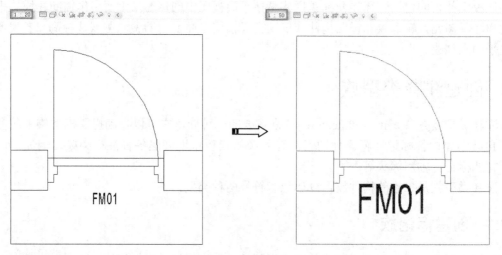

图8-3   注释族的注释比例特性

下面以门标记族的创建为例，列出创建步骤。

1. 启动 Revit，在欢迎界面中单击【新建】按钮，弹出【新族-选择样板文件】对话框。

2. 双击"注释"文件夹，选择"公制门标记.rft"作为族样板，单击【打开】按钮进入族编辑器模式，如图 8-4 所示。该族样板中默认提供了两个正交参照平面，参照平面交点位置表示标签的定位位置。

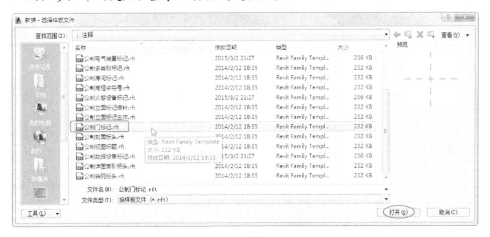

图8-4　选择注释族样板文件

3. 在【创建】选项卡的【文字】面板中单击【标签】按钮，自动切换至【修改|放置标签】上下文选项卡，如图 8-5 所示。设置【格式】面板中水平对齐和垂直对齐方式均为居中。

图8-5　【修改|放置标签】上下文选项卡

4. 确认【属性】面板中的标签样式为"3.0mm"。在上下文选项卡的【属性】面板中单击【类型属性】按钮打开【类型属性】对话框，复制出名称为"3.5mm"的新标签类型，如图 8-6 所示。

5. 该对话框中类型参数与文字类型参数完全一致。修改文字颜色为"蓝色"，背景为"透明"；设置"文字字体"为"仿宋"，"文字大小"为 3.5mm，其他参数参照图中所示设置，如图 8-7 所示。完成后单击【确定】按钮，退出【类型属性】对话框。

6. 移动鼠标指针至参照平面交点位置后单击鼠标，弹出【编辑标签】对话框，如图 8-8 所示。

图8-6　复制类型属性

图8-7　设置类型属性

图8-8　设置标记在项目中的插入点

7.　在左侧【类别参数】列表中列出门类别中所有默认可用参数信息。选择【类型名称】参数，单击【将参数添加到标签】按钮，将参数添加到右侧【标签参数】栏中。单击【确定】按钮关闭对话框，如图 8-9 所示。

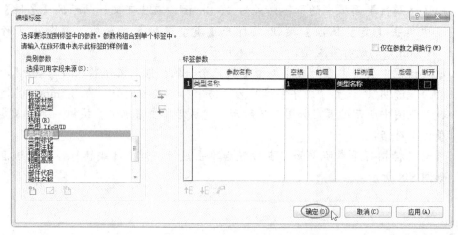

图8-9　设置标签参数

工程点拨：样例值用于设置在标签族中显示的样例文字，在项目中应用标签族时，该值会被项目中相关参数值替代。

8. 随后将标签添加到视图中，如图 8-10 所示，然后关闭上下文选项卡。

9. 适当移动标签，使样例文字中心对齐垂直方向参照平面，底部稍偏高于水平参照平面，如图 8-11 所示。

图8-10　添加的标签　　　　　　　　　　　　　　图8-11　移动标签

10. 再单击【创建】选项卡【文字】面板中的【标签】按钮，在参照平面交点位置单击打开【编辑标签】对话框，然后选择"类型标记"参数并完成标签的编辑，如图 8-12 所示。

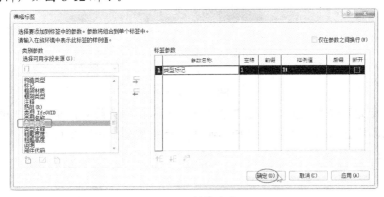

图8-12　编辑新标签

11. 随后将标签添加到视图中，如图 8-13 所示，然后关闭上下文选项卡。

12. 适当移动标签，使样例文字中心对齐垂直方向参照平面，底部稍偏高于水平参照平面，如图 8-14 所示。

图8-13　添加新的标签　　　　　　　　　　　　　图8-14　移动新标签

13. 退出上下文选项卡。在图形区选中"类型名称"标记，在属性面板上单击【关联族参数】按钮，如图 8-14 所示。

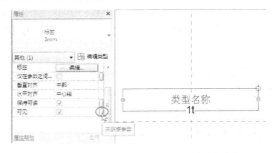

图8-15　选中"类型名称"标记设置关联族参数

14. 在弹出的【关联族参数】对话框中单击【添加参数】按钮，在新打开的【参数属性】对话框中输入名称"尺寸标记"，单击【确定】按钮关闭该对话框，如图 8-16 所示。

图8-16　添加参数

15. 再在【关联族参数】对话框中单击【确定】按钮关闭对话框。重新选中"1t"标记，然后添加名称为"门标记可见"的新参数，如图 8-17 所示。

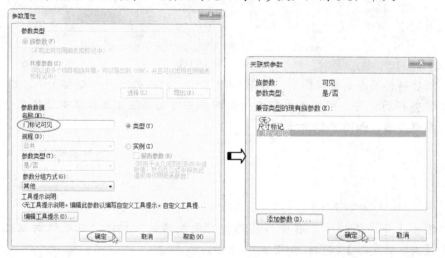

图8-17　添加新参数

16. 最后将族文件另保存并命名为"门标记"。下面验证创建的门标记族是否可用。

　　工程点拨：如果已经打开项目文件，单击【从库中载入】面板中的【载入族】工具可以将当前族直接载入至项目中。

17. 可以新建一个建筑项目，如图 8-18 所示。在默认打开的视图中，利用【建筑】选项卡【构建】面板中的【墙】工具，绘制任意墙体，如图 8-19 所示。

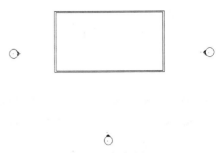

图8-18　新建建筑项目　　　　　　　　　　　　　图8-19　创建墙体

18. 在项目浏览器的【族】|【注释符号】节点下找到 Revit 自带的【标记_门】，单击右键执行【删除】命令将其删除，如图 8-20 所示。

19. 再利用【建筑】选项卡【构建】面板中的【门】工具，会弹出【未载入标记】信息提示对话框，单击【是】按钮，如图 8-21 所示。

图8-20　删除自带的门标记族　　　　　　　　　　图8-21　信息提示

20. 载入先前保存的"门标记"注释族，如图 8-22 所示。

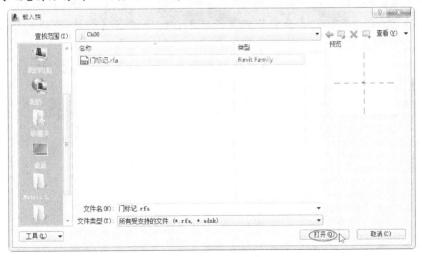

图8-22　载入门标记族

21. 切换到【修改|放置 门】上下文选项卡，在【标记】面板中单击【在放置时进行标记】按钮[1]，然后在墙体上添加门图元，系统将自动标记门，如图 8-23 所示。

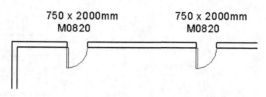

图8-23　添加门图元

22. 选中门标记族，在属性面板中单击【编辑类型】按钮 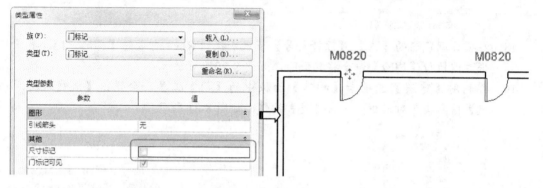，在【类型属性】对话框中可以设置门标记族里面包含的两个标记的显示，如图 8-24 所示。

图8-24　控制标记的显示

8.2.2　创建符号族

下面以创建高程点符号族为例，详解其操作步骤。

【例8-2】　创建高程点符号族

1. 启动 Revit，在欢迎界面中单击【新建】按钮，弹出【新族-选择族样板】对话框。

2. 双击"注释"文件夹，选择"公制高程点符号.rft"作为族样板，单击【打开】按钮进入族编辑器模式，如图 8-25 所示。

图8-25　选择注释族样板文件

3. 单击【创建】选项卡【详图】面板中的【直线】按钮 切换到【修改|放置线】上下文选项卡。利用【绘制】面板中的【直线】工具，绘制图 8-26 所示

的高程点符号。

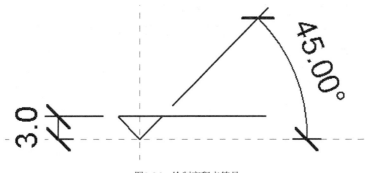

图8-26　绘制高程点符号

4. 将绘制的高程点符号另存为"高程点"。

工程点拨：注意，在【修改|放置线】上下文选项卡的【子类别】面板中设定子类别为"高程点符号"。

5. 绘制高程点符号后进入建筑项目中进行测试。新建一个建筑项目文件，进入到建筑项目设计环境中，如图 8-27 所示。

6. 在默认的"标高 1"楼层平面视图中随意绘制墙体，如图 8-28 所示。

图8-27　新建建筑项目文件

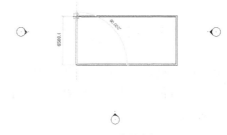

图8-28　绘制墙体

7. 在项目浏览器中切换三维视图，然后修改墙体的高度，如图 8-29 所示。

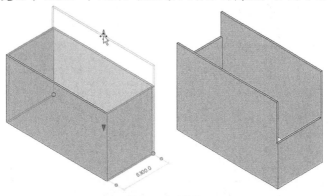

图8-29　修改墙体

8. 修改墙体高度后，下面对各段墙体分别标注标高。在【注释】选项卡的【尺寸标注】面板中单击【高程点】按钮 ，然后在属性面板单击【编辑类型】按钮 编辑类型，打开【类型属性】对话框。在对话框中选择符号为【高程点】，再单击【确定】按钮，如图 8-30 所示。

9. 然后在各段墙体上标注出高程点符号，如图 8-31 所示。这说明创建的高程点符号族可用。

图8-30 设置类型属性

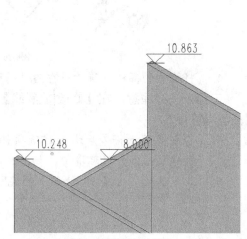

图8-31 标注高程点符号

8.3 创建标题栏族

Revit 中的标题栏族就是我们通常制图所使用的图纸模板（图幅、图框及标题栏等）。Revit 2016 自带的标题栏族包括 A0、A1、A2、A3 和"修改通知单"（其实就是 A4）5 种公制族，如图 8-32 所示。

图8-32 Revit 2016 的公制标题栏族

图 8-33 所示为打开的 A1 公制标题栏族。

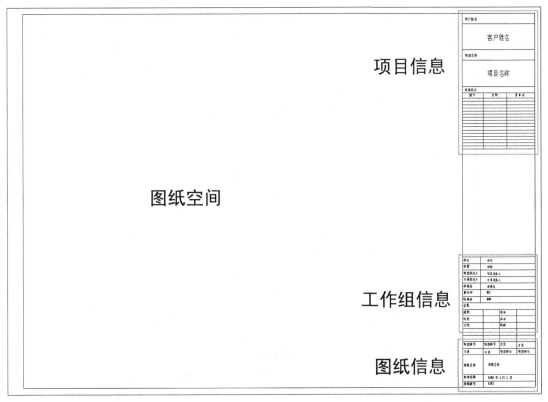

图8-33　A1 公制标题栏族

一、图幅尺寸

标准图纸的幅面、图框和标题栏必须按照国标来进行确定和绘制。绘图技术图样时，应优先采用表 8-1 中所规定的图纸基本幅面。

表 8-1　图幅标准（mm）

尺寸代号 ＼ 幅面代号	A0	A1	A2	A3	A4
b×l	841×1189	594×841	420×594	297×420	210×297
c	10			5	
a	25				

如果必要，可以对幅面加长。加长后的幅面尺寸是由基本幅面的短边成倍数增加后得出。加长后的幅面代号记作：基本幅面代号×倍数。如 A4×3，表示按 A4 图幅短边 210 加长 3 倍，即加长后图纸尺寸为 297×630。

二、图框格式

在图纸上必须用细实线画出表示图幅大小的纸边界线；用粗实线画出图框。其格式分为不留装订边和留有装订边两种，但同一产品的图样只能采用一种格式。

标题栏包括设计单位名称、工程名称、签字区、图名区及图号区等内容。一般标题栏格式如图 8-34 所示，如今不少设计单位采用自己个性化的标题栏格式，但是仍必须包括这几项内容。

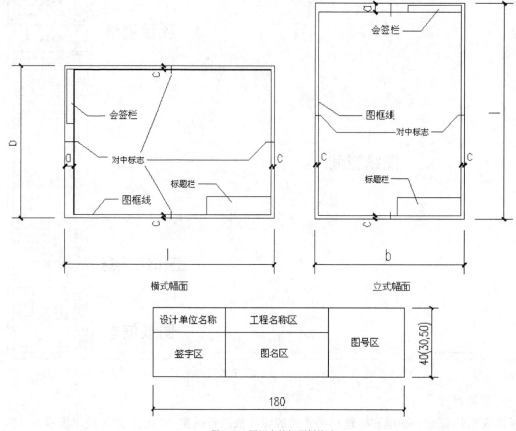

图8-34 图纸中的标题栏格式

三、会签栏

会签栏是为各工种负责人审核后签名用的表格，它包括专业、姓名、日期等内容，如图 8-35 所示。对于不需要会签的图纸，可以不设此栏。

（专业）	（实名）	（签名）	（日期）

图8-35 会签栏格式

此外，需要微缩复制的图纸，其一个边上应附有一段准确米制尺度，4 个边上均附有对中标志。米制尺度的总长应为 100mm，分格应为 10mm。对中标志应画在图纸各边长的中点处，线宽应为 0.35mm，伸入框内应为 5mm。

四、线型要求

建筑图纸主要由各种线条构成，不同的线型表示不同的对象和不同的部位，代表着不同的含义。为了图面能够清晰、准确、美观地表达设计思想，工程实践中采用了一套常用的线型，并规定了它们的使用范围，现统计如表 8-2 所示。

表 8-2　常用线型统计表

名 称		线 型	线 宽	适 用 范 围
实 线	粗	———————	b	建筑平面图、剖面图、构造详图的被剖切主要构件截面轮廓线；建筑立面图外轮廓线；图框线；剖切线。总图中的新建建筑物轮廓
	中	———————	0.5b	建筑平、剖面中被剖切的次要构件的轮廓线；建筑平、立、剖面图构配件的轮廓线；详图中的一般轮廓线
	细	———————	0.25b	尺寸线、图例线、索引符号、材料线及其他细部刻画用线等
虚 线	中	– – – – –	0.5b	主要用于构造详图中不可见的实物轮廓；平面图中的起重机轮廓；拟扩建的建筑物轮廓
	细	- - - - -	0.25b	其他不可见的次要实物轮廓线
点划线	细	— · — · —	0.25b	轴线、构配件的中心线、对称线等
折断线	细	——⌇——	0.25b	省画图样时的断开界限
波浪线	细	〜〜〜	0.25b	构造层次的断开界线，有时也表示省略画出是断开界限

图线宽度 b，宜从下列线宽中选取：2.0、1.4、1.0、0.7、0.5、0.35mm。不同的 b 值，产生不同的线宽组。在同一张图纸内，各不同线宽组中的细线，可以统一采用较细的线宽组中的细线。对于需要微缩的图纸，线宽不宜≤0.18mm。

五、创建题栏族

下面以竖放的 A3 标题栏族为例，介绍完整标题栏族的创建过程。

【例8-3】　创建横放 A3 标题栏族

1. 在 Revit 2016 欢迎界面的【族】选项区单击【新建】选项，弹出【新建-选择样板文件】对话框。

2. 双击【标题栏】文件夹，选择"A3 公制.rft"样板文件，单击【打开】按钮进入族编辑器模式中，如图 8-36 所示。

3. 视图窗口中显示的是 A3 图幅边界线，如图 8-37 所示。在【创建】选项卡的【详图】面板单击【直线】按钮，切换到【修改|放置 线】上下文选项卡。

图8-36　选择族样板文件

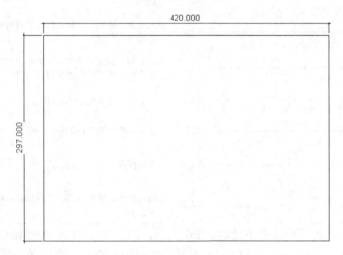

图8-37　A3 图幅

4.　在【子类别】面板设置子类别为"图框",然后根据表 8-1 中提供的图幅与图框间隙的标准尺寸,绘制图 8-38 所示的图框。

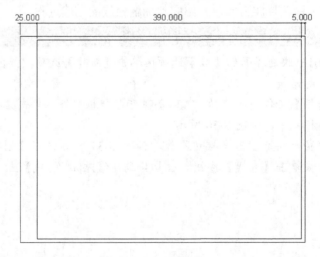

图8-38　绘制图框

5. 接下来为图幅、图框设置线宽。图幅的线型为细实线，线宽为 0.15mm；图框的线型为粗实线，线宽为 0.5 mm ~0.7mm。

6. 首先修改一下线宽设置。在【管理】选项卡【设置】面板中【其他设置】下拉列表中选择【线宽】选项，打开【线宽】对话框，如图 8-39 所示。

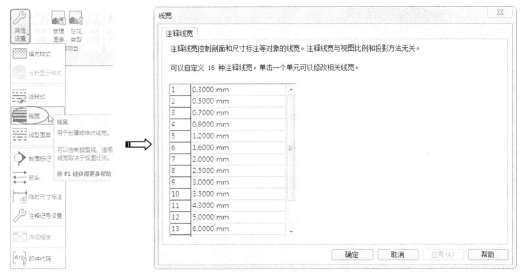

图8-39 【线宽】对话框

7. 修改编号为 1 的线宽为 0.15mm，修改编号为 2 的线宽为 0.35mm，其余保留默认，修改后单击【应用】按钮应用设置，如图 8-40 所示。单击【确定】按钮关闭对话框。

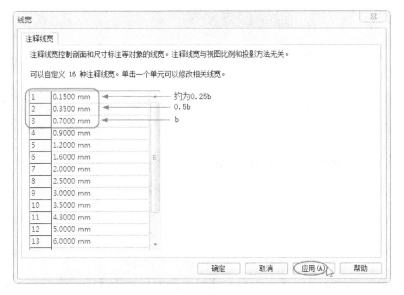

图8-40 设置线宽

工程点拨：为什么要重新设置线宽呢？因为我们必须按照前面表 8-2 中所提供的 **GB 线型、线宽**参数进行设置，粗实线 **b** 设为 **0.7mm**，那么中粗线和虚线线宽则为 **0.5b**，细实线为 **0.25b**。

8. 在【设置】面板中单击【对象样式】按钮 ，打开【对象样式】对话框。在 "类别" 列中分别设置图框、中粗线和细线的编号为 3、2 和 1，单击【应用】按钮应用设置，如图 8-41 所示。

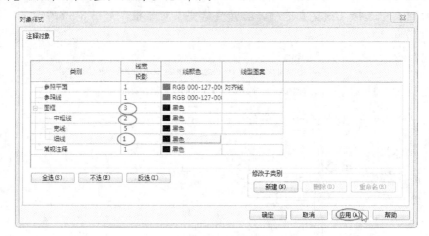

图8-41 设置对象样式

9. 设置了线型和线宽后，重新设置图幅边界线的线型为 "细线"，如图 8-42 所示。

图8-42 重新设置线型为 "细线"

10. 缩放视图，可以很清楚的看见图幅边界和图框线的线宽差异，如图 8-43 所示。

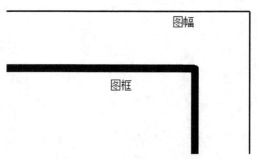

图8-43 设置线型、线宽后的图幅和图框

11. 绘制会签栏。在【创建】选项卡【详图】面板单击【直线】按钮，切换到【修改|放置 线】上下文选项卡。设置线子类型为 "图框"，利用【矩形】命令在图框左上角外侧绘制长为 100、宽为 20 的矩形，如图 8-44 所示。

12. 【修改|放置 线】上下文选项卡没有关闭的情况下，设置线子类型为 "细线"，完成会签栏的绘制，如图 8-45 所示。

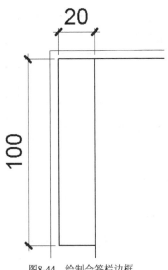

图8-44 绘制会签栏边框

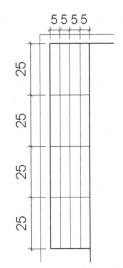

图8-45 绘制会签栏细实线

13. 在会签栏中绘制文字。在【创建】选项卡【文字】面板在单击【文字】工具，在属性面板选择"文字 8mm"样式，设置文字大小为 2.5mm（选中文字编辑类型）并旋转文字，如图 8-46 所示。

14. 同理，在图框右下角绘制标题栏边框（子类型为图框）和边框内的表格线（子类型为细线），如图 8-47 所示。

图8-46 绘制文字

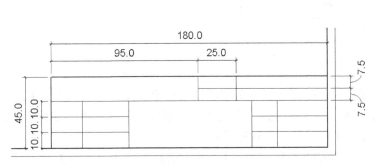

图8-47 绘制标题栏

工程点拨：在绘制细线表格时，有时候需要修剪线，可采用【修剪/延伸单个图元】命令修剪一端、另一端补线的方法，或者使用【拆分图元】命令取一个拆分点，然后拖动各自端点移动到相应位置，如图 8-48 所示。

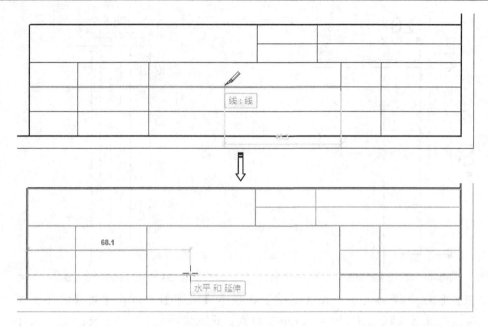

图8-48　修剪表格直线的方法

15. 在标题栏中输入文字，稍大一些的文字样式为"文字 12mm"其文字大小设置为 5mm，小的文字样式为"文字 8mm"，大小设置为 2.5mm，如图 8-49 所示。

XX市建筑设计研究院		项目名称	
		建设单位	
项目负责			设计编号
项目审核			图　　号
制　　图			出图日期

图8-49　绘制标题栏文字

　　工程点拨：标题栏族中所有的文字信息由文字和标记构成的，以上步骤绘制的文字是在标题栏族中在位创建的，标记要么先创建标记族再载入到标题栏族里使用，要么在标题栏族里使用【标签】工具创建标签。

16. 在【创建】选项卡的【文字】面板中单击【标签】按钮，切换到【修改|放置 标签】上下文选项卡。在属性面板中单击【编辑类型】按钮打开【类型属性】对话框，修改当前默认标签，首先单击【重命名】按钮重命名标签，如图 8-50 所示。

17. 重新设置文字字体为"仿宋"，文字大小为"5mm"，颜色设置为"红色"，如图 8-51 所示。单击【确定】按钮关闭对话框。

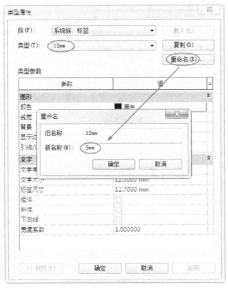

图8-50 重命名标签

图8-51 设置文字字体和大小

18. 同理，再选择"标签 8mm"的编辑类型属性，重命名为"2.5mm"，字体为"仿宋"，文字大小为"2.5mm"，颜色设置为"红色"，如图 8-52 所示。

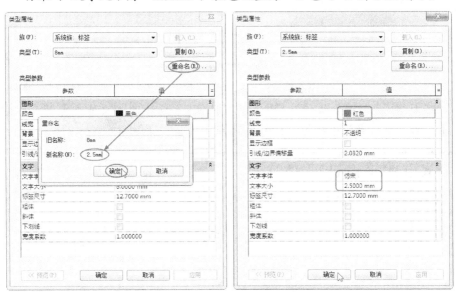

图8-52 设置另一标签的类型属性

19. 确保当前标签为"标签 5mm"，然后在标题栏的空表格中单击，会打开【编辑标签】对话框。在对话框左侧选择【图纸名称】参数，单击添加按钮 到右侧【标签参数】设置区中，然后单击【确定】按钮完成，如图 8-53 所示。

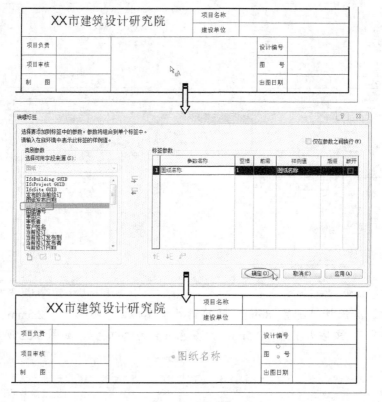

图8-53 添加标签

20. 同理,选择"标签 2.5mm"的标签类型再依次添加"项目名称""客户姓名""项目编号""图纸编号""图纸发布日期""设计者(项目负责)""绘图员"和"审核者"等标签,如图 8-54 所示。

XX市建筑设计研究院	项目名称	项目名称			
	建设单位	客户姓名			
项目负责	负责人			设计编号	项目编号
项目审核	审核者	图纸名称		图 号	A101
制 图	绘图员			出图日期	2016 年 1 月 1 日

图8-54 添加其余标签

21. 修订明细表。在【视图】选项卡的【创建】面板中单击【修订明细表】按钮 ，弹出【修订属性】对话框。将【可用的字段】选项区的"发布者"和"发布到"添加到右侧【明细表字段】选项区中,如图 8-55 所示。

22. 在对话框的【格式】标签下,将左侧【字段】选项区所有字段的标题依次修改为"标记""型号""高度""类型标记""类型注释"和"成本",对齐方式为"中心线",如图 8-56 所示。

图8-55　添加或删除字段

图8-56　设置格式

23. 在【外观】标签下设置"高度"为"用户定义"，其余选项默认，如图 8-57
所示。

图8-57　设置外观

工程点拨：一定要选择【用户定义】选项，否则不能增加明细表的行数。

24. 单击【确定】按钮，切换至【修改明细表/数量】上下文选项卡，同时完成明细表族的建立，如图 8-58 所示。

图8-58 【修改明细表/数量】上下文选项卡

25. 修改"修订明细表"文字为"门窗明细表"。此时项目浏览器的【视图】节点下新增了【明细表】|【门窗明细表】子节点项目，如图 8-59 所示。

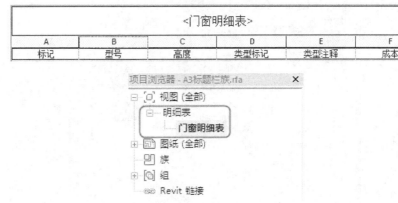

图8-59 新增的【明细表】子项目

26. 在【视图】选项卡的【窗口】面板中单击【切换窗口】按钮，选择"1 A3 标题栏族.rfa-图纸"窗口，切换到标题栏族窗口中，如图 8-60 所示。

图8-60 切换窗口

27. 把项目浏览器中的【门窗明细表】子项目拖动到图纸图框中，如图 8-61 所示。

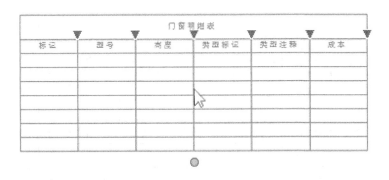

图8-61 添加明细表族到标题栏族中

28. 拖曳明细表上的动态控制圆点可以增加行，如图 8-62 所示。

图8-62 增加行

29. 最后调整明细表的位置，如图 8-63 所示。至此，完成了 GB 国标的标题栏族的创建。保存建立的标题栏族。

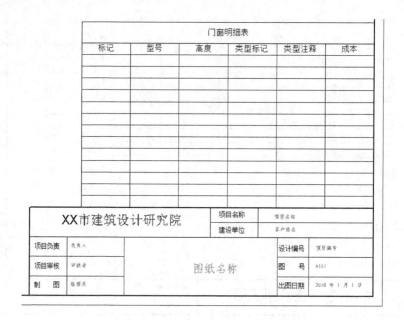

图8-63　调整明细表的位置

8.4　创建轮廓族

　　轮廓族用于绘制轮廓截面，所绘制的是二维封闭图形，在放样、融合等建模时作为轮廓截面载入使用。用轮廓族辅助建模，可以提升工作效率，而且还能通过替换轮廓族随时更改形状。

　　在 Revit 2016 中，系统族库中自带 6 种轮廓族样板文件，如图 8-64 所示。

图8-64　轮廓族样板文件

　　鉴于轮廓族有 6 种，且限于本章篇幅，下面仅仅以创建楼梯扶手轮廓族为例，详细描述创建步骤及注意事项。

　　扶手轮廓族常用于创建楼梯扶手、栏杆和支柱等建筑构件中。

【例8-4】　创建扶手轮廓族

　　1.　在 Revit 2016 欢迎界面的【族】选项区单击【新建】选项，弹出【新建-选择样板文件】对话框。

2. 选择"公制轮廓 - 扶栏.rft"族样板文件,单击【确定】按钮进入族编辑器模式中,如图 8-65 所示。

图8-65　选择族样板文件

3. 在【创建】选项卡的【属性】面板中单击【族类型】按钮，弹出【族类型】对话框,如图 8-66 所示。

4. 在对话框中单击【参数】选项组下的【添加】按钮,弹出【参数属性】对话框。然后设置新参数属性,完成后单击【确定】按钮,如图 8-67 所示。

图8-66　【族类型】对话框

图8-67　设置新参数属性

5. 在【族类型】对话框中输入参数的值为 60,如图 8-68 所示。

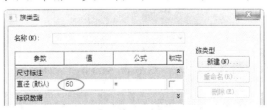

图8-68　设置参数的值

6. 同理，再添加名称为"半径"的参数，如图 8-69 所示。

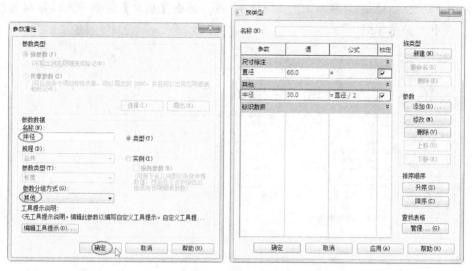

图8-69 添加"半径"参数

7. 单击【创建】选项卡【基准】面板中的【参照平面】按钮，然后在视图中"扶栏顶部"平面下方新建两个工作平面，并利用"对齐"的尺寸标注，标注两个新平面，如图 8-70 所示。

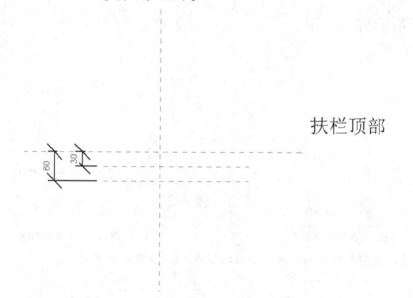

图8-70 新建两个工作平面

8. 选中标注为"60"的尺寸标注，然后在选项栏中选择"直径=60"的标签，如图 8-71 所示。

9. 同样，对另一尺寸标注选择"半径=直径/2=30"标签，如图 8-72 所示。

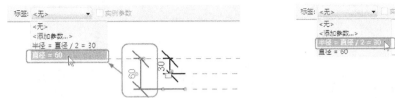

图8-71　选择尺寸标注的标签1

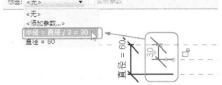

图8-72　选择尺寸标注的标签2

10. 选择【创建】|【详图】|【直线】命令，绘制直径为 60 的圆，作为扶手的横截面轮廓，如图 8-73 所示。

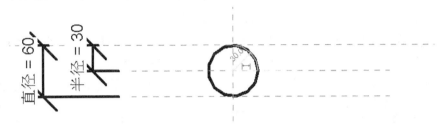

图8-73　绘制轮廓

11. 绘制轮廓后重新选中圆，然后在属性面板上勾选【中心标记可见】复选框。圆轮廓中心点显示圆心标记，如图 8-74 所示。

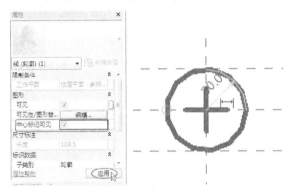

图8-74　显示圆中心标记

12. 选中圆心标记和所在的参照平面，单击【修改】面板中的【锁定】按钮进行锁定，如图 8-75 所示。

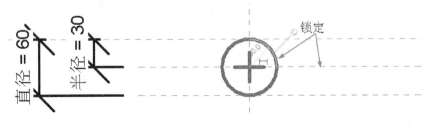

图8-75　锁定圆心标记和参照平面

13. 标注圆的半径，并为其选择"半径=直径/2=30"标签，如图 8-76 所示。

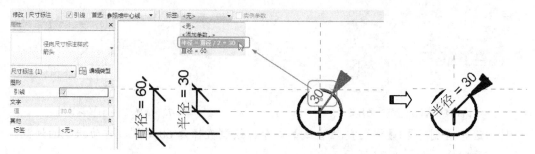

图8-76　标注圆并选择尺寸标注标签

14. 在【视图】选项卡【图形】面板单击【可见性图形】按钮 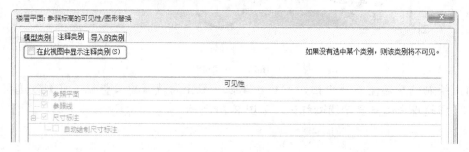，打开【楼层平面：参照标高的可见性/图形替换】对话框。在【注释类别】标签下取消【在此视图中显示注释类别】复选框的勾选，如图 8-77 所示。

图8-77　不显示注释类别的设置

15. 选中圆轮廓，在属性面板上取消【中心标记可见】复选框的勾选，如图 8-78 所示。

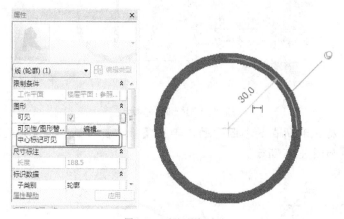

图8-78　不显示圆心标记

16. 至此，扶手轮廓族文件创建完成，保存族文件即可。

8.5　创建详图构件族

详图构件族主要用于绘制详图，所绘制的详图可以存在于任何一个平面上。详图构件族载入到项目中后，其显示大小固定，不会随着视图的显示比例变化而改变。

【例8-5】 创建排水符号族

1. 在 Revit 2016 欢迎界面的【族】选项区选择【新建】选项，弹出【新建-选择样板文件】对话框。

2. 选择"公制详图项目.rft"族样板文件，单击【确定】按钮进入族编辑器模式中，如图 8-79 所示。

图8-79 选择族样板文件

3. 在【创建】选项卡的【基准】面板中单击【参照平面】按钮 ，然后建立新参照平面，并用【对齐尺寸标注】工具标注新参照平面，如图 8-80 所示。

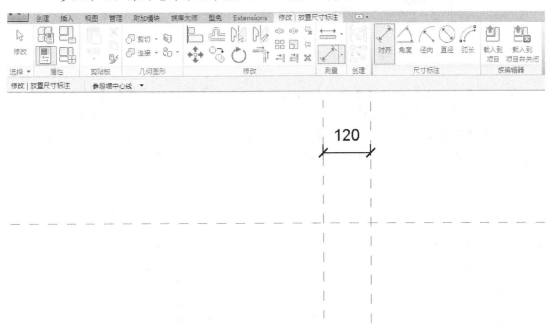

图8-80 建立新参照平面并标注

4. 选中尺寸标注，然后在选项栏的【标签】列表中选择【<添加参数>】选项，如图 8-81 所示。

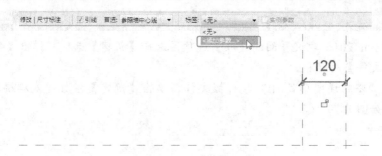

图8-81　为尺寸选择标签选项

5. 在打开的【参数属性】对话框中输入新参数的名称为"L"，单击【确定】按钮完成，尺寸标注上新增了参数，如图 8-82 所示。

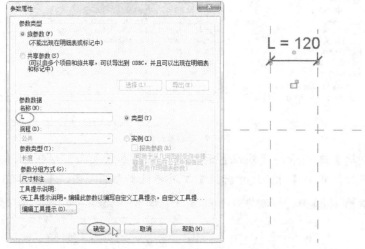

图8-82　设置参数属性

6. 单击【管理】选项卡【设置】面板中的【捕捉】按钮，打开【捕捉】对话框，设置长度标注捕捉增量和角度尺寸标注捕捉增量，如图 8-83 所示。

7. 在【创建】选项卡的【详图】面板中单击【填充区域】按钮，在属性选项板上选择"实体填充-黑色"的填充材质，如图 8-84 所示。

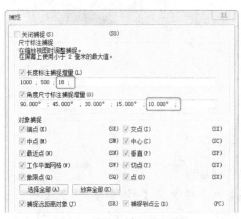

图8-83　设置尺寸标注捕捉增量

图8-84　选择填充材质

8. 然后利用【直线】工具绘制填充区域（1/2 箭头），最后单击【模式】面板的【完成编辑模式】按钮 ，完成填充区域的创建，如图 8-85 所示。

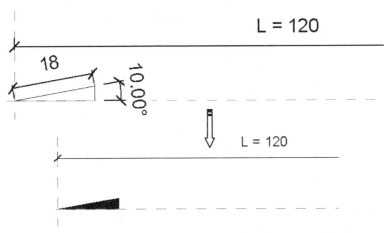

图8-85 绘制半边空心箭头填充区域

9. 在【创建】选项卡的【详图】面板中单击【直线】按钮 ，利用【直线】工具绘制长度为 120 的直线，如图 8-86 所示。

图8-86 绘制直线

10. 在【创建】选项卡的【属性】面板中单击【族类型】按钮 ，弹出【族类型】对话框，如图 8-87 所示。

11. 在对话框中单击【参数】选项组下的【添加】按钮，弹出【参数属性】对话框。然后设置新参数属性，完成后单击【确定】按钮，如图 8-88 所示。

图8-87 【族类型】对话框

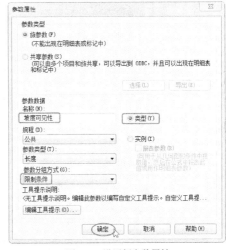

图8-88 设置新参数属性

12. 在【族类型】对话框中添加参数，如图 8-89 所示。

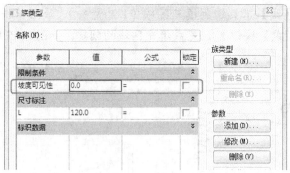

图8-89　添加参数

13. 同理，再添加名称为"排水坡度（默认）"的参数，如图 8-90 所示。

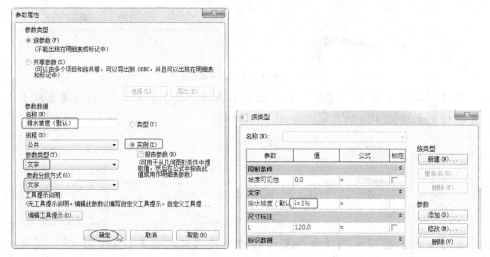

图8-90　添加"排水坡度"参数

14. 在【插入】选项卡的【从库中载入族】面板中单击【载入族】按钮，从本例源文件夹中打开"坡度.rfa"族文件，如图 8-91 所示。

图8-91　打开族文件

15. 从项目浏览器【族】|【注释符号】|【坡度】节点下拖动【坡度】族到视图窗口中，如图 8-92 所示。

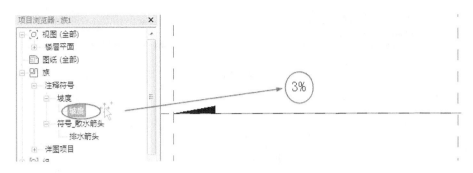

图8-92　插入族

16. 在视图窗口中选择刚插入的族，在属性选项板中单击【标记】按钮，然后在【关联族参数】对话框中选择要关联的族参数，如图 8-93 所示。

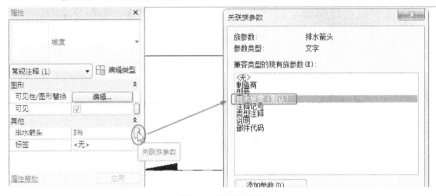

图8-93　关联族参数

17. 接下来为坡度标记添加控件。在【创建】选项卡的【控件】面板中单击【控件】按钮，切换到【修改|放置控制点】上下文选项卡。

工程点拨：控件的左右可以使族在建筑项目环境中调整方位，能够合理地应用排水符号。

18. 在【控制点类型】面板中单击【双向水平】按钮，在坡度符号标记上放置控件，如图 8-94 所示。

图8-94　添加翻转控件

19. 在【视图】选项卡的【图形】面板中单击【可见性/图形】按钮设置图形可见性，取消【参照平面】、【参照线】和【尺寸标注】复选框的勾选，如图 8-95 所示。

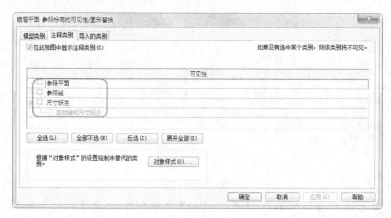

图8-95 设置图形可见性

20. 最后设置视图的比例为 1:10，完成排水符号族的创建，如图 8-96 所示。

$$i=3\%$$

图8-96 排水符号族

第9章　创建 Revit 三维族

族可分为二维族和三维族，上一章学习了二维族的创建方法，在本章将学习可载入族的三维族创建、族的嵌套与使用方法。

 本章要点

- 三维模型的创建与修改。
- 创建三维模型族。
- 族的测试与管理。

9.1 三维模型的创建与修改

除了创建二维族外，使用各类三维模型族样板可以创建各类建筑模型族。创建模型族的工具主要有两种：一种是基于二维截面轮廓进行扫掠得到的模型，称为实心模型；另一种就是基于已建立模型的切剪而得到的模型，称为空心形状。

创建实心模型的工具包括拉伸、融合、旋转、放样、放样融合等。创建空心模型的工具包括空心拉伸、空心融合、空心旋转、空心放样、空心放样融合等，如图9-1所示。

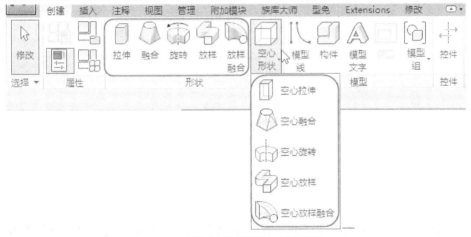

图9-1　创建实心模型和空心形状的工具

要创建模型族，需在欢迎界面【族】选项区下单击【新建】选项，在打开的【新族-选择样板文件】对话框中选择一个模型族样板文件，然后进入族编辑器模式中。

9.1.1　创建模型

一、拉伸

【拉伸】工具是通过绘制一个封闭截面沿垂直于截面工作平面的方向进行拉伸，精确控制拉伸深度后而得到拉伸模型。

在【创建】选项卡的【形状】面板中单击【拉伸】按钮，将切换到【修改|创建拉伸】上下文选项卡，如图 9-2 所示。

图9-2　【修改|创建拉伸】上下文选项卡

下面创建一个拉伸模型。

【例9-1】 创建拉伸模型

1. 启动 Revit，在欢迎界面中单击【新建】按钮，弹出【新族-选择族样板】对话框。选择"公制常规模型.rft"作为族样板，单击【打开】按钮进入族编辑器模式。

2. 在【创建】选项卡的【形状】面板中单击【拉伸】按钮，自动切换至【修改|创建拉伸】上下文选项卡。

3. 利用【绘制】面板中的【内接多边形】工具绘制图 9-3 所示的正六边形形状。

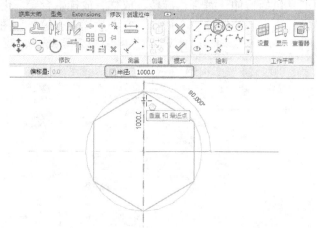

图9-3　绘制形状

4. 在选项栏设置深度值"500"，单击【模式】面板中的【完成编辑模式】按钮，得到结果如图 9-4 所示。

5. 在项目浏览器中切换三维视图显示三维模型，如图 9-5 所示。

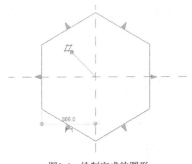

图9-4 绘制完成的图形

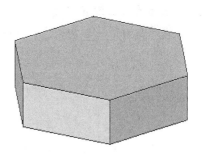

图9-5 三维模型

二、融合

【融合】命令用于在两个平行平面上的形状（此形状也是端面）进行融合建模。图 9-6 所示为常见的融合建模的模型。

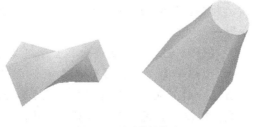

图9-6 融合建模的模型

融合跟拉伸所不同的是，拉伸的端面是相同的，而且不会扭转。融合的端面可以是不同的，因此要创建融合就要绘制两个截面图形。

【例9-2】 创建融合模型

1. 启动 Revit，在欢迎界面中单击【新建】按钮，弹出【新族-选择族样板】对话框。选择"公制常规模型.rft"作为族样板，单击【打开】按钮进入族编辑器模式。

2. 在【创建】选项卡的【形状】面板中单击【融合】按钮，自动切换至【修改|创建融合底部边界】上下文选项卡。

3. 利用【绘制】面板中的【矩形】工具绘制图 9-7 所示的形状。

4. 在【模式】面板中单击【编辑顶部】按钮，切换到绘制顶部的平面上，再利用【圆形】工具绘制图 9-8 所示的圆。

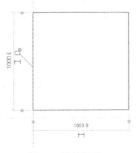

图9-7 绘制矩形

图9-8 绘制圆

5. 在选项栏上设置深度为 "600"，最后单击【完成编辑模式】按钮 ，完成融合模型的创建，如图 9-9 所示。

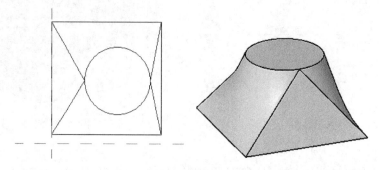

图9-9 创建融合模型

6. 从结果我们可以看出，矩形的 4 个角点两两与圆上 2 点融合，没有得到扭曲的效果，需要重新编辑下圆形截面。默认的圆上有 2 个断点，接下来需要再添加 2 个新点与矩形一一对应。

7. 双击融合模型切换到【修改|创建融合底部边界】上下文选项卡。单击【编辑顶部】按钮 切换到顶部平面。单击【修改】面板上的【拆分图元】按钮 ，然后在圆上放置 4 个拆分点，即可将圆拆分成 4 部分，如图 9-10 所示。

8. 单击【完成编辑模式】按钮 ，完成融合模型的创建，如图 9-11 所示。

图9-10 拆分圆

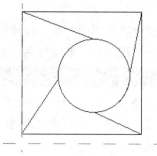

图9-11 编辑后的模型

三、旋转

　　【旋转】命令可用来创建由一根旋转轴旋转截面图形而得到的几何图形。截面图形必须是封闭的，而且必须绘制旋转轴。

【例9-3】 创建旋转模型

1. 启动 Revit，在欢迎界面中单击【新建】按钮，弹出【新族-选择族样板】对话框。选择 "公制常规模型.rft" 作为族样板，单击【打开】按钮进入族编辑器模式。

2. 在【创建】选项卡的【基准】面板中单击【参照平面】按钮 ，创建新的参照平面，如图 9-12 所示。

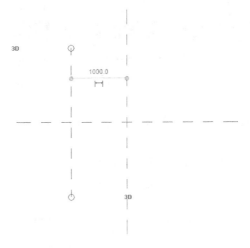

图9-12　创建参照平面

3. 在【创建】选项卡的【形状】面板中单击【旋转】按钮 ，自动切换至【修改|创建旋转】上下文选项卡。

4. 利用【绘制】面板中的【圆】工具绘制图 9-13 所示的形状。再利用【绘制】面板上的【轴线】工具绘制旋转轴，如图 9-14 所示。

图9-13　绘制圆　　　　　　　　　　　　　　　　图9-14　绘制旋转轴

5. 单击【完成编辑模式】按钮 ，完成旋转模型的创建，如图 9-15 所示。

图9-15　创建旋转模型

四、放样

【放样】命令用于创建需要绘制或应用轮廓并沿路径拉伸此轮廓的族的一种建模方式。

要创建放样模型，就要绘制路径和轮廓。路径可以是不封闭的，但轮廓必须是封闭的。

【例9-4】 创建放样模型

1. 启动 Revit，在欢迎界面中单击【新建】按钮，弹出【新族-选择族样板】对话框。选择"公制常规模型.rft"作为族样板，单击【打开】按钮进入族编辑器模式。

2. 在【创建】选项卡的【形状】面板中单击【放样】按钮，自动切换至【修改|放样】上下文选项卡。

3. 单击【放样】面板中的【绘制路径】按钮，绘制图 9-16 所示的路径。单击【完成编辑模式】按钮 退出路径编辑模式。

图9-16 绘制路径

4. 单击【编辑轮廓】按钮，在弹出的【转到视图】对话框中选择"立面：前"视图来绘制截面轮廓，如图 9-17 所示。

5. 然后利用绘制工具绘制截面轮廓，如图 9-18 所示。

工程点拨：这里选择视图是用来观察绘制截面的情况，也可以不选择平面视图来观察。关闭此对话框，可以在项目浏览器中选择三维视图来绘制截面轮廓，如图 9-19 所示。

图9-17 选择截面视图平面

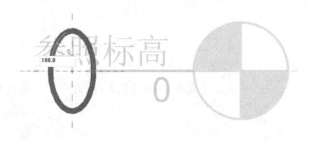

图9-18 绘制截面轮廓

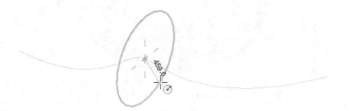

图9-19 在三维视图中绘制

6. 最后退出编辑模式完成放样模型的创建，如图 9-20 所示。

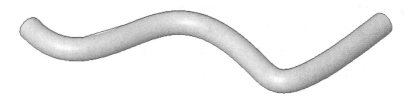

图9-20　放样模型

五、放样融合

使用【放样融合】命令，可以创建具有两个不同轮廓截面的融合模型，可以创建沿指定路径进行放样的放样模型。实际上兼备了【放样】命令和【融合】命令的特性。

【例9-5】 创建放样融合

1. 启动 Revit，在欢迎界面中单击【新建】按钮，弹出【新族-选择族样板】对话框。选择"公制常规模型.rft"作为族样板，单击【打开】按钮进入族编辑器模式。
2. 在【创建】选项卡的【形状】面板中单击【放样融合】按钮 ，自动切换至【修改|放样融合】上下文选项卡。
3. 单击【放样融合】面板中的【绘制路径】按钮 ，绘制图 9-21 所示的路径。单击【完成编辑模式】按钮 退出路径编辑模式。

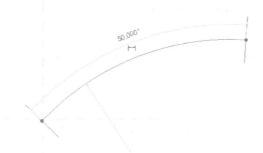

图9-21　绘制路径

4. 单击【选择轮廓 1】 按钮，再单击【编辑轮廓】按钮 ，在弹出的【转到视图】对话框中选择"立面：前"视图来绘制截面轮廓，如图 9-22 所示。

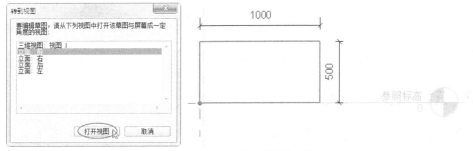

图9-22　选择截面视图平面绘制截面轮廓

5. 单击【选择轮廓 2】按钮 [选择轮廓 2] 切换到轮廓 2 的平面上，再单击【编辑轮廓按钮】[编辑轮廓]，绘制轮廓 2，如图 9-23 所示。

6. 利用【拆分图元】工具，将圆拆分成 4 段。

7. 最后单击【修改|放样融合】上下文选项卡的【完成编辑模式】按钮 ✓，完成放样融合模型的创建，如图 9-24 所示。

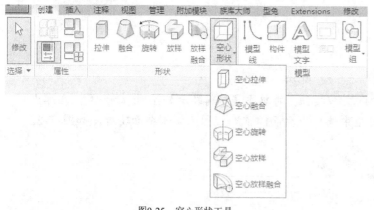

图9-23　绘制轮廓 2

图9-24　创建完成的放样融合模型

六、空心形状

空心形状是在现有模型的基础上做切剪操作，有时也会将实心模型转换成空心形状使用。实心模型的创建是增材操作，空心形状则是减材料操作，也是布尔差集运算的一种。

空心形状的操作与实心模型的操作是完全相同的，这里就不再赘述了。空心形状建模工具如图 9-25 所示。

如果要将实心模型转换成空心形状，选中实心模型后在属性选项板中选择【空心】选项即可，如图 9-26 所示。

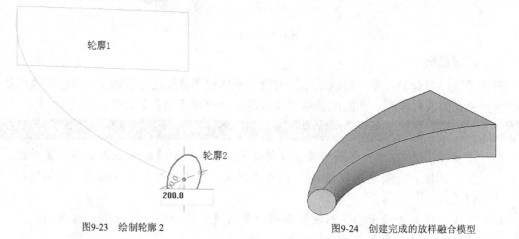

图9-25　空心形状工具

图9-26　转换实心模型为空心

9.1.2　三维模型的修改

三维模型的修改，如【修改】选项卡中的工具，这些工具我们在前面第 6 章已经详细介绍。

此外，要修改模型，可双击模型，返回到建立模型的初始【修改|×××】上下文选项卡中，重新绘制轮廓、路径或编辑定点等其他参数。

9.2 创建三维模型族

模型工具最终是用来创建模型族，下面我们介绍常见的模型族的制作方法。

9.2.1 创建窗族

不管是什么类型的窗，其族的制作方法都是一样的，接下来我们就制作简单窗族。

【例9-6】 创建窗族

1. 启动 Revit，在欢迎界面中单击【新建】按钮，弹出【新族-选择族样板】对话框。选择"公制窗.rft"作为族样板，单击【打开】按钮进入族编辑器模式。

2. 单击【创建】选项卡【工作平面】面板中的【设置】按钮，在弹出的【工作平面】对话框内选择【拾取一个平面】选项，单击【确定】按钮再选择墙体中心位置的参照平面为工作平面，如图 9-27 所示。

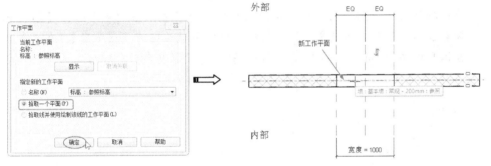

图9-27 设置工作平面

3. 在随后弹出的【转到视图】对话框中，选择【立面：外部】并打开视图，如图 9-28 所示。

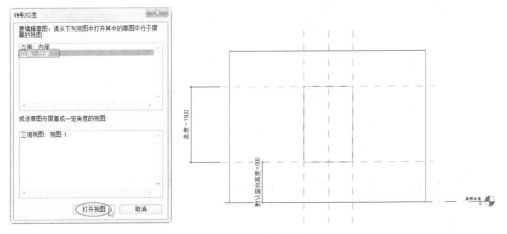

图9-28 打开立面视图

4. 单击【创建】选项卡【工作平面】面板中的【参照平面】按钮，然后绘制新工作平面并标注尺寸，如图 9-29 所示。

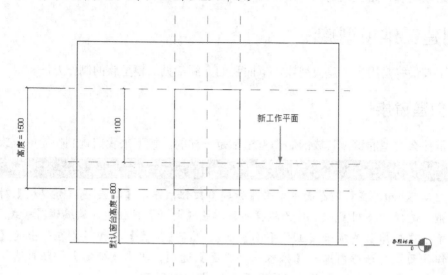

图9-29　建立新工作平面（窗扇高度）

5. 选中标注为 "1100" 的尺寸，在选项栏的【标签】下拉列表中选择【添加参数】选项，打开【参数属性】对话框。确定参数类型为【族参数】，在【参数数据】中添加参数 "名称" 为 "窗扇高"，并设置其参数分组方式为【尺寸标注】，单击【确定】按钮完成参数的添加，如图 9-30 所示。

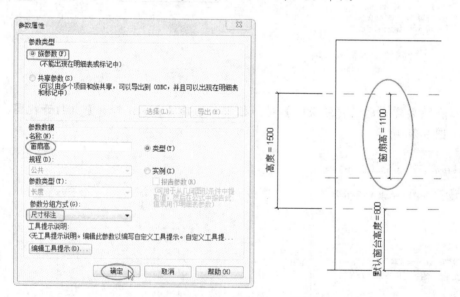

图9-30　为尺寸标注添加参数

6. 单击【创建】选项卡中的【拉伸】按钮，利用矩形绘制工具，以洞口轮廓及参照平面为参照，创建轮廓线并与洞口进行锁定，绘制完成的结果如图 9-31 所示。

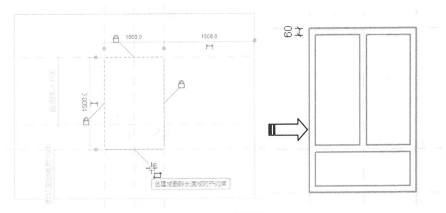

图9-31　绘制窗框

7.　利用【修改|编辑拉伸】上下文选项卡【测量】面板中的【对齐尺寸标注】工具 标注窗框，如图9-32所示。

8.　选中单个尺寸，然后在选项栏标签列表下选择【添加参数】选项，为选中尺寸添加名为"窗框宽"的新参数，如图9-33所示。

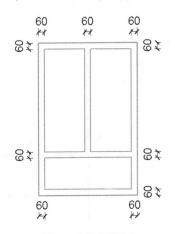

图9-32　标注窗框尺寸

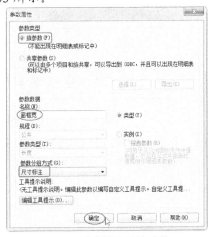

图9-33　为窗框尺寸添加参数

9.　添加新参数后，依次选中其余窗框的尺寸，并一一为其选择"窗框宽"的参数标签，如图9-34所示。

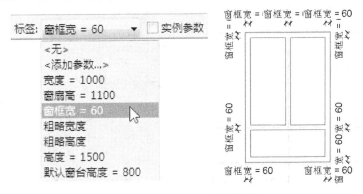

图9-34　为其余尺寸选择参数标签

10. 窗框中间的宽度为左右、上下对称的，因此需要标注 EQ 等分尺寸，如图 9-35 所示。EQ 尺寸标注是连续标注的样式。

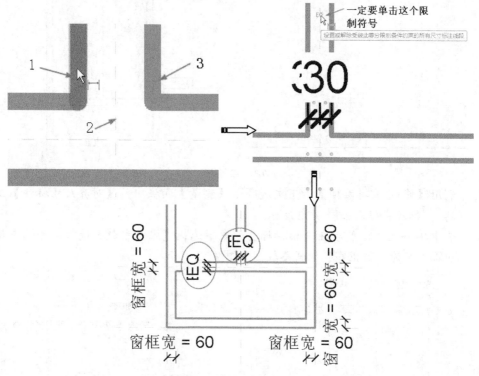

图9-35　标注 EQ 等分尺寸

11. 单击【完成编辑模式】按钮，完成轮廓截面的绘制。在窗口左侧的属性选项板上设置【拉伸起点】为"-40"，【拉伸终点】为"40"，单击【应用】按钮，完成拉伸模型的创建，如图 9-36 所示。

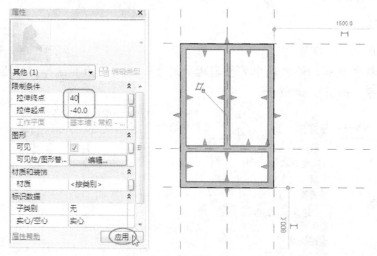

图9-36　完成拉伸模型的创建

12. 在拉伸模型仍然处于编辑状态下，在属性选项板上单击【材质】右侧的【关联族参数】按钮，打开【关联族参数】对话框并单击【添加参数】按钮，如

图 9-37 所示。

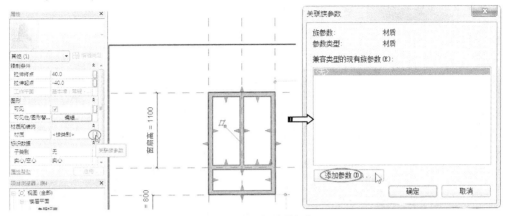

图9-37 添加材质参数操作

13. 设置材质参数的名称、参数分组方式
    等，如图 9-38 所示。最后依次单击两
    个对话框中的【确定】按钮，完成材
    质参数的添加。

14. 窗框制作完成后，接下来制作窗扇。
    制作窗扇部分的模型，与制作窗框是
    一样的，只是截面轮廓、拉伸深度、
    尺寸参数、材质参数有所不同，如图
    9-39 和图 9-40 所示。

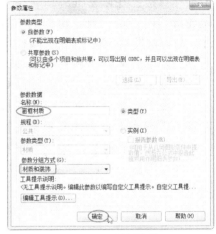

图9-38 设置材质参数

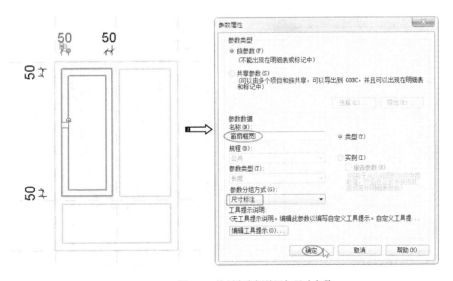

图9-39 绘制窗扇框并添加尺寸参数

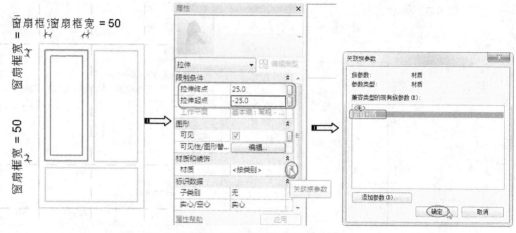

图9-40　设置拉伸深度并添加材质关联族参数

　　工程点拨：在以窗框洞口轮廓为参照创建窗扇框轮廓线时，切记要与窗框洞口进行锁定，这样才能与窗框发生关联，如图 **9-41** 所示。

15. 右边的窗扇框和左边窗扇框形状、参数是完全相同的，我们可以采用复制的方法来创建。选中第一扇窗扇框，在【修改|拉伸】上下文选项卡【修改】面板中单击【复制】按钮，将窗扇框复制到右侧窗口洞中，如图 9-42 所示。

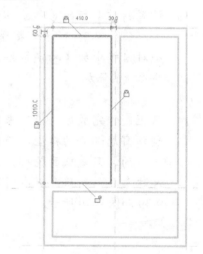

图9-41　绘制窗扇框轮廓要与窗框洞口锁定

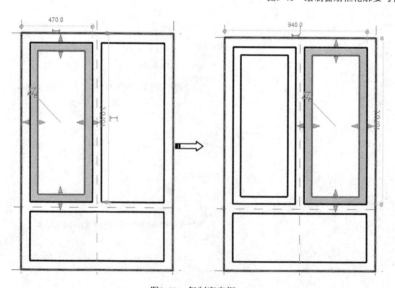

图9-42　复制窗扇框

16. 接下来是创建玻璃构件及相应的材质。绘制的时候要注意对玻璃轮廓线与窗
扇框洞口边界进行锁定，并设置拉伸起点、终点、构件可见性、材质参数
等，完成的拉伸模型如图 9-43 和图 9-44 所示。

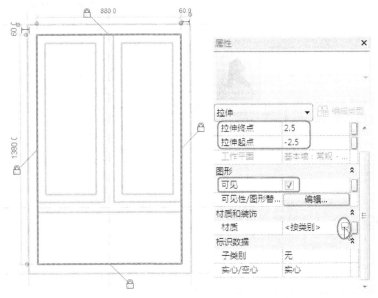

图9-43　绘制玻璃轮廓并设置拉伸参数、可见性

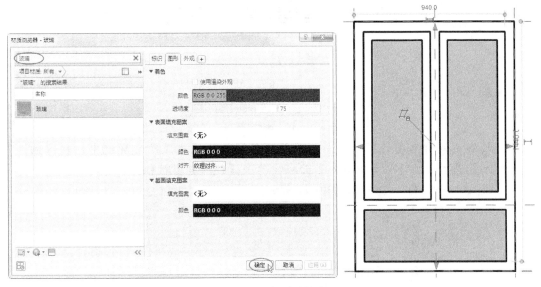

图9-44　设置玻璃材质

17. 在项目管理器中，打开【楼层平面】|【参照标高】视图。标注窗框宽度尺
寸，并添加尺寸参数标签，如图 9-45 所示。

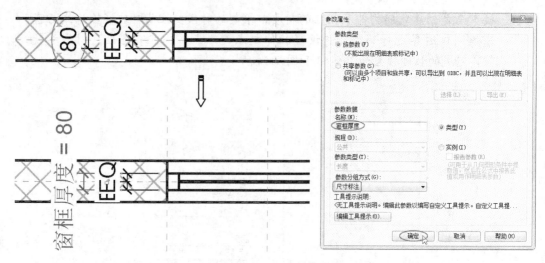

图9-45　添加尺寸及参数标签

18. 至此完成了窗族的创建，结果如图 9-46 所示，保存窗族文件。

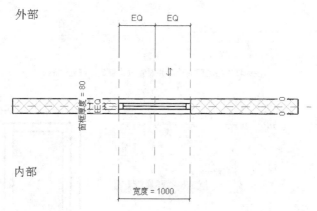

图9-46　创建窗族

19. 最后测试所创建的窗族。新建建筑项目文件进入建筑项目环境中，在【插入】选项卡的【从库中载入】面板中单击【载入族】按钮，从源文件夹中载入"窗族.rfa"文件，如图 9-47 所示。

图9-47　载入族

20. 利用【建筑】选项卡【构建】面板中的【墙】工具，任意绘制一段墙体，然后将项目管理器【族】|【窗】|【窗族】节点下的窗族文件拖曳到墙体中放置，如图 9-48 所示。

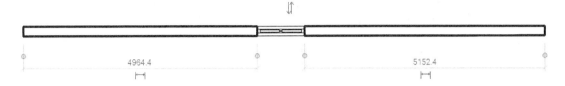

图9-48 拖动窗族到墙体中

21. 在项目浏览器中选择三维视图，然后选中窗族。在属性选项板中单击【编辑类型】按钮　，在【类型属性】对话框的【尺寸标注】选项列中，可以设置窗族高度、宽度、窗扇高度、窗扇框宽、窗扇高、窗框厚度等尺寸参数，以测试窗族的可行性，如图 9-49 所示。

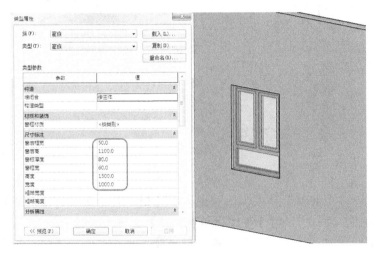

图9-49 测试窗族

9.2.2 创建百叶窗族（嵌套族）

族的制作除了类似窗族的制作方法外，还可以在族编辑器模式中载入其他族（包括轮廓、模型、详图构件及注释符号族等），并在族编辑器模式中组合使用这些族，这种将多个简单的族嵌套在一起而组合成的族称为嵌套族。

本小节以制作百叶窗族为例，详解嵌套族的制作方法。

【例9-7】 创建嵌套族

1. 打开光盘中的"百叶窗.rfa"族文件。切换至三维视图，注意该族文件中已经使用拉伸形状完成了百叶窗窗框，如图 9-50 所示。

图9-50 打开百叶窗族文件

2. 单击【插入】选项卡【从库中载入】面板中的【载入族】按钮，载入本章
   源文件夹中的"百叶片.rfa"族文件，如图 9-51 所示。

图9-51 载入族

3. 切换至"参照标高"楼层平面视图。在【创建】选项卡的【模型】面板中单
   击【构件】按钮，打开【修改|放置构件】上下文选项卡。

4. 在平面视图中的墙外部位置单击鼠标放置百叶片：使用【对齐】工具，对齐
   百叶片中心线至窗中心参照平面，单击【锁定】符号，锁定百叶片与窗中
   心线（左/右）位置，如图 9-52 所示。

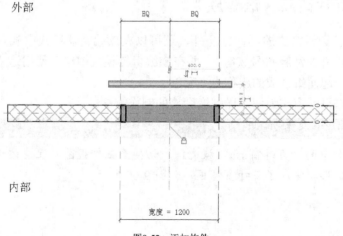

图9-52 添加构件

5. 选择百叶片，在属性选项板中单击【编辑类型】按钮打开【类型属性】对话框。单击【百叶长度】参数后的【关联族参数】按钮，打开【关联族参数】对话框。选择"宽度"参数，单击【确定】按钮，返回【类型属性】对话框，如图 9-53 所示。

图9-53 选择关联参数

6. 此时可看到"百叶片"族中的百叶长度与"百叶窗族"中的宽度关联（相等了），如图 9-54 所示。

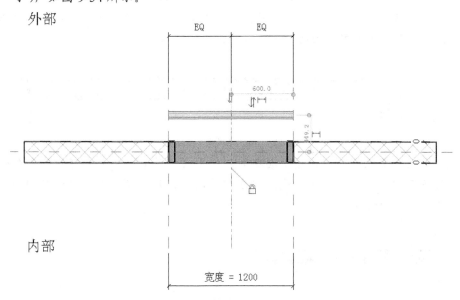

图9-54 百叶长度与百叶窗宽度关联了

7. 使用相同的方式关联百叶片的"百叶材质"参数与"百叶窗"族中的"百叶材质"。

8. 在项目浏览器中切换至【视图】|【立面】|【外部】立面视图，如图 9-55 所示

示，使用【参照平面】工具距离在窗"底"参照平面上方 90mm 处绘制参照平面，修改标识数据"名称"为"百叶底"，如图 9-55 所示。

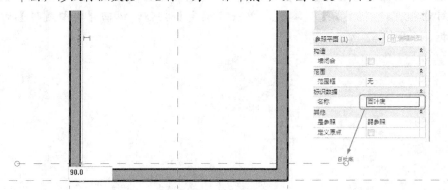

图9-55 绘制参照平面

9. 在"百叶底"参照平面与窗底参照平面添加尺寸标注并添加锁定约束。将百叶族移动到"百叶底"参照平面上，并使用【对齐】工具对齐百叶片底边至"百叶底"参照平面并锁定与参照平面间对齐约束，如图 9-56 所示。

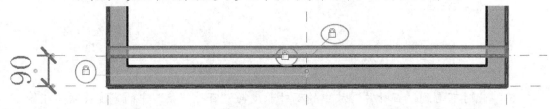

图9-56 移动百叶族并与参照平面对齐

10. 如图 9-57 所示，在窗顶部绘制名称为"百叶顶"的参照平面，标注百叶顶参照平面与窗顶参照平面间的尺寸标注并添加锁定约束。

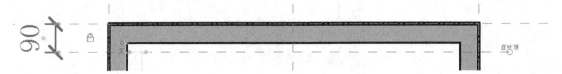

图9-57 绘制"百叶顶"参照平面

11. 切换至"参照标高"楼层平面视图，使用【修改】选项卡的【对齐】命令，对齐百叶中心线与墙中心线。单击"锁定"按钮，锁定百叶中心与墙体中心线位置，如图 9-58 所示。

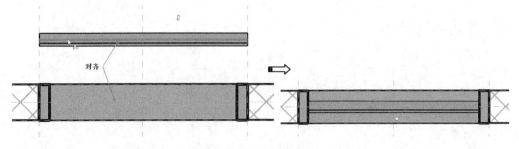

图9-58 对齐百叶窗与墙体

12. 切换至外部立面视图。选择百叶片，单击【修改|常规模型】选项卡【修改】面板中的【阵列】按钮⊞，如图 9-59 所示，设置选项栏中的阵列方式为"线性"，勾选"成组并关联"选项，设置"移动到"选项为"最后一个"。

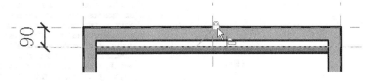

图9-59　设置阵列选项

13. 拾取百叶片上边缘作为阵列基点，向上移动至"百叶顶"参照平面，如图 9-60 所示。

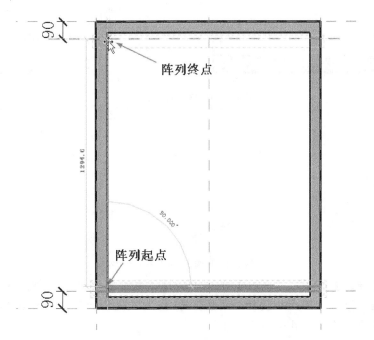

图9-60　选择阵列起点和终点

14. 使用"对齐"工具对齐百叶片上边缘与百叶顶参照平面，单击"锁定"符号，锁定百叶片与百叶顶参照平面位置，如图 9-61 所示。

图9-61　对齐百叶上边缘与百叶顶参照平面

15. 选中阵列的百叶片，再选择显示的阵列数量临时尺寸标注，单击选项栏标签列表中的"添加标签"选项，打开"参数属性"对话框。通过选项栏新建名称为"百叶片数量"的族参数，如图 9-62 所示。

工程点拨：当选中阵列的百叶片后如果没有显示数量尺寸标注，可以滚动鼠标以显示。如果无法选择数量尺寸标注，可以在【修改】选项卡【选择】面板取消【按面选择图元】复选框的勾选即可解决此问题，如图 **9-63** 所示。

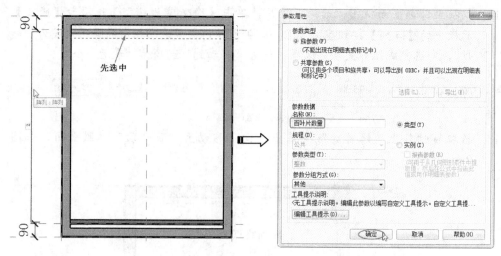

图9-62　选择数量尺寸标注

图9-63　取消【按面选择图元】复选框的勾选

16. 单击【修改】选项卡【属性】面板中的【族类型】按钮，打开【族类型】对话框，修改"百叶片数量"参数值为 18，其他参数不变，单击【确定】按钮，百叶窗效果如图 9-64 所示。

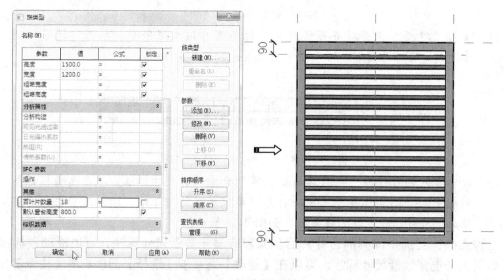

图9-64　修改百叶片数量

17. 再次打开【族类型】对话框。单击参数栏中的【添加】按钮，弹出【参数属性】对话框。

18. 在对话框中输入参数名称为"百叶间距"，参数类型为"长度"，单击【确定】按钮，返回【族类型】对话框。修改【百叶间距】参数值为"50"，单击【应用】按钮应用该参数，如图 9-65 所示。

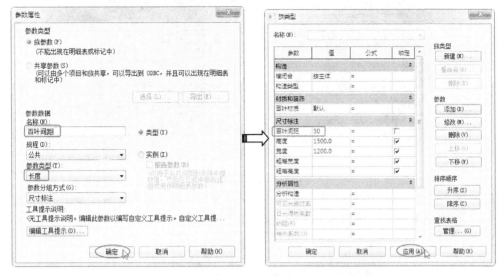

图9-65　添加族参数并修改值

工程点拨：请务必单击【应用】按钮使参数及参数值应用生效后再进行下一步操作。

19. 如图 9-66 所示，在"百叶片数量"参数后的公式栏中输入"(高度-180)/百叶间距"，完成后单击【确定】按钮，关闭对话框。随后 Revit 将会自动根据公式计算百叶数量。

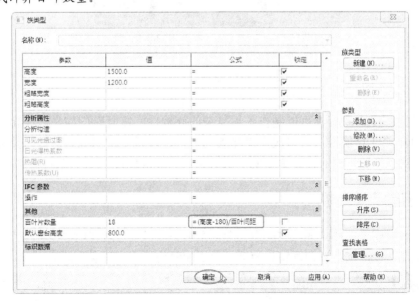

图9-66　输入公式

20. 最终完成的百叶窗族（嵌套族）如图 9-67 所示，保存族文件。

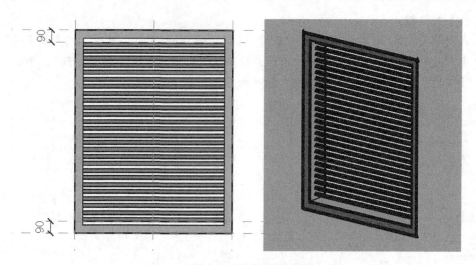

图9-67　创建完成的百叶窗族

21. 建立空白项目，载入该百叶窗族，使用"窗"工具插入百叶窗，如图 9-68 所示。Revit 会自动根据窗高度和"百叶间距"参数自动计算阵列数量。

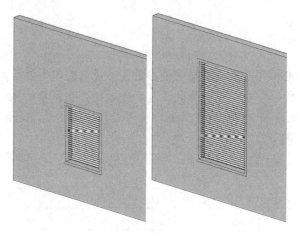

图9-68　百叶窗族验证

工程点拨：使用嵌套族可以制作各种复杂的族构件。将复杂的构件族简化为一个或多个简单的构件并嵌套使用，可以大大简化族的操作，降低出错的风险。如何简化复杂族，需要大量的实践经验，只有通过大量的实践操作，才能体会其中的关联关系。

9.2.3　创建门联窗族

在使用嵌套族时，如果载入的族中包含多个类型，可以通过使用"族类型"参数选择要使用的族类型。接下来，以门联窗族为例，说明如何使用族类型参数。

【例9-8】　创建门联窗族

1. 打开"门联窗.rfa"族文件，该族已创建了简单的单扇平开门模型，如图 9-69 所示。

2. 单击【插入】选项卡【从库中载入】面板中的【载入族】按钮，载入光盘同一目录下的"双扇窗.rfa"族文件。载入的窗族在项目浏览器中可见，如图 9-70 所示。

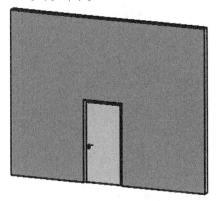

图9-69　打开的族文件

图9-70　项目浏览器中的窗族

3. 切换至参照标高楼层平面视图，利用【常用】选项卡【模型】面板中的【构件】工具，在门洞右侧插入"双扇窗：C0912"。如图 9-71 所示，使用对齐工具对齐窗左侧至门沿右侧参照平面并锁定。

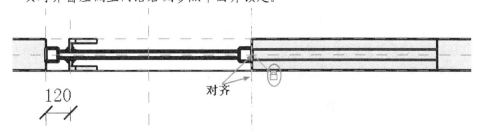

图9-71　插入窗族到墙体中

4. 切换至外部立面视图，如图 9-72 所示，对齐窗顶部至门顶部参照平面位置并锁定。

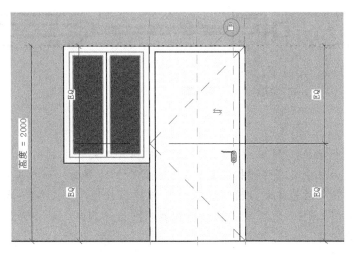

图9-72　对齐窗顶与门顶

5. 选择窗族图元，单击选项栏【标签】选项的下拉列表，选择【添加标签】选

项，打开【参数属性】对话框。输入参数名称为"窗类型"，设置为【类型】
参数。单击【确定】按钮，退出【添加标签】对话框。如图 9-73 所示。

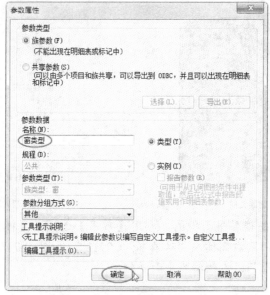

图9-73　为窗添加标签

6. 切换至参照标高楼层平面视图。利用【视图】选项卡【创建】面板中的【剖
面】工具，沿门洞口中心线左侧绘制垂直于墙面的剖面线，如图 9-74 所示。

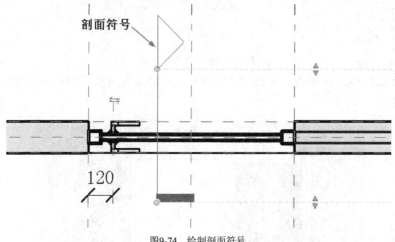

图9-74　绘制剖面符号

7. 切换至剖面视图，载入"详图项目_过梁.rfa"族文件。利用【注释】选项卡
【详图】面板中的【详图构件】工具，指定新工作平面，如图 9-75 所示。

8. 在门洞口顶部放置才载入的"详图项目_过梁"构件，如图 9-76 所示。使用对
齐工具对齐详图底边缘至门洞口顶部参照平面并锁定，对齐详图中心至墙中
心线并锁定。

图9-75　指定工作平面

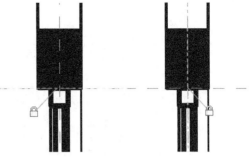

图9-76　对齐构件与墙体

9. 选择"详图项目_过梁"图元，单击【可见性】面板中的【可见性设置】按
钮，打开【族图元可见性设置】对话框，勾选【仅当实例被剖切时显示】选
项，设置完成后单击【确定】按钮，如图9-77所示。

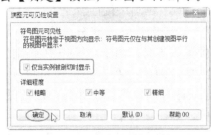

图9-77　设置族图元的可见性

10. 选择"详图项目_过梁"图元，单击属性选项板中【可见】参数后的关联参数
按钮，在弹出的【关联族参数】对话框中添加名为【过梁可见】的关联族参
数，如图9-78所示。

图9-78　添加关联参数

11. 保存门窗族文件。新建建筑项目，绘制任意基本墙体，载入该族文件，使用
门工具放置任意实例。修改类型参数，结果如图 9-79 所示。注意当在剖面视
图中剖切该门联窗图元时，将根据参数设置是否显示过梁。

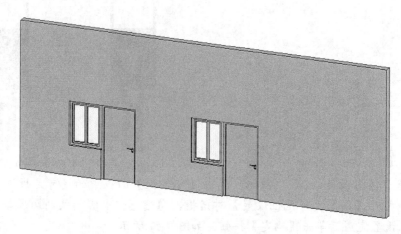

图9-79　验证门窗联族

工程点拨：使用嵌套族时，由于窗族被嵌套至主体门族中，在项目中必须使用"门"工具将其放置"门联窗"。在放置标签时，由于本操作中使用的"双扇窗"族在族类别和族参数设置中，并未勾选共享选项，因此门联窗族也仅可以使用"门标记"提取门的属性值，同时在明细表数量中进行统计时，也将仅统计为门的数量。如果双扇窗族在族类别和族参数对话框中勾选为"共享"，则在项目中使用门联窗族时，将在明细表中分别统计门和窗的数量。在添加图元标记时，可以通过 **Tab** 键选择窗图元，单独进行标记。

9.3　族的测试与管理

前面我们详细介绍了族的创建知识，而在实际使用族文件前还应对创建的族文件进行测试，以确保在实际使用中的正确性。

9.3.1　族的测试目的

测试自己创建的族，其目的还是为了保证族的质量，避免在今后长期使用中受到影响。下面我们以一个门族为例，详解如何测试族并修改族。

一、确保族文件的参数参变性能

对族文件的参数参变性能进行测试，从而保证族在实际项目中具备良好的稳定性。

二、符合国内建筑设计的国标出图规范

参考中国建筑设计规范与图集，以及公司内部有关线型、图例的出图规范，对族文件在不同视图和粗细精度下的显示进行检查，从而保证项目文件最终的出图质量。

三、具有统一性

对于族文件统一性的测试，虽然不直接影响到质量本身，但如果在创建族文件时注意统一性方面的设置，将对族库的管理非常有帮助。而且在族文件载入项目文件后，也将对项目文件的创建带来一定的便利。包括以下两方面的统一性。

- 族文件与项目样板的统一性：在项目文件中加载族文件后，族文件自带的信息，如"材质""填充样式"和"线性图形"等被自动加载至项目中。如果项目文件已包含同名的信息，则族文件中的信息将会被项目文件所覆盖。因此，在创建族文件时，建议尽量参考项目文件已有的信息，如果有新建的需要，在命名和设置上应当与项目文件保持统一，以免造成信息冗余。

- 族文件自身的统一性：规范族文件的某些设置，如插入点、保存后的缩略图、材质、参数命名等，将有利于族库的管理、搜索及载入项目文件后使之本身所包含的信息达到统一。

9.3.2 族的测试流程

族的测试，其过程可以概括为：依据测试文档的要求，将族文件分别在测试项目环境中、族编辑器模式和文件浏览器环境中进行逐条地测试，并建立测试报告。

一、制定测试文件

不同类别的族文件，其测试方式也是不一样的，可先将族文件按照二维和三维进行分类。

由于三维族文件包含了大量不同的族类别，部分族类别创建流程、族样板功能和建模方法都具有很高的相似性。例如，常规模型、家具、橱柜、专用设备等族，其中家具族具有一定的代表性，因此建议以"家具"族文件测试为基础，制定"三维通用测试文档"，同时"门""窗"和"幕墙嵌板"之间也具有高度相似性，但测试流程和测试内容相比"家具"要复杂很多，可以合并作为一个特定类别指定测试文档。而部分具有特殊性的构件，可以在"三维通用测试文档"的基础上添加或删除一些特定的测试内容，制定相关测试文档。

针对二维族文件，"详图构件"族的创建流程和族样板功能具有典型性，建议以此类别为基础，指定通用的"二维通用测试文档"。"标题栏""注释"及"轮廓"等族也具有一定的特殊性，可以在"二维通用测试文档"的基础上添加或删除一些特定的测试内容，指定相关测试文档。

针对水暖电的三维族，还应在族编辑器模式和项目环境中对连接件进行重点测试。根据族类别和连接件类别（电气、风管、管道、电缆桥架、线管）的不同，连接件的测试点也不同。一般在族编辑器模式中，应确认以下设置和数据的正确性：连接件位置、连接件属性、主连接件设置、连接件链接等；在项目环境中，应测试组能否正确的创建逻辑系统，以及能否正确使用系统分析工具。

针对三维结构族，除了参变测试和统一性测试以外，要对结构族中的一些特殊设置做重点的检查，因为这些设置关系到结构族在项目中的行为是否正确。例如，检查混凝土机构梁的梁路径的端点是否与样板中的"构件左"和"构件右"两条参照平面锁定；检查结构柱族的实心拉伸的上边缘是否拉伸至"高于参照 2500"处，并与标高锁定；检查是否将实心拉伸的下边缘与"低于参照标高 0"的标高锁定等。而后可将各类结构族加载到项目中检查族的行为是否正确，例如，相同/不同材质的梁与结构柱的连接，检查分析模型，检查钢筋是否充满在绿色虚线内，弯钩方向是否正确、是否出现畸变、保护层位置是否正确等。

测试文档的内容主要包括测试项目、测试方法、测试标准和测试报告 4 个方面。

二、创建测试项目文件

针对不同类别的族文件，测试时需要创建相应的项目文件，模拟族在实际项目中的调用过程，从而发现可能存在的问题。例如，在门窗的测试项目文件中创建墙，用于测试门窗是否能正确加载。

三、在测试项目环境中进行测试

在已经创建的项目文件中，加载族文件，检查不同视图下族文件的显示和表现。改变族文件类型参数与系统参数设置，检查族文件的参变性能。

四、在族编辑器模式中进行测试

在族编辑器模式中打开族文件，检查族文件与项目样板之间的统一性，如材质、填充样式和图案等，以及族文件之间的统一性，如插入点、材质、参数命名等。

五、在文件浏览器中进行测试

在文件浏览器中，观察文件缩略图显示情况，并根据文件属性查看文件量大小是否存在正常范围。

六、完成测试报告

参照测试文档中饭的测试标准，对于错误的项目逐条进行标注，完成测试报告，以便于接下来的文件修改。

第10章 概念体量设计

Revit Architecture 提供了概念体量工具，用于在项目前期概念设计阶段为建筑师提供灵活、简单、快速的概念设计模型。使用概念体量模型可以帮助建筑师推敲建筑形态，还可以统计概念体量模型的建筑楼层面积、占地面积、外表面积等设计数据。可以根据概念体量模型表面创建建筑模型中的墙、楼板、屋顶等图元对象，完成从概念设计阶段到方案、施工图设计的转换。

本章将为大家详细讲解如何在 Revit Architecture 环境下进行概念设计。

 本章要点

- 建筑信息模型（BIM）概述。
- BIM 的相关技术性。
- BIM 与 Revit 的关系。
- Revit 在建筑工程中的应用。

10.1 何为 Revit 概念体量设计

Revit 中的概念设计功能提供了易于使用的自由形状建模和参数化设计工具，并且还支持用户在开发阶段及早对设计进行分析。用户可以自由绘制草图，快速创建三维形状，交互式地处理各种形状，还可以利用内置的工具构思并表现复杂的形状，准备用于预制和施工环节的模型。图 10-1 所示为概念体量模型。

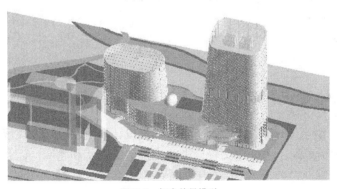

图10-1 概念体量模型

10.1.1　体量模型的创建方式

Revit 提供了两种创建概念体量模型的方式：在项目中在位创建概念体量或在概念体量族编辑器中创建独立的概念体量族。

在位创建的概念体量仅可用于当前项目，而创建的概念体量族文件可以像其他族文件那样载入到不同的项目中。

要在项目中在位创建概念体量，可利用【体量和场地】选项卡【概念体量】面板中的【内建体量】工具，输入概念体量名称即可进入概念体量族编辑状态。内建体量工具创建的体量模型，称作内建族。

要创建单独的概念体量族，单击【应用程序菜单】按钮，在列表中选择【新建】|【概念体量】命令，在弹出的【新概念体量-选择样板文件】对话框中选择"公制体量.rft"族样板文件，单击【打开】按钮即可进入概念体量编辑模式，如图 10-2 所示。

图10-2　选择概念体量样板文件

或者在 Revit 2016 欢迎界面的【族】选项区下单击【创建概念体量】选项，在弹出的【新概念体量-选择样板文件】对话框中选择并双击"公制体量.rft"族样板文件，同样可以进入概念体量设计环境（体量族编辑器模式）。

在概念体量设计环境中，建筑师可以进行下列操作。

- 创建自由形状。
- 编辑创建的形状。
- 形状表面有理化处理。

10.1.2　概念体量设计环境

Revit 从 2011 版至 2016 版，引入了概念体量设计环境，在这个环境里面建筑师以根据对建筑外轮廓的灵活要求，去创建比较自由的三维建筑形状和轮廓，而且可以进行比较强大的形状编辑功能。除此之外，Revit 还有表面有理化工具，对创建好的三维形状表面可以做一些复杂的处理，来实现形状表面肌理多样化。

概念体量设计环境是 Revit 为了创建概念体量而开发的一个操作界面，在这个界面用户可以专门用来创建概念体量。所谓概念设计环境其实是一种族编辑器模式，体量模型也是三维模型族。图 10-3 所示为概念体量设计环境。

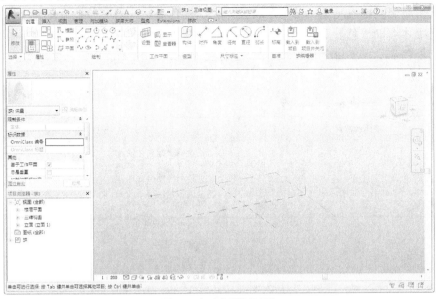

图10-3　概念体量设计环境

在概念设计环境中，我们常常会遇到一些名词，如三维控件、三维标高、三维参照平面、三维工作平面、形状、放样、轮廓等，下面分别对这些名词进行一个简单的介绍，便于读者更好地了解概念设计环境。

一、三维控件

在选择形状的表面、边或顶点后出现的操纵控件，该控件也可以显示在选定的点上，如图 10-4 所示。

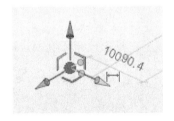　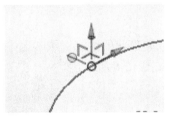　

选择点　　　　　　　　　　　选择边（路径）　　　　　　　　　　选择面

图10-4　显示三维控件

对于不受约束的形状中的每个参照点、表面、边、顶点或点，在被选中后都会显示三维控件。通过该控件，可以沿局部或全局坐标系所定义的轴或平面进行拖曳，从而直接操纵形状。通过三维控件可以进行以下 3 种操作。

- 在局部坐标和全局坐标之间切换。
- 直接操纵形状。
- 可以拖曳三维控制箭头来将形状拖曳到合适的尺寸或位置。箭头相对于所选形状而定向，也可以通过按空格键在全局 *XYZ* 和局部坐标系之间切换其方向。形状的全局坐标系基于 ViewCube 的北、东、南、西 4 个坐标。当形状发生重定向并且与全局坐标系有不同的关系时，形状位于局部坐标系中。如果形状由局部坐标系定义，三维形状控件会以橙色显示。只有转换为局部坐标系的坐标才会以橙色显示。例如，如果将一个立方体旋转 15 度，X 和 Y 箭头将以橙色显示，但由于全局 Z 坐标值保持不变，因此 Z 箭头仍以蓝色显示。

表 10-1 是使用控件和拖曳对象位置对照表。

表 10-1　三维控件中箭头与平面控件

使用的控件	拖曳对象的位置
蓝色箭头	沿全局坐标系 Z 轴
红色箭头	沿全局坐标系 X 轴
绿色箭头	沿全局坐标系 Y 轴
橙色箭头	沿局部坐标轴
蓝色平面控件	在 XY 平面中
红色平面控件	在 YZ 平面中
绿色平面控件	在 XZ 平面中
橙色平面控件	在局部平面中

二、三维标高

一个有限的水平平面，充当以标高为主体的形状和点的参照。当指针移动到绘图区域中三维标高的上方时，三维标高会显示在概念设计环境中。这些参照平面可以设置为工作平面。三维标高显示如图 10-5 所示。

工程点拨：需要说明的是，三维标高仅存在概念体量环境中，在 Revit 项目环境中创建概念体量不会存在。

三、三维参照平面

一个三维平面，用于绘制将创建形状的线。三维参照平面显示在概念设计环境中。这些参照平面可以设置为工作平面，如图 10-6 所示。

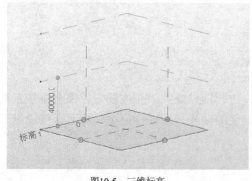

图10-5　三维标高　　　　　　　　　　　图10-6　三维参照平面

四、三维工作平面

一个二维平面，用于绘制将创建形状的线。三维标高和三维参照平面都可以设置为工作平面。当指针移动到绘图区域中三维工作平面的上方时，三维工作平面会自动显示在概念设计环境中。如图 10-7 所示。

五、形状

通过【创建形状】工具创建的三维或二维表面/实体。通过创建各种几何形状（拉伸、扫略、旋转和放样）来开始研究建筑概念。形状始终是通过这样的过程创建的：绘制线，选择线，然后单击【创建形状】，选择可选用的创建方式。使用该工具创建表面、三维实心或空心形状，然后通过三维形状操纵控件直接进行操纵。如图 10-8 所示。

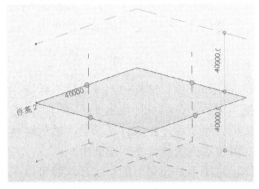

图10-7　三维工作平面

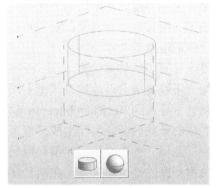

图10-8　形状

六、放样

由平行或非平行工作平面上绘制的多条线(单个段、链或环)而产生的形状。

七、轮廓

单条曲线或一组端点相连的曲线，可以单独或组合使用，以利用支持的几何图形构造技术(拉伸、放样、扫略、旋转、曲面)来构造形状图元几何图形。

10.1.3　概念体量设计工作流程

在介绍流程之前，有两个概念先作一个介绍，一个叫体量，另一个叫形状。在 Revit 里面，形状仅仅是一个体量设计环境中建立的单个几何体，它有可能是立方体、球体或圆柱体、不规则体等，体量是由一个或多个形状拼接和连接组成的。

概念设计的工作流程如下。

(1)　第一步：绘制形状轮廓。

进入到概念体量的环境当中，前面也介绍了该环境，它跟项目环境和族环境是不一样的，是一个独立的环境。在这个环境当中首先通过各种创建曲线的工具，可以创建一个矩形、一个圆、椭圆或样条曲线都可以。

(2)　第二步：创建形状。

创建好作为建筑形状的轮廓或路径之后，我们选择创建好的轮廓和路径，使用"创建形状"命令，点击之后，Revit 软件会根据我们选择的轮廓和路径会去自动地判断它有可能创建出的一些形状，如一些拉伸的形状，或者是旋转的或是沿着一个路径扫略创建出的形状。软件会列出所有可能创建的形状选项让你去选择，用户根据这些选项选择自己需要的形状，选择好之后，一个三维形状就创建好了。

（3）第三步：编辑形状。

创建好的形状有可能不是我们需要的，比如，我们刚才创建的形状有可能是立方体，在实际建筑中大部分的情况是下面截面会大一点，上面截面小一点，这时候我们可以借助三维控件工具进行形状编辑，可以拖曳顶点或轮廓线，使它改变成想要的尺寸，这是对形状的编辑。

（4）第四步：有理化处理表面。

有理化主要是处理建筑的表面形式，例如国家游泳中心水立方外层 ETFE 膜结构中有一些六边形，而且它是重复的，我们可以把每几个小方格里放一个六边形的形状放进去，这样整个建筑的造型就非常漂亮了。

（5）第五步：体量研究。

用户可以将概念设计体量模型引用到 Revit Architecture 项目文件中，并继续对其进行修改。将体量导入到 Revit Architecture 建筑项目环境当中后，在项目环境里面，我们可以选取刚才做成的一些曲面、斜面生成幕墙系统、墙、楼板、屋顶等，生成体量楼层，然后对体量模型楼层面积、外表面积、体积和周长进行分析，可将这些值统计在明细表中。

值得一提的是，如果发现在项目环境里这个体量可能不是您想要的形状，这时可以在项目环境里选中体量，回到概念设计环境里对概念体量进行编辑，编辑好之后再加载到项目环境里去，使用"更新到面"工具可以让已创建的墙和楼板自动匹配修改后的体量形状。

除了概念设计环境之外，Revit 软件在项目环境里还提供了另外一种比较快捷的概念设计的环境，称之为内建体量的环境，它的操作界面与前面提的概念设计环境是基本一致的，可以在里面创建各种各样的形状和体量，对它进行编辑以及有理化。功能上基本没有什么区别，唯一的区别在于在位创建的体量，只能够应用在当前的项目环境当中，不能保存为另外一个族文件到其他的工程当中去应用。

10.2　形状截面的绘制参照

体量模型的截面绘制命令前面已经介绍过了，本小节主要介绍几个截面的绘制参照，实际上可称为草图平面，这个截面平面也是工作平面的一种，工作平面包括标高、参照平面和模型平面。

在【创建】选项卡【绘制】面板中的截面参照工具包括【参照点】【参照线】【参照平面】【在面上绘制】和【在工作平面上绘制】，如图 10-9 所示。

图10-9　截面参照工具

10.2.1　参照点

【参照点】工具在【绘制】面板中，单击【点图元】按钮，十字指针显示预览的参照点，此时可以将点放置在选项栏设置的放置平面上，如图 10-10 所示。

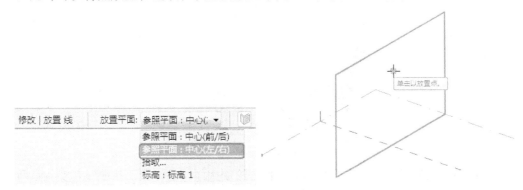

图10-10　在参照平面上放置点

参照点的作用是可以作为参照平面定位点、平面曲线或空间曲线的连接点等，要在平面上绘制参照点，需要激活【在工作平面上绘制】工具，要在空间中绘制参照点，请激活【在面上绘制】轨迹，如图 10-11 所示。

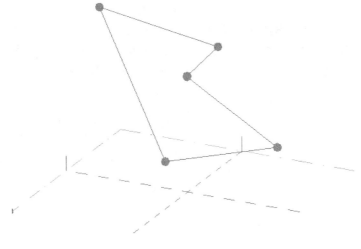

图10-11　空间曲线的连接点

10.2.2　参照线

【参照线】工具创建参照线，用来作为创建体量时的限制条件，例如，我们要镜像模型线或模型时，就需要使用【参照线】工具来绘制镜像轴，如图 10-12 所示。还可以使用参照线来创建参数化的族框架，用于附着族的图元。

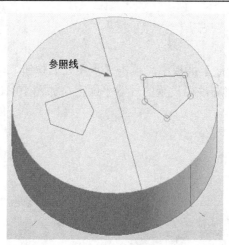

图10-12　参照线

参照线不是模型线，参照线的绘制工具也是绘制截面线的工具。参照线其实就是两个平面垂直相交的相交线。

【例10-1】　创建参照线

1.　单击【参照】按钮 ，选项栏显示参照线的放置选项，如图 10-13 所示。

| 修改 | 放置 参照线 | 放置平面: 《不关联》 ▼ | ☑ 根据闭合的环生成表面 | □ 三维捕捉 | ☑ 链 偏移量: 0.0 | □ 半径: 1000.0 |

图10-13　参照线选项栏

- 【放置平面】：设置参照线的绘制平面。体量环境中默认有 3 个平面——"参照平面：中心（前/后）""参照平面：中心（左/右）"和"标高 1"，如图 10-14 所示。其中【拾取】选项可以拾取模型平面作为绘制平面。

参照平面：中心（前/后）

标高 1

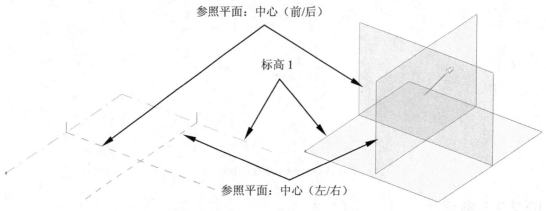

参照平面：中心（左/右）

图10-14　体量设计环境中默认的 3 个参照平面

- 【根据闭合的环生成表面】：勾选此选项后，若是绘制封闭的参照线，将自动填充区域生成曲面，如图 10-15 所示。

工程点拨：如果删除曲面，闭合的参照线将保留不变，如图 10-16 所示。

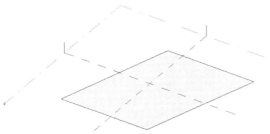

图10-15 根据闭合的环生成表面

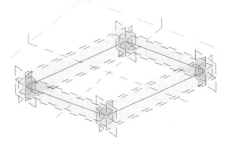

图10-16 闭合的参照线

- 【三维捕捉】：开启此选项，将开启捕捉点模式来绘制参照线，如图 10-17 所示。
- 【链】：此选项针对直线、圆弧等开放曲线构件而言，若勾选将创建连续性的曲线。
- 【跟随表面】：勾选此选项（此选项必须结合【在面上绘制】工具使用），将在异性曲面上绘制出曲线，如图 10-18 所示。且此选项包括 3 种投影类型，如图 10-19 所示。

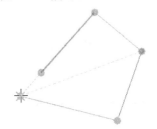

图10-17 三维捕捉

图10-18 跟随表面

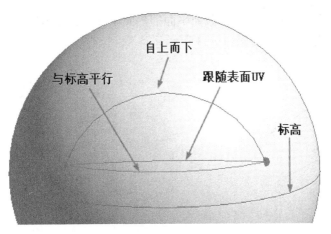

图10-19 3 种投影结果

2. 设置好选项后，在工作平面上绘制参照线，如图 10-20 所示。

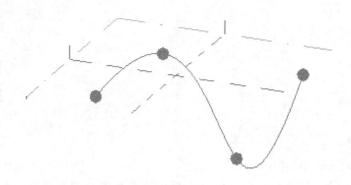

图10-20　绘制参照线

3. 选中参照线，会显示自身的基准平面对象。不同的参照线，显示不同的自身
基准平面，例如直线参照线，将显示 4 个，如图 10-21 所示。非直参照线仅显
示 2 个端点平面，如图 10-22 所示。

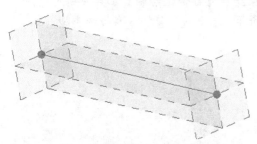

图10-21　直参照线自身基准平面

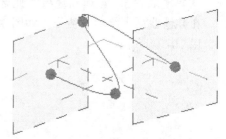

图10-22　非直参照线的自身基准平面

10.2.3　参照平面

可以使用【平面】工具绘制用作截面平面的参照平面。在 Revit 中，参照平面是与工作
平面垂直且经过直线的平面，如图 10-23 所示。

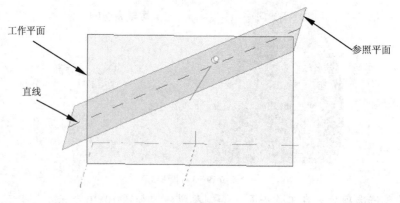

图10-23　参照平面

因此，从图 10-23 就可以看出，要创建参照平面，只需绘制参照平面上的直线即可，当
然也可以选择模型边线作为参照平面的直线。

10.2.4　在面上绘制

当执行了曲线绘制命令以后，【在面上绘制】工具可用。此工具用来选择在特殊造型的模型面上绘制图线，如图 10-24 所示。

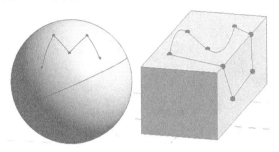

图10-24　在面上绘制

10.2.5　在工作平面上绘制

【在工作平面上绘制】工具仅在选择或拾取的工作平面上绘制图线。工作平面包括默认的 3 个参照平面，以及可拾取的模型平面、新标高等。图 10-25 所示为在参照平面上和在标高上绘制图线的情形。

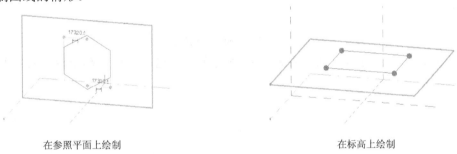

在参照平面上绘制　　　　　　　　　　　　　　　　　　　　在标高上绘制

图10-25　在工作平面上绘制

10.2.6　创建三维标高

Revit 中除了楼层标高（如体量环境中默认的水平放置的参照平面）外，还可以创建参照标高，如窗台标高。关于"标高"的详细定义，我们将在第 11 章中详细介绍。

下面介绍三维标高的两种制作方法。

【例10-2】　在视图中放置标高

1. 在【创建】选项卡的【基准】面板中单击【标高】按钮，切换到【修改|放置标高】上下文选项卡。
2. 在图形区中可以手动连续的放置标高，如图 10-26 所示。

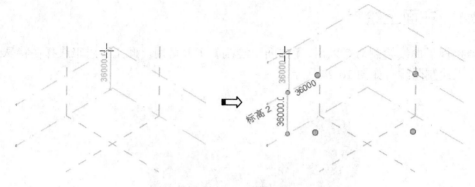

图10-26 手动放置标高

3. 放置标高后单击选中，可以修改标高的偏移量，如图 10-27 所示。

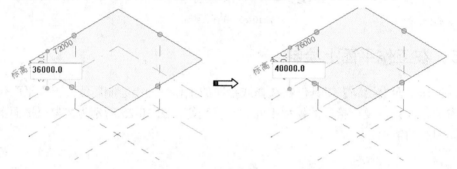

图10-27 修改标高偏移量

工程点拨：在修改标高时要注意要修改的尺寸，包括单层标高增量和总标高，如图 **10-28** 所示。

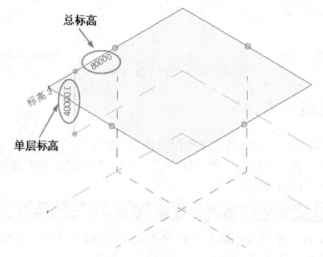

图10-28 标高的尺寸修改

4. 当然我们也可以在放置标高时，直接键盘输入偏移量精确控制标高的位置，按回车键即可。

【例10-3】 复制标高

1. 选中体量环境中默认的"标高 1"参照平面，如图 10-29 所示。
2. 单击【修改|标高】上下文选项卡【修改】面板中的【复制】按钮，然后在图形中选择复制起点，如图 10-30 所示。

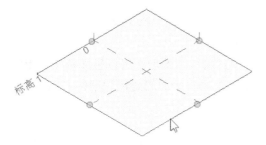

图10-29 选中标高 1

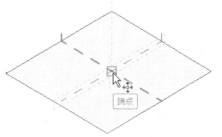

图10-30 拾取复制起点

3. 在竖直方向上拾取复制的终点放置复制的新标高，如图 10-31 所示。

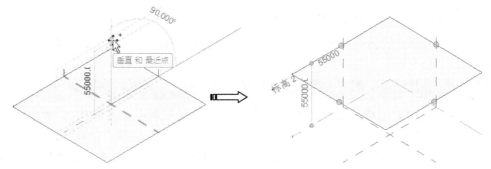

图10-31 拾取复制终点并放置标高

4. 选中新标高可以编辑标高尺寸值。
5. 或者在竖直方向上拾取复制终点时，直接键盘输入偏移量。如 50000，按回车键即可完成复制，如图 10-32 所示。

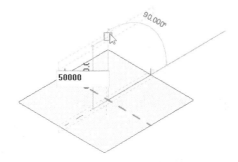

图10-32 输入偏移量精确控制标高

10.3 创建形状

体量形状包括实心形状和空心形状。两种类型形状的创建方法是完全相同的，只是所表现的形状特征不同。图 10-33 所示为两种体量形状类型。

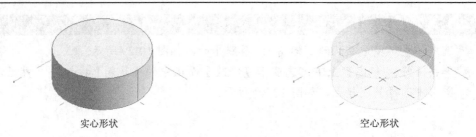

实心形状　　　　　　　　　　　　　　　　　　　空心形状

图10-33　两种体量类型形状

【创建形状】工具将自动分析所拾取的草图。通过拾取草图形态可以生成拉伸、旋转、扫掠、融合等多种形态的对象。例如，当选择两个位于平行平面的封闭轮廓时，Revit 将以这两个轮廓为端面，以融合的方式创建模型。

下面介绍 Revit 创建概念体量模型的方式。

10.3.1　创建与修改拉伸

一、拉伸模型：单一截面轮廓（闭合）

当绘制的截面曲线为单个工作平面上的闭合轮廓时，Revit 将自动识别轮廓并创建拉伸模型。

【例10-4】创建拉伸模型

1. 在【创建】选项卡【绘制】面板中利用【直线】命令，在标高 1 上绘制图 10-34 所示的封闭轮廓。
2. 在【修改|放置线】上下文选项卡的【形状】面板中单击【创建形状】按钮，Revit 自动识别轮廓并自动创建图 10-35 所示的拉伸模型。

图10-34　绘制封闭轮廓　　　　　　　　　　　　　　　图10-35　创建拉伸模型

3. 可以单击尺寸修改拉伸深度，如图 10-36 所示。

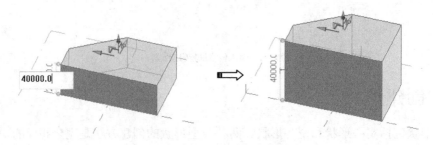

图10-36　修改拉伸深度

4. 如果要创建具有一定斜度的拉伸模型，先选中模型表面，再通过拖动模型上显示的控标来改变倾斜角度，以此达到修改模型形状的目的，如图 10-37 所示。

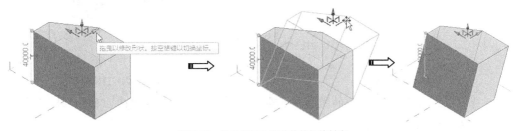

图10-37　拖动控标改变整体的拉伸斜度

5. 如果选择模型上的某条边，拖动控标可以修改模型局部的形状，如图 10-38 所示。

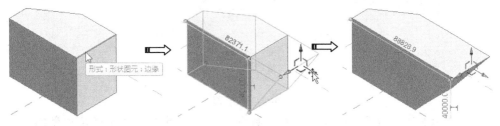

图10-38　修改局部的拉伸斜度

6. 当选中模型的端点时，拖动控标可以改变该点在 3 个方向的位置，达到修改模型目的，如图 10-39 所示。

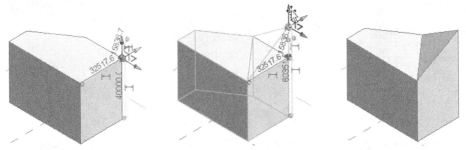

图10-39　拖动点控标修改局部模型

二、拉伸曲面：单一截面轮廓（开放）

当绘制的截面曲线为单个工作平面上的开放轮廓时，Revit 将自动识别轮廓并创建拉伸曲面。

【例10-5】 创建拉伸曲面

1. 在【创建】选项卡的【绘制】面板中利用【圆心、端点弧】命令，在标高 1 上绘制图 10-40 所示的开放轮廓。

2. 在【修改|放置线】上下文选项卡的【形状】面板中单击【创建形状】按钮，Revit 自动识别轮廓并自动创建图 10-41 所示的拉伸曲面。

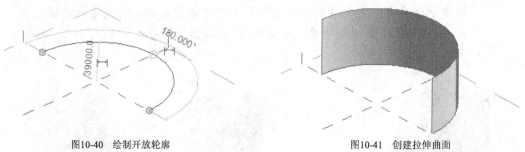

图10-40 绘制开放轮廓   图10-41 创建拉伸曲面

3. 选中整个曲面，所显示的控标将控制曲面在 6 个自由度方向上的平移，如图 10-42 所示。

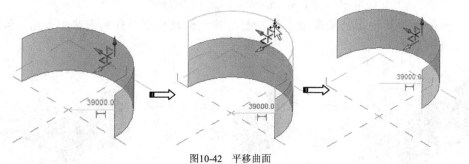

图10-42 平移曲面

4. 选中曲面边，所显示的控标将控制曲面在 6 个自由度方向上的尺寸变化，如图 10-43 所示。

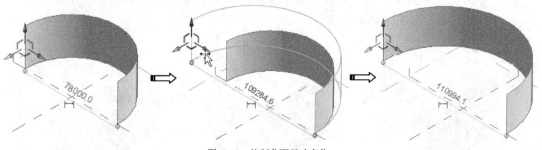

图10-43 控制曲面尺寸变化

5. 选中曲面上一角点，显示的控标将控制曲面的自由度变化，如图 10-44 所示。

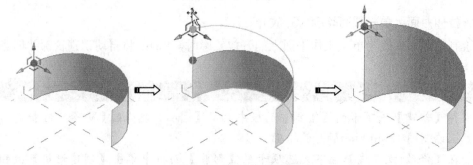

图10-44 控制曲面自由形状

10.3.2 创建与修改旋转

如果在同一工作平面上绘制一直线和一个封闭轮廓，将会创建旋转模型。如果在同一工作平面上绘制一直线和一个开放的轮廓，将会创建旋转曲面。直线可以是模型直线，也可以是参照直线。此直线会被 Revit 识别为旋转轴。

【例10-6】 创建旋转模型

1. 利用【绘制】面板中的【直线】命令，在标高 1 工作平面上绘制图 10-45 所示的直线和封闭轮廓。

2. 绘制完成轮廓后先关闭【修改|放置线】上下文选项卡。按 Ctrl 键选中封闭轮廓和直线，如图 10-46 所示。

图10-45 绘制直线和封闭轮廓

图10-46 选中直线和封闭轮廓

3. 在【修改|线】上下文选项卡的【形状】面板中单击【创建形状】按钮，Revit 自动识别轮廓和直线并自动创建图 10-47 所示的旋转模型。

4. 选中旋转模型，可以单击【修改|形式】上下文选项卡【模式】面板中的【编辑轮廓】按钮，显示轮廓和直线。如图 10-48 所示。

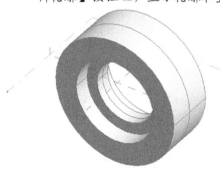

图10-47 创建旋转模型

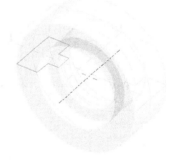

图10-48 显示轮廓和直线

5. 将视图切换为上视图，然后重新绘制封闭轮廓为圆形，如图 10-49 所示。

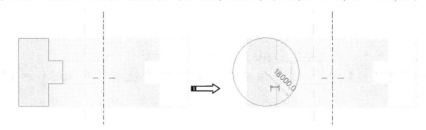

图10-49 修改轮廓

6. 单击【完成编辑模式】按钮，完成旋转模型的更改，结果如图 10-50 所示。

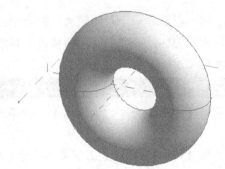

图10-50 创建旋转模型

10.3.3 创建与修改放样

在单一工作平面上绘制路径和截面轮廓将创建放样，截面轮廓为闭合时将创建放样模型，为开放轮廓时，将创建放样曲面。

若在多个平行的工作平面上绘制开放或闭合轮廓，将创建放样曲面或放样模型。

【例10-7】 在单一平面上绘制路径和轮廓创建放样模型

1. 利用【直线】、【圆弧】命令，在标高 1 工作平面上绘制图 10-51 所示的路径。

图10-51 绘制路径

2. 利用【点图元】命令，在路径曲线上创建参照点，如图 10-52 所示。

图10-52 创建参照点

3. 选中参照点将显示垂直与路径的工作平面，如图 10-53 所示。
4. 利用【圆形】命令，在参照点位置的工作平面上绘制图 10-54 所示的闭合轮廓。

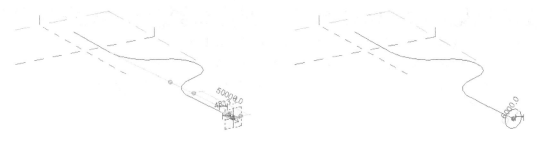

图10-53　显示参照点工作平面　　　　　　　　　　　　　图10-54　绘制闭合轮廓

5. 按 Ctrl 键选中封闭轮廓和路径，将自动完成放样模型的创建，如图 10-55 所示。

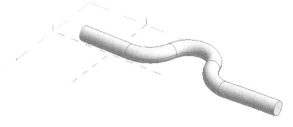

图10-55　创建放样模型

6. 如果要编辑路径，请选中放样模型中间部分表面，再单击【编辑轮廓】按钮 ，即可编辑路径曲线的形状和尺寸，如图 10-56 所示。

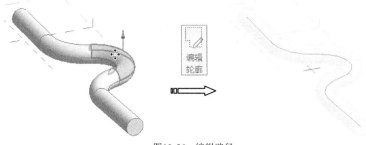

图10-56　编辑路径

7. 如果要编辑截面轮廓，请选中放样模型两个端面之一的边界线，再单击【编辑轮廓】按钮 ，即可编辑轮廓形状和尺寸，如图 10-57 所示。

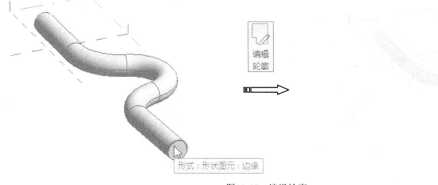

图10-57　编辑轮廓

315

【例10-8】 在多个平行平面上绘制轮廓创建放样曲面

1. 单击【创建】选项卡【基准】面板中的【标高】按钮 ，然后输入新标高的偏移量 40000，连续创建"标高 2"和"标高 3"，如图 10-58 所示。

2. 利用【圆心-端点弧】命令，选择标高 1 作为工作平面并绘制图 10-59 所示的开放轮廓。

图10-58 创建标高 2 和标高 3

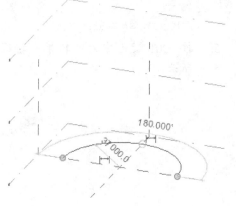

图10-59 绘制轮廓 1

3. 同样，再分别在标高 2 和标高 3 上绘制开放轮廓，如图 10-60 和图 10-61 所示。

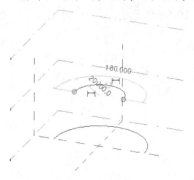

图10-60 绘制轮廓 2

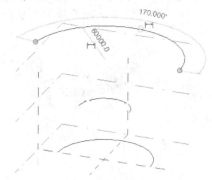

图10-61 绘制轮廓 3

4. 按 Ctrl 键依次选中 3 个开放轮廓，单击【创建形状】按钮 ，Revit 自动识别轮廓并自动创建放样曲面，如图 10-62 所示。

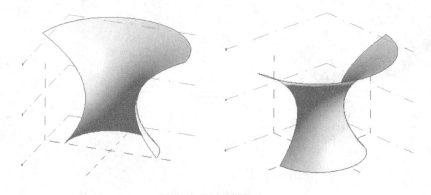

图10-62 创建放样曲面

10.3.4　创建放样融合

当在不平行的多个工作平面上绘制相同或不同的轮廓时，将创建放样融合。闭合轮廓将创建放样融合模型，开放轮廓将放样融合曲面。

【例10-9】 创建放样融合模型

1. 首先利用【起点-终点-半径弧】命令，在标高 1 上任意绘制一段圆弧，作为放样融合的路径参考，如图 10-63 所示。

2. 利用【点图元】命令，在圆弧上创建 3 个参照点，如图 10-64 所示。

图10-63　绘制参照曲线　　　　　　　　　　　　　　　图10-64　绘制参照点

3. 选中第一个参照点，再利用【矩形】命令，在第一个参照点位置的平面上绘制矩形，如图 10-65 所示。

4. 选中第二个参照点，再利用【圆形】命令，在第二个参照点位置的平面上绘制圆形，如图 10-66 所示。

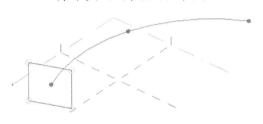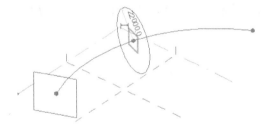

图10-65　绘制矩形　　　　　　　　　　　　　　　　　图10-66　绘制圆形

5. 选中第三个参照点，再利用【内接多边形】命令，在第三个参照点位置的平面上绘制多边形，如图 10-67 所示。

6. 选中路径和 3 个闭合轮廓，再单击【创建形状】按钮，Revit 自动识别轮廓并自动创建放样融合模型，如图 10-68 所示。

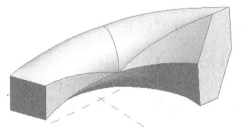

图10-67　绘制多边形　　　　　　　　　　　　　　　图10-68　创建放样融合模型

10.3.5　空心形状

一般情况下，空心模型将自动剪切与之相交的实体模型，也可以自动剪切创建的实体模型，如图 10-69 所示。

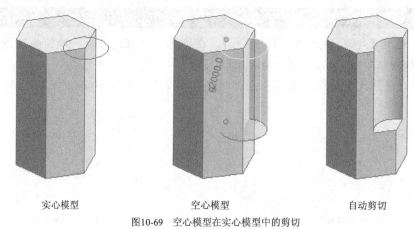

实心模型　　　　　　　　　　空心模型　　　　　　　　　　自动剪切

图10-69　空心模型在实心模型中的剪切

10.4　分割路径和表面

在概念体量设计环境中，需要设计作为建筑模型填充图案、配电盘或自适应构件的主体时，就需要分割路径和表面，如图 10-70 所示。

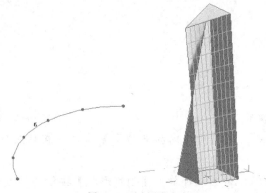

图10-70　分割路径和表面

10.4.1　分割路径

【分割路径】工具可以沿任意曲线生成指定数量的等分点。如图 10-71 所示，对于任意曲面边界、轮廓或曲线，均可以在选择曲线或边对象后，利用【分割】面板中的【分割路径】工具，对所选择的曲线或边进行等分分割。

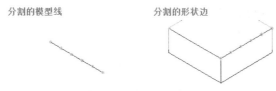

分割的模型线　　　　　　　　　分割的形状边

图10-71　分割曲线或模型边

工程点拨:相似地，可以分割线链或闭合路径。同样，还可以按 **Tab** 键选择分割路径以将其多次分割。

默认情况下，路径将分割为具有 6 个等距离节点的 5 段（英制样板）或具有 5 个等距离节点的 4 段（公制样板）。可以使用【默认分割设置】对话框来更改这些默认的分区设置。

在绘图区域中，将为分割的路径显示节点数。单击此数字并输入一个新的节点数。 完成后按 Enter 键以更改分割数。如图 10-72 所示。

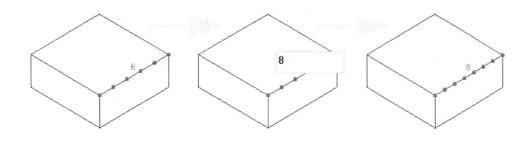

图10-72　分割路径的节点数

【例10-10】　分割路径

1. 在【创建】选项卡的【绘制】面板中单击【圆形】按钮⊙，然后在图形区中"标高 1"平面上绘制圆形，如图 10-73 所示。

2. 单击【创建形状】按钮⚅，自动创建圆柱体，如图 10-74 所示。

图10-73　绘制曲线

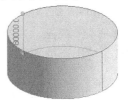

图10-74　创建实心模型

3. 按 Ctrl 键选中圆柱体上边界，然后单击【分割路径】按钮〰，将所选边界进行分割，如图 10-75 所示。

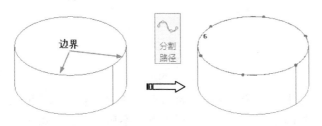

图10-75　分割上边界

4. 在属性选项板中修改【数量】选项值为 "4" 并按回车键，得到新的分割节点，如图 10-76 所示。

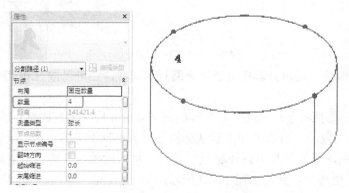

图10-76　更改分割节点的数量

5. 利用【绘制】面板中的【点图元】命令，在 4 个分割点上创建参照点，如图 10-77 所示。

6. 选中分割的路径，在图形区下方的状态栏单击【隐藏图元】将其隐藏，如图 10-78 所示。

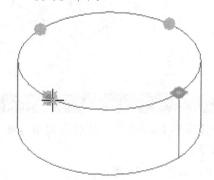

图10-77　创建参照点

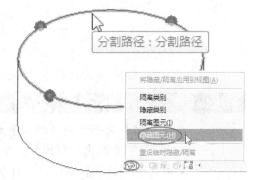

图10-78　隐藏分割的路径

7. 选中一个参照点，然后单击【平面】按钮，在参照点位置的平面上绘制直线，建立新的参照平面，如图 10-79 所示。

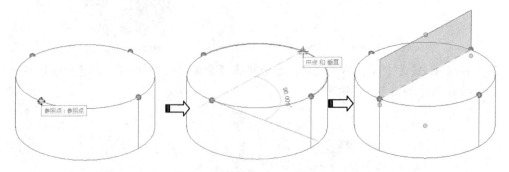

图10-79　创建参照平面

8. 然后在此操作平面上绘制两个闭合的截面轮廓，如图 10-80 所示。

9. 同理，在另外两个参照点之间也创建新的参照平面，如图 10-81 所示。

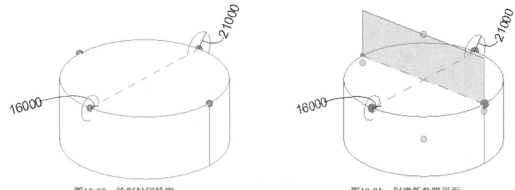

图10-80　绘制封闭轮廓　　　　　　　　　　　　　图10-81　创建新参照平面

工程点拨： 如果选取参照点后建立参照平面时，发现不能使用参照点作为放置平面，可以先选中一个参照点，然后单击【修改|参照点】上下文选项卡的【拾取新主体】按钮 ，重新选取模型边（不是分割的路径）作为新主体即可，如图 **10-82** 所示。但是在绘制参照平面的直线时还需注意一个问题，就是先选取没有变更主体的参照点作为直线起点，再选择变更主体的参照点作为直线终点，否则不能正确创建参照平面。

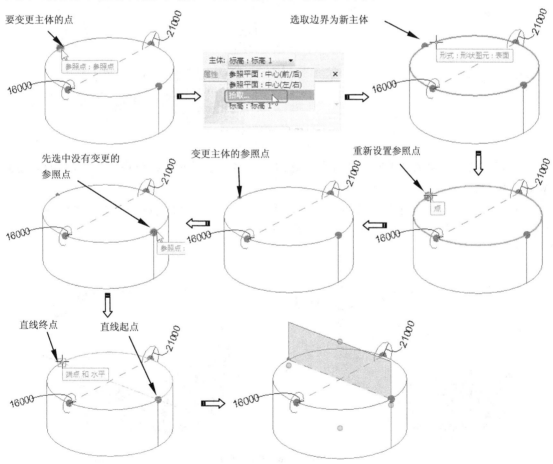

图10-82　创建新参照平面时的问题及解决办法图解

10．在上步骤创建的参照平面上绘制截面轮廓，如图 10-83 所示。

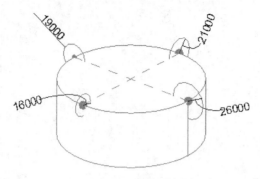

图10-83 绘制截面轮廓

11. 选中半个圆边缘和该边缘上的 3 个闭合轮廓，单击【创建形状】按钮创建放样融合模型，如图 10-84 所示。

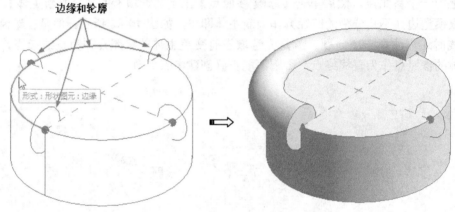

图10-84 创建放样融合

工程点拨：如果所选的轮廓不在圆形边缘上（或者说是在扫描路径上），将不能创建放样融合模型。

12. 同理，选择放样融合的两个端面轮廓、另一个图形轮廓和其所在的圆柱模型边缘，来创建放样融合模型，如图 10-85 所示。

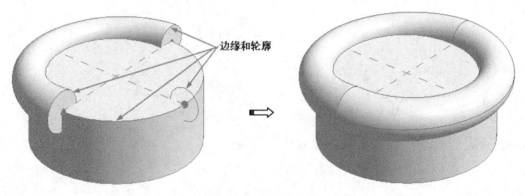

图10-85 创建放样融合模型

10.4.2　分割表面

可以使用表面分割工具对体量表面或曲面进行划分，划分为多个均匀的小方格，即以平面方格的形式替代原曲面对象。方格中每一个顶点位置均由原曲面表面点的空间位置决定。例如，在曲面形式的建筑幕墙中，幕墙最终均由多块平面玻璃嵌板沿曲面方向平铺而成，要得到每块玻璃嵌板的具体形状和安装位置，必须先对曲面进行划分才能得到正确的加工尺寸。这在 Revit 中称为有理化曲面。

下面通过操作说明如何对表面进行划分。

【例10-11】　分割体量模型的表面

1.　打开本例素材源文件 "体量模型-1. Rfa"。
2.　选择体量上任意面，单击【分割】面板下的【分割表面】按钮，表面将通过 UV 网格（表面的自然网格分割）进行分割所选表面，如图 10-86 所示。

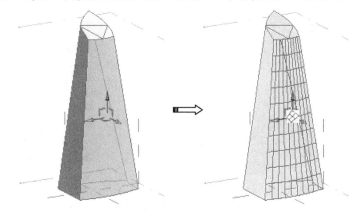

图10-86　分割表面

3.　分割表面后会自动切换到【修改|分割的表面】上下文选项卡，用于编辑 UV 网格的命令面板如图 10-87 所示。

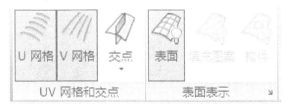

图10-87　用于编辑 UV 网格的命令面板

工程点拨：UV 网格是用于非平面表面的坐标绘图网格。三维空间中的绘图位置基于 **XYZ** 坐系，而二维空间则基于 **XY** 坐系。由于表面不一定是平面，因此绘制位置时采用 **UVW** 坐标系。这在图纸上表示为一个网格，针对非平面表面或形状的等高线进行调整。UV 网格用在概念设计环境中，相当于 **XY** 网格。即两个方向默认垂直交叉的网格，表面的默认分割数为：**12×12**（英制单位）和 **10×10**（公制单位），如图 **10-88** 所示。

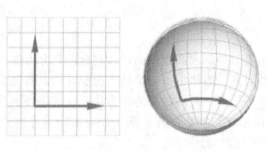

图10-88　UV 网格

4.　UV 网格彼此独立，并且可以根据需要开启和关闭。默认情况下，最初分割表面后，【U 网格】命令和【V 网格】命令都处于激活状态。可以单击两个命令控制 UV 网格的显示或隐藏，如图 10-89 所示。

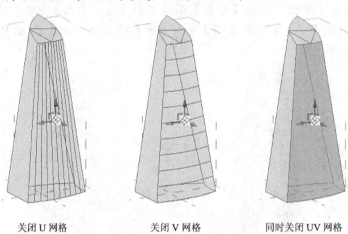

关闭 U 网格　　　　　　关闭 V 网格　　　　　　同时关闭 UV 网格

图10-89　网格的显示控制

5.　单击【表面表示】面板的【表面】按钮，可控制分割表面后的网格最终显示结果，如图 10-90 所示。

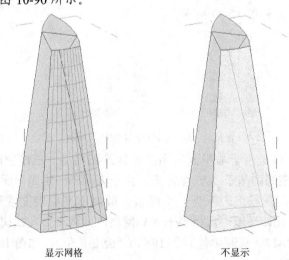

显示网格　　　　　　　　　　不显示

图10-90　显示分割表面的 UV 网格

6.　【表面】工具主要用于控制原始表面、节点和网格线的显示。单击【表面表

示】面板右下角的【显示属性】按钮 ⌐，弹出【表面表示】对话框，勾选【原
始表面】和【节点】等选项，可以显示原始表面和节点，如图 10-91 所示。

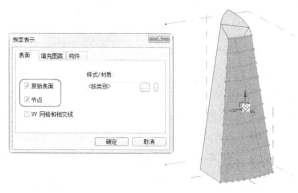

图10-91　原始表面和节点的显示控制

7. 如果要再次分割 UV 网格面，可以单击【交点】按钮 ✍，选择一个平面（可
以是模型平面或参照平面）来分割。图 10-92 所示为用体量环境中的默认参照
平面来分割 UV 网格曲面。

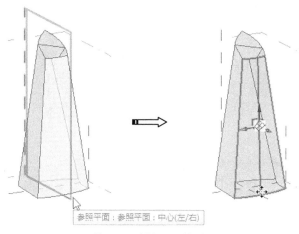

图10-92　分割 UV 网格面

8. 选项栏可以设置 UV 排列方式：“编号”即以固定数量排列网格，例如下图中
的设置，U 网格“编号”为“10”，即共在表面上等距排布 10 个 U 网格，如
图 10-93 所示。

| ☰ U网格 | ◉ 编号 | 10 | ◯ 距离 | ▾ | 14811 | ‖‖‖ V网格 | ◉ 编号 | 10 | ◯ 距离 | ▾ | 4695 |

图10-93　选项栏

9. 选择选项栏的【距离】选项，下拉列表可以选择“距离”“最大距离”或“最
小距离”并设置距离，如图 10-94 所示。下面以距离数值为 2000mm 为例介绍
3 个选项对 U 网格排列的影响。

图10-94　【距离】选项

- 距离 2000mm：表示以固定间距 2000mm 排列 U 网格，第一个和最后一个不足 2000mm 也自成一格。
- 最大距离 2000mm：以不超过 2000mm 的相等间距排列 U 网格，如总长度为 11000mm，将等距产生 U 网格 6 个，即每段 2000mm 排布 5 条 U 网格还有剩余长度，为了保证每段都不超过 2000mm，将等距生成 6 条 U 网格。
- 最小距离 2000mm：以不小于 2000mm 的相等间距排列 U 网格，如总长度为 11000mm，将等距产生 U 网格 5 个，最后一个剩余的不足 2000mm 的距离将均分到其他网格。

10. V 网格的排列设置与 U 网格相同。同理，将模型的其余面进行分割，如图 10-95 所示。

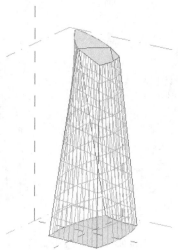

图10-95　分割表面的模型

10.5　为分割的表面填充图案

模型表面被分割后，可以为其添加填充图案，以得到理想的建筑外观效果。填充图案的方式分别为自动填充图案和自适应填充图案族。

10.5.1　自动填充图案

自动填充图案就是修改被分割表面的填充图案属性。下面举例说明操作步骤。

【例10-12】　自动填充图案

1. 接上一实例的结果模型（模型表面已被分割）。选中体量模型中的一个分割表

面，切换到【修改|分割的表面】上下文选项卡。

2. 在【属性】选项板中，默认情况下网格面是没有填充图案的，如图 10-96 所示。

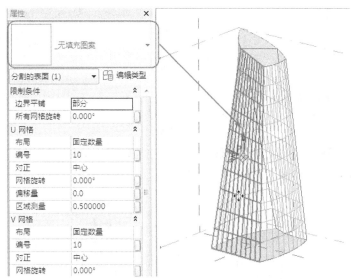

图10-96　无填充图案的网格面

3. 展开图案列表，选择"矩形棋盘"图案，Revit 会自动对所选的 UV 网格面进行填充，如图 10-97 所示。

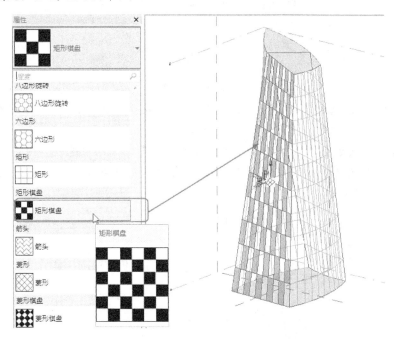

图10-97　填充图案

4. 填充图案后，我们可以为图案的属性进行设置。在属性选项板【限制条件】选项组下，【边界平铺】属性确定填充图案与表面边界相交的方式：空、部分或悬挑，如图 10-98 所示。

空：删除与边界相交　　部分：边缘剪切超出　　悬挑：完整显示与边缘
　的填充图案　　　　　　　的填充图案　　　　　相交的填充图案

图10-98　边界平铺

5. 在【所有网格旋转】选项中设置角度，可以旋转图案，例如输入 45，单击
【应用】按钮后，填充图案角度改变，如图 10-99 所示。

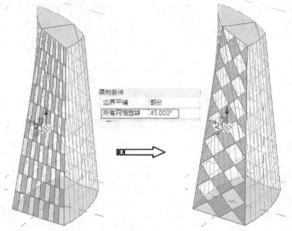

图10-99　旋转网格

6. 在【修改|分割的表面】上下文选项卡的【表面表示】面板中单击【显示属
性】按钮 ，弹出【表面表示】对话框。

7. 在【表面表示】对话框的【填充图案】标签下，可以勾选或取消勾选【填充
图案线】选项和【图案填充】选项来控制填充图案边线、填充图案是否可
见，如图 10-100 所示。

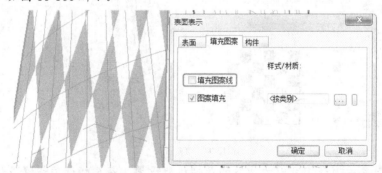

图10-100　显示或隐藏图案线选项

8. 单击【图案填充】右侧的【浏览】按钮 ，打开【材质浏览器】对话框，在

该对话框中可以设置图案的材质属性、图案截面、着色等，如图 10-101
所示。

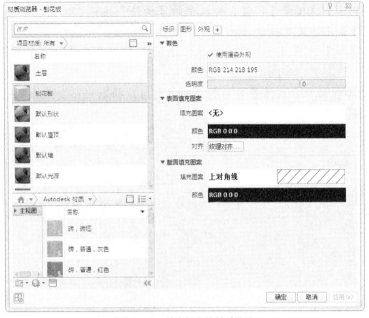

图10-101　填充图案的材质设置

10.5.2　应用自适应表面填充图案

自适应表面填充图案允许用户指定填充图案沿表面网格的顶点位置，并根据选定的顶点
位置，生成填充图案模型。通过下面的练习，学习如何手动放置自适应填充图案。

【例10-13】　应用自适应表面填充图案

1.　打开本例"自适应表面填充.rfa"概念体量文件。该概念体量模型的其中一个
　　表面基于交点划分了分割网格，如图 10-102 所示。

2.　选中分割的表面，单击【显示属性】按钮 打开【表面表示】对话框，如图
　　10-103 所示，勾选【表面】标签中的【节点】选项，单击【确定】按钮显示
　　分割网格的交点。

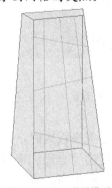

图10-102　打开体量模型

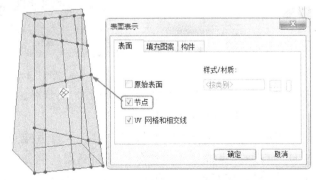

图10-103　显示节点

3. 在【插入】选项卡的【从库中载入】面板中单击【载入族】按钮，从本例源
   文件夹中载入"自适应嵌板族.rfa"族文件。

4. 单击【创建】选项卡【模型】面板中的【构件】按钮 🖱，自动切换至【修改｜
   放置构件】上下文选项卡。

5. 确认【属性】选项板"类型选择器"中的当前族类型为"自适应嵌板族：玻
   璃嵌板"族类型，如图 10-104 所示。

6. 如图 10-105 所示，在体量表面上角网格内依次拾取网格交点，Revit 将沿拾取
   的网格点生成嵌板。

图10-104　属性选项板

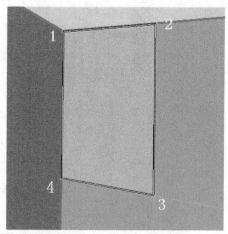

图10-105　拾取点放置玻璃嵌板

7. 在属性选项板中选择"自适应嵌板族：实体嵌板"族类型，再在第一块玻璃
   嵌板旁依次拾取 4 个点生成实体嵌板，结果如图 10-106 所示。

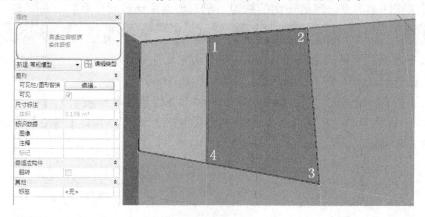

图10-106　拾取点放置实体嵌板

8. 如此反复执行步骤 6 和步骤 7 的操作，完成其余分割表面的嵌板放置，最终
   结果如图 10-107 所示。

工程点拨：在自适应嵌板族中定义了自适应点，在使用自适应嵌板族时，需指定与嵌
板族中自适应点数量相同的分割表面交点。例如，本练习中使用的"自适应嵌板族"定义
了 4 个自适应驱动点，因此在体量表面中使用该族时，需拾取 4 个点，以生成正确的嵌
板族。

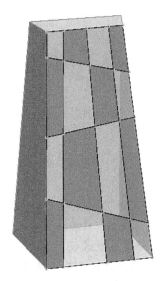

图10-107　完成其余嵌板的放置

10.5.3　创建填充图案构件族

Revit 提供了"基于公制幕墙嵌板填充图案.rft"和"自适应公制常规模型.rft"两种族样板，分别用于创建表面填充图案和自适应表面填充图案族。在定义"基于公制幕墙嵌板填充图案.rft"和"自适应公制常规模型.rft"族时，其过程、建模方法和流程与在体量中建模的方法和流程完全相同。

【例10-14】　创建基于公制幕墙嵌板的填充图案构件族

1. 在 Revit 2016 欢迎界面的【族】选项区下单击【新建】按钮，弹出【新族-选择样板文件】对话框。选择"基于公制幕墙嵌板填充图案.rft"族样板文件，如图 10-108 所示，单击【打开】按钮，进入族编辑器模式。

图10-108　选择族样板文件

2. 该族样板中提供了代表表面分割网格的网格线，以及代表体量表面嵌板图案定位点的参照点及参照线，如图 10-109 所示。

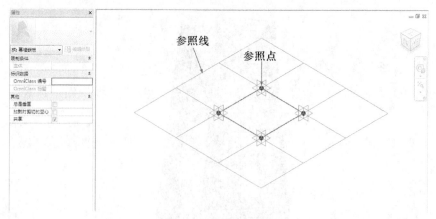

图10-109　族编辑器模式

3. 选中图形区中的网格线，修改属性选项板中的"水平间距"与"垂直间距"值，参照点及参照线将随网格尺寸的变化而变化，这些点称为驱动点。

工程点拨：选择网格线，在属性选项板的"类型选择器"中可以切换表面填充图案网格划分方式。不同形式的表面填充图案占用不同的分割网格数量。

4. 确认当前填充图案样式为"矩形"。如图 10-110 所示，移动鼠标指针至样板中任意已有参照点位置。配合使用键盘 Tab 键，当位于驱动点水平方向平面高亮显示时单击，将该平面设置为当前工作平面。

5. 利用【绘制】面板中的【矩形】命令，在新工作平面上绘制矩形路径，如图10-111 所示。

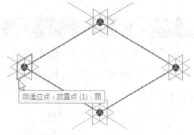

图10-110　设置工作平面

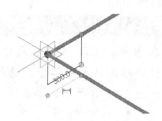

图10-111　绘制矩形路径

6. 选中 4 条参照线和矩形轮廓，单击【创建形状】按钮，创建实心模型。如图10-112 所示。

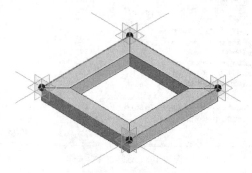

图10-112　创建实心模型

7. 保存创建的族，然后可以按上一案例的操作方法，在体量环境中使用建立的
    矩形幕墙嵌板构件族。

10.6 别墅建筑项目案例之一：概念体量设计

从本章开始，以一个完整的建筑项目案例进行详细讲解，从概念体量设计开始，直到建筑施工图出图。

10.6.1 别墅项目简介

本案例是一个某城市建筑地块的独栋别墅项目设计。独栋别墅在整个规划地块中仅仅是其中一个建筑规划产品，其余两个产品分别为花园洋房和联排别墅，如图 10-113 所示。

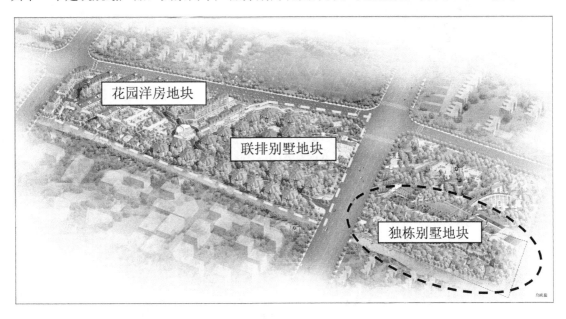

图10-113 某建筑地块项目规划图

项目设计任务如下。

*   规划用地面积：14609 平方米。
*   容积率：1.1。
*   总建筑面积：14609 平方米（地上建筑面积）。
*   绿化率：不小于 30%。
*   停车数：按照每户一辆的标准设计。
*   规划产品：规划设计分为 3 种产品。

    北侧规划设计为 6 层以下带电梯的花园洋房。要求布局合理，立面新颖。户型合理，符合当地对于户型产品的要求。

    中部规划设计联排别墅，主力户型面积要求在 300 平方米（地上建筑面积）以下。

南侧规划设计为独栋独立式别墅，面积要求在 400～450 平方米范围内（地上建筑面积）。车库整体立面风格要求新颖，大气，有价值感。

建筑地块及别墅项目的绿色景观规划如图 10-114 所示。

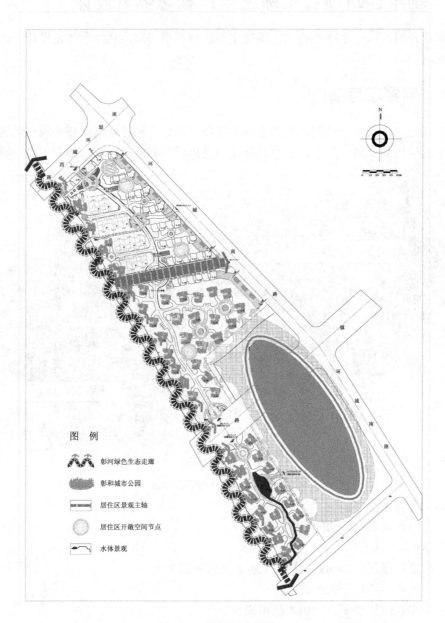

图10-114　绿色景观规划图

图 10-115、图 10-116 和图 10-117 分别为建筑地块规划的功能分析图、交通分析图和景观分析图。

图10-115　功能分析图

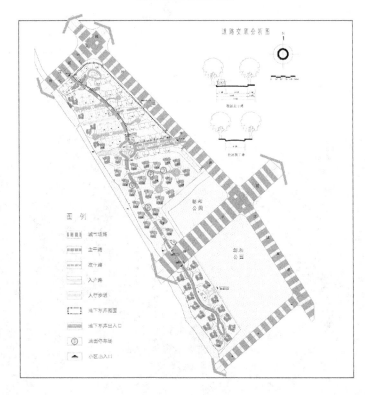

图10-116　交通分析图

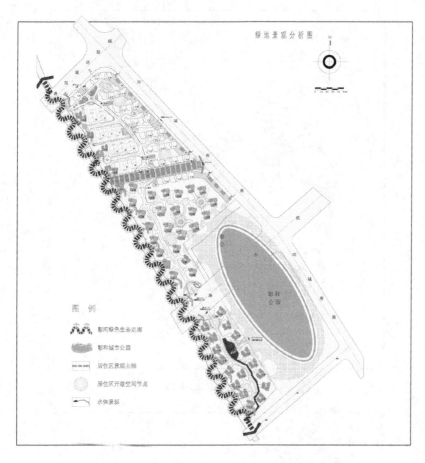

图10-117 绿地景观分析图

接下来展示在 Revit 中独栋别墅的建模效果和渲染效果，如图 10-118 和图 10-119 所示。

图10-118 独栋别墅模型整体效果图

图10-119 别墅室内外渲染效果图

10.6.2 建模前的图纸处理

本例别墅建筑项目前期制作有平面图参考图纸，我们可将这些图纸导入 Revit 中建模。载入 Revit 之前，要将图纸在 AutoCAD 中进行定位，如将图纸的中心设为 AutoCAD 绝对坐标系的（0,0）原点位置。

【例10-15】 在 AutoCAD 中处理图纸

1. 启动 AutoCAD 软件，从本例源文件夹中依次打开一层到四层的平面图，打开的平面图中尺寸标注、图层创建、线型及线宽等都设置完成，如图 10-120 所示。

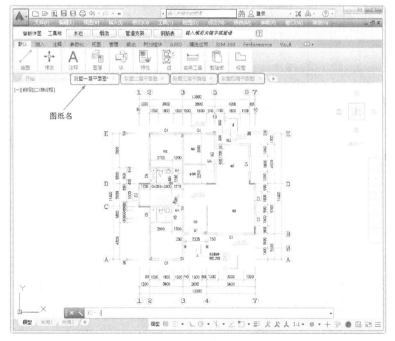

图10-120 AutoCAD 中的一层平面图

2. 尺寸标注及标高标注信息暂不需要，可以在【默认】选项卡【图层】面板下，将尺寸标注及标高标注的所属图层关闭，如图 10-121 所示。

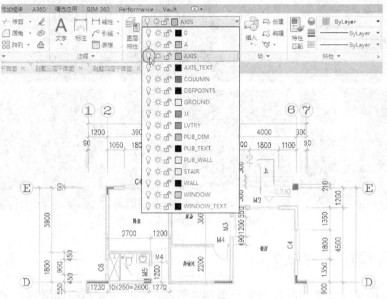

图10-121　关闭图层

工程点拨： 选中要隐藏的对象，会自动显示其所在图层，然后关闭该图层即可。

3. 利用【绘图】面板中的【矩形】工具和【直线】工具，绘制能完全包容平面图形的矩形及对角线，如图 10-122 所示。

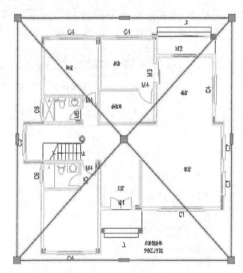

图10-122　绘制矩形和直线

4. 为了保证图形的中心（并不是说绝对的中心）在绝对坐标系的（0,0）原点位置，先完全框选矩形内（包含矩形）的所有对象元素，然后在【默认】选项卡的【修改】面板中单击【移动】按钮 移动，或者直接键入 M 指令，启动【移动】命令。

5. 拾取矩形对角线的交点作为移动的基点，如图 10-123 所示。然后在命令行中输入移动终点的坐标（0,0），按回车键即可完成图形的重新定位，如图 10-124 所示。

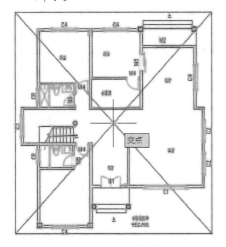

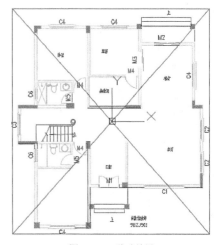

图10-123　指定移动基点　　　　　　　　　图10-124　移动结果

6. 将绘制的矩形和对角线删除。在图形区顶部的模型视图选项卡中选中"别墅二层平面图"进入到该图中，如图 10-125 所示。

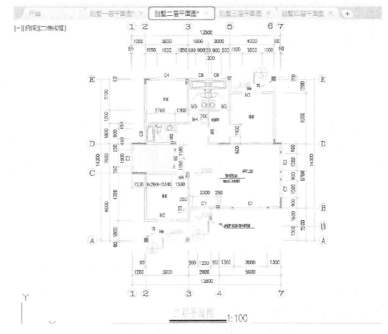

图10-125　激活"别墅二层平面图"模型视图

7. 框选选中平面图，然后利用键盘的 Ctrl+X（剪切）快捷命令剪切图形，再激活"别墅一层平面图"模型视图，在图形区空白位置处单击鼠标右键，执行右键菜单的【剪贴板】|【将图像粘贴为块】命令，将剪切的二层平面图粘贴到一层平面图旁，如图 10-126 所示。

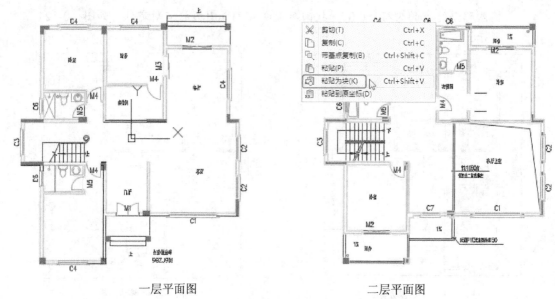

一层平面图　　　　　　　　　二层平面图

图10-126　剪切并粘贴二层平面图到一层平面图模型视图中

工程点拨：粘贴为块，是便于在一层平面图中拾取二层的平面图形。

8.　将尺寸标注和标高标注、轴线编号、图纸名等对象全部删除。利用【移动】命令，拾取二层平面图中 C3 窗的中点为移动基点，然后将其移动到一层平面图中 C3 窗相同的位置点上与其重合，如图 10-127 所示。

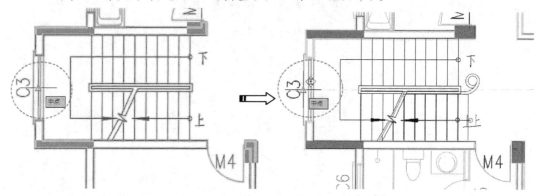

图10-127　移动二层平面图至一层平面图重合

9.　当两个视图完全重合后，我们再剪切二层平面图的图形，将其重新粘贴回"别墅二层平面图"模型视图中，并且是以右键菜单中的【剪贴板】|【粘贴到原坐标】方式进行粘贴，结果如图 10-128 所示。

工程点拨：为什么要如此反复的剪切、粘贴平面图呢，其实是为了保证当所有的多层平面图都载入到 Revit 中以后，每个参考图纸都是完全重合的，不至于在每标高层上建模时出错。

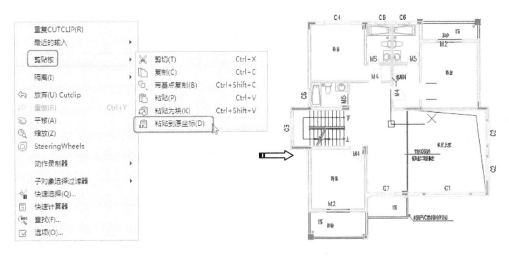

图10-128 将二层平面图图形粘贴回原模型视图中

10. 同理，将"别墅三层平面图"和"别墅四层平面图"模型视图中的平面图都作相同的操作，如果要处理的平面图中找不到与一层平面图相同的位置点，可以利用【移动】命令对齐水平轴线和竖直轴线，如"别墅四层平面图"就是如此。暂不隐藏轴线及编号。

11. 最后将所有平面图保存。

10.6.3 创建别墅体量

在项目前期概念、方案设计阶段，建筑师经常会从体块分析入手，首先创建建筑的体块模型，并不断推敲修改，估算建筑的表面面积、体积、计算体形系数等经济技术指标。

【例10-16】 创建别墅体量

1. 启动 Revit 2016。新建建筑项目，选择"revit 2016 样板.rte"样板文件，进入到 Revit Architecture 项目环境中，如图 10-129 所示。

图10-129 新建建筑项目

2. 在项目浏览器中，切换视图为"东立面图"。在【建筑】选项卡的【基准】面板中单击 标高 按钮，绘制场地标高、标高 3 和标高 4，并修改标高 2 的标高值，如图 10-130 所示。

工程点拨：在创建场地标高时，请删除楼层平面视图中的"场地"平面视图。为什么要在此处创建标高呢？是为了要创建楼层平面以载入相应的 **AutoCAD** 参考平面图。

图10-130 创建标高

3. 切换楼层平面视图为"标高 1",在【插入】选项卡的【导入】面板中单击
【导入 CAD】按钮 ，打开【导入 CAD 格式】对话框,从本例源文件夹中
导入"别墅一层平面图-完成.dwg"CAD 文件,如图 10-131 所示。

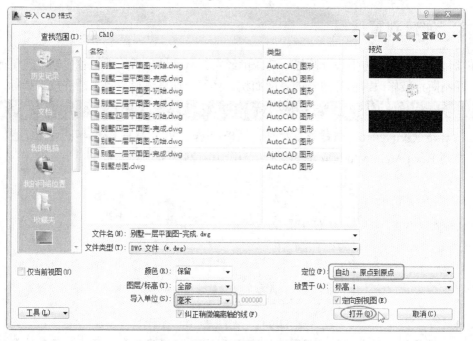

图10-131 导入一层平面图 CAD 格式文件

4. 导入的别墅一层平面图的 CAD 参考图如图 10-132 所示。

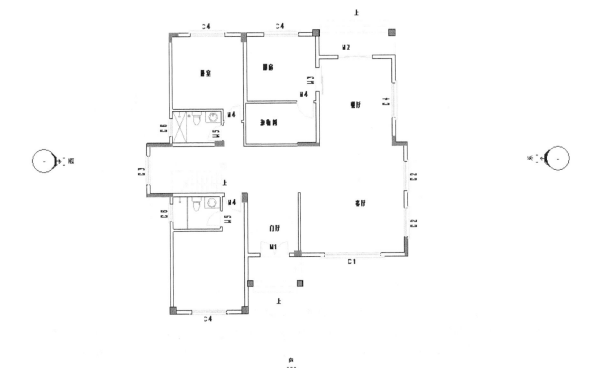

图10-132　导入的 CAD 图纸

5. 同理，分别在楼层平面"标高 2""标高 3"和"标高 4"视图中依次导入"别墅二层平面图""别墅三层平面图"和"别墅四层平面图"。

6. 切换到"标高 1"视图。在【体量和场地】选项卡的【概念体量】面板中单击【内建体量】按钮，新建命名为"别墅概念体量"的体量，如图 10-133 所示。

图10-133　新建体量

7. 进入概念体量环境后，利用【直线】工具，沿着参考图的墙体外边线，绘制封闭的轮廓，如图 10-134 所示。完成绘制后按 Esc 键退出绘制。

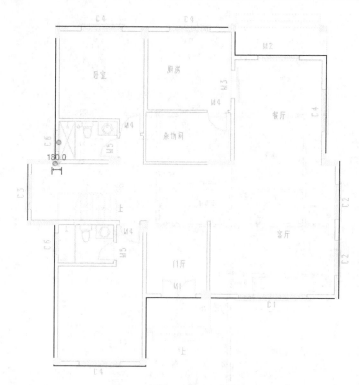

图10-134 绘制外墙边线的封闭轮廓

8. 选中绘制的封闭轮廓线，在【修改|线】上下文选项卡的【形状】面板中选择
【创建形状】|【实心形状】命令，创建实心的体量模型，此时切换到三维视
图查看，如图 10-135 所示。

9. 单击体量高度值，修改（默认生成高度为 6000）为"3500"，按回车键即可改
变，如图 10-136 所示。

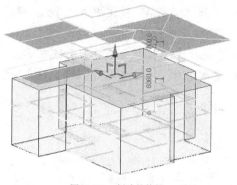

图10-135 创建的体量

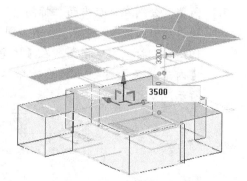

图10-136 修改体量模型高度

10. 修改后在图形区空白位置单击返回继续标高 2~标高 3 的体量创建。创建方法
完全相同，只是绘制的轮廓稍有改变，图 10-137 所示为绘制的封闭轮廓。

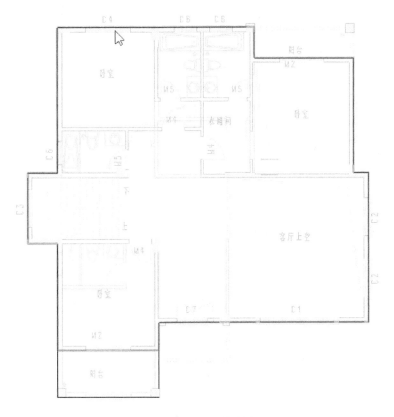

图10-137 绘制的封闭轮廓

11. 选中轮廓，在【修改|线】上下文选项卡的【形状】面板中选择【创建形状】|
【实心形状】命令，创建实心的体量模型，此时切换到三维视图查看，并修
改体量模型高度为"3200"，如图 10-138 所示。

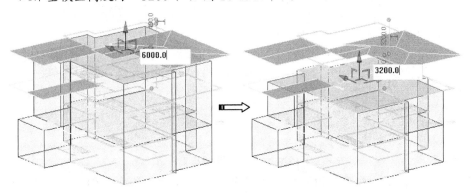

图10-138 创建体量并修改体量高度

12. 同理，切换至"标高 3"楼层平面视图。绘制的封闭轮廓如图 10-139 所示。
创建实心的体量模型，切换到三维视图，修改体量模型高度为"3200"，如图
10-140 所示。

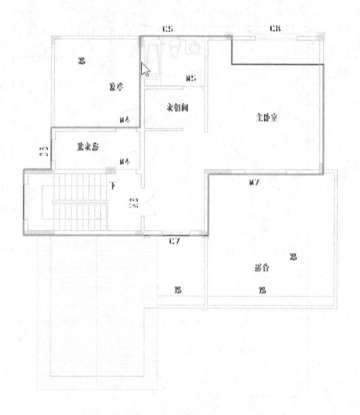

图10-139　绘制封闭轮廓

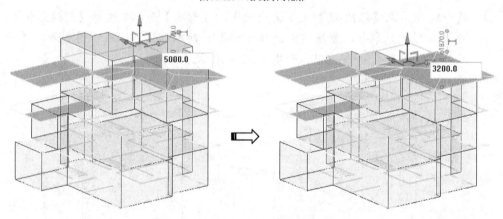

图10-140　绘制体量模型

13. 接下来就是一些建筑附加体的体量创建，如屋顶、阳台、雨篷等，由于时间及篇幅限制，这些繁琐的工作由读者自行完成。当然也可以不用创建附加体，在后面建筑模型的制作过程中，利用相关的屋顶、雨篷等构件要快速得多。最后单击【完成体量】按钮，完成别墅概念体量模型的创建。

14. 由于还没有楼层信息，所以还需要创建体量楼层。选中体量模型，激活【修改|体量】上下文选项卡，单击【体量楼层】按钮，弹出【体量楼层】对话框。

15. 在该对话框中勾选【标高 1】~【标高 4】选项，场地和顶层标高 5 是没有楼层，无须勾选。如图 10-141 所示。

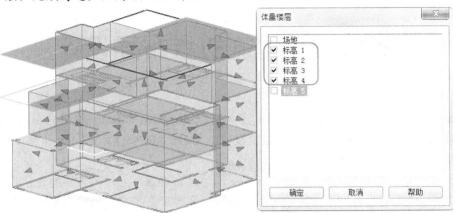

图10-141　选择要创建体量楼层的选项

16. 单击【确定】按钮，自动创建体量楼层，如图 10-142 所示。

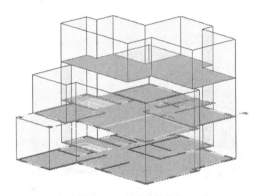

图10-142　创建体量楼层

17. 完成体量设计后，在后面设计各层的建筑模型时，可以将概念模型的面转成墙体、楼板等构件。

第11章　建筑初步布局设计

Autodesk Revit 2016 是 Autodesk 公司专为建筑信息模型（BIM）构建的套件，Autodesk Revit 2016 集成了 Revit Architecture（建筑设计）、Revit MEP（系统设计）和 Revit Structure（结构设计）等软件的功能。

从本章开始，详细讲解 Revit Architecture 如何从布局设计到项目出图的设计全过程。本章着重讲解建筑项目设计初期的建筑初步布局设计，也就是标高、轴网和场地的设计。

 本章要点

- 定义项目地理位置。
- 标高设计。
- 轴网设计。
- 场地设计。

11.1　定义项目地理位置

Revit 提供了可定义项目地理位置、项目坐标和项目位置的工具。

【地点】工具用来指定建筑项目的地理位置信息，包括位置、天气情况和场地。此功能对于后期渲染时进行日光研究和漫游很有用。

【例11-1】 设置地点

1. 单击功能区【管理】选项卡【项目位置】面板中的【地点】按钮🌐，弹出【位置、气候和场地】对话框，如图 11-1 所示。

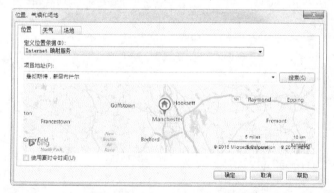

图11-1　【位置、气候和场地】对话框

2. 设置【位置】标签。【位置】标签下的选项可设置本项目在地球上的精确地理位置。定义位置的依据包括"默认城市列表"和"Internet 映射服务"。

3. 图 11-1 显示的是"Internet 映射服务"位置依据。可以手工输入地址位置，如输入"重庆"，即可利用内置的 Bing 必应地图进行搜索，得到新的地理位置，如图 11-2 所示。搜索到项目地址后，会显示图标，指针靠近该图标将显示经纬度和项目地址信息提示。

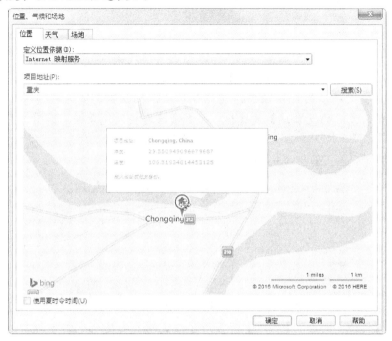

图11-2　Internet 映射服务

4. 若选择【默认城市列表】选项，用户可以从城市列表中选择一个城市作为当前项目的地理位置，如图 11-3 所示。

图11-3　选择【默认城市列表】选项

5. 设置【天气】标签。【天气】标签中的天气情况是 MEP 系统设计工程师最重要的气候参考条件。默认显示的气候条件是参考了当地的气象站的统计数据，如图 11-4 所示。

图11-4　【天气】标签中的天气条件

6.　如果需要更精准的气候数据，通过在本地亲测获取真实天气情况后，可以取消【使用最近的气象站】复选框，手工修改这些天气数据，如图 11-5 所示。

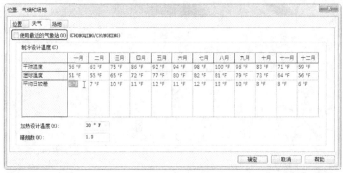

图11-5　手工修改天气数据

7.　设置【场地】标签。【场地】标签用于确定项目在场地中的方向和位置，以及相对于其他建筑的方向和位置，在一个项目中可能定义了许多共享场地。如图 11-6 所示，单击【复制】按钮可以新建场地，新建场地后再为其指定方位。

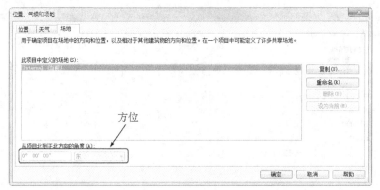

图11-6　【场地】标签

11.2　标高设计

标高与轴网在 Revit Architecture 中用来定位及定义楼层高度和视图平面的，也就是设计基准。标高不是必须作为楼层层高，因为标高有时也作为窗台及其他结构件的定位使用。

由于标高符号与前面二维族中高程点符号是相同的，这里我们普及下"标高"与"高程"的小知识。

"标高"是针对建筑物而言的，用来表示建筑物某个部位相对基准面（标高零点）的竖向高度。"标高"分相对标高和绝对标高。绝对标高是以平均海平面作为标高零点，以此计算的标高称为绝对标高；相对标高是以建筑物室内首层地面高度作为标高零点，所计算的标高就是相对标高，本书所讲的标高就是相对标高。

"高程"指的是某点沿铅垂线方向到绝对基准面的垂直距离。"高程"是测绘用词，通俗地称为"海拔高度"。高程也分绝对高程和相对高程（假定高程）。例如，测量名山湖泊的海拔高度就是绝对高程，而测量室内某物体的最高点到地面的垂直距离是假定高程。

11.2.1　创建标高

仅当视图为"建筑立面视图"时，建筑项目环境中才会显示标高。默认的建筑项目设计环境下的预设标高如图 11-7 所示。

图11-7　标高

标高是有限水平平面，用作屋顶、楼板和天花板等以标高为主体的图元的参照。可以调整其范围的大小，使其不显示在某些视图中，如图 11-8 所示。

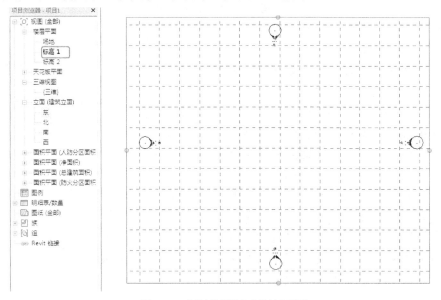

图11-8　可以编辑范围大小的标高平面

要创建新标高，必须在立面视图中进行。

【例11-2】 添加标高

1. 启动 Revit 2016，在欢迎界面【项目】选项区下单击【新建】按钮，打开【新建项目】对话框。

2. 单击【浏览】按钮，选择前面建立的"revit 2016 样板.rte"建筑样板文件，如图 11-9 所示。

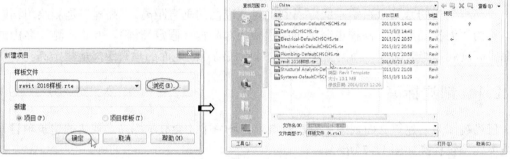

图11-9　新建建筑项目文件

3. 在项目浏览器中切换楼层平面"标高 1"平面视图为【立面】|【东】视图，立面视图中显示预设的标高，如图 11-10 所示。

图11-10　预设的标高

4. 由于加载的样板文件为 GB 标准样板，所以项目单位无须做更改。如果不是中国建筑样板，切记首先在【管理】选项卡的【设置】面板中单击【项目单位】按钮，打开【项目单位】对话框，设置长度为 1235mm、面积为 1234.57m^2、体积为 1234.57m^3，如图 11-11 所示。

5. 在【建筑】选项卡的【基准】面板中单击 标高 按钮，在选项栏中单击 平面视图类型... 按钮，在弹出的【平面视图类型】对话框中选择视图类型为"楼层平面"，如图 11-12 所示。

图11-11　设置项目单位

图11-12　设置平面视图类型

工程点拨：如果该对话框中其余的视图类型也被选中，可以按 **Ctrl** 键选择，即可取消视图类型的选择。

6. 在图形区中捕捉标头位置对齐线（蓝色虚线）作为新标高的直线起点，如图11-13 所示。

图11-13　捕捉标头对齐线

7. 单击确定起点后，水平绘制标高直线，直到捕捉到另一侧标头对齐线，单击确定标高线终点，如图 11-14 所示。

图11-14　捕捉另一侧标头对齐线

8. 随后绘制的标高处于激活状态，此刻我们可以更改标高的临时尺寸值，修改后标高符号上面的值将随之而变化，而且标高线上会自动显示"标高 3"名称，如图 11-15 所示。

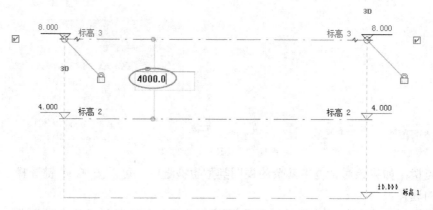

图11-15　修改标高临时尺寸

9.　按 Esc 键退出当前操作。接下来介绍另一种较为高效的标高创建方法即采用复制方法，此种方法可以连续性的创建多个标高值相同的标高。

10.　选中刚才建立的"标高 3"，切换到【修改|标高】上下文选项卡。单击此上下文选项卡中的【复制】按钮，并在选项栏上勾选【多个】选项，然后在图形区"标高3"上任意位置拾取复制的起点，如图 11-16 所示。

11.　往垂直方向向上移动，在并在某点位置单击放置复制的"标高 4"，如图 11-17 所示。

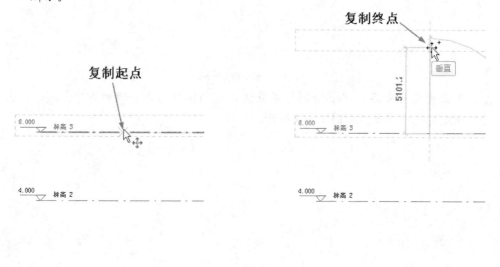

图11-16　拾取复制起点　　　　　　　　　　　图11-17　拾取复制终点

12.　继续向上单击放置复制的标高，直到完成所有的标高，按 Esc 键退出，如图 11-18 所示。

工程点拨：如果是高层建筑，用复制功能创建标高，其效率还是不够高，笔者的建议是利用【阵列】工具，一次性完成所有标高的创建。这里就不再详解，大家可以自行完成操作。

图11-18　复制出其余标高

13. 然后修改复制后的每一个标高值，最上面的标高是修改标头上的总标高值，修改结果如图 11-19 所示。

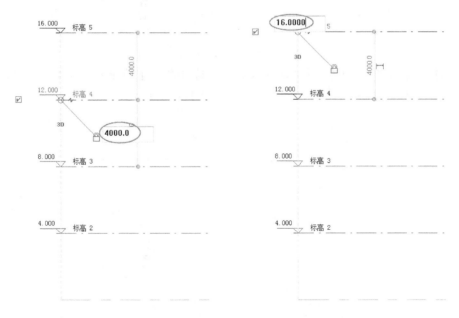

图11-19　修改标高值

14. 同样，利用复制功能，将命名为"标高 1"的标高向下复制，得到一个负数标高值的标高，如图 11-20 所示。

图11-20　复制出负值的标高

15. 暂且保存创建的标高。

11.2.2　编辑标高

如果建立的标高需要更改，我们可以在当前项目设计环境下操作。下面继续前一案例的结果，进行标高值、属性的修改。

【例11-3】编辑标高

1. 打开上一案例的结果文件"创建标高.rvt"。
2. 不难看出，标高 1 和其他的标高（上标头）的族属性不同，如图 11-21 所示。

图11-21　不同属性的标高 1 和标高 2

3. 选中标高 1，然后在属性选项板的类型选择器中重新选择"正负零标头"选项，使其与其他标高类型保持一致，如图 11-22 所示。

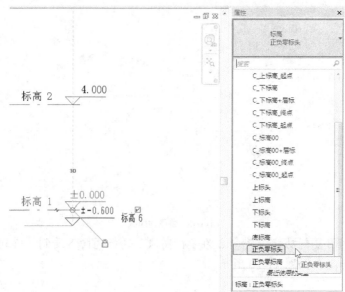

图11-22　为标高 1 重新选择标高类型

4. 同理，命名为"标高 6"的标高，在正负零标头之下，因此重新选择属性类型为"标高：下标头"，如图 11-23 所示。

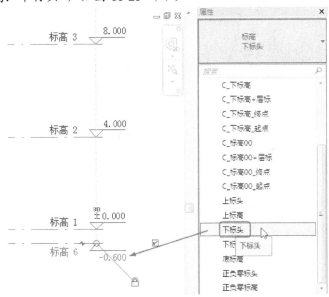

图11-23　选择下标头类型

5. "标高 6"标高则按使用性质，可以修改名称，例如，此标高用作室外场地标高，那么可以在属性选项板中重新命名"室外场地"，如图 11-24 所示。

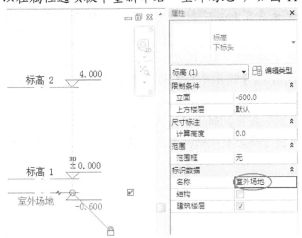

图11-24　重命名标高6

6. 在项目浏览器中切换成其他立面视图，也会看到同样的标高已创建。但是，在项目浏览器的楼层平面视图中，却并没有出现利用【复制】工具或【阵列】工具创建的标高楼层。而且在图形区中的标高，通过复制或阵列的标高标头颜色为黑色，与项目浏览器中一一对应的标高标头颜色则为蓝色，如图 11-25 所示。

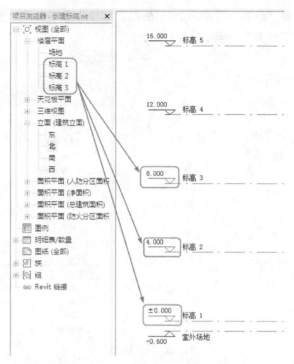

图11-25　没有视图的标高

7. 双击蓝色的标头，会跳转到相对应的楼层平面视图，而单击黑色标头却没有反应。其原因就是复制或阵列仅仅是复制了标高的样式，并不能复制标高所对应的视图。

8. 下面为缺少视图的标高添加楼层视图。在【视图】选项卡的【创建】面板中选择【平面视图】|【楼层平面】命令，弹出【新建楼层平面】对话框，如图11-26所示。

9. 在对话框的视图列表中，列出了还未建立视图的所有标高。按 Ctrl 键选中所有标高，然后单击【确定】按钮，完成楼层平面视图的创建，如图 11-27 所示。

图11-26　【新建楼层平面】对话框

图11-27　选中标高创建楼层平面

10. 创建楼层平面视图后，查看项目浏览器中的"楼层平面"视图节点下的视图，如图 11-28 所示，而且图形区中先前标头为黑色的已经转变成蓝色。

图11-28　显示已创建楼层平面视图的标高

工程点拨：【楼层平面】节点下默认的"场地"是整个项目的总平面视图，其标高高度默认为 **0**，与标高 **1** 平面是重合的。我们所建立的"室外场地"标高，实际上是用来建设建筑外的地坪。

11. 选择任意一根标高线，会显示临时尺寸、一些控制符号和复选框，如图 11-29 所示。可以编辑其尺寸值、单击并拖曳控制符号可整体或单独调整标高标头位置、控制标头隐藏或显示、标头偏移等操作。

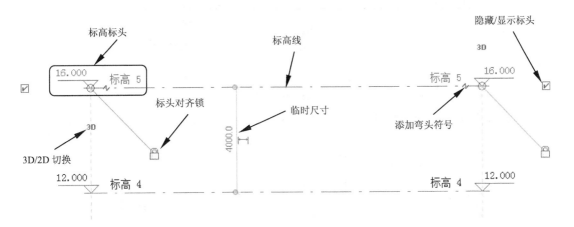

图11-29　标高编辑状态下的示意图

工程点拨：Revit 中的标高"标头"包含了标高符号、标高名称和添加弯头符号等。

12. 当相邻的两个标高很靠近时，有时会出现标头文字重叠，此时可以单击标高线上的"添加弯头"符号（上图）添加弯头，让不同标高的标头文字完全显示，如图 11-30 所示。

图11-30　添加弯头

11.3 轴网设计

标高创建完成后，可以切换至任意平面视图（如楼层平面视图）来创建和编辑轴网。轴网用于在平面视图中定位项目图元。

11.3.1 创建轴网

使用【轴网】工具，可以在建筑设计中放置柱轴网线。然而轴线并非仅仅作为建筑墙体的中轴线，与标高一样，轴线还是一个有限平面，即可以在立面图中编辑其范围大小，使其不与标高线相交。

轴网包括轴线和轴线编号。

【例11-4】 创建轴网

1. 新建建筑项目文件，然后在项目浏览器中切换视图到【楼层平面】下的"标高 1"平面视图。
2. 楼层平面视图中的 为立面图标记。单击此标记，将显示此立面视图平面，如图 11-31 所示。

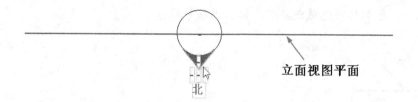

图11-31 显示立面视图平面

3. 双击此标记，将切换到该立面视图，如图 11-32 所示。

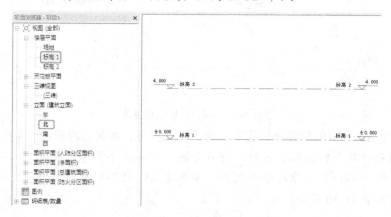

图11-32 双击立面图标记切换至立面视图

4. 立面图标记是可以移动的，当平面图所占区域比较大且超出立面图标记时，可以拖动立面图标记，如图 11-33 所示。

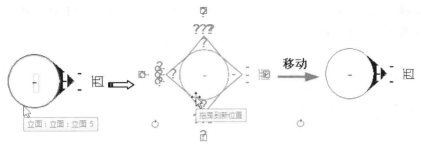

图11-33　可移动立面图标记

5. 在【创建】选项卡的【基准】面板中单击 [轴网] 按钮，然后在立面图标记内以绘制直线的方式放置第一条轴线与轴线编号，如图 11-34 所示。

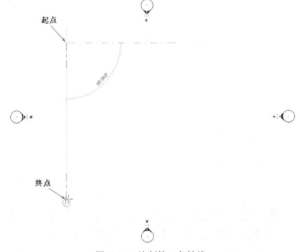

图11-34　绘制第一条轴线

6. 绘制轴线后，从属性选项板中可以看出此轴线的属性类型为"轴网：6.5mm编号间隙"，说明绘制的轴线是有间隙，而且是单边有轴线编号，不符合中国建筑标准，如图 11-35 所示。

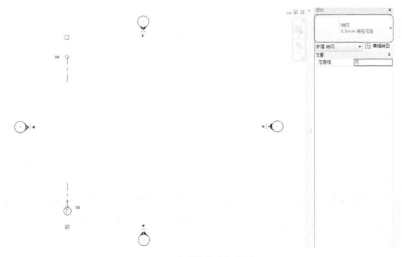

图11-35　查看轴线属性类型

7. 在属性选项板类型选择器中选择"双标头"类型，绘制的轴线随之更改为双标头的轴线，如图 11-36 所示。

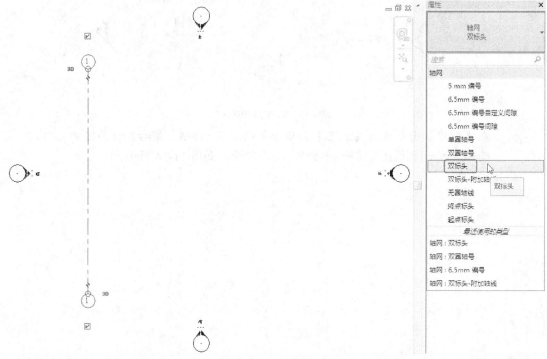

图11-36　修改轴网属性

　　工程点拨：接下来继续绘制轴线，如果轴线与轴线之间的间距是不等的，可以利用【复制】工具来复制；如果间距相等，可以利用【阵列】工具阵列快速绘制轴线。如果楼层的布局是左右对称型的，那么可以线绘制一半的轴线，再利用【镜像】工具镜像出另一半轴线。

8. 利用【复制】工具，绘制出其他轴线，轴线编号是自动排列顺序的，如图 11-37 所示。

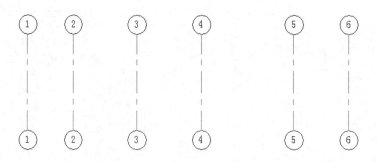

图11-37　复制轴线

9. 如果利用【阵列】工具，阵列出来的轴线分两种情况：第一种是按顺序编号，第二种是乱序。首先看第一种阵列方式，如图 11-38 所示。

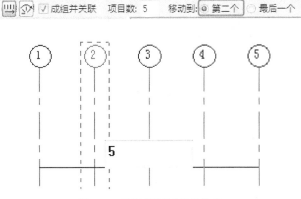

图11-38　按顺序编号的轴线阵列

10. 另一种阵列方式如图 11-39 所示。因此，我们在做阵列的时候一定要清楚结果，才决定选择何种阵列方式。

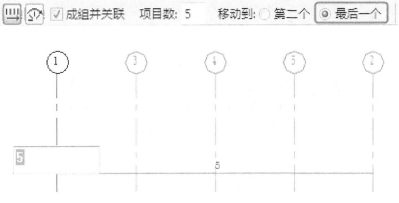

图11-39　轴线编号错乱

11. 如果利用【镜像】工具镜像轴线，将不会按顺序编号。例如，以编号 3 的轴线作镜像轴，镜像轴线 1 和轴线 2，镜像得到的结果如图 11-40 所示。

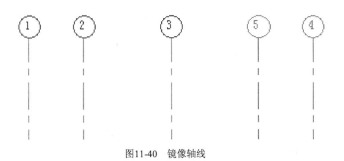

图11-40　镜像轴线

12. 绘制完横向的轴线后，我们再继续绘制纵向轴线，绘制的顺序是从下至上，如图 11-41 所示。

工程点拨：横向轴线的编号是从左到右按顺序编写，纵向轴线则用大写的拉丁字母从下往上编写。

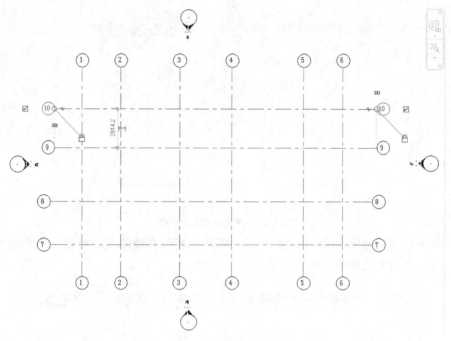

图11-41　绘制纵向轴线

13. 纵向轴线绘制后的编号仍然是阿拉伯数字，因此需选中圈内的数字进行修
改，从下往上依次修改为 A、B、C、D……，如图 11-42 所示。

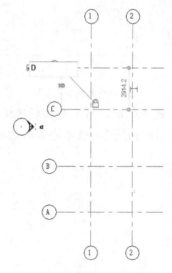

图11-42　修改纵向轴线编号文字

14. 保存绘制的轴网。

11.3.2　编辑轴网

轴网的编辑操作与标高差不多，也可以对齐、移动、添加弯头、3D/2D 转换、编辑轴线
的临时尺寸等。

【例11-5】 编辑轴网

1. 打开上一案例的结果文件。

2. 单击一条轴线，轴线进入编辑状态，如图 11-43 所示。

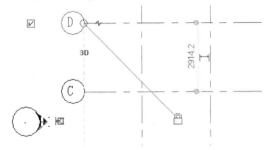

图11-43　轴线编辑状态

3. 轴线编辑其实与标高编辑是相似的，在切换到【修改|轴网】上下文选项卡后，可以利用修改工具对轴线进行修改操作。

4. 选中临时尺寸，可以编辑此轴线与相邻轴线之间的间距，如图 11-44 所示。

5. 轴网中轴线标头的位置对齐时，会出现标头对齐虚线，如图 11-45 所示。

图11-44　编辑尺寸

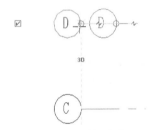

图11-45　对齐轴线标头

6. 选择任何一根轴网线，鼠标点击标头外侧方框☑，即可关闭/打开轴号显示。

7. 如需控制所有轴号的显示，选择所有轴线，自动切换【修改|轴网】选项卡，在属性选项板单击 编辑类型 按钮，打开【类型属性】对话框。修改类型属性，单击端点默认编号的"√"标记，如图 11-46 所示。

8. 在轴网的【类型属性】对话框中设置【轴线中段】的显示方式，方式：连续、无、自定义，如图 11-47 所示。

图11-46　设置轴号显示

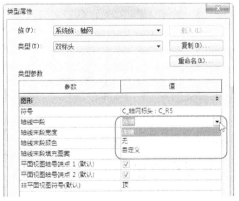

图11-47　轴线中段设置

9. 轴线中段设置为："连续"方式，可设置其"线宽""轴线末端颜色"及"轴线末端填充图案"的样式，如图 11-48 所示。

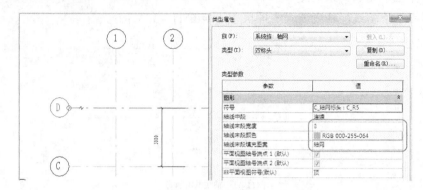

图11-48　设置轴线末段宽度、颜色和填充图案

10. 轴线中段设置为："无"方式，可设置其"线宽""轴线末端颜色"及"轴线末端长度"的样式，如图 11-49 所示。

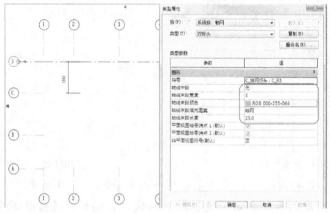

图11-49　设置轴线中段为"无"的相关选项

11. 当两轴线相距较近时，可以单击【添加弯头】标记符号，改变轴线编号位置，如图 11-50 所示。

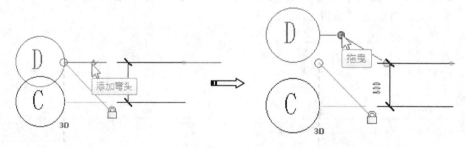

图11-50　改变轴号位置

11.4　场地设计

使用 Revit Architecture 提供的场地工具，可以为项目创建场地三维地形模型、场地红

线、建筑地坪等构件，完成建筑场地设计。可以在场地中添加植物、停车场等场地构件，以丰富场地表现。

11.4.1　场地设置

单击【体量与场地】选项卡【场地建模】面板下【场地设置】按钮，弹出【场地设置】对话框，如图 11-51 所示。设置等高线间隔值、经过高程、添加自定义等高线、剖面填充样式、基础土层高程、角度显示等项目全局场地设置。

图11-51　【场地设置】对话框

11.4.2　构建地形表面

地形表面的创建方式包括：放置点（设置点的高程）和通过导入创建。

一、放置高程点构建地形表面

放置点的方式允许手动放置地形轮廓点并指定放置轮廓点的高程。Revit Architecture 将根据指定的地形轮廓点，生成三维地形表面。这种方式由于必须手动绘制地形中每一个轮廓点并设置每个点的高程，适合用于创建简单的地形地貌。

【例11-6】利用【放置点】工具绘制地形表面

1. 新建一个基于中国建筑项目样板文件的建筑项目，如图 11-52 所示。

图11-52　创建建筑项目

2. 在项目浏览器中【视图】|【楼层平面】节点下双击【场地】子项目，切换至

场地视图，如图 11-53 所示。

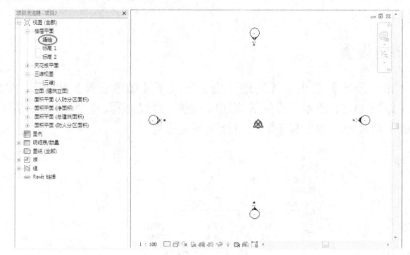

图11-53　切换到场地视图

3. 在【体量和场地】选项卡【场地建模】面板中单击【地形表面】按钮 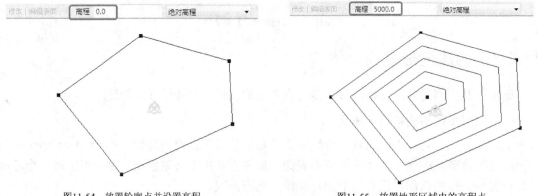，然后在场地平面视图中放置几个点，作为整个地形的轮廓，几个轮廓点的高程均为 "0"，如图 11-54 所示。

4. 继续在 5 个轮廓点围成的区域内放置 1 个点或多个点，这些点是地形区域内的高程点，如图 11-55 所示。

图11-54　放置轮廓点并设置高程　　　　　　　图11-55　放置地形区域内的高程点

5. 在项目浏览器中切换到三维视图，可以看见创建的地形表面如图 11-56 所示。

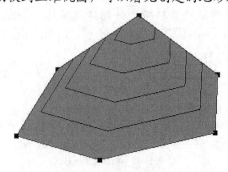

图11-56　地形表面

二、通过导入创建三维等高线数据创建地形表面

通过导入 AutoCAD 生成的 DWG、DXF 或 DGN 格式的三维高程点数据文件，来建立复杂地形地貌的表面。

【例11-7】 导入三维数据建立地形表面

1. 打开本例练习的素材源文件"地形 1.rvt"。然后在项目浏览器中切换视图为"场地"楼层平面。

2. 在【插入】选项卡【导入】面板中单击【导入 CAD】按钮，从本章源文件夹中导入"三维等高线.dwg"图纸文件，如图 11-57 所示。

图11-57　导入 CAD 图纸文件

3. 导入的三维等高线数据如图 11-58 所示。

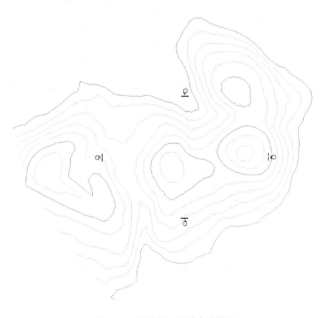

图11-58　导入的三维等高线数据

4.　在【体量和场地】选项卡【场地建模】面板中单击【地形表面】按钮，激活【修改|编辑表面】上下文选项卡。

5.　在【工具】面板中单击【选择导入实例】选项，然后在图形区窗口中选择先前导入的 CAD 图形，弹出【从所选图层添加点】对话框，并勾选复选框选项，单击【确定】按钮退出如图 11-59 所示。

图11-59　通过导入创建

6.　随后 Revit 在图形上自动生成一系列的高程点，如图 11-60 所示。

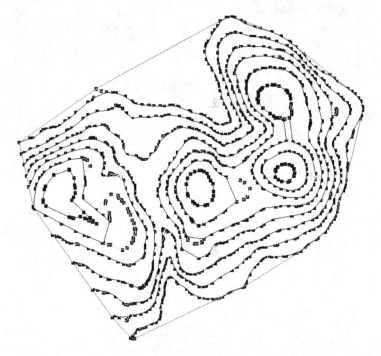

图11-60　自动生成高程点

7.　将视图切换为三维视图，可以观察自动生成的地形表面，如图 11-61 所示。

图11-61　查看三维的地形表面

8. 单击【修改|编辑表面】上下文选项卡的【完成表面】按钮✓退出操作。接下来标注地形等高线。

9. 切换视图至"场地"视图，单击【体量和场地】选项卡【场地建模】面板名称右侧的【场地设置】按钮⬊，打开【场地设置】对话框，如图 11-62 所示。

10. 取消勾选【间隔】选项，修改附加等高线的参数设置，并删除多余的附加等高线，完成后退出【场地设置】对话框，如图 11-63 所示。Revit Architecture将会按场地设置中设置的等高线间隔重新显示地形表面上的等高线。

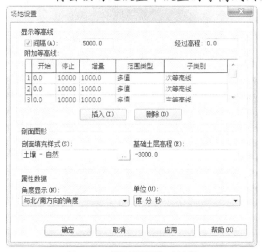

图11-62　【场地设置】对话框

图11-63　场地设置

11. 单击【体量和场地】选项卡【修改场地】面板中的【标记等高线】按钮，自动激活【修改|标记等高线】上下文选项卡。

12. 单击属性选项板中的 📇编辑类型 按钮，打开等高线标签【类型属性】对话框，选择名称为"3.5mm 仿宋"的新标签类型。修改【文字字体】为"仿宋"，【文字大小】为"3.5mm"，确认不勾选【仅标记主等高线】选项，如图 11-64 所示。

13. 单击"单位格式"后的 1235 [mm] (默认) 按钮，打开【格式】对话框。

14. 如图 11-65 所示，取消勾选【使用项目设置】选项，设置等高线标签【单位】为【米】，确认【舍入】方式为【0 个小数位】，其他参数采用默认值不变。单击【确定】按钮，退出【格式】对话框。

图11-64　设置类型及文字　　　　　　　　　　图11-65　设置单位格式

15. 返回【类型属性】对话框。再次单击【确定】按钮，退出【类型属性】对
    话框。

16. 确认不勾选选项栏中的【链】选项，即不连续绘制等高线标签。适当放大视
    图，沿任意方向绘制等高线标签，如图 11-66 所示，等高线标签经过的等高线
    将自动标注等高线高程。

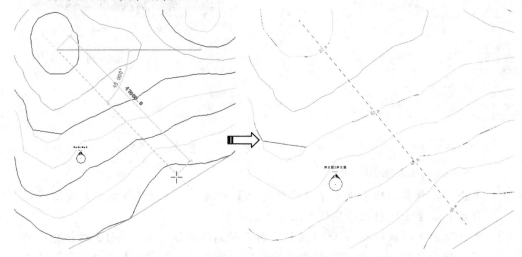

图11-66　标记等高线

17. 使用类似的方式标注其他等高线。保存对项目的修改。

三、通过导入测量点文件建立地形表面

还可以通过导入测量点文件的方式，根据测量点文件中记录的测量点 X、Y、Z 值创建
地形表面模型。通过下面的练习学习使用测量点文件创建地形表面的方法。

【例11-8】 导入测量点文件建立地形表面

1. 新建中国样板的建筑项目文件。

2. 切换至三维视图。单击【地形表面】按钮切换至【编辑表面】上下文选
   项卡。

3. 在【工具】面板【通过导入创建】下拉工具列表中选择【指定点文件】选项，弹出【选择文件】对话框。设置文件类型为"逗号分隔文本"，然后浏览至本例源文件夹中的"指定点文件.txt"文件，如图 11-67 所示。

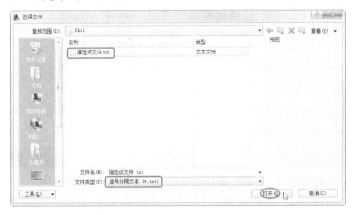

图11-67　选择测量点文件

4. 单击【打开】按钮导入该文件，弹出【格式】对话框。如图 11-68 所示，设置文件中的单位为【米】，单击【确定】按钮继续导入测量点文件。

图11-68　设置导入文件的单位格式

5. 随后 Revit 自动生成地形表面高程点及高程线，如图 11-69 所示。

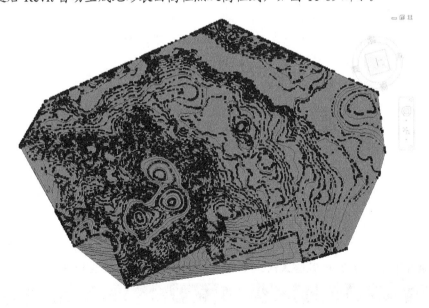

图11-69　自动生成地形表面

6. 保存项目文件。

工程点拨：导入的点文件必须使用逗号分隔的文件格式（可以是 **CSV** 或 **TXT** 文件），且必须以测量点的 *x*、*y*、*z* 坐标值作为每一行的第一组数值，点的任何其他数值信息必须显示在 *x*、*y* 和 *z* 坐标值之后。**Revit Architecture** 忽略该点文件中的其他信息（如点名称、编号等）。如果该文件中存在 *x* 和 *y* 坐标值相等的点，**Revit Architecture** 会使用 *z* 坐标值最大的点。

11.5　别墅建筑项目案例之二：别墅布局设计

继续前一章的别墅建筑项目案例。在本章中，将进行别墅项目的布局设计，包括定义项目地理位置、标高和轴网、场地设计等内容。

【例11-9】 定义地理位置

1. 将上一节中别墅项目的体量设计结果作为本次设计的源文件。
2. 切换至三维视图，选中体量模型和体量楼层单击右键，执行右键菜单中的【在视图中隐藏】|【图元】命令，隐藏体量和体量楼层。
3. 单击【管理】选项卡【项目位置】面板中的【地点】按钮，弹出【位置、气候和场地】对话框。
4. 设置【位置】标签。手工输入地址位置"武汉"，利用内置的 Bing 必应地图进行搜索，得到新的地理位置，如图 11-70 所示。搜索到项目地址后，会显示 图标，指针靠近该图标将显示经纬度和项目地址信息提示。

图11-70　搜索地点

5. 其余标签下的选项保留默认，单击【确定】按钮完成地点的设置。

【例11-10】 标高和轴网设计

1. 标高在前一章载入 CAD 格式文件时已经提前创建好，可以通过切换东立面视图查看，如图 11-71 示。

图11-71　已创建的标高

2. 切换视图至"标高 1"楼层平面视图。利用【修改】选项卡【测量】面板中的
　　【对齐尺寸标注】工具，标注出一层平面图中墙体的厚度，如图11-72所示。

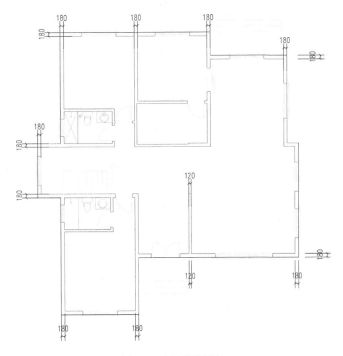

图11-72　标注墙体厚度

工程点拨：根据标注的尺寸，绘制轴网时根据尺寸来设置偏移。

3. 单击【建筑】选项卡【基准】面板的 轴网 按钮，在选项栏设置偏移量为
　　"90"，在属性选项板选择【轴网：双标头】类型。随后从左到右依次绘制出
　　轴线编号为 1~7 的轴网，如图 11-73 所示。

4. 由于绘制轴网采用的统一偏移量，而编号为 4 的墙体厚度为 120，因此选中轴线编号 4，编辑在 120 墙体中的两侧偏移量，如图 11-74 所示。

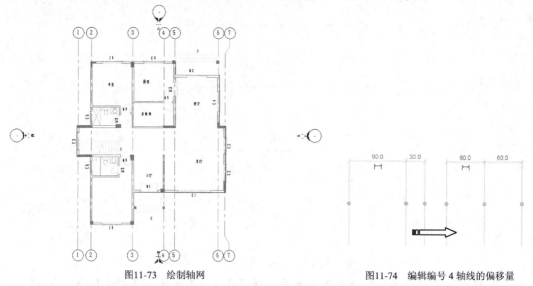

图11-73　绘制轴网

图11-74　编辑编号 4 轴线的偏移量

5. 同理，继续绘制编号从 A 至 F 的水平轴线，如图 11-75 所示。

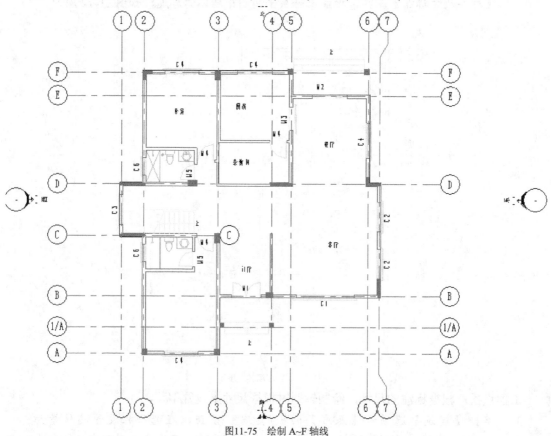

图11-75　绘制 A~F 轴线

【例11-11】 创建地形表面

1. 切换视图至【楼层平面】节点下的"场地"视图。

2. 利用【建筑】选项卡【工作平面】中的【参照平面】工具，绘制图 11-76 所示的 4 个参照平面。

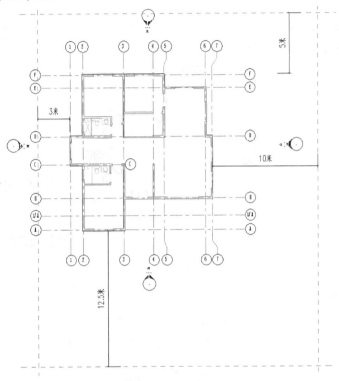

图11-76 绘制 4 个参照平面

3. 在【体量和场地】选项卡的【场地建模】面板中单击【地形表面】按钮，绘制 4 个放置点以创建地形，如图 11-77 所示。

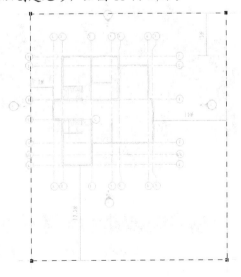

图11-77 绘制 4 个放置点创建地形表面

4. 选取 4 个放置点，依次在选项栏设置其高程为 "-450"，使整个地形平面与场地标高在同一高度。

工程点拨：地形创建后如果看不见，可在场地视图中设置楼层平面的属性，即设置属性选项板【范围】选项组下的【视图范围】，将 "主要范围" 和 "视图深度" 全部设为 "无限制" 即可。

5. 在属性选项板【材质和装饰】中设置【材质】选项，在弹出的【材质浏览器】对话框中为地形选择【场地-草】材质，如图 11-78 所示。

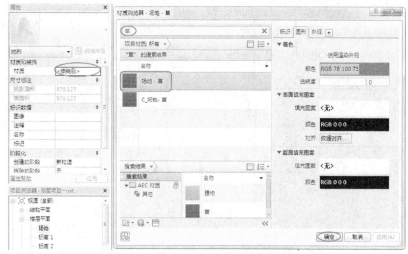

图11-78　设置地形表面材质

6. 最后再单击【完成表面】按钮 ✅，完成创建，效果如图 11-79 所示。

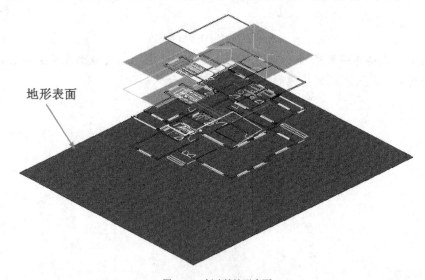

地形表面

图11-79　创建的地形表面

【例11-12】 创建道路

1. 在【体量和场地】选项卡的【修改场地】面板中单击【子面域】按钮🔲，激活【修改|创建子面域边界】上下文选项卡。

2. 利用【绘制】面板中的线绘制工具绘制院内道路，如图 11-80 所示。

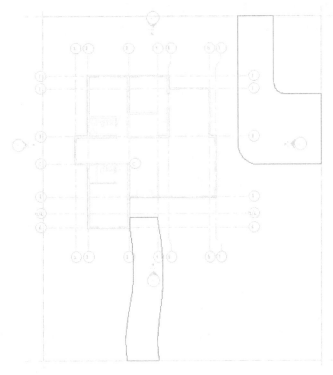

图11-80　绘制道路边界

3. 单击【完成编辑模式】按钮 ✅，完成道路的创建，如图 11-81 所示。

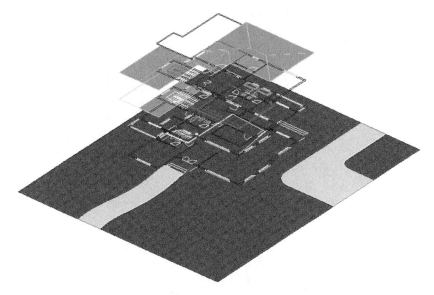

图11-81　创建的道路

【例11-13】 放置场地构件和停车场构件

有了地形表面和道路，再配上生动的花草、树木、车等场地构件，可以使整个场景更加丰富。场地构件的绘制同样在默认的"场地"视图中完成。

1. 在【视图】选项卡的【图形】面板中单击【可见性/图形】按钮，然后在打开的【楼层平面：场地的可见性/图形替换】对话框中设置【轴网】隐藏，如图 11-82 所示。

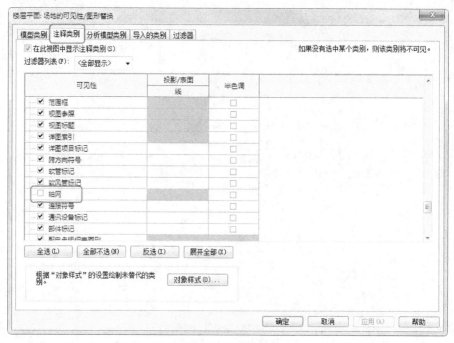

图11-82　隐藏轴网

2. 移动立面图标记到合适位置（地形边界外），如图 11-83 所示。

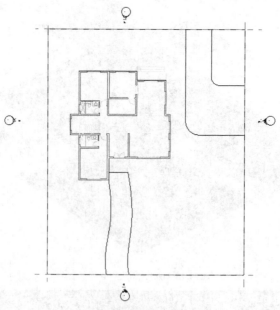

图11-83　移动立面图标记

3. 单击【体量和场地】选项卡【场地建模】面板中的【场地构件】按钮，然后从属性选项板的选择浏览器中选择"RPC 树-落叶树：日本樱桃树-4.5 米"树种，放置到院内道路以外的区域，如图 11-84 所示。

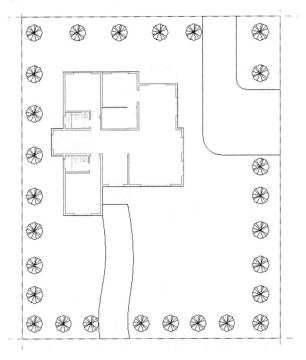

图11-84　放置树

4. 完成树的放置后，再次执行【场地构件】命令，在【修改|场地构件】上下文选项卡的【模式】面板中单击【载入族】按钮，从 Revit 族库中【建筑】|【植物】|【3D】|【草本】文件夹中选择"草 3"族，如图 11-85 所示。

图11-85　载入草族

5. 载入草族后放置在草地中，如图 11-86 所示。

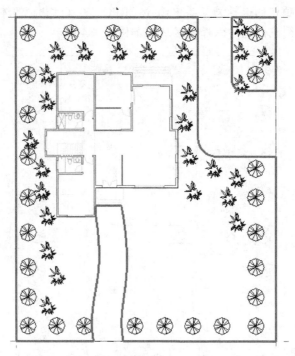

图11-86　放置草

6. 同理，从族库中【建筑】|【植物】|【3D】|【草本】文件夹中选择"花"族，放置在院内，如图 11-87 所示。

7. 从族库中【建筑】|【场地】|【附属设施】|【景观小品】文件夹中选择"喷水池"族，放置在院内，如图 11-88 所示。

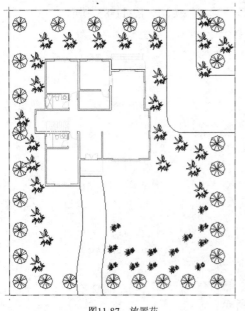

图11-87　放置花

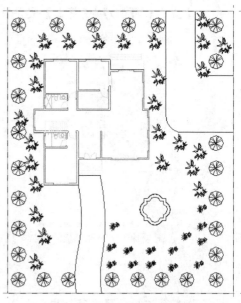

图11-88　放置喷水池

8. 从族库中【建筑】|【场地】|【体育设施】|【儿童娱乐】文件夹中选择"攀岩

墙组合 1" 族，放置在院内，如图 11-89 所示。

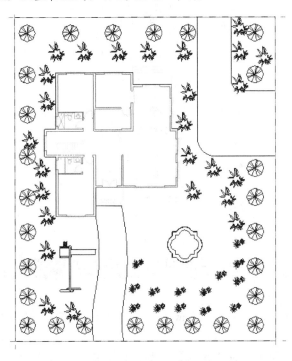

图11-89　放置攀岩墙组合

9. 此外，院内还可以放置其他景观小品，如圆灯、休闲椅等。

10. 单击【场地建模】面板中的【停车场构件】按钮▥，从族库中【建筑】|【场地】|【停车场】文件夹中选择"小汽车停车位 2D - 3D.rfa"族，放置在院内，如图 11-90 所示。然后利用【旋转】工具旋转 90 度，并移动到地形边界，如图 11-91 所示。

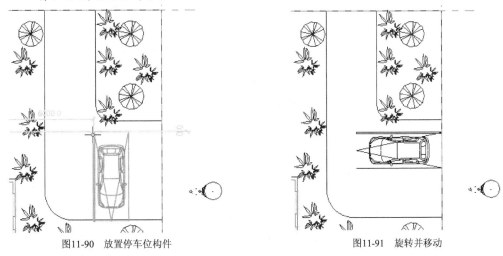

图11-90　放置停车位构件　　　　　　　　　　　　图11-91　旋转并移动

11. 利用【复制】工具复制停车位，如图 11-92 所示。复制后被道路遮挡看不见，可以选中复制的停车位构件，在【修改|停车场】上下文选项卡中单击【拾取新主体】按钮，重新选择停车位所在道路作为主体即可。

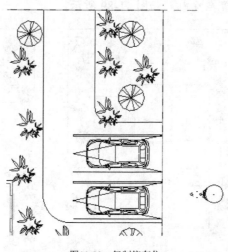

图11-92 复制停车位

【例11-14】 创建室内地坪

1. 切换至标高 1 楼层平面视图。

2. 在【体量和场地】选项卡中单击【建筑地坪】按钮,激活【修改|创建建筑地坪边界】上下文选项卡。

3. 利用【绘制】面板中的【直线】工具,依次以沿外墙的轴线作为参考,创建出封闭的边界,如图 11-93 所示。

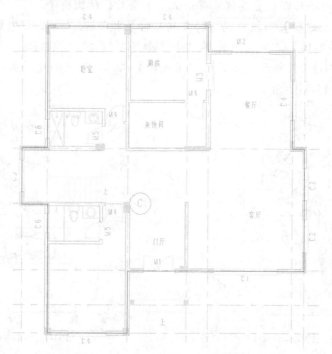

图11-93 拾取外墙以创建边界

4. 单击【完成编辑模式】按钮,完成地坪的创建,效果如图 11-94 所示。

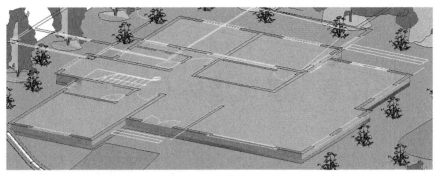

图11-94　创建的地坪

5. 最终完成了别墅项目的场地设计，将项目文件保存为"别墅项目二"。

第12章 建筑墙体与幕墙设计

在上一章我们学习了轴网与标高设计，它是建筑模型的基础。本章开始学习建筑模型的构建，先从墙体开始。建筑墙体属于 Revit 的系统族。另外，由于建筑幕墙系统是一种装饰性的外墙结构，因此也归纳到本章中。

 本章要点

- 建筑墙体概述。
- 创建墙体。
- 编辑墙体。
- 墙体装饰。
- 幕墙设计。

12.1 建筑墙体概述

墙体是建筑的主要围护构件和结构构件。下面就墙体的作用、分类及砖墙材料分别进行介绍。

12.1.1 墙体的作用

墙体是构件，所起的作用如下。

- 承重作用：墙体承受屋顶、楼板及自身的重力载荷与风载荷等。
- 围护作用：墙体阻挡了外力（风、雨、雪等）的侵袭，遮挡了阳光辐射、噪声干扰，以及室内热量的散失等。
- 隔断作用：墙体把建筑房屋隔断成大小不等的若干小房间及使用空间。

并非单面墙体同时具有这些作用，有的墙体既是承重墙，又是起围护作用的墙。有的墙体只起到围护的作用，如我们常见的小区围墙、农家小院围墙等。

12.1.2 墙体的类型

墙体是建筑物的重要组成部分之一，常见的墙体分类如下。

(1) 按墙体所在位置分类：有外墙和内墙、纵墙和横墙等。

(2) 按墙体受力状况分类：有承重墙和非承重墙。

(3) 按墙体构造分类：有实体墙、空体墙和组合墙 3 种。

(4) 按墙体施工方法分类：有块材墙、板筑墙及板材墙 3 种。

(5) 按墙体材料分类：有砖墙、石墙、土墙、混凝土墙、轻质板材墙，以及各种砌块墙等。

图 12-1 所示为按墙体所在位置进行划分的墙体类型示意图。

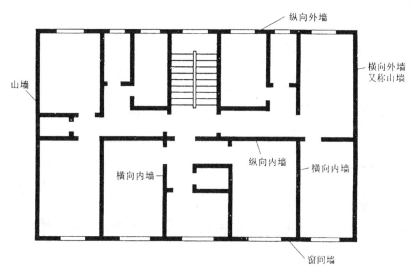

图12-1　墙体类型示意图

12.1.3　砖墙材料

砖墙是用砂浆将一块块砖按一定技术要求砌筑而成的砌体，其材料是砖和砂浆。

一、砖

砖按材料不同，有粘土砖、页岩砖、粉煤灰砖、灰砂砖、炉渣砖等；按形状分有实心砖、多孔砖和空心砖；按制作工艺又可分为烧结砖和非烧结砖。图 12-2 所示为常见的砖实物图。

多孔页岩砖　　　　　　　　　　　　　多孔混泥土砖

实心砖

图12-2　砖实物图

二、砂浆

砂浆是砌块的胶结材料。常用的砂浆有水泥砂浆、混合砂浆、石灰砂浆等。砌筑砂浆按抗压强度可分为 M15、M10、M7.5、M5.0、M2.5 等 5 个强度等级。

12.2　创建墙体

Revit Architecture 在【建筑】选项卡【构建】面板中提供了创建墙体的工具，如图 12-3 所示。可以看到，有建筑墙、结构墙、面墙、墙：饰条、墙：分隔条等 5 种类型选择。结构墙即为创建承重墙和抗剪墙的时候使用。在使用体量面或常规模型时选择面墙。墙饰条和分隔缝的设置原理相同。

图12-3　创建墙体的工具

12.2.1　创建一般墙体

下面以案例来说明一般墙体的绘制方法与编辑。

【例12-1】　创建基本墙体

1. 新建建筑项目文件。
2. 在项目浏览器中切换视图为"标高 1"楼层平面视图。
3. 利用【建筑】选项卡【基准】面板中的【轴网】工具，绘制图 12-4 所示的轴网。

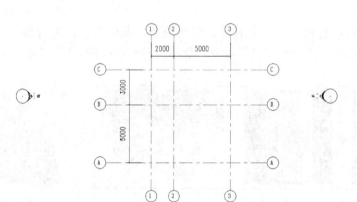

图12-4　绘制轴网

4. 在【建筑】选项卡的【构建】面板中单击【墙】按钮，在属性选项板的类型选择器中选择【基本墙：砖墙 240mm】类型，如图 12-5 所示。
5. 在选项栏设置墙高度为"4000"，其余选项默认，然后在轴网中绘制基本墙体，如图 12-6 所示。

图12-5　设置墙体类型

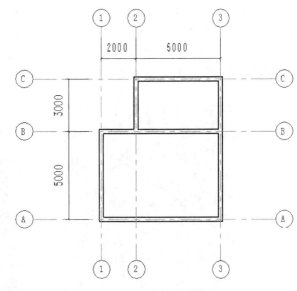

图12-6　绘制基本墙体

6. 切换至三维视图，立体查看绘制的建筑砖墙，如图 12-7 所示。

图12-7　三维视图中的砖墙

【例12-2】导入 CAD 平面图来创建墙体

1. 新建中国样板的建筑项目文件。

2. 在【插入】选项卡的【导入】面板中选择【导入 CAD】命令，导入本例源文件夹中的"原始户型图.dwg"文件，如图 12-8 所示。

3. 导入的户型图如图 12-9 所示。

图12-8　导入 CAD 文件

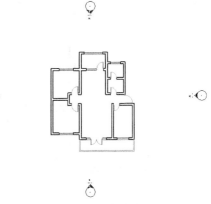

图12-9　导入户型图

工程点拨：值得注意的是，有时候导入 **CAD** 图形在原 **AutoCAD** 软件中没有进行精确定位——也就是将图形置于绝对坐标系原点，导致在 **Revit** 中放置的时候找不到图形。这就需要我们在 **AutoCAD** 软件中进行如下步骤：复制要导入的图形，然后新建 **AutoCAD** 文件，在新文件中粘贴复制的图形，粘贴时需要输入"指定插入点"的坐标为（**0,0,**），最后保存文件即可，如图 **12-10** 所示。

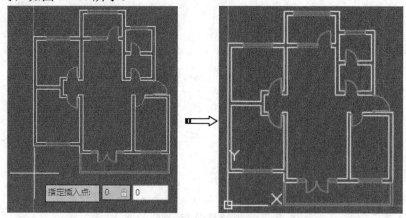

图12-10　在 AutoCAD 软件中修改图形的插入点坐标

4.　在【建筑】选项卡的【构建】面板中单击【墙】按钮，在属性选项板的类型选择器中选择【基本墙: 砖墙 240mm】类型。

5.　在选项栏设置墙高度为"4000"，定位线设置为【核心面: 外部】，其余选项默认，然后在轴网中沿着平面图外轮廓绘制基本墙体，如图 12-11 所示。

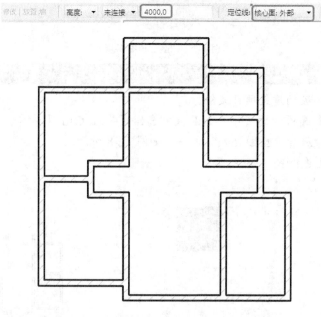

图12-11　绘制基本墙体

6.　切换至三维视图，立体查看绘制的建筑砖墙，如图 12-12 所示。

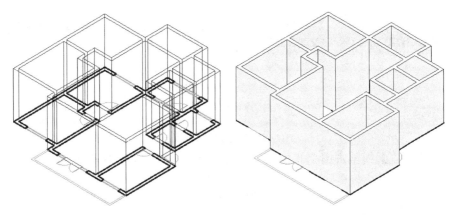

图12-12　三维视图中的砖墙

7.　最后保存项目文件。

12.2.2　创建复合墙体

复合墙是指墙体外部粉饰层由多种材料组成，复合墙体的创建方法与基本墙体相同。下面仅就复合墙的设置作演示。

【例12-3】设置复合墙体

1.　打开本例源文件"基本墙体.dwg"。

2.　全部选中墙体，在属性选项板中单击 ⊞ 编辑类型 按钮，打开【类型属性】对话框。在"结构"参数一栏单击【编辑】按钮，弹出【编辑部件】对话框，如图 12-13 所示。

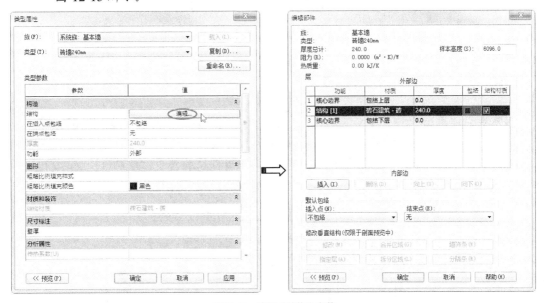

图12-13　编辑【结构】参数

3.　单击【插入】按钮增加一个墙的构造层，功能性为"面层 1[4]"，如图 12-14 所示。

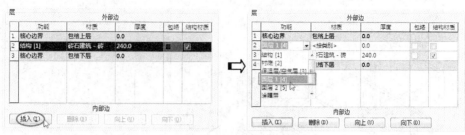

图12-14　插入新层并选择功能性

4. 在【材质】列单击浏览器按钮⌷，设置新层的材质（砖石建筑-黄涂料），如图
   12-15 所示。

图12-15　设置新层材质

5. 返回到【编辑部件】对话框中设置结构层的厚度为"30"，如图 12-16 所示。

图12-16　设置结构层厚度

技术要点： 单击 `向上(U)` 、 `向下(O)` 按钮可以改变新结构层在整墙体中的位置。

6. 同理，再插入一个功能性为"面层 2[5]"的新构造层，材质为"砖石建筑-立
   砌砖层"。设置好参数后单击 `向下(O)` 按钮将此层置于"结构[1]"层之下，
   如图 12-17 所示。

图12-17　再插入新构造层

7. 单击【编辑部件】对话框中的【确定】按钮，再单击【类型属性】对话框的【确定】按钮，完成复合墙体的设置，效果如图 12-18 所示。

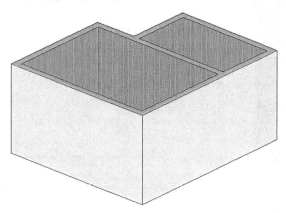

图12-18　复合墙体

8. 接下来对外层的黄色涂层进行区域划分，变成不同材质的外墙涂料层。再次选中所有墙体，单击 编辑类型 按钮打开【类型属性】对话框。最后单击【结构】栏的【编辑】按钮，打开【编辑部件】对话框。

9. 单击【编辑部件】对话框左下角的【预览】按钮展开预览窗口，然后在预览窗口下方设置视图选项【剖面：修改类型属性】，如图 12-19 所示。

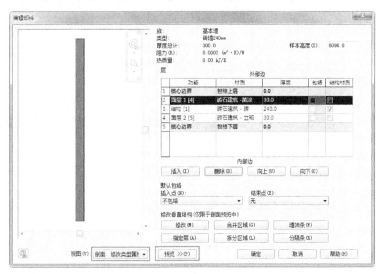

图12-19　展开预览窗口

10. 单击对话框下方的【拆分区域】按钮，在外层（黄色涂层）上进行拆分，如图 12-20 所示。

工程点拨： 拆分的时候缩放图形，便于拆分操作。

11. 然后在"面层 1[4]"构造层的基础上插入新构造层，新构造层的厚度暂时为 0，如图 12-21 所示。

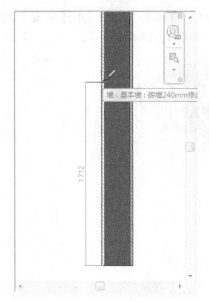

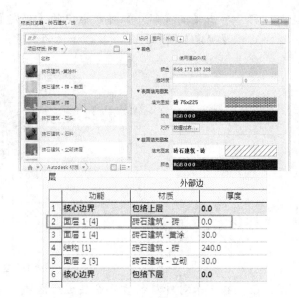

层		外部边	
	功能	材质	厚度
1	核心边界	包络上层	0.0
2	面层 1 [4]	砖石建筑 - 砖	0.0
3	面层 1 [4]	砖石建筑 - 黄涂	30.0
4	结构 [1]	砖石建筑 - 砖	240.0
5	面层 2 [5]	砖石建筑 - 立砌	30.0
6	核心边界	包络下层	0.0

图12-20　拆分区域　　　　　　　　　　　图12-21　插入新层

12. 确认新构造层被选中，然后单击【指定层】按钮，在预览区中选择黄色涂层被拆分的下部分进行替换，如图 12-22 所示。此时，新构造层的厚度自动变为30，与黄色涂层的厚度一致。

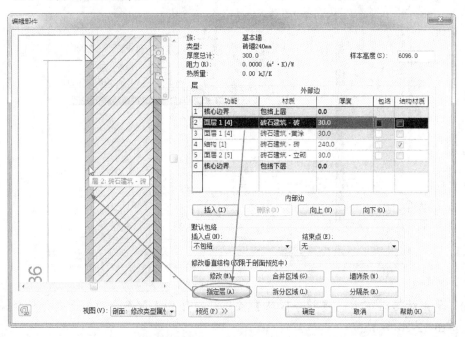

图12-22　指定拆分后的区域为新构造层

13. 最后单击对话框中的【确定】按钮，完成墙体编辑，最终结果如图 12-23 所示。

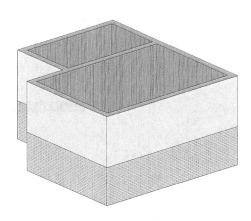

图12-23　最终完成编辑的复合墙体

工程点拨：复合墙的拆分是基于外墙涂层的拆分，并非是将墙体拆分。这与接下来要介绍的"叠层"墙体是完全不同的概念。

12.2.3　创建叠层墙体

叠层墙是一种由若干个不同子墙（基本墙类型）相互堆叠在一起而组成的主墙，可以在不同的高度定义不同的墙厚、复合层和材质，如图 12-24 所示。

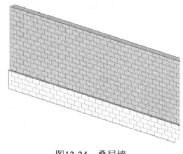

图12-24　叠层墙

【例12-4】　创建叠层墙

1. 打开本例源文件"基本墙体.rvt"。

2. 全部选中墙体，在属性选项板的类型选择器中选择"叠层墙"类型，随后单击 编辑类型 按钮，如图 12-25 所示。

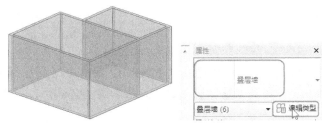

图12-25　为基本墙体选择墙类型

3. 打开【类型属性】对话框，在"结构"参数一栏单击【编辑】按钮，弹出【编辑部件】对话框。如图 12-26 所示。

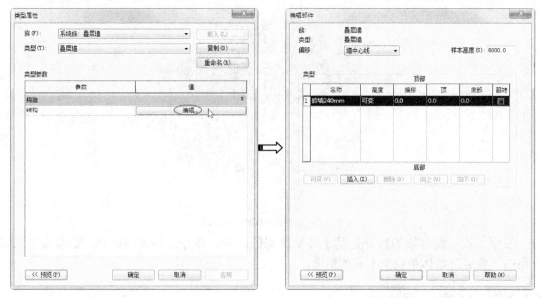

图12-26　编辑【结构】参数

4. 单击【插入】按钮增加一个墙的构造层，选择名称为"外部-带砌块与金属立筋龙骨复合墙"类型，并设置第一个构造层的类型名称为"240 涂料砖墙-黄"，高度为"2500"，设置如图 12-27 所示。

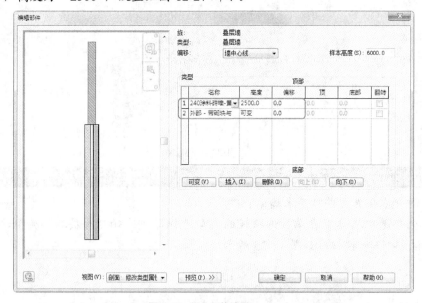

图12-27　插入新构造层

5. 单击【编辑部件】对话框的【确定】按钮，再单击【类型属性】对话框的【确定】按钮，完成叠层墙体的创建，效果如图 12-28 所示。

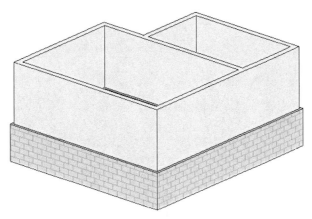

图12-28　叠层墙体

12.2.4　创建异形墙体

在 Revit Architecture 中，要创建斜墙或异形墙，可使用 Revit 的体量功能创建体量曲面或体量模型，再利用【面墙】功能将体量表面转换为墙图元。

如图 12-29 所示，异形墙体使用【面墙】工具通过拾取体量曲面生成。

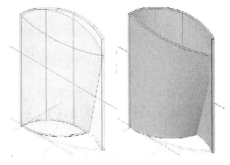

图12-29　异形墙体

【例12-5】创建异形墙

1. 新建中国建筑样板的建筑项目文件。

2. 在【体量和场地】选项卡的【概念体量】面板中单击【内建体量】按钮，在打开的【名称】对话框中输入"异形墙"，单击【确定】按钮进入体量族编辑器模式，如图 12-30 所示。

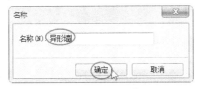

图12-30　进入体量族编辑器模式

3. 单击【绘制】面板中的【圆形】工具，在"标高 1"楼层平面视图中绘制截面1，如图 12-31 所示。

4. 利用【圆形】工具在"标高 2"楼层平面视图中绘制截面2，如图 12-32 所示。

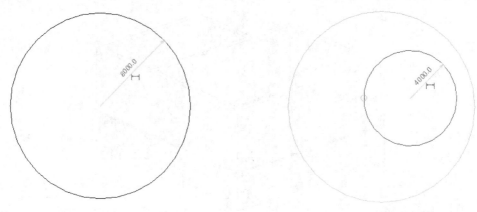

图12-31　绘制截面 1　　　　　　　　　　　　　　图12-32　绘制截面 2

5. 按 Ctrl 键选中两个圆形，再在【修改|线】上下文选项卡的【形状】面板中单击【创建形状】按钮，自动创建图 12-33 所示的放样体量模型。单击【完成体量】按钮，退出体量创建与编辑模式。

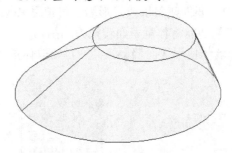

图12-33　创建放样体量模型

6. 在【建筑】选项卡的【构建】面板中选择【墙】|【面墙】命令，切换到【修改|放置墙】上下文选项卡。

7. 在属性选项板的选择浏览器中选择墙体类型为"基本墙：面砖陶粒砖墙250"，然后在体量模型上拾取一个面作为面墙的参照，如图 12-34 所示。

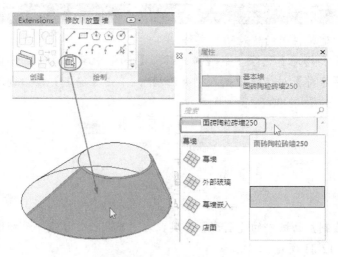

图12-34　设置墙体类型并拾取参照面

8. 隐藏体量模型，查看异型墙的完成效果，如图 12-35 所示。

图12-35　创建完成的异型墙

12.3　编辑墙体

墙体的编辑分属性编辑和墙体修改，属性编辑前面在创建复合墙、叠层墙时已经介绍过了，下面介绍墙体的修改。

12.3.1　墙连接

当墙与墙相交时，Revit Architecture 通过控制墙端点处"允许连接"方式控制连接点处墙连接的情况。该选项适用于叠层墙、基本墙和幕墙各种墙图元实例。

如图 12-36 所示，同样绘制水平墙表面的两面墙，出现允许墙连接和不允许墙连接的情况。除可以通过控制墙端点的允许连接和不允许连接外，当两个墙相连时，还可以控制墙的连接形式。

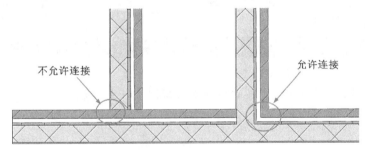

图12-36　墙连接的两种形式

在【修改】选项卡的【几何图形】面板中提供了墙连接工具，如图 12-37 所示。

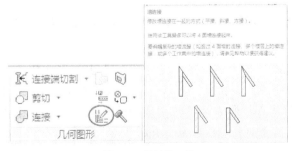

图12-37　墙连接工具

使用该工具，移动鼠标指针至墙图元相连接的位置，Revit Architecture 在墙连接位置显示预选边框。单击要编辑墙连接的位置，即可通过修改选项栏连接方式修改墙连接，如图12-38 所示。

图12-38　选项栏的连接方式设置

墙体的连接方式设置与修改在本书 6.2.2 小节中介绍得很详细，这里不再赘述。

工程点拨：值得注意的是，当在视图中使用"编辑墙连接"工具单独指定了墙连接的显示方式后，视图属性中的墙连接显示选项将变为不可调节。必须确保视图中所有的墙连接均为默认的"使用视图设置"，视图属性中的墙连接显示选项才可以设置和调整。

12.3.2　墙轮廓的编辑

可以对基本墙、叠层墙和幕墙进行墙轮廓的编辑。事实上，Revit Architecture 中的墙图元，可以理解为基于立面轮廓草图根据墙类型属性中的结构厚度定义拉伸生成的三维实体。在编辑墙轮廓时，轮廓线必须首尾相连，不得交叉、开放或重合。轮廓线可以在闭合的环内嵌套。

工程点拨：编辑轮廓工具仅针对直线性墙有效。而对于弧形、圆形等异性墙，将无法使用【编辑轮廓】编辑工具。

【例12-6】　编辑墙轮廓

1. 新建中国样板的建筑项目文件。
2. 利用【墙】工具在标高 1 的楼层平面视图中任意绘制一段墙体，如图 12-39 所示。

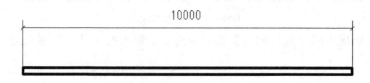

图12-39　绘制墙体

3. 切换至三维视图，选中墙体激活【修改|墙】上下文选项卡。单击【模式】面板中的【编辑轮廓】按钮，显示该段墙体的轮廓线，如图 12-40 所示。
4. 拖动轮廓线的端点控制点改变轮廓线的长度，如果不能移动轮廓线端点，可以删除该段线，重新绘制线即可，如图 12-41 所示。

图12-40　显示轮廓线

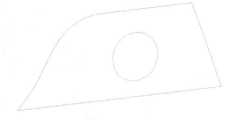

图12-41　编辑轮廓线

工程点拨：移动端点的同时，系统会提示移动端点后"无法使图元保持连接"，单击【取消连接图元】按钮即可，如图 **12-42** 所示。如果提示"不满足限制条件"，也请单击【删除限制条件】按钮，如图 **12-43** 所示。

图12-42　取消连接图元

图12-43　删除限制条件

5. 单击【模式】面板中的【完成编辑模式】按钮 ，完成墙体的编辑，如图 12-44 所示。如果觉得不需要编辑轮廓，可以单击【重设轮廓】按钮 返回初始状态。

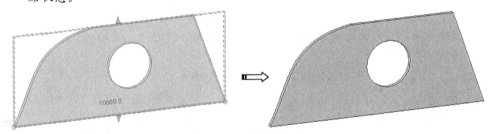

图12-44　完成编辑的墙体

12.3.3　墙附着

Revit Architecture 在【修改|墙】面板中，提供了【附着】和【分离】工具，用于将所选择墙附着至其他图元对象，如参照平面或楼板、屋顶、天花板等构件表面。通过下面的案例，可以学习墙附着编辑的操作方法。

【例12-7】墙的附着

1. 打开本例源文件 "简易房.rvt" 项目文件。切换至三维视图，如图 12-45 所示。

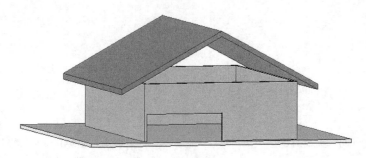

图12-45　打开项目文件

2. 选中一面墙，自动切换至【修改|墙】上下文选项卡。单击【修改墙】面板中的【附着　顶部/底部】工具按钮 ，设置选项栏中附着墙的部位为"顶部"，如图 12-46 所示。

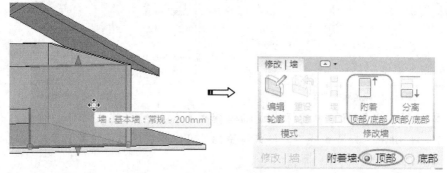

图12-46　选中要修改的墙并执行附着命令

3. 选择屋顶模型作为附着参照，Revit Architecture 将修改此面墙的立面形状，如图 12-47 所示。

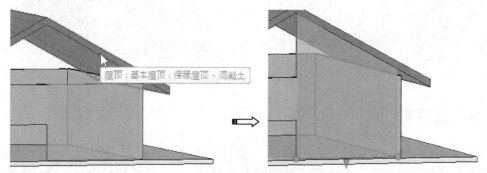

图12-47　选择附着参照修改墙

4. 同理，选择其余几面墙进行"顶部"的附着操作，结果如图 12-48 所示。

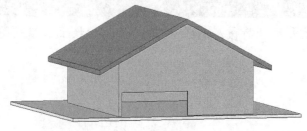

图12-48　附着到顶部

5. 接下来利用附着到底部功能，修补墙洞。选中有墙洞的这面墙，单击【修改墙】面板中的【附着 顶部/底部】工具按钮 ，设置选项栏中附着墙的部位为"底部"，再选择地板模型作为附着参照，如图 12-49 所示。

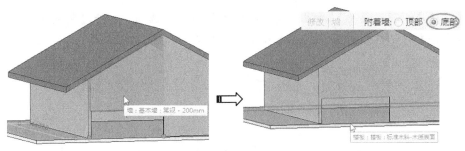

图12-49　选择附着参照并设置选项栏

6. Revit Architecture 将修改此面墙的立面形状，结果如图 12-50 所示。

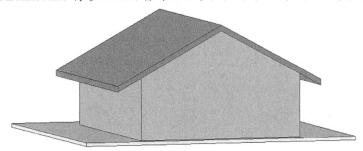

图12-50　完成墙体修改

12.4　墙体装饰

建筑设计中的墙体并不是单一的，可以通过添加不同的配件来修饰墙体，比如墙饰条和分隔缝等。Revit 中的墙饰条与分隔缝既可以单独添加，也可以通过墙体的【类型属性】对话框统一设置。

12.4.1　创建墙饰条

墙饰条是墙的水平或垂直投影，通常起装饰作用。墙饰条的示例包括沿着墙底部的踢脚板，或沿墙顶部的冠顶饰，可以在三维或立面视图中为墙添加墙饰条。

散水也属于墙饰条的一种类型。散水是与外墙勒脚垂直交接倾斜的室外地面部分，用以排除雨水，保护墙基免受雨水侵蚀。散水的宽度应根据土壤性质、气候条件、建筑物的高度和屋面排水形式确定，一般为 600～1000mm。当屋面采用无组织排水时，散水宽度应大于檐口挑出长度为 200～300mm。为保证排水顺畅，一般散水的坡度为 3%～5%，散水外缘高出室外地坪 30～50mm。散水常用材料为混凝土、水泥砂浆、卵石、块石等。设置散水的目的是为了使建筑物外墙勒脚附近的地面积水能够迅速排走，并且防止屋檐的滴水冲刷外墙四周地面的土壤，减少墙身与基础受水浸泡的可能，保护墙身和基础，可以延长建筑物的寿命。

【例12-8】 创建职工食堂散水

要为职工食堂建立散水，首先要创建散水所需要的轮廓族。

1. 打开本例素材源文件"职工食堂.rvt"。

2. 单击【应用程序菜单】按钮，选择【新建】|【族】选项，打开【新族-选择样板文件】对话框。选择"公制轮廓.rft"族类型，如图 12-51 所示。

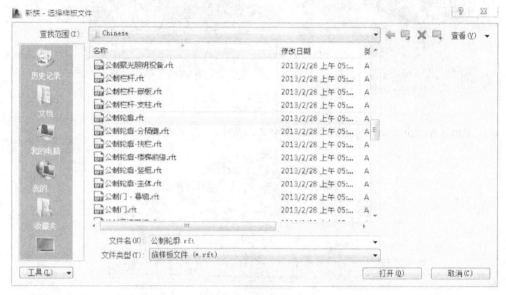

图12-51　选择族样板文件

3. 单击【打开】按钮，进入族编辑器。单击【样图】面板中的【直线】按钮，在参照平面交点处单击，向右水平移动绘制宽为 800 的直线，沿垂直向上方向绘制高为 20 的直线，按 Esc 键退出，如图 12-52 所示。

4. 确定处于放置线状态，单击参照平面的交点，垂直向上绘制高为 100 的直线。继续在刚刚绘制的端点单击，完成轮廓的绘制，如图 12-53 所示。

图12-52　建立族文件　　　　　　　　　　　　　　　图12-53　绘制散水轮廓

5. 单击快速访问工具栏中的【保存】按钮，保存为族文件"800 宽室外散水轮廓.rfa"，如图 12-54 所示，然后单击【族编辑器】面板中的【载入到项目中】按钮，直接载入到"职工食堂.rvt"项目中。

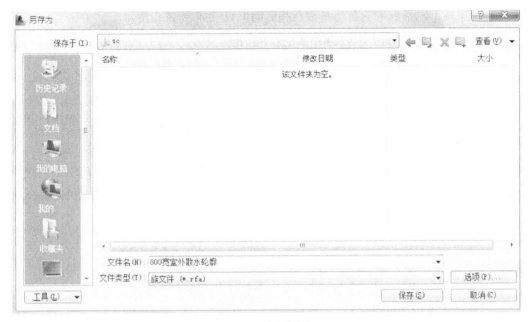

图12-54　保存族文件

6. 在默认三维视图中，切换至【建筑】选项卡，单击【构建】面板中犯人
【墙】下拉列表，选择【墙：饰条】选项，打开墙饰条的【类型属性】对话
框，如图 12-55 所示。

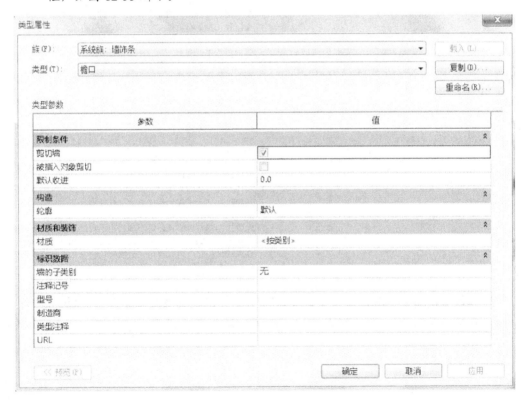

图12-55　【类型属性】对话框

【类型属性】对话框中的各个参数及相应的值设置如表 12-1 所示。

表 12-1　【类型属性】对话框中的各个参数及相应的值设置

参数	值
限制条件	
剪切墙	指定在几何图形和主体墙发生重叠时，墙饰条是否会从主体墙中剪切掉几何图形。清除此参数会提高带有许多墙饰条的大型建筑模型的性能
被插入对象剪切	指定门和窗等插入对象是否会从墙饰条中剪切掉几何图形
默认收进	此值指定用于创建墙饰条从每个相交的墙附属件收进的距离
构造	
轮廓	指定用于创建墙饰条的轮廓族
材质和装饰	
材质	设置墙饰条的材质
标识数据	
墙的子类型	默认情况下，墙饰条设置为墙的"墙饰条"子类别，在【对象样式】对话框中可以创建新的墙子类别，并随后在此选择一种类别，这样便可以使用【对象样式】对话框在项目级别修改墙饰条样式
注释记号	添加或编辑墙饰条的注释标记，在此值文本框中单击可打开【注释记号】对话框
型号	墙饰条的模型类别
制造商	墙饰条材质的供应商
类型注释	指定建筑或设计注释
URL	指向网页的链接
说明	墙饰条的说明
部件说明	基于所选部件代码的部件说明
部件代码	从层级列表中选择的统一格式部件代码
类型标记	此值指定特定墙饰条。对于项目中的每个墙饰条，此值都必须是唯一的。如果此值也被使用，Revit 会发出警告信息，但允许继续使用它，可以使用"查阅警告信息"工具查看警告信息
成本	建筑墙饰条的材质成本，此信息包含于明细表中

7. 在该对话框中，选择【类型】为"职工食堂-800 宽室外散水"，并且设置对话框中的参数，如图 12-56 所示，完成类型属性的设置。

图12-56　【类型属性】对话框

工程点拨：【材质】参数中的值设置，是在【材质浏览器】对话框中复制"混凝土-现场浇注混凝土"为"职工食堂-现场浇注混凝土"完成的。

8. 确定【放置】面板当中，散水的放置方式为水平，依次单击墙体的底部边缘生成散水，如图 12-57 所示。

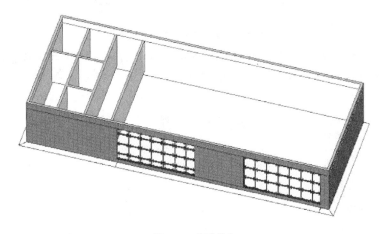

图12-57　创建散水

工程点拨：在职工食堂北立面没有创建散水，这是因为后期在该位置还要创建台阶图元。对于需要创建台阶图元的位置不需要创建散水，可以在后期修改散水的放置范围。

12.4.2　添加墙分隔缝

墙分隔缝是墙中装饰性裁切部分，可以在三维或立面视图中为墙添加分隔缝。分隔缝可以是水平的，也可以是垂直的。

【例12-9】 创建墙分割缝

1. 为了更加清晰地观察墙分隔缝在墙体中的效果，这里将"职工食堂.rvt"项目文件另存为"职工食堂-分隔缝.rvt"。

2. 选中某一个外墙图元，打开相应的【类型属性】对话框。单击【结构】右侧的【编辑】按钮，继续单击【面层 2［5］】中的【材质】浏览按钮，设置【表面填充图案】选项组中【填充图案】选项为"无"，图 12-58 所示为外墙表面设置无表面效果。

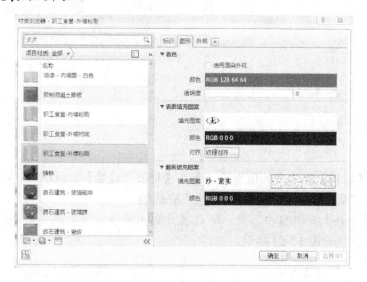

图12-58　【表面填充图案】选项

3. 切换至【插入】选项卡，单击【从库中载入】面板中的【载入族】按钮，将光盘文件中的【分隔缝 30×20.rfa】族类型载入项目文件中，如图 12-59 所示。

图12-59　载入族文件

4. 在默认三维视图中，切换至【建筑】选项卡，单击【构建】面板中的【墙】下拉列表，选择【墙：分隔缝】选项。打开墙饰条的【类型属性】对话框，复制类型为"职工食堂-分隔缝"，并设置【轮廓】参数为刚刚载入的族文件，如图 12-60 所示。

图12-60　设置分隔缝类型属性

5. 单击【确定】按钮后，在外墙适当高度位置单击，为光标所在外墙添加分隔缝。配合旋转视图功能，依次为其他 3 个方向的外墙添加分隔缝，如图 12-61 所示。

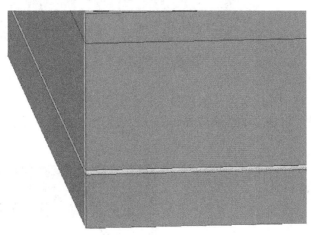

图12-61　添加分隔缝效果

工程点拨：在默认三维视图中添加分隔缝时，**Revit** 会自动显示已经添加分隔缝的轮廓，所以不必担心分隔缝高度问题。

12.5　幕墙设计

12.5.1　幕墙设计概述

幕墙按材料分玻璃幕墙、金属幕墙和石材幕墙等类型。

一、玻璃幕墙

玻璃幕墙是由金属构件与玻璃板组成的建筑外围护结构。按其组合方式和构造做法的不同分为明框玻璃幕墙、隐框玻璃幕墙、全玻璃幕墙和点式玻璃幕墙等。

(1) 明框玻璃幕墙。

明框玻璃幕墙是金属框架构件显露在外表面的玻璃幕墙，由立柱、横梁组成框格，并在幕墙框格的镶嵌槽中安装固定玻璃，如图 12-62 所示。

图12-62　明框玻璃幕墙

(2) 隐框玻璃幕墙。

隐框玻璃幕墙是将玻璃用硅酮结构胶粘结于金属附框上，以连接件将金属附框固定于幕墙立柱和横梁所形成的框格上的幕墙形式。因其外表看不见框料，故称为隐框玻璃幕墙，如图 12-63 所示。

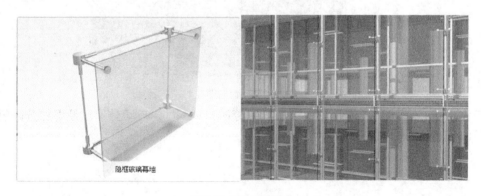

图12-63　隐框玻璃幕墙

(3) 全玻璃幕墙。

全玻璃幕墙是由玻璃板和玻璃肋制作的玻璃幕墙，如图 12-64 所示。全玻璃幕墙的支承系统分为悬挂式、支承式和混合式 3 种。

图12-64　全玻璃幕墙

(4)　点式玻璃幕墙。

点式玻璃幕墙是用金属骨架或玻璃肋形成支撑受力体系，安装连接板或钢爪，并将四角开圆孔的玻璃用螺栓安装于连接板或钢爪上的幕墙形式，如图 12-65 所示。

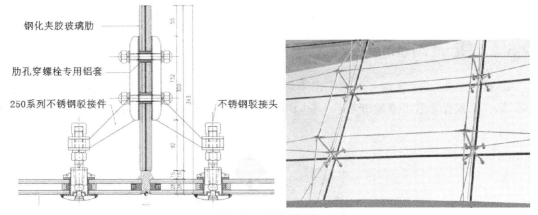

图12-65　点式玻璃幕墙

二、金属幕墙

金属幕墙是金属构架与金属板材组成的，不承担主体结构荷载与作用的建筑外围护结构。金属板材一般包括单层铝板、铝塑复合板、蜂窝铝板、不锈钢板等，如图 12-66 所示。金属幕墙构造与隐框玻璃幕墙构造基本一致。饰面铝板与立柱和横梁连接构造。

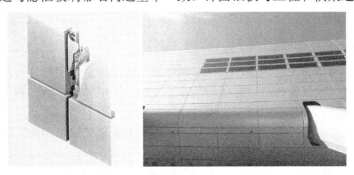

图12-66　金属铝板幕墙

三、石材幕墙

石材幕墙是由金属构架与建筑石板组成的，不承担主体结构荷载与作用的建筑外围结构，如图 12-67 所示。

图12-67 石材幕墙

石材幕墙由于石板（多为花岗石）较重，金属构架的立柱常用镀锌方钢、槽钢或角钢，横梁常采用角钢。立柱和横梁与主体的连接固定与玻璃幕墙的连接方法基本一致。

12.5.2 Revit Architecture 幕墙系统设计

Revit Architecture 在墙工具中提供了幕墙系统族类别，可以使用幕墙系统创建所需的各类幕墙。幕墙系统由"幕墙嵌板""幕墙网格"和"幕墙竖梃"3 部分构成，如图 12-68 所示。

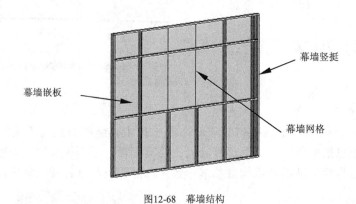

图12-68 幕墙结构

一、幕墙嵌板

幕墙嵌板属于墙体的一种类型，可以在属性选项板的浏览器中选择一种墙类型，也可以替换为自定义的幕墙嵌板族。幕墙嵌板的尺寸不能像一般墙体那样通过拖曳控制柄或修改属性来修改，只能通过修改幕墙来调整嵌板尺寸。

幕墙嵌板是构成幕墙的基本单元，幕墙由一块或多块幕墙嵌板组成。幕墙嵌板的大小、数量由划分幕墙的幕墙网格决定。

幕墙嵌板族的创建在前面第 10 章中已经详细介绍了制作方法，下面介绍使用幕墙嵌板族去替代幕墙系统中的幕墙嵌板的方法。

【例12-10】 使用幕墙嵌板族

1. 新建中国样板的建筑项目文件。

2. 切换视图为三维视图。利用【墙】工具，以"标高 1"为参照标高，在图形区中绘制两段墙体，如图 12-69 所示。

3. 选中所有墙体，在属性选项板的类型选择器中选择新类型"幕墙：外部玻璃"类型，基本墙体自动转换成幕墙，如图 12-70 所示。

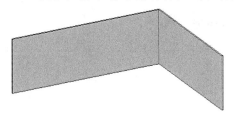

图12-69　绘制墙体

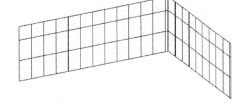

图12-70　将基本墙体转换成幕墙

4. 在项目浏览器的【族】|【幕墙嵌板】|【点爪式幕墙嵌板】节点下，右键选中"点爪式幕墙嵌板"族并选择右键菜单的【匹配】命令，然后选择幕墙系统中的一面嵌板进行匹配替换，如图 12-71 所示。

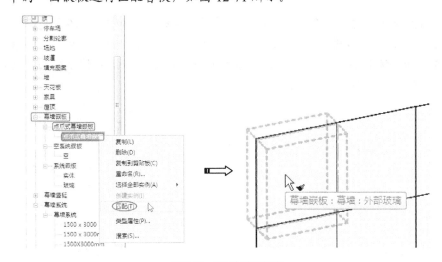

图12-71　匹配幕墙嵌板族

5. 随后幕墙嵌板被替换成项目浏览器中的点爪式幕墙嵌板，如图 12-72 所示。依次选择其余嵌板进行匹配，最终匹配结果如图 12-73 所示。

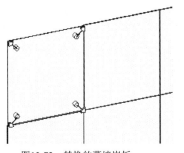

图12-72　替换的幕墙嵌板

图12-73　全部替换完毕的幕墙嵌板

二、使用幕墙系统

通过选择图元面，可以创建幕墙系统。幕墙系统是基于体量面生成的。

【例12-11】 使用幕墙系统

1. 新建中国样板的建筑项目文件。

2. 切换视图为三维视图。利用【体量和场地】选项卡的【内建体量】工具，进入体量设计模式，如图 12-74 所示。

3. 在标高 1 的放置平面上绘制图 12-75 所示的轮廓曲线。

图12-74 新建体量

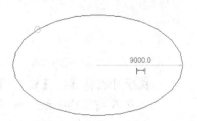

图12-75 绘制轮廓

4. 然后单击【创建形状】按钮，创建圆柱体量模型，如图 12-76 所示。

5. 完成体量设计后退出体量设计模式。在【建筑】选项卡【构建】面板单击【幕墙系统】按钮，再单击【选择多个】按钮，选择圆柱侧面作为添加幕墙的面，如图 12-77 所示。

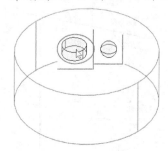

图12-76 创建体量模型

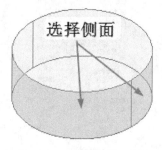

图12-77 选择要添加幕墙的面

6. 单击【修改|放置面幕墙系统】上下文选项卡的【创建系统】按钮，自动创建幕墙系统，如图 12-78 所示。

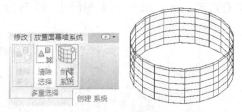

图12-78 创建幕墙系统

7. 创建的幕墙系统是默认的"幕墙系统 1500×3000"的，可以从项目浏览器选择幕墙嵌板族来匹配幕墙系统中的嵌板。

工程点拨：值得注意的是，幕墙系统是由嵌板、竖挺和网格组成的一个集成体，不属于墙类型，所以不能修改其类型。

12.5.3 幕墙网格

【幕墙网格】工具的作用是重新对幕墙或幕墙系统进行网格划分（实际上是划分嵌板），如图 12-79 所示，将得到新的幕墙网格布局，有时也用作在幕墙中开窗、开门。在 Revit Architecture 中，可以手动或通过参数指定幕墙网格的划分方式和数量。

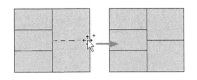

图12-79　划分幕墙网格

【例12-12】　添加幕墙网格

1. 新建中国样板的建筑项目文件。
2. 在"标高 1"楼层平面上绘制墙体，如图 12-80 所示。
3. 将墙体的墙类型重新选择为"幕墙"，如图 12-81 所示。

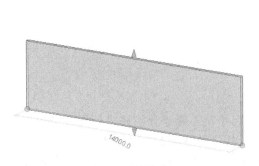

图12-80　绘制墙体

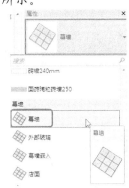

图12-81　设置墙类型

4. 单击【幕墙网格】按钮，激活【修改|放置 幕墙网格】上下文选项卡。首先利用【放置】面板中的【全部分段】工具，将光标靠近竖直幕墙边，然后在幕墙上建立水平分段线，如图 12-82 所示。

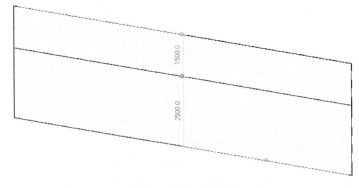

图12-82　建立水平分段线

5. 将光标靠近幕墙上边或下边，建立一条竖直分段线，如图 12-83 所示。

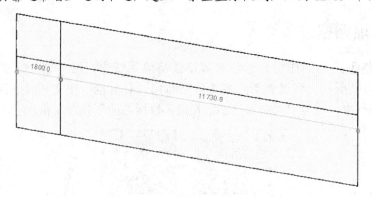

图12-83　建立竖直分段线

6. 同理，完成其余的竖直分段线，每一段间距值相同，如图 12-84 所示。

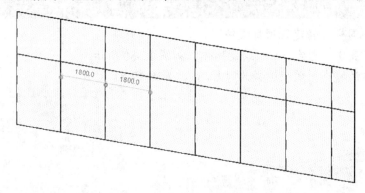

图12-84　完成其余竖直分段线的建立

工程点拨：每建立一条分段线，就修改临时尺寸。不要等分割完成后再去修改尺寸，因为每个分段线的临时尺寸皆为相邻分段线的，一条分段线由 **2** 个临时尺寸控制。

7. 单击【修改|放置 幕墙网格】上下文选项卡【设置】面板中的【一段】按钮
 ╀ ，然后在其中一幕墙网格中放置水平分段线，如图 12-85 所示。

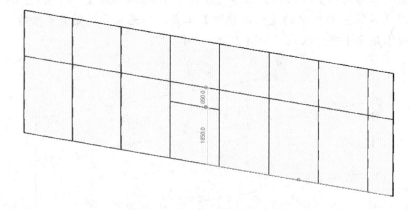

图12-85　在单个网格内水平分段

8. 然后竖直分段，结果如图 12-86 所示。最后再竖直地分段 2 次，如图 12-87 所示。

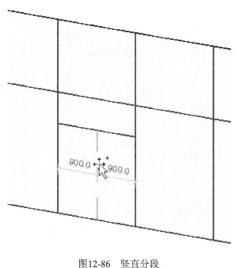

图12-86　竖直分段

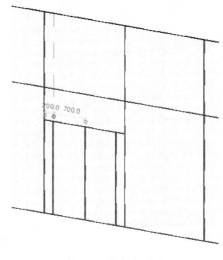

图12-87　完成所有分段

12.5.4　幕墙竖挺

　　幕墙竖梃即幕墙龙骨，是沿幕墙网格生成的线性构件。当删除幕墙网格时，依赖于该网格的竖梃也将同时删除。

【例12-13】　添加幕墙竖挺

1. 以上一案例的结果作为本例的源文件。
2. 在【建筑】选项卡的【构建】面板中单击【竖挺】按钮，激活【修改|放置竖挺】上下文选项卡。
3. 上下文选项卡中有 3 种放置方法：网格线、单段网格线和全部网格线。利用【全部网格线】工具，一次性地创建所有幕墙边和分段线的竖挺，如图 12-88 所示。

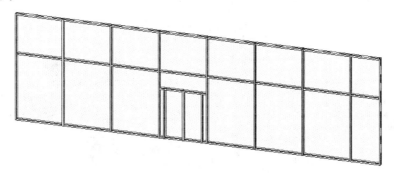

图12-88　创建竖挺

- 【网格线】：此工具是选择长分段线来创建竖挺。
- 【单段网格线】：此工具是选择单个网格内的分段线来创建竖挺。
- 【全部网格线】：此工具是选择整个幕墙，幕墙中的分段线被一次性选中，进而快速地创建竖挺。

4. 放大幕墙门位置，删除部分竖挺，如图 12-89 所示。

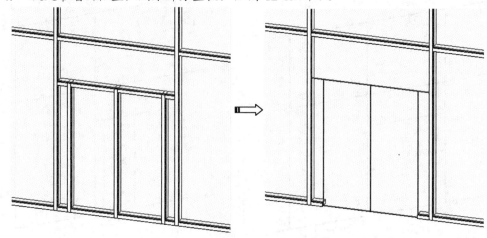

图12-89　删除幕墙门部分的竖挺

12.6　别墅建筑项目案例之三：创建墙体与幕墙

在上一章的别墅项目中，完成了地理位置、标高与轴网、场地设计等工作后，本节将进行从一层到三层的建筑墙体设计。

【例12-14】 创建一层墙体

1. 将前一章的"别墅项目二.rvt"结果文件作为本次设计的源文件。
2. 切换视图至三维视图，首先显示隐藏的体量模型。在状态栏中单击【显示隐藏的图元】按钮，显示体量模型，如图 12-90 所示。

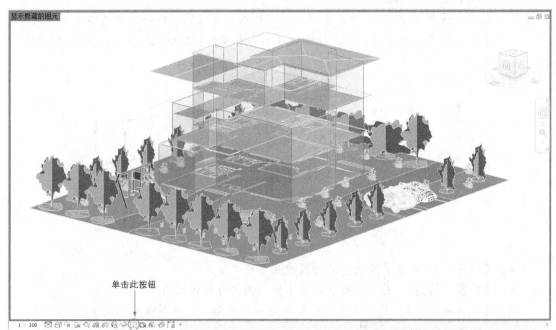

图12-90　显示隐藏的别墅体量模型

3. 在【建筑】选项卡的【构建】面板中选择【墙】|【面墙】命令，在属性选项
   板的类型选择器中选择【叠层墙 1】类型，然后依次选取第一层体量表面来创
   建墙体，如图 12-91 所示。

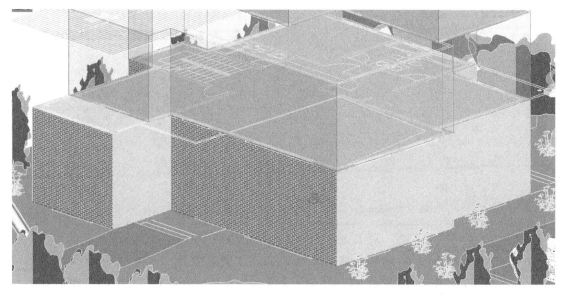

图12-91　创建面墙

4. 全部选中墙体，在【属性】选项板中设置"底部限制条件"为"场地"，设置
   "无连接高度"值为"3950"，如图 12-92 所示。

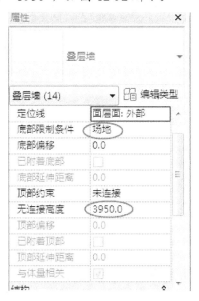

图12-92　设置限制条件

5. 单击 编辑类型 按钮打开【类型属性】对话框，在"结构"参数一栏单击【编
   辑】按钮，弹出【编辑部件】对话框，如图 12-93 所示。

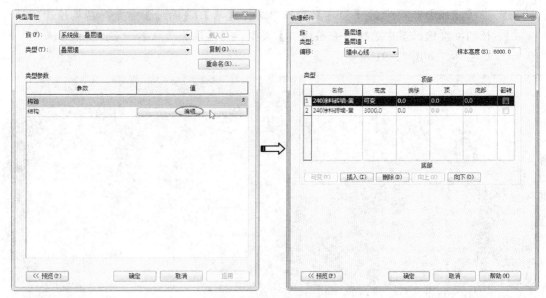

图12-93　编辑【结构】参数

6. 选择编号为 2 的结构，将其名称、高度重新设置为"常规-225mm 砌体" "1350"。单击【插入】按钮增加一个墙的构造层，选择名称为"CW 102-85-140p"类型，设置高度为"100"，设置偏移"50"。设置结果如图 12-94 所示。

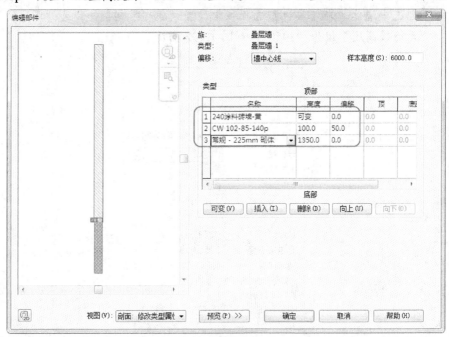

图12-94　插入新构造层

7. 单击【编辑部件】对话框的【确定】按钮，再单击【类型属性】对话框的 【确定】按钮，完成叠层墙体的创建，效果如图 12-95 所示。

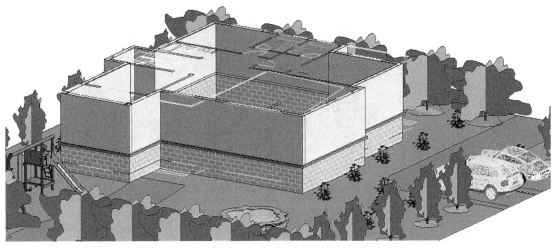

图12-95　创建并编辑叠层墙体

8. 切换视图至"标高 1"视图。利用【墙】工具，选择"基本墙：常规-200mm"类型，选项栏设置如图 12-96 所示。

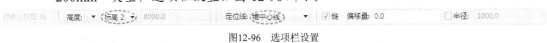

图12-96　选项栏设置

9. 单击【编辑类型】按钮，复制并重命名为"常规-180mm"墙体类型，并编辑基本墙的结构，如图 12-97 所示。

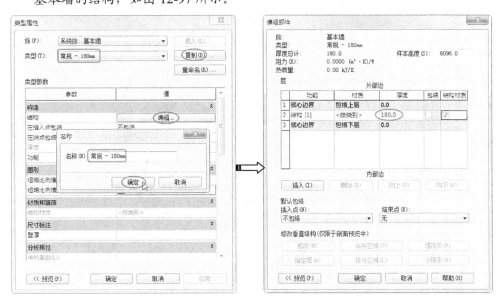

图12-97　复制新墙体类型并编辑结构

10. 在轴网上绘制一层的内墙，如图 12-98 所示。

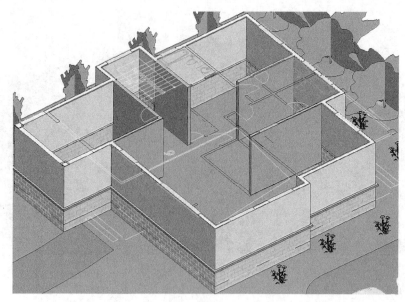

图12-98　绘制 180mm 的内墙

11. 同理，按相同的操作方法，再绘制其余为 120mm 的内墙，如图 12-99 所示。

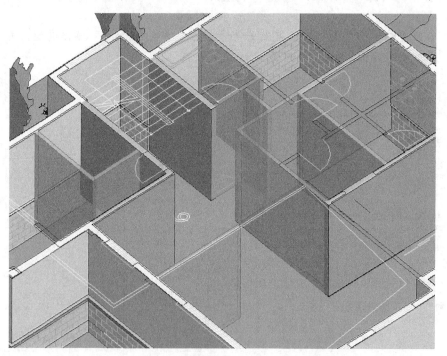

图12-99　绘制 120mm 的内墙体

【例12-15】 创建二层墙体

1. 切换至三维视图。显示隐藏的体量模型，利用【面墙】工具，拾取别墅体量模型二层的外表面来创建基本墙体（类型为"叠层墙 1"），如图 12-100所示。

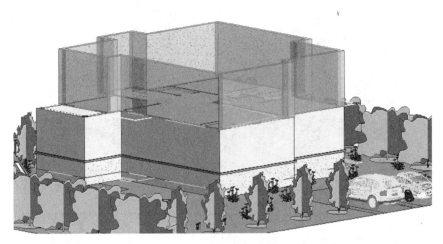

图12-100　创建二层面墙

2. 选中二层所有墙体，单击属性选项板的【编辑类型】按钮，编辑结构如图 12-101 所示。

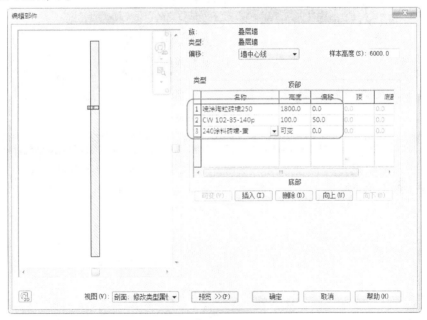

图12-101　设置二层墙体的结构

3. 切换至"标高 2"视图。首先绘制 180mm 的内墙，如图 12-102 所示。

4. 接着绘制 120mm 的内墙，如图 12-103 所示。

工程点拨：注意，在创建其余楼层的墙体时，要设置底部的限制条件，避免在该平面视图中看不见所创建的墙体。如果还是看不见绘制的墙体，最好是在属性选项板中设置"标高 2"平面层的视图范围，即添加剖切面的偏移量。

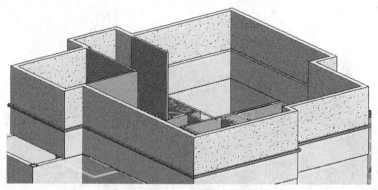

图12-102　绘制 180mm 内墙

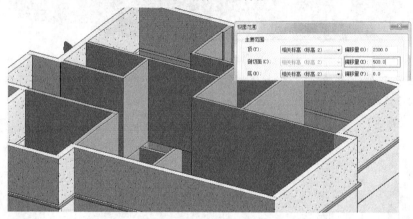

图12-103　绘制 120mm 内墙

【例12-16】 创建三层墙体

1. 接下来显示隐藏的体量模型，切换三维视图。在第三层再创建类型为"基本墙：弹涂陶瓷砖墙 250"的面墙，设置底部限制条件为"标高 3"，设置"顶部约束"为"直到标高：标高 4"，如图 12-104 所示。

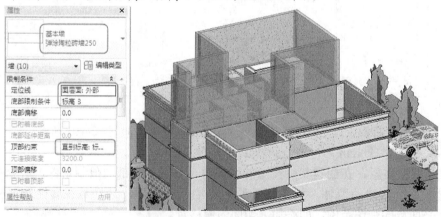

图12-104　创建第三、四层的面墙

2. 切换标高 3 视图。在三层标高 3 创建 180mm 和 120mm 的内墙，如图 12-105 所示。

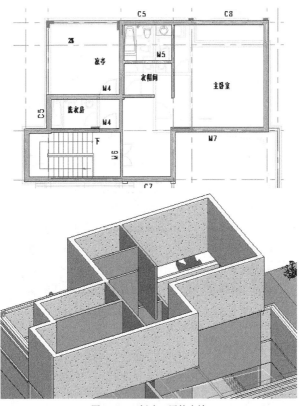

图12-105　创建三层的内墙

【例12-17】 创建墙饰条

1. 在【建筑】选项卡的【构建】面板中选择【墙】|【墙饰条】命令，在一、二、三层墙体上创建墙饰条，如图12-106所示。

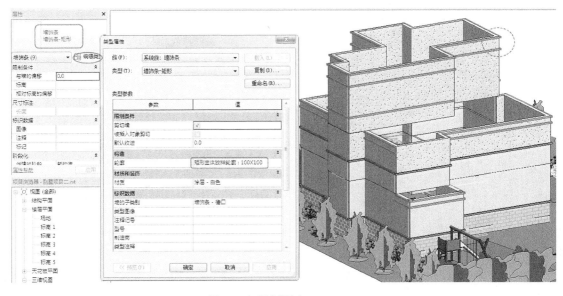

图12-106　创建墙饰条

2. 墙饰条的标高位置如图 12-107 所示。

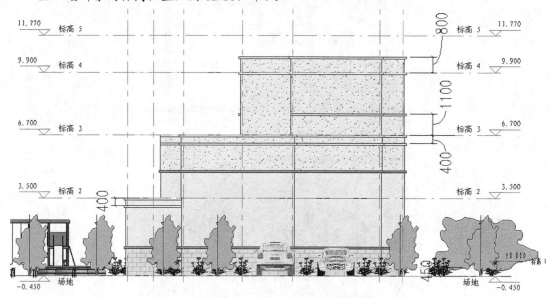

图12-107　墙饰条的标高

3. 最后保存本案例的项目设计。

第13章 建筑门、窗、柱及构件设计

当墙体构建完成后，鉴于建筑门窗、室内摆设及建筑内外部的装饰柱多从第一层就开始设计，因此本章将从第一层的建筑装饰开始，详细介绍创建方法和建模注意事项。

 本章要点

- 门设计。
- 窗设计。
- 柱、梁设计。
- 室内摆设构件设计。

13.1 门设计

门、窗是建筑设计中最常用的构件。Revit Architecture 提供了门、窗工具，用于在项目中添加门、窗图元。门、窗必须放置于墙、屋顶等主体图元上，这种依赖于主体图元而存在的构件称为"基于主体的构件"。删除墙体，门窗也随之被删除。

13.1.1 在建筑中添加门

在 Revit Architecture 中设计门，其实就是将门族模型添加到建筑模型中。Revit Architecture 中自带的门族类型较少，如图 13-1 所示。可以使用【载入族】工具将用户制作的门族载入到当前 Revit Architecture 环境中，如图 13-2 所示。

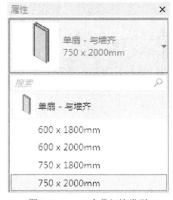

图13-1　Revit 自带门族类型

图13-2　载入门族

【例13-1】 添加门

1. 打开本例源文件 "别墅-1.rvt"，如图 13-3 所示。

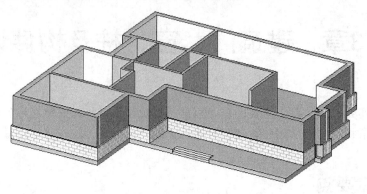

图13-3　打开的项目模型

2. 项目模型是别墅建筑的第一层砖墙，需要插入大门和室内房间的门。在项目浏览器中切换视图为 "一层平面"。

3. 由于 Revit Architecture 中门类型仅有一个，不适合做大门用。所以在放置门时须载入门族。单击【建筑】选项卡【构建】面板中的【门】按钮，切换到【修改|放置门】上下文选项卡，如图 13-4 所示。

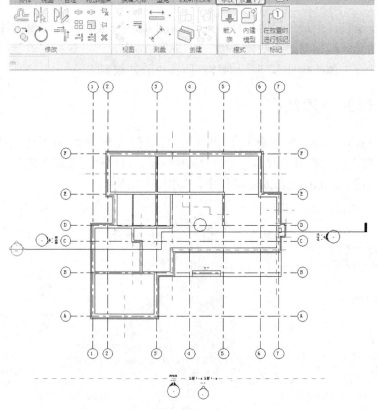

图13-4　执行【门】命令

4. 单击上下文选项卡【模式】面板中的【载入族】按钮，从本例源文件夹中载入"双扇玻璃木格子门.rfa"族，如图 13-5 所示。

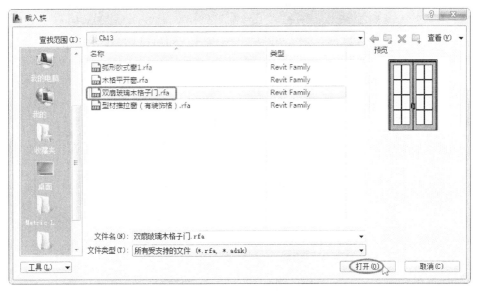

图13-5　载入族

5. Revit 自动将载入的门族作为当前要插入的族类型，此时可将门图元插入到建筑模型中有石梯踏步的位置，如图 13-6 所示。

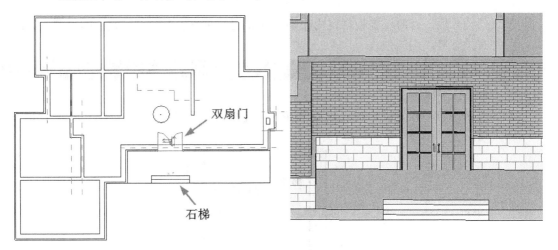

图13-6　选择【默认城市列表】选项

6. 在建筑内部有隔断墙，也要插入门，门的类型主要是两种：一种是卫生间门，另一种是卧室门。继续载入门族"平开木门-单扇.rfa"和"镶玻璃门-单扇.rfa"，并分别插入到建筑一层平面图中，如图 13-7 所示。

工程点拨：放置门时注意开门方向，步骤是先放置门，然后指定开门方向。

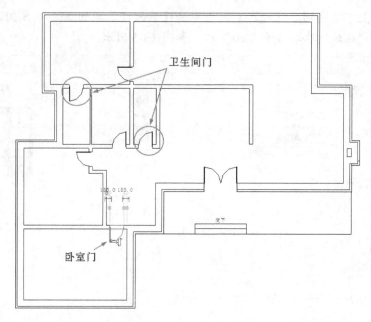

图13-7 在室内插入卫生间门和卧室门

7. 保存项目文件。

13.1.2 编辑门图元

放置门图元后，有时还要根据室内布局设计和空间布置情况，来修改门的类型、开门方向、门打开位置等。

【例13-2】 修改门

1. 继续上一案例。

2. 选中一个门图元，门图元被激活并打开【修改|门】上下文选项卡，如图 13-8 所示。

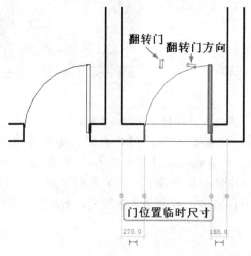

图13-8 门图元激活状态

3. 单击【翻转实例面】符号 ⇕，可以翻转门（改变门的朝向），如图 13-9 所示。

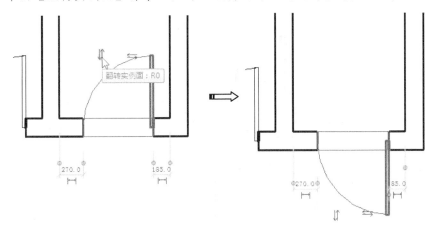

图13-9 翻转门

4. 单击【翻转实例开门方向】符号 ⇆，可以改变开门方向，如图 13-10 所示。

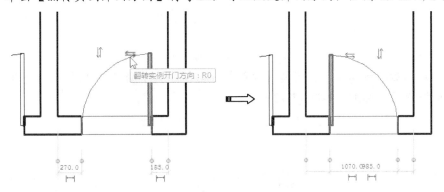

图13-10 改变开门方向

5. 最后我们需要改变门的位置，一般情况下门到墙边距离是一块砖的间距，也就是 120mm，因此更改临时尺寸即可改变门靠墙的位置，如图 13-11 所示。

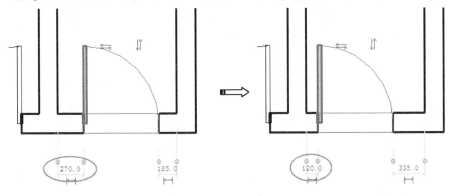

图13-11 改变门靠墙的位置

6. 同理，完成其余门图元的修改。最终结果如图 13-12 所示。

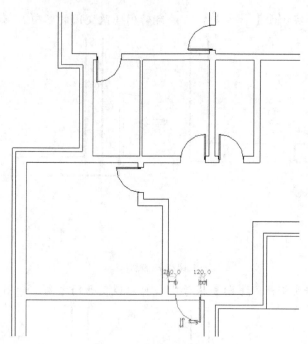

图13-12　完成门图元的修改

7.　插入门后通过项目浏览器将【注释符号】族项目下的"M_门标记"添加到平面图中门图元上。如图 13-13 所示。

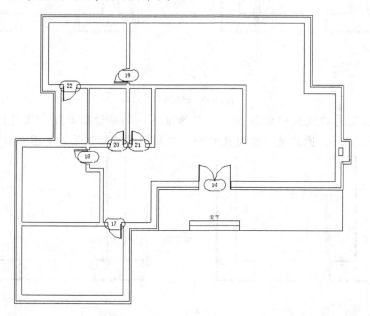

图13-13　添加门标记

8.　如果没有显示门标记，可以利用【视图】选项卡【图形】面板中的【可见性/图形】工具，设置门标记的显示，如图 13-14 所示。

图13-14　设置门标记的显示

9.　当然，我们还可以利用【修改|门】上下文选项卡【修改】面板中的修改变换工具，对门图元进行对齐、复制、移动、阵列、镜像等操作，此类操作在本书第6章中已有详细介绍。

10.　保存项目文件。

13.2　窗设计

建筑中门、窗是不可缺少的，带来空气流通的同时，也让明媚的阳光充分照射到房间中，因此窗的放置也很重要。

13.2.1　在建筑中添加窗

窗的插入和门相同，也需要事先加载与建筑匹配的窗族。接着前面的案例继续操作。

【例13-3】　添加窗

1.　打开本例源文件"别墅-2.rvt"。

2.　在【建筑】选项卡的【构建】面板中单击【窗】按钮▣，激活【修改|放置窗】上下文选项卡。单击【载入族】按钮▣，从本例源文件夹中首先载入"型材推拉窗（有装饰格）.rfa"族文件，如图13-15所示。

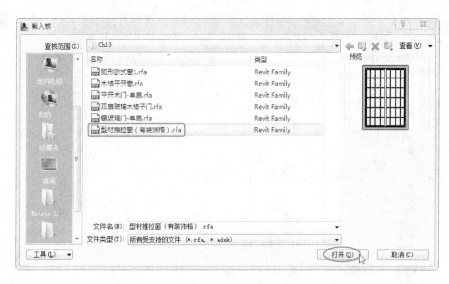

图13-15 载入窗族

3. 将载入的"型材推拉窗（有装饰格）"窗族放置于大门右侧，并列放置 3 个此类窗族，同时添加 3 个"M_窗标记"注释符号族，如图 13-16 所示。

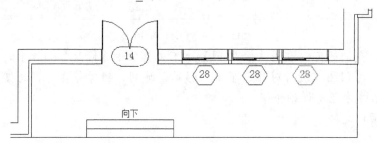

图13-16 添加门和门标记

4. 接着再载入"弧形欧式窗.rfa"窗族（窗标记为 29）并添加到一层平面图中，如图 13-17 所示。

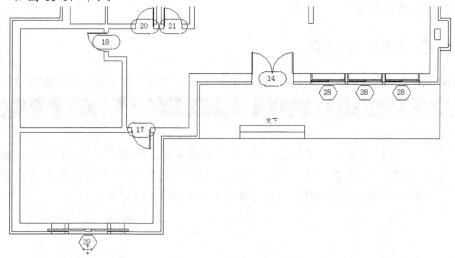

图13-17 添加第二种窗类型

5. 接下来再添加第三种窗族"木格平开窗"（窗标记为 30）到一层平面图中，如图 13-18 所示。

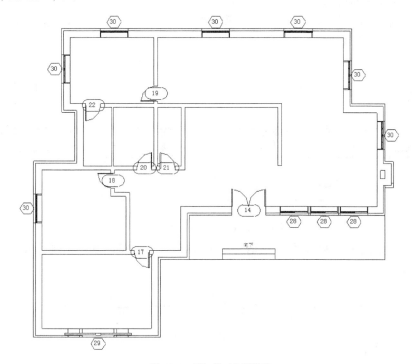

图13-18 添加第三种窗类型

6. 最后添加 Revit 自带的窗类型"固定：1000×1200"，如图 13-19 所示。

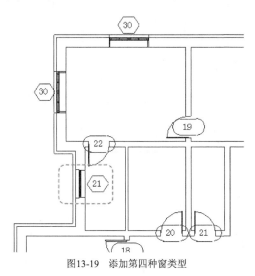

图13-19 添加第四种窗类型

7. 保存项目文件。

13.2.2 编辑窗图元

在平面图中添加窗后，还要进行精准定位窗扇开启朝向。

【例13-4】 修改窗

1. 继续本案例的操作。

2. 首先将大门一侧的 3 个窗户位置重新设置，尽量放置在大门和右侧墙体之间，如图 13-20 所示。

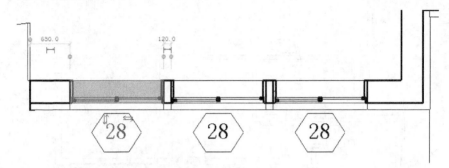

图13-20　修改大门右侧窗的位置

3. 其余窗户基本上按照在所属墙体中间放置原则，修改窗的位置，如图 13-21 所示。

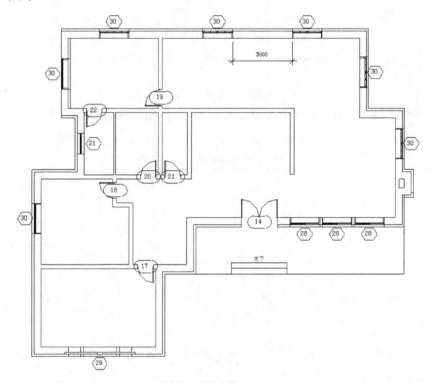

图13-21　修改其他窗户的位置

4. 要确保所有窗的朝向（也就是窗扇位置靠外墙）。将视图切换至三维视图，查看窗户的位置、朝向是否有误，如图 13-22 所示。

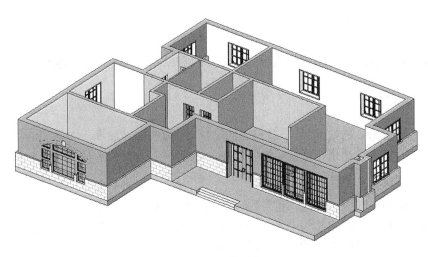

图13-22　三维视图

5. 然而窗底边高度比叠层墙底层高度要低，不太合理，要么对齐，要么高出一层砖的厚度。按 Ctrl 键选中所有"木格平开窗"和"固定：1000×1200mm"窗类型，然后在属性选项板【限制条件】选项下修改"底高度"的值为"900"，如图 13-23 所示。

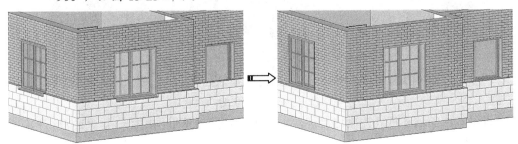

图13-23　修改窗底高度

6. 选中"弧形欧式窗"修改其底高度的值为"750"，调整结果如图 13-24 所示。

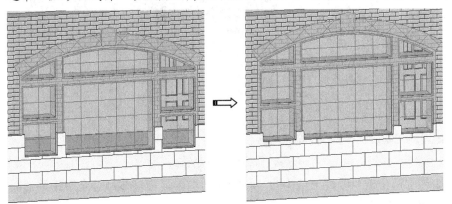

图13-24　调整弧形窗的底高度

7. 保存项目文件。

13.3 柱、梁设计

柱和梁是建筑模型中的主体结构单元，结构柱和结构梁主要用于建筑框架结构设计。

13.3.1 柱概述

Revit Architecture 的柱包括结构柱和建筑柱。结构柱用于承重，如钢筋混凝土的框架结构中的承重柱。建筑柱适用于墙跺等柱子类型，主要用于装饰和围护。

一、常见建筑结构类型

建筑主体结构设计中，建筑机构分砖木结构、砖混结构、剪力墙结构、混凝土全框架结构、钢结构等。其中，砖墙结构中不涉及承重的结构柱，因为墙是承重墙，涉及跨度大的房间，会有结构梁。常见砖木结构如图 13-25 所示。

图13-25　全砖墙结构建筑及内部结构

砖混结构中的墙和柱（先砌墙后浇注混凝土）是同起承重作用的，常见砖混结构的建筑如图 13-26 所示。

图13-26　砖混结构建筑及内部柱和梁

剪力墙结构是全框架混凝土结构的一种特殊结构，是指墙体部分全用钢筋混凝土浇注代替砖材料，如图 13-27 所示。

图13-27　剪力墙框架结构

全框架结构的建筑，柱和梁是承重主体，如图 13-28 所示。

图13-28　全框架结构建筑及内部的柱和梁

钢结构作为主要承重构件全部采用钢材制作，它自重轻，能建超高摩天大楼；又能制成大跨度、高净高的空间，特别适合大型公共建筑。图 13-29 所示为全钢结构建筑。

图13-29　钢结构

二、结构柱分类

框架柱按结构形式的不同，通常分为等截面柱、阶形柱和分离式柱 3 大类。

(1) 等截面柱。

等截面柱有实腹式和格构式两种。等截面柱构造简单，一般适于用作工作平台柱，无吊车或吊车起重量的轻型厂房中的框架柱等。

(2) 阶形柱。

阶形柱有实腹式柱和格构式柱两种。阶形柱由于吊车梁或吊车桁架支承在柱截面变化的肩梁处，荷载偏心小，构造合理，其用钢量比等截面柱节省，在厂房中广泛应用。

(3) 分离式柱。

分离式柱由支承屋盖结构的屋盖和支承吊车梁或吊车桁架的吊车肢所组成，两肢之间以水平板相连接。分离式柱构造简单，制作和安装比较方便，但用钢量比阶形柱多，且刚度较差。框架柱按截面形式可分为实腹式柱和格构式柱两种。

三、建筑柱

建筑柱的主体是结构柱，但外层是用于装饰的装饰材料，如石膏、多层板、金属板等，所以建筑柱是结构柱+外层装饰层。

平面、立面和三维视图上都可以创建结构柱，但建筑柱只能在平面和三维视图上绘制。Revit 中建筑柱和结构柱最大的区别就在于，建筑柱可以自动继承其连接到的墙体等其他构件的材质，而结构柱的截面和墙的截面是各自独立的，如图 13-30 所示。

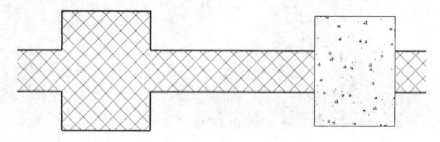

图13-30 建筑柱（左）和结构柱（右）

同时，由于墙的复合层包络建筑柱，所以可以使用【建筑柱】围绕结构柱来创建结构柱的外装饰涂层，如图 13-31 所示。

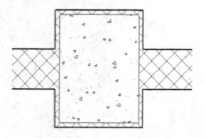

图13-31 墙的复合层包络建筑柱

13.3.2 在轴网上放置结构柱

要创建结构柱必须首先载入族。Revit Architecture 族库中提供了结构柱族。

下面为某食堂建筑砖墙墙体添加结构柱，变成砖混结构建筑。

【例13-5】添加结构柱

1. 打开本例源文件"食堂.rvt"，如图 13-32 所示。

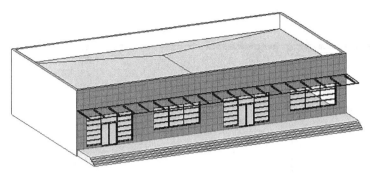

图13-32　食堂模型

2. 切换至 F1 楼层平面视图。在【建筑】选项卡的【构建】面板中单击【结构柱】按钮 ，激活【修改|放置 结构柱】上下文选项卡。

3. 单击【模式】面板中的【载入族】按钮，从 Revit 族库 "结构" | "柱" | "钢筋混凝土" 文件夹中载入 "混凝土-矩形-柱.rfa" 族文件，如图 13-33 所示。

图13-33　载入族

4. 确认结构柱类型列表中当前类型为 "混凝土-矩形-柱: 300×450"。在【放置】面板中单击【垂直柱】按钮 ，然后在选项栏上设置结构柱选项，如图 13-34 所示。

图13-34　设置选项栏

5. 在【多个】面板中单击【在轴网处】按钮 ，然后在图形区中框选轴网，Revit Architecture 自动在轴线与轴线交点位置放置结构柱，如图 13-35 所示。

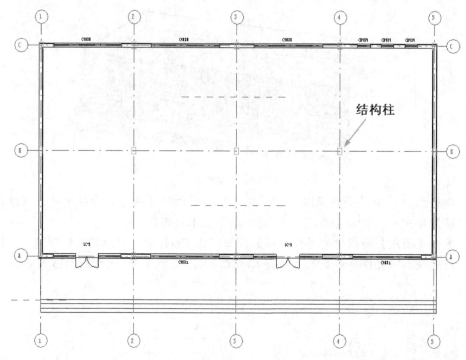

图13-35　在轴网中自动放置结构柱

　　工程点拨：使用【在轴网处】工具，可以快速的在整个建筑轴网中布置统一类型的结构柱，当然一栋建筑中若有不同类型结构柱则另当别论。**Revit Architecture** 提供了两种确定结构柱高度的方式：高度和深度。高度方式是指从当前标高到达的标高的方式确定结构柱高度，深度是指从设置的标高到达当前标高的方式确定结构柱高度。

6. 在【修改|放置 结构柱>在轴网交点处】上下文选项卡的【多个】面板中单击【完成】按钮 ✅ ，完成结构柱的放置。

7. 将视图局部放大，外墙线线型很粗，看不清结构柱的具体位置。如图 13-36 所示。因为墙体是复合墙（外层为抹灰和瓷砖），结构柱须与复合墙的内层砖墙对齐。可以在【视图】选项卡的【图形】面板中单击【细线】按钮，显示细线，如图 13-37 所示。

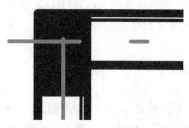

图13-36　显示粗线

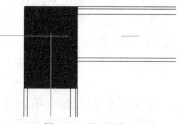

图13-37　显示细线

8. 选中其中一个结构柱，再使用【对齐】工具，勾选选项栏中的【多重对齐】选项，设置对齐【首选】项为【参照墙核心层表面】。然后对齐结构柱外侧边缘至外墙核心层外表面，如图 13-38 所示。

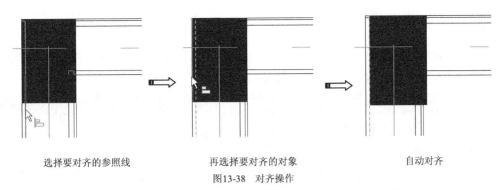

选择要对齐的参照线　　　　再选择要对齐的对象　　　　自动对齐

图13-38　对齐操作

9. 由于选项栏勾选了【多重对齐】选项，可以继续选择同一墙体侧的其他结构柱与参照线对齐，如图 13-39 所示。

工程点拨：使用"多重对齐"选项，沿其中一侧外墙方向完成柱对齐后，应单击视图空白位置或按键盘 Esc 键一次，取消当前参照位置，再选择其他对齐目标。

图13-39　对齐其他结构柱

10. 选择任意结构柱，单击鼠标右键，在弹出的菜单中选择"选择全部实例→在整个项目中"选项，选择全部结构柱，如图 13-40 所示。

11. 然后修改属性面板中的"底部标高"为"室外地坪"标高，"底部偏移"值为0；确认"顶部标高"为 F2 标高，修改"顶部偏移"值为 480，取消勾选【房间边界】选项，其他参数采用默认值。单击【应用】按钮应用该设置，如图 13-41 所示。

图13-40　选择所有结构柱

图13-41　设置所有结构柱属性

12. 最后保存项目文件。

工程点拨："房间边界"选项用于确定是否从房间面积中扣除结构柱所占面积。在结构柱实例参数中，还提供了结构约束、钢筋保护层等结构设置参数。这些内容仅在 Revit Structure 中进行详细结构设计和钢筋配置时发挥作用。Revit Architecture 为保持与 Revit Structure 模型衔接，保留了这些参数。

13.3.3 结构梁设计

梁是用于承重用途的结构图元。每个梁的图元是通过特定梁族的类型属性定义的。此外，还可以修改各种实例属性来定义梁的功能。

【例13-6】添加梁

1. 将上一案例（添加结构柱）的结果作为本例的源文件。
2. 切换视图为 F2，在【结构】选项卡【结构】面板单击【梁】按钮，激活【修改|放置梁】上下文选项卡。

图13-42 载入结构梁族

3. 利用【载入族】工具，从 Revit 族库中载入"结构|框架|混凝土"文件夹中的"混凝土 - 矩形梁.rfa"族文件，如图 13-42 所示。

4. 由于族库中的结构梁尺寸不符合本例要求，故需要重新编辑结构梁参数及属性。在属性选项板单击【编辑类型】按钮，单击【复制】按钮，并重新命名为"250×500mm"，修改梁宽度为"250"，修改梁高度为"500"，如图 13-43 所示。

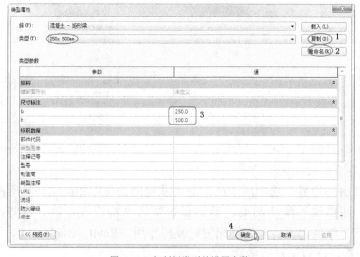

图13-43 复制新类型并设置参数

5. 在选项栏设置放置平面为【标高：F2】，选择结构用途为【大梁】，不要勾选【三维捕捉】复选框和【链】复选框选项，如图 13-44 所示。

图13-44　设置选项栏

6. 然后在属性选项板设置参照标高为"F2"，设置 Z 轴对正为"底"，如图 13-45 所示。

7. 在 F2 楼层平面视图中，利用【直线】工具连接轴线与墙体交点，自动生成结构梁，如图 13-46 所示。

图13-45　选择梁类型

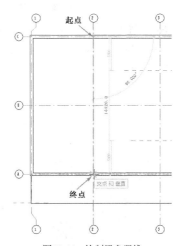

图13-46　绘制梁参照线

8. 同理，完成其余结构梁的添加，如图 13-47 所示。

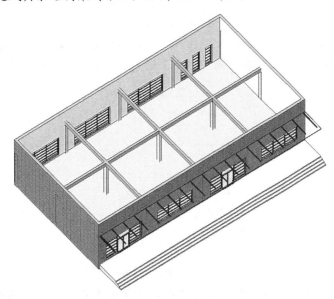

图13-47　完成结构梁的添加

13.3.4 建筑柱设计

建筑柱有时作为墙垛子，加固外墙的结构强度，也起到外墙装饰作用。有时用作大门外的装饰柱，承载雨篷。下面通过两个小案例详解建筑柱的添加过程。

【例13-7】 添加用作墙垛子的建筑柱

1. 将上一案例（添加结构梁）的结果作为本例的源文件。
2. 切换视图为 F1，在【建筑】选项卡的【结构】面板中单击【建筑柱】按钮
   ，激活【修改|放置 柱】上下文选项卡。
3. 单击【载入族】按钮，从 Revit 族库中载入"建筑|柱"文件夹中的"矩形柱.rfa"族文件，如图 13-48 所示。

图13-48 载入建筑柱族

4. 在属性选项板的选择浏览器中选择"500×500mm"规格的建筑柱，并取消【随轴网移动】复选框和【房间边界】的勾选，如图 13-49 所示。

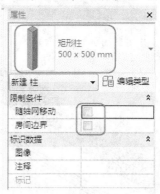

图13-49 设置属性选项板

5. 然后在 F1 楼层平面视图中（编号 2 的轴线与编号 C 的轴线）轴线交点位置上放置建筑柱，如图 13-50 所示。

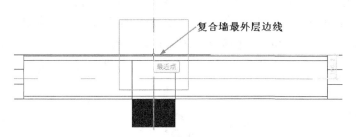

图13-50　放置建筑柱

6. 单击放置建筑柱后，建筑柱与复合墙墙体自动融合成一体，如图 13-51 所示。

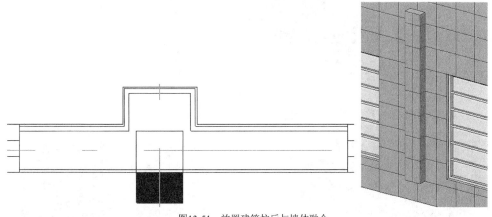

图13-51　放置建筑柱后与墙体融合

7. 同理，分别在编号 3、编号 4、编号 B 的轴线上添加其余建筑柱，如图 13-52 所示。

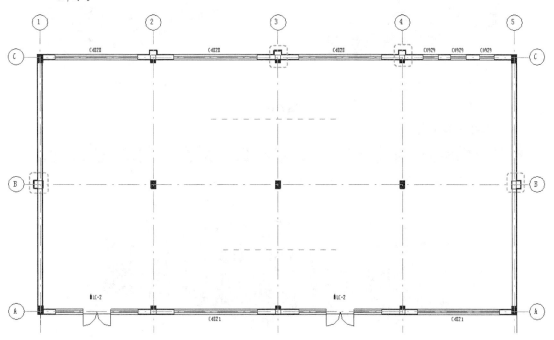

图13-52　添加其余建筑柱

8. 切换视图为三维视图，选中一根建筑柱，再执行右键菜单上的【选择全部实例】|【在整个项目中】命令，然后在属性选项板设置底部标高为"室外地坪"，顶部偏移"2100"，单击【应用】按钮应用属性设置，如图 13-53 所示。

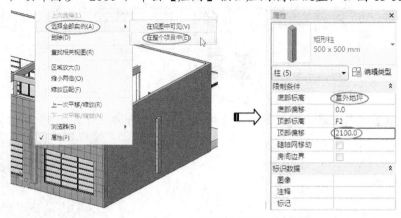

图13-53　编辑建筑柱的属性

9. 编辑属性前后的建筑柱对比如图 13-54 所示。

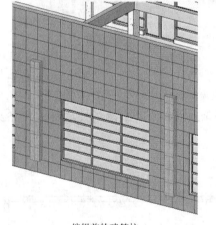
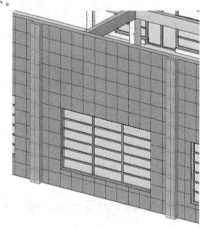

编辑前的建筑柱　　　　　　　　　　　　　　　编辑后的建筑柱

图13-54　编辑建筑柱的前后效果对比

10. 保存项目文件。

【例13-8】 添加用作装饰与承载的建筑柱

1. 打开本例源文件"综合楼.rvt"，如图 13-55 所示。

图13-55　练习模型

2. 接下来将在大门入口的雨篷位置添加两根起装饰和承重作用的建筑柱。切换视图为"场地"，在【建筑】选项卡的【结构】面板中单击【建筑柱】按钮 ，激活【修改|放置 柱】上下文选项卡。

3. 单击【载入族】按钮，从 Revit 族库中载入"建筑|柱"文件夹中的"现代柱2.rfa"族文件，如图 13-56 所示。

图13-56　载入建筑柱族

4. 设置选项栏中的【高度】选项【F2】选项，并在属性选项板中取消【随轴网移动】复选框的勾选，如图 13-57 所示。

图13-57　设置选项栏和属性选项板

5. 然后在"场地"平面视图中放置两根建筑柱，如图 13-58 所示。

6. 切换视图为三维视图，可以看见建筑柱没有与大门走廊和台阶对齐，可使用【对齐】工具，如图 13-59 所示。

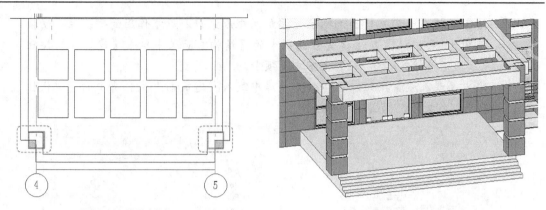

图13-58　放置建筑柱　　　　　　　　　　　　　　　图13-59　建筑柱

7. 选中一根建筑柱，激活【修改|柱】上下文选项卡，单击【修改】面板中的【对齐】按钮，先选择走廊侧面或台阶侧面，再选择建筑柱面进行对齐，如图 13-60 所示。

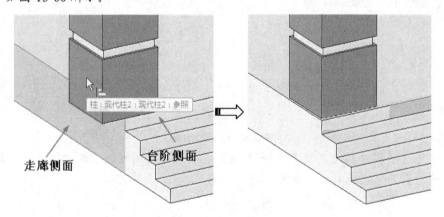

图13-60　对齐操作

8. 同理对齐另一根建筑柱。选中两根建筑柱，然后在属性选项板中设置底部标高参照为"F1"，顶部偏移值为"-500"，回车或单击【应用】按钮应用属性设置，如图 13-61 所示。

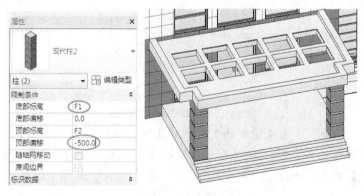

图13-61　编辑属性

9. 保存项目文件。

13.4　室内摆设构件

室内设计即室内软装和硬装布置设计。软装指的是诸如窗帘、桌布、地毯、花瓶、植物、台灯灯饰等易换的装饰性物品；硬装指的是诸如门窗、天花板、立面墙、地板、楼梯等起美化作用的装饰设施。

Revit Architecture 中的构件设计主要是室内软装设计，往房间中添加可以移动的用品和设备（族），下面以案例说明如何在房型内添加构件。

【例13-9】添加室内构件

1. 打开本例源文件"别墅一层.rvt"，如图 13-62 所示。

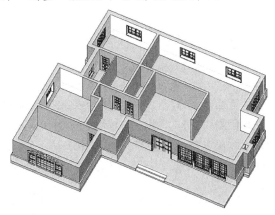

图13-62　打开的模型

2. 切换视图为"一层平面"，在【视图】选项卡中单击【可见性/图形】按钮，在【注释类别】标签下取消【剖面】【参照平面】和【轴网】类别的勾选，使一层平面图中的剖面标记、参照平面边界和轴网等不再显示，如图 13-63 所示。

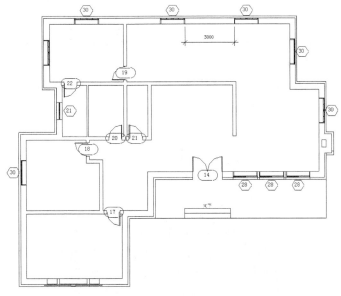

图13-63　隐藏注释标记

3. 在【建筑】选项卡的【构建】面板中单击【构件】按钮 ⬛，激活【修改|放置构件】上下文选项卡。单击【载入族】按钮 ⬛，从本例源文件文件夹中，载入 "板式床-双人.rfa" 家具族，如图 13-64 所示。

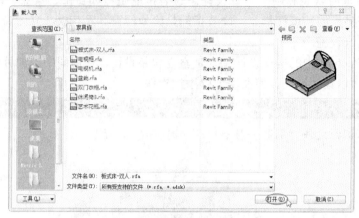

图13-64 载入家具族

4. 在选项栏勾选【放置后旋转】复选框，然后在某个卧室中放置家具族，并旋转一定角度，再利用【移动】工具将床靠墙，如图 13-65 所示。

5. 同样操作，陆续的将窗帘杆（单杆带展开窗帘）、3 个衣服柜子、植物、电视柜（地柜）、电视机、椅子等家具族添加到此房间中，如图 13-66 所示。

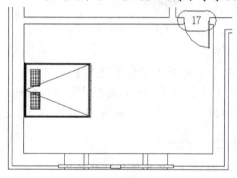

图13-65 放置床家具

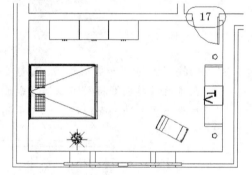

图13-66 放置其余家具

6. 切换视图为三维视图。可以看到诸如电视机没有在电视柜上、窗帘不够宽的问题，需要对其进行编辑，如图 13-47 所示。

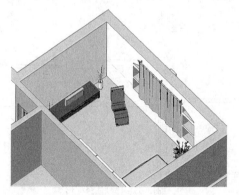

图13-67 室内布置的三维效果图

7. 选中窗帘，在属性选项板设置限制条件下的"立面"参数为"750"，再单击 编辑类型 按钮，在【类型属性】对话框中设置窗帘高"2000"，设置宽度为 "3500"，单击【确定】按钮完成编辑，如图 13-68 所示。

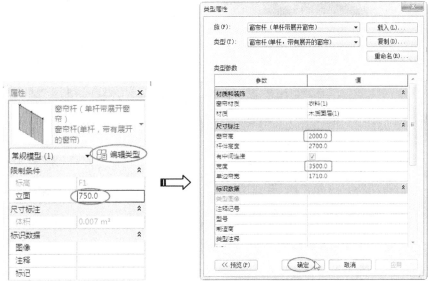

图13-68　设置窗帘属性参数

8. 修改后的窗帘如图 13-69 所示。

9. 选中电视机，在属性选项板上设置偏移量为"360"，单击【应用】按钮完成编辑，效果如图 13-70 所示。

工程点拨：此偏移量的值来自于查询电视柜的尺寸"**W1800×D600×H360mm**"。

图13-69　编辑窗帘属性后的效果

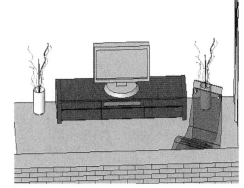

图13-70　编辑电视机属性后的效果

13.5　别墅建筑项目案例之四：创建门、窗、柱梁等

继续别墅建筑项目的设计。本章中将详细介绍别墅各层中的门、窗及柱梁等构件的设计安装。

一层门窗安装参考图如图 13-71 所示；二层门窗安装参考图如图 13-72 所示；三层门窗安装参考图如图 13-73 所示。

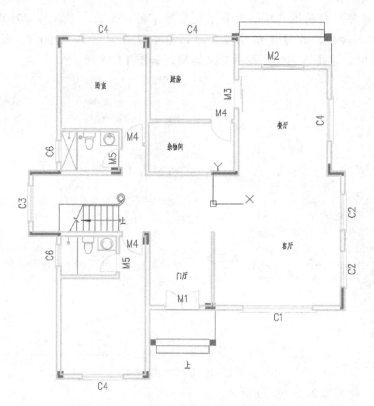

图13-71　一层门窗安装参考图

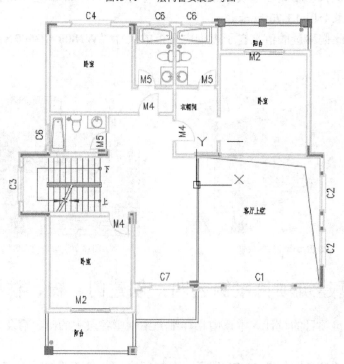

图13-72　二层门窗安装参考图

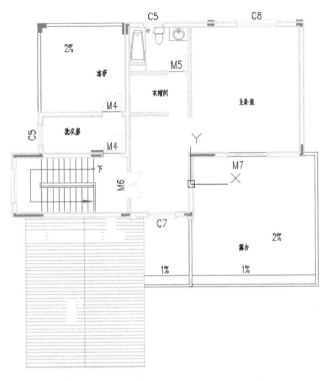

图13-73 三层门窗安装参考图

三层中窗从 C1~C8 的尺寸示意图如图 13-74 所示。

图13-74 别墅三层中窗的尺寸图

门窗表如图 13-75 所示。依据门窗表来创建或载入相应的门窗族。

455

门窗表

门窗名称	洞口尺寸	门窗数量	备注
C1	3000x5600	1	详窗大样
C2	1500x5600	2	\/
C3	1500x7260	1	\/
C4	1800x1800	5	\/
C5	9000x1500	2	\/
C6	9000x1800	5	\/
C7	1200x1400	2	\/
C8	1800x1500	1	\/
M1	1500x2500	1	硬木装饰门
M2	1800x2700	3	铝合金玻璃平开门
M3	1500x2100	1	铝合金玻璃平开门
M4	900x2100	8	硬木装饰门
M5	800x2100	6	硬木装饰门
M6	1200x2100	1	硬木装饰门
M7	1800x2400	1	铝合金玻璃推拉门

图13-75　门窗表

【例13-10】 创建第一层墙体上的门和窗

1. 打开本次项目案例的源文件"别墅项目三.rvt"。
2. 暂将二三层的墙体、CAD 图纸参考等隐藏，如图 13-76 所示。

图13-76　隐藏二三层墙体

3. 切换至标高 1 视图。在【建筑】选项卡的【构建】面板中单击【门】按钮，

激活【修改|放置门】上下文选项卡。

4. 单击【载入族】按钮，然后从本例源文件夹中打开"中式开平门-双扇 5"门族文件，将门族放置在 CAD 一层平面图的 M1 标注位置上，并将门标记"M828"改为"M1"，如图 13-77 所示。

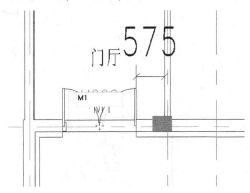

图13-77　放置门并修改门标记

5. 同理，依次将"镶玻璃门-双扇 11（M2）""推拉门-铝合金双扇 002（M3）""硬木装饰门-单扇 17（M4）"和"镶玻璃门-单扇 7（M5）"放置到一层视图中，并与原 CAD 参考图纸中的门标记一一对应并修改。结果如图 13-78 所示。

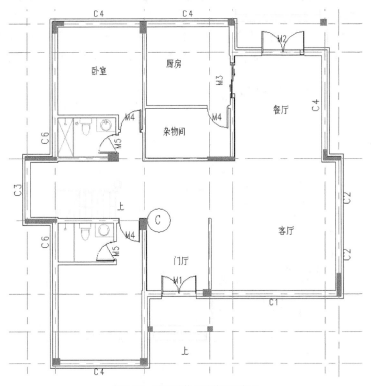

图13-78　放置其他门并修改门标记

工程点拨：放置门并修改门标记后，可将原 **CAD** 图纸隐藏或删除，以免影响后期的图纸制作。

6. 放置门的效果如图 13-79 所示。

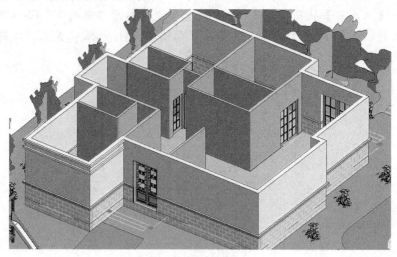

图13-79　放置门的效果图

7. 要创建窗，需要先创建依据前面给出的门窗表来创建族。鉴于 C1、C2 和 C3 窗规格较大，可用幕墙系统工具来设计。其余窗加载窗族即可。

8. 单击【窗】按钮，从本例源文件夹中依次载入 "C4 窗" 和 "C6 窗" 族并放置在一层楼层平面视图中，设置属性选项板中【限制条件】下的【底高度】为 "1000"。

9. 放置后从项目浏览器的【族】|【注释符号】|【标记_窗】节点项目下，拖动【标记_窗】标记到放置的窗族上，并重命名 C4 和 C6，如图 13-80 所示。

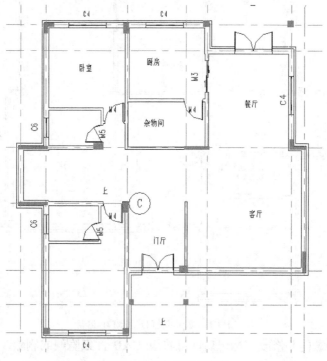

图13-80　放置窗并载入窗标记

10. 选择【建筑】选项卡【构建】面板中的【楼板】|【楼板：结构】命令，然后拾取一层外墙体来创建结构楼板，如图 13-81 所示。

图13-81　创建结构楼板

【例13-11】　创建第二层墙体的门和窗

1. 显示隐藏的二层墙体及 CAD 图纸。利用【门】工具，从本例源文件夹中载入与一层中相同门标记的门族，并放置在二层平面视图中，如图 13-82 所示。

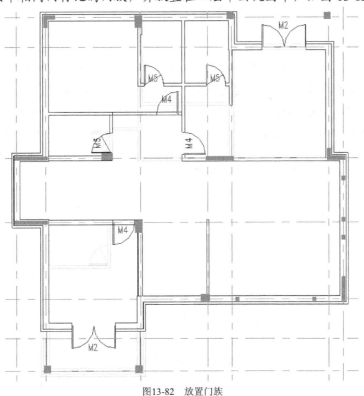

图13-82　放置门族

459

2. 同理，从本例源文件夹中载入 C4、C6 和 C7 的窗族放置在二层墙体中，如图 13-83 所示。

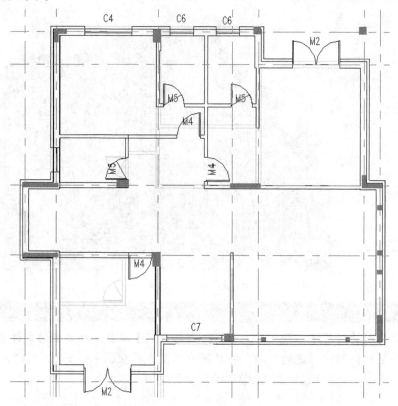

图13-83　放置窗族

工程点拨：由于 **C1** 和 **C2** 窗在一层和二层墙体上，可创建幕墙来替代窗族。利用【修改】选项卡【几何图形】面板中的【连接】工具，将二层外墙和一层外墙连接成整体。若发现一层和二层的墙体外表面不平滑，可使用【对齐】工具对齐两层的墙体外表面。

3. 切换视图为南立面视图。在项目浏览器的【族】|【体量】|【别墅概念体量】节点下右键选中"别墅概念体量"族，并选择右键菜单中的【选择全部实例】|【在整个项目中】命令，如图 13-84 所示。

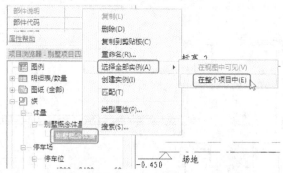

图13-84　选择体量模型

4. 在激活的【修改|体量】上下文选项卡中单击【在位编辑】按钮，进入概念体量模式中。利用【直线】等工具，绘制图 13-85 所示的封闭轮廓。

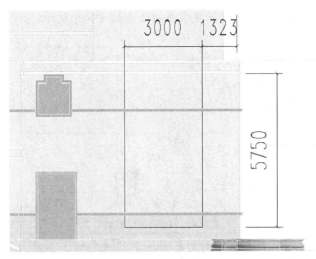

图13-85　绘制封闭轮廓

5. 选中绘制的封闭轮廓，然后创建实心形状，修改拉伸深度为 "-300"，意思是向墙内创建体量，如图 13-86 所示。单击【完成体量】按钮，退出体量设计模式。

工程点拨：要修改实心形状的拉伸深度，先选择外表面，然后修改显示的深度值。

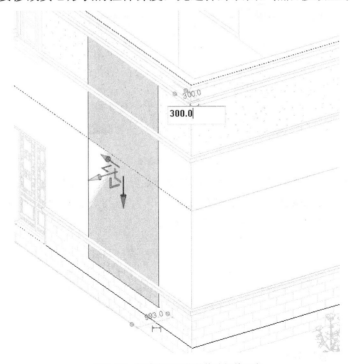

图13-86　创建实心形状并修改拉伸深度

6. 在图形区下方的状态栏单击【显示隐藏的图元】按钮，显示隐藏的体量模型。选择【墙】|【面墙】命令，选择上一步骤创建的体量实心形状表面来创建面墙。

7. 关闭显示的隐藏图元，选中创建的面墙，然后在属性选项板的选择浏览器中

选择【幕墙】类型，使墙体转换成幕墙，如图 13-87 所示

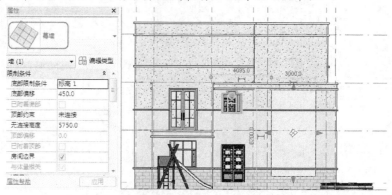

图13-87　转换墙体为幕墙

8. 利用【修改】选项卡【几何图形】面板中的【剪切】工具，先选中墙体，再
选择幕墙，将幕墙所在的部分墙体剪切掉，如图 13-88 所示。

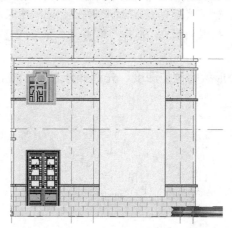

图13-88　剪切墙体

9. 单击【幕墙网格】按钮，激活【修改|放置 幕墙网格】上下文选项卡。首先
利用【放置】面板中的【全部分段】工具，将指针靠近竖直幕墙边，然后在
幕墙上建立水平分段线，如图 13-89 所示。

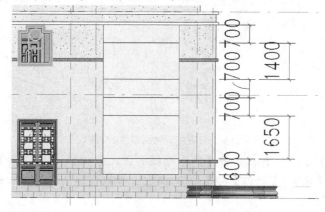

图13-89　建立水平分段线

10. 将指针靠近幕墙上边或下边，建立竖直分段线，如图 13-90 所示。

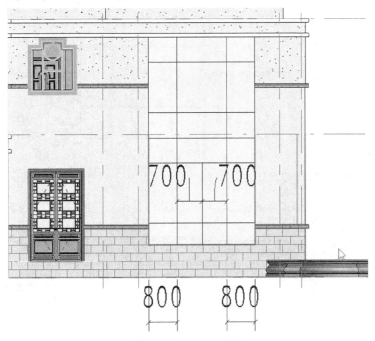

图13-90 建立竖直分段线

11. 在【建筑】选项卡的【构建】面板中单击【竖挺】按钮▦，激活【修改|放置竖挺】上下文选项卡。

12. 单击【全部网格线】按钮▦，然后选择所有的网格线来创建竖挺，如图 13-91 所示。

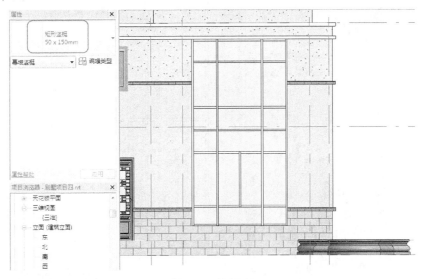

图13-91 创建竖挺

13. 接下来利用【墙】|【墙饰条】工具，绕幕墙窗框周边分别创建水平和竖直的墙饰条，如图 13-92 所示。

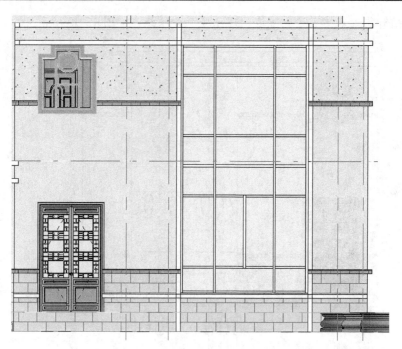

图13-92　创建墙饰条

14. 由于默认的墙饰条是沿墙的长度来创建的，所以单击选中墙饰条，可以拖动其端点控制点来改变墙饰条长度，并使用【连接】工具连接墙饰条。编辑结果如图 13-93 所示。

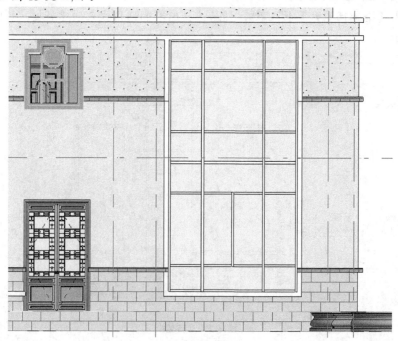

图13-93　修改墙饰条

15. 同理，按此方法创建并安装 C2 窗。图 13-94 所示为体量轮廓与幕墙网格、竖挺。

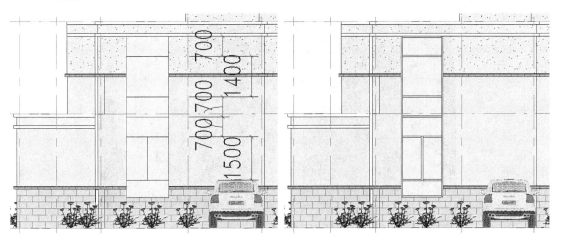

图13-94　创建的 C2 窗

16. 创建一个 C2 窗后，利用【复制】工具复制另一个 C2 窗，并重新利用【剪切】工具剪切外墙，图 13-95 所示为创建完成的 C2 窗。

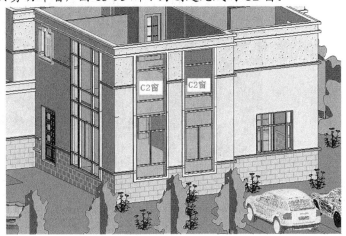

图13-95　创建完成的 C2 窗

17. 利用【墙：饰条】工具，创建一层和二层墙体中所有窗框周边的饰条，如图13-96 所示。

图 13-96　创建窗口周边的墙饰条（1）

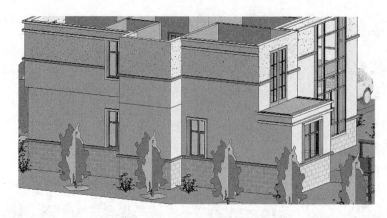

图13-96　创建窗口周边的墙饰条（2）

18. 再利用【墙：饰条】工具，选择【墙饰条：散水】类型，沿一层外墙底部边界来创建散水，如图 13-97 所示。

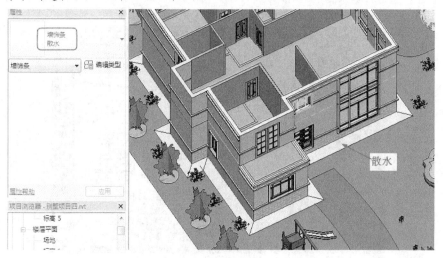

图13-97　创建散水

19. 选择【建筑】选项卡【构建】面板中的【楼板】|【楼板：结构】命令，然后拾取二层外墙体来创建结构楼板，如图 13-98 所示。

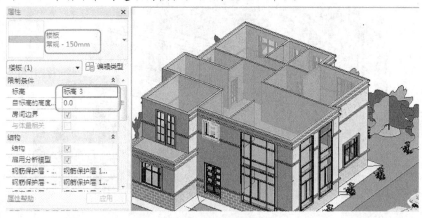

图13-98　创建结构楼板

【例13-12】 创建第三层墙体的门和窗

1. 切换视图为三维视图，利用【门】工具，从本例源文件夹中载入 M4、M5、M6 和 M7 的门族，依据 CAD 参考图 "别墅三层平面图" 将门族放置在对应的位置上，如图 13-99 所示。

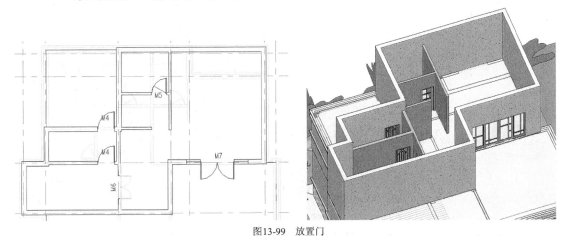

图13-99　放置门

2. 利用【窗】工具，将 C4、C6 和 C7 窗族载入并放置在图 13-100 所示的第三层墙体中。

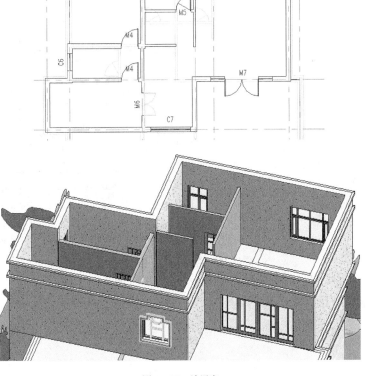

图13-100　放置窗

3. 利用【墙: 饰条】工具, 创建三层中所有窗框周边的墙饰条。

4. 利用【楼板: 结构】工具, 在标高4上创建结构楼板, 如图13-101所示。

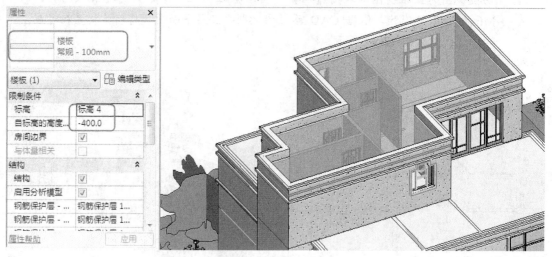

图13-101 创建结构楼板

5. 切换视图至西立面视图。利用前面介绍 C1 窗和 C2 窗的方法, 以幕墙的形式来创建 C3 窗, 如图 13-102 所示。

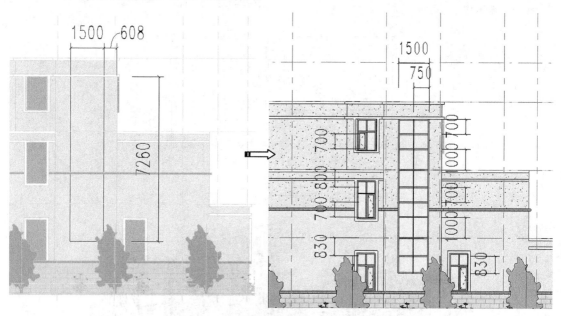

图13-102 创建C3窗 (幕墙0)

6. 最后创建 C3 窗框周边的墙饰条, 如图 13-103 所示。

7. 最后保存别墅项目结果。

图13-103　创建墙饰条

第14章 天花板、楼板、屋顶和洞口

Revit Architecture 提供了楼板、屋顶和天花板工具。与墙类似，楼板、屋顶、天花板都属于系统族，可以根据草图轮廓及类型属性中定义的结构生成任意结构和形状的楼板、屋顶、天花板。

本章将使用这些工具完成建筑项目的设计，掌握楼板、屋顶、天花板和洞口工具的使用方法。

 本章要点

- 楼地层概述。
- 地坪层设计。
- 天花板设计。
- 楼板设计。
- 屋顶设计。
- 洞口工具。

14.1 楼地层概述

建筑物中楼地层作为水平方向的承重构件，起分隔、水平承重和水平支撑的作用。

14.1.1 楼地层组成

楼板层建立在二层及二层以上的楼层平面中。为了满足使用要求，楼板层通常由面层、楼板、顶棚 3 部分组成。多层建筑中楼板层往往还需设置管道敷设、防水隔声、保温等各种附加层。图 14-1 所示为楼板层的组成示意图。

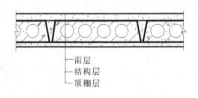
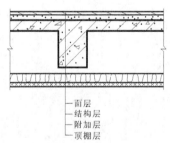

图14-1 楼板层的组成

- 面层（Revit 中称"建筑楼板"）：又称楼面或地面。起着保护楼板、承受并传递荷载的作用，同时对室内有很重要的清洁及装饰作用。
- 楼板（Revit 中称"结构楼板"）：是楼盖层的结构层。一般包括梁和板，主要功能在于承受楼盖层上的全部静、活荷载，并将这些荷载传给墙或柱，同时还对墙身起水平支撑的作用，增强房屋刚度和整体性。
- 顶棚（Revit 中称"天花板"）：是楼盖层的下面部分。根据其构造不同，分为抹灰顶棚、粘贴类顶棚和吊顶棚 3 种。

根据使用的材料不同，楼板分为木楼板、钢筋混凝土楼板、压型钢板组合楼板等。

- 木楼板：是在由墙或梁支承的木搁栅上铺钉木板，木搁栅间是由设置增强稳定性的剪刀撑构成的。木楼板具有自重轻、保温性能好、舒适、有弹性、节约钢材和水泥等优点。但是易燃、易腐蚀、易被虫蛀、耐久性差，特别是需耗用大量木材。所以，此种楼板仅在木材采区使用。
- 钢筋混凝土楼板：具有强度高、防火性能好、耐久、便于工业化生产等优点。此种楼板形式多样，是我国应用最广泛的一种楼板。
- 压型钢板组合楼板：该楼板的做法是用截面为凹凸形压型钢板与现浇混凝土面层组合形成整体性很强的一种楼板结构。压型钢板既作为面层混凝土的模板，又起结构作用，从而增加楼板的侧向和竖向刚度，使结构的跨度加大，梁的数量减少，楼板自重减轻，加快施工进度，在高层建筑中得到广泛的应用。

在建筑物中除了楼板层还有地坪层，楼板层和地坪层统称为楼地层。在 Revit Architecture 中都可以使用建筑楼板或结构楼板工具进行创建。

地坪层主要由面层、垫层和基层组成，如图 14-2 所示。

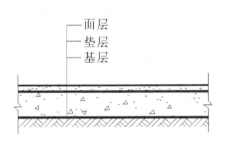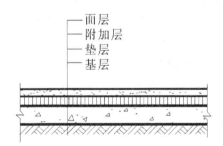

图14-2　地坪层的组成

14.1.2　楼板类型

楼板层按其结构层所用材料的不同，可分为木楼板、砖拱楼板、钢筋混凝土楼板及压型钢板混凝土组合板等多种形式，如图 14-3 所示。

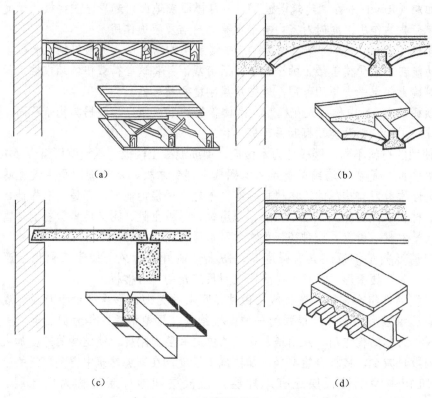

（a）

（b）

（c）

（d）

图14-3 楼板的类型

（a）木楼板：具有自重轻、构造简单、吸热指数小等优点，但其隔声、耐久和耐火性能较差，且耗木材量大，除林区外，一般极少采用。

（b）砖拱楼板：虽可节约钢材、木材、水泥，但其自重大，承载力及抗震性能较差，且施工较复杂，目前也很少采用。

（c）钢筋混凝土楼板：强度高、刚度好，耐久、耐火、耐水性好，且具有良好的可塑性，目前被广泛采用。

（d）压型钢板混凝土组合板：是以压型钢板为衬板与混凝土浇筑在一起而构成的楼板。

14.2　地坪层设计

地坪层是基于 F1（第一层）的楼地层，是室内层，有别于室外地坪。由于地坪层中不含钢筋，可用构建建筑楼板的工具进行创建。有关建筑楼板、结构楼板的详细讲述可参见本章 14.4 节。

下面以某职工食堂的地坪层构建为例，详解其操作过程。

【例14-1】 构建职工食堂的地坪层

1.　打开本例源文件夹中的"职工食堂.rvt"，如图 14-4 所示。切换视图为 F1 楼层平面视图。

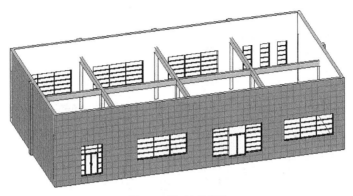

图14-4　职工食堂模型

2. 在【建筑】选项卡的【构建】面板中单击【楼板：建筑】按钮 ，在属性选项板的选择浏览器中选择【室内楼板-150mm】楼板类型，设置标高参照为"F1"，取消勾选【房间边界】选项，如图 14-5 所示。

3. 单击属性选项板中的【编辑类型】按钮 编辑类型 ，打开【类型属性】对话框。复制现有类型并重命名为"室内地坪-150mm"，如图 14-6 所示。

图14-5　设置楼板类型及限制条件　　　　　图14-6　复制新类型

4. 单击【类型属性】对话框的类型参数列表中【结构】一栏的【编辑】按钮，打开【编辑部件】对话框。在此对话框中设置地坪层的相关层，并设置各层的材质和厚度，如图 14-7 所示。

工程点拨：在原有材质基础上，增加了保温层，也就是混凝土浇注前的碎石垫层。地坪层的总厚度不变。

图14-7　编辑地坪层各层材质和厚度

5. 单击【确定】按钮关闭设置。在视图中选择 4 面墙体来创建地坪层，如图 14-8 所示。

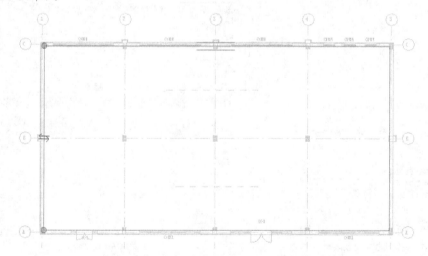

图14-8　拾取墙体以创建地坪层的边界

6. 单击【修改|创建楼层边界】上下文选项卡【模式】面板中的【完成编辑模式】按钮✓，弹出【Revi】信息提示框，单击【否】按钮完成地坪层的构建，结果如图 14-9 所示。

7. 保存项目文件。

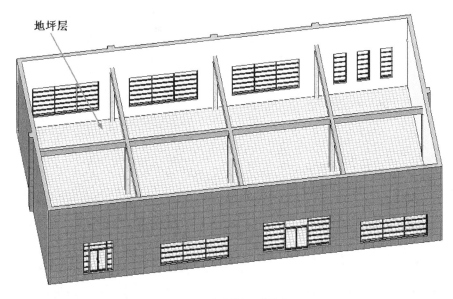

图14-9　完成地坪层的构建

14.3　天花板设计

天花板是楼板层中的最底层，也叫顶棚层。在 Revit 建筑项目中，天花板先于结构楼板和建筑楼板构建。天花板应紧贴在结构梁之下。

天花板因材质不同，其厚度也会不同。例如，简装房的天花板仅仅是抹灰后刷漆，厚度不过 20~30mm，如果是吊顶装修，厚度则达 70~100mm，甚至更厚。

在 Revit Architecture 中，天花板的创建方式包括自动创建天花板和绘制天花板两种。自动创建方式针对所选墙体来确定天花板形状，绘制天花板方式可以通过手工绘制天花板形状，下面以自动创建天花板形式详解操作过程。

【例14-2】 自动创建天花板

1. 以上一案例的结果作为本例源文件。
2. 切换视图为 F2 楼层平面视图。在【建筑】选项卡的【构建】面板中单击【天花板】按钮，激活【修改|放置天花板】上下文选项卡。
3. 在属性选项板选择浏览器中选择【复合天花板 600×600 轴网】类型，设置标高参照为"F2"，"自标高的高度偏移"值为"–85"，勾选【房间边界】选项，如图 14-10 所示。

　　工程点拨："自标高的高度偏移"值是设置天花板最低面与 **F2** 楼层标高的间距，既然要使天花板顶面紧贴结构梁，所以必须下沉一段距离。

4. 单击属性选项板中的【编辑类型】按钮，打开【类型属性】对话框。复制现有类型并重命名为"800 × 800mm 石膏板"，如图 14-11 所示。

图14-10 设置楼板类型及限制条件

图14-11 复制新类型

5. 单击【类型属性】对话框的类型参数列表中【结构】一栏的【编辑】按钮，打开【编辑部件】对话框。在此对话框中设置天花板的相关层，并设置各层的材质和厚度，如图 14-12 所示。

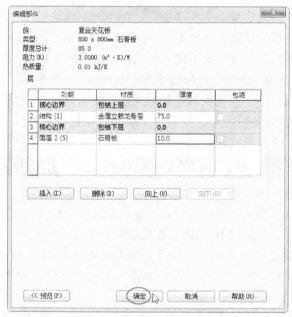

图14-12 编辑各层材质和厚度

工程点拨：有些材质不好寻找时，可以通过【材质浏览器】的搜索功能查找，例如，本例天花板是龙骨和石膏板的组合，可以搜"龙骨"进行材质的查找。其他材质也都可以按此方法查询。

6. 单击【确定】按钮关闭设置。在视图中 4 面墙体内部拾取边界来创建天花板，如图 14-13 所示。

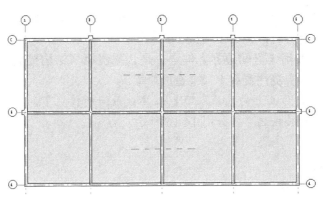

图14-13 拾取墙体以创建地坪层的边界

7. 按 Esc 键结束天花板的构建操作,结果如图 14-14 所示。

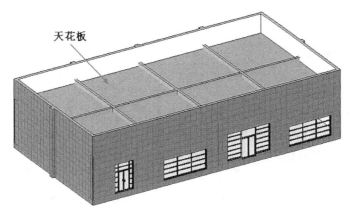

图14-14 完成天花板的构建

8. 保存项目文件。

14.4 楼板设计

Revit Architecture 中楼板工具包括建筑楼板、结构楼板、面楼板和楼板边,下面详解。

14.4.1 结构楼板

结构楼板的主要作用前面已经介绍了,结构楼板与建筑楼板还有一个明显的区别就是结构楼板是基于钢筋混凝土的构件,可以预制也可现浇。

当结构柱和结构梁设计完成后,就可以添加结构楼板了。下面详解结构楼板的操作方法。

【例14-3】 添加结构楼板

1. 打开本例源文件"职工食堂-1.rvt"。

2. 切换视图为 F2,在【建筑】选项卡的【构建】面板中单击【楼板:结构】按钮,激活【修改|创建楼层边界】上下文选项卡。

3. 在属性选项板选择浏览器中选择"楼板:综合楼-150mm-室内"楼板类型,设

置限制条件下的【自标高的高度】值为 "500"（为结构梁高度），取消【房间
边界】选项的勾选，如图 14-15 所示。

工程点拨：此时取消【房间边界】勾选，是让现浇板（结构楼板）浇注在墙体上。否
则，将以墙体内侧为边界浇注混凝土，会造成垮塌。

4. 确保【绘制】面板上的【拾取墙】工具被激活的情况下，拾取楼层平面图中
的墙体来创建楼板边界，如图 14-16 所示。

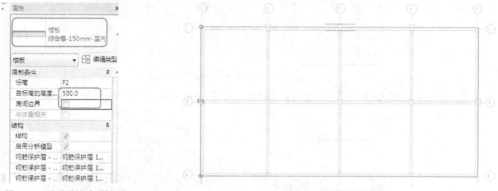

图14-15　设置属性选项板　　　　　　　　　　　　图14-16　绘制楼板边界

5. 单击【完成编辑模式】按钮 ✔，弹出【Revit】信息提示对话框，单击【否】
按钮，随后【Revit】信息提示对话框显示 "是否希望将高达此楼层标高的墙
附着到此楼层的底部"，单击【否】按钮，如图 14-17 所示。

图14-17　信息提示对话框

6. 添加的楼板如图 14-18 所示。

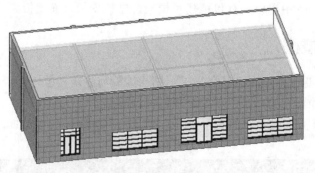

图14-18　添加的楼板

工程点拨： "是否希望将高达此楼层标高的墙附着到此楼层的底部" 信息告诉用户楼板
高度以上的墙体是否被修剪，选择【否】，是因为建筑物的墙体高度是高出 **F2** 标高
2100mm 的，若选择【是】，这部分墙体（作为楼顶围墙）将会被楼板修剪掉，如图 **14-19**
所示。

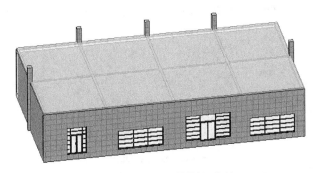

图14-19　选择【是】后的楼板添加情况

7. 由于食堂只有一层，楼板的面层必须设计得中间高四周低，便于排水。下面编辑楼板。

【例14-4】 编辑楼板

1. 选中结构楼板，激活【修改|楼板】上下文选项卡。
2. 单击【形状编辑】面板中的【添加分隔线】按钮 `添加分割线`，然后在 F2 楼层平面视图中绘制两条分隔线，如图 14-20 所示。

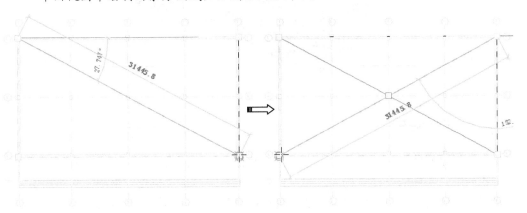

图14-20　绘制分隔线

3. 按 Esc 键退出楼板修改模式。切换视图为三维视图，重新选中结构楼板，再次激活【修改|楼板】上下文选项卡。单击【修改子图元】按钮，然后单击选中两条分隔线的交点，显示该点的高程，如图 14-21 所示。

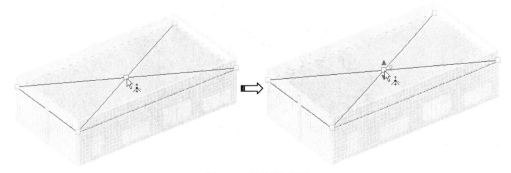

图14-21　显示点的高程

4. 再单击点旁边的"0"高程值，修改为"100"，如图 14-22 所示。

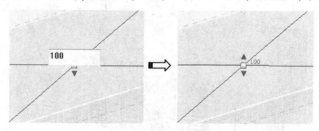

图14-22　修改点的高程

5. 按 Esc 键退出编辑模式，完成了结构楼板的创建和编辑操作，效果如图 14-23 所示。最后保存项目文件。

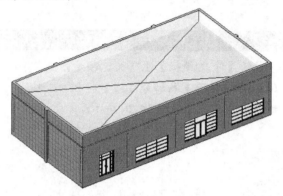

图14-23　添加完成的结构楼板

14.4.2　建筑楼板

建筑楼板是楼地层中的"面层"，是室内装修中的地面装饰层。其构建方法与结构楼板是完全相同的，不同的是楼板构造。建筑楼板中没有混凝土层也没有钢筋，其结构层主要是砂、水泥混合物。下面以某别墅二层的建筑楼板设计为例，详解操作步骤。

【例14-5】添加并编辑建筑楼板

1. 打开本例练习项目源文件"别墅.rvt"，如图 14-24 所示。

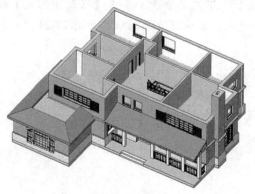

图14-24　别墅模型

2. 鉴于房间较多，选择一个主卧和卧室卫生间来构建建筑楼板。切换视图为

"二层平面"平面视图。利用【视图】选项卡【图形】面板中的【可见性/图形】工具，打开【可见性/图形替换】对话框。在【注释类别】标签下取消【在此视图中显示注释类型】复选框的勾选，隐藏所有的注释标记，如图14-25所示。

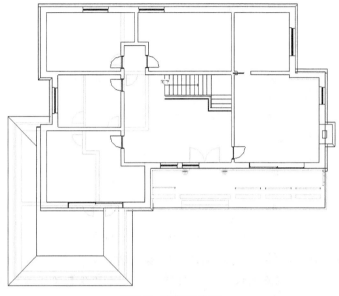

图14-25 隐藏注释标记

3. 在【建筑】选项卡的【构建】面板中单击【楼板：建筑】按钮，在属性选项板的选择浏览器中选择【楼板：常规-150mm】楼板类型，设置标高参照为"F2"，勾选【房间边界】选项，如图14-26所示。

4. 单击属性选项板中的【编辑类型】按钮，打开【类型属性】对话框。复制现有类型并重命名为"卧室木地板 - 100mm"，如图14-27所示。

图14-26 设置楼板类型及限制条件

图14-27 复制新类型

5. 单击【类型属性】对话框的类型参数列表中【结构】一栏的【编辑】按钮，打开【编辑部件】对话框。在此对话框中设置地坪层的相关层，并设置各层的材质和厚度，如图 14-28 所示。

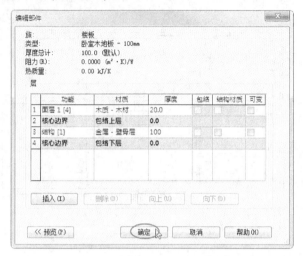

图14-28　编辑地坪层各层材质和厚度

工程点拨：室内木地板结构主要是木板和骨架，骨架分木质骨架和合金骨架。

6. 单击【确定】按钮关闭设置。在视图中利用【直线】工具绘制沿墙体内侧来创建建筑楼板的边界线，如图 14-29 所示。

7. 单击【修改|创建楼层边界】上下文选项卡【模式】面板中的【完成编辑模式】按钮，完成卧室建筑楼板的构建，结果如图 14-30 所示。

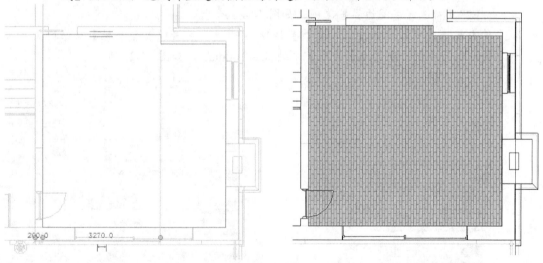

图14-29　绘制边界线　　　　　　　　　图14-30　完成卧室建筑楼板的构建

8. 接下来创建主卧卫生间的建筑楼板。在【建筑】选项卡的【构建】面板中单击【楼板：建筑】按钮，在属性选项板的选择浏览器中选择【楼板：常规-150mm】楼板类型，设置标高参照为"F2"，勾选【房间边界】选项。

9. 单击属性选项板中的【编辑类型】按钮，打开【类型属性】对话框。

复制现有类型并重命名为"卫生间木地板 - 100mm"，如图 14-31 所示。

图14-31 复制新类型

10. 单击【类型属性】对话框的类型参数列表中【结构】一栏的【编辑】按钮，
    打开【编辑部件】对话框。在此对话框中设置地坪层的相关层，并设置各层
    的材质和厚度，如图 14-32 所示。

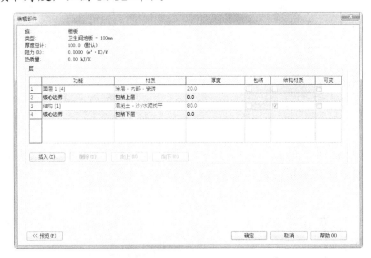

图14-32 编辑卫生间楼板各层材质和厚度

工程点拨：原则上卫生间的地板要比卧室地板低 **50~100mm**，防止卫生间的水流进卧室。由于卫生间的结构楼板没有下沉 **50mm**，所有只能通过调整建筑楼板的整体厚度以形成落差。卫生间地板结构为"混凝土-沙/水泥找平"和"涂层-内部-瓷砖"层。

11. 单击【确定】按钮关闭设置。在视图中利用【直线】工具绘制沿墙体内侧来
    创建建筑楼板的边界线，如图 14-33 所示。

12. 单击【修改|创建楼层边界】上下文选项卡【模式】面板中的【完成编辑模
    式】按钮 ，完成卫生间建筑楼板的构建，结果如图 14-34 所示。

图14-33　绘制边界线

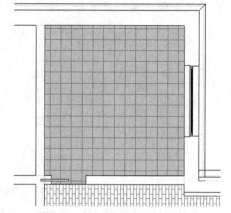

图14-34　完成卫生间建筑楼板的构建

13. 卫生间地板中间部分要比周围要低，利于排水，因此需要编辑卫生间地板。选中卫生间建筑地板，激活【修改|楼板】上下文选项卡。

14. 单击【添加点】按钮 ◢，在卫生间中间添加点，如图 14-35 所示。

15. 按 Esc 键结束添加点，随后修改该点的高程值为 "5"，如图 14-36 所示。

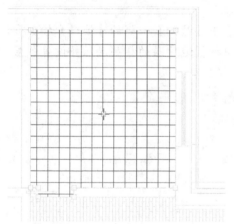

图14-35　添加点

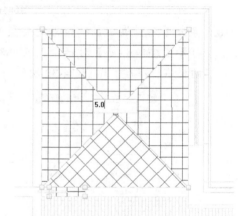

图14-36　修改点的高程

16. 修改卫生间建筑楼板的效果如图 14-37 所示。

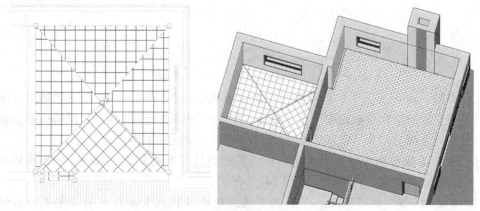

图14-37　修改卫生间建筑楼板的效果

17. 保存项目文件。

14.4.3　面楼板

利用【面楼板】工具可以将体量建筑中楼层平面转换成楼板，下面举例说明。

【例14-6】创建面楼板

1. 打开本例源文件"办公楼体量模型.rvt"。
2. 单击【体量和场地】选项卡【概念体量】面板中的【显示体量形状和楼层】工具，在视图中临时启用体量模型显示。如图 14-38 所示。

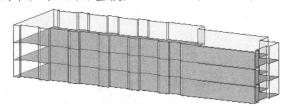

图14-38　显示体量模型

工程点拨：默认情况下，视图可见性中的体量显示被关闭。通过"显示体量形状和楼层"选项，可以在当前视图中临时打开体量的显示。

3. 在【建筑】选项卡的【构建】面板中单击【楼板：面楼板】按钮，激活【修改|放置面楼板】上下文选项卡。
4. 在属性选项板选择浏览器中选择【楼板：室内楼板-150mm】类型，如图 14-39 所示。
5. 在【选择多个】命令激活状态下，依次选择体量模型中的 3 个体量楼层面，如图 14-40 所示。

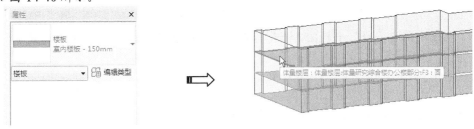

图14-39　选择楼层类型　　　　　　　　图14-40　选择体量楼层面

6. 单击【创建楼板】按钮，体量楼层面转换成实体模型楼板，如图 14-41 所示。

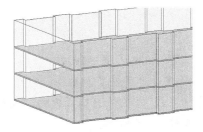

图14-41　生成实体楼板

7. 保存项目文件。

14.4.4　创建带有坡度的楼板

前面创建的楼板都是水平方向的楼板，有时候根据地形或楼层需求，会设计具有一定斜度的楼板。

在绘制楼板边缘时，可以使用坡度箭头、指定坡度或指定楼板边界线标高偏移的形式创建带有坡度的楼板。下面通过练习说明创建带坡度楼板的过程与方法。

【例14-7】创建带有坡度的楼板

1. 打开本例"工厂厂房.rvt"项目文件。该项目由两部分独立的主体建筑构成，两建筑底层高度落差 1.2m 左右，如图 14-42 所示。

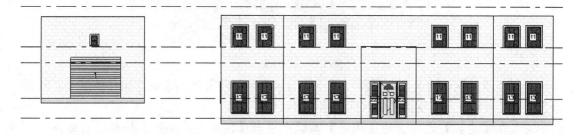

图14-42　建筑模型

2. 切换至 F1 楼层平面视图。使用【建筑楼板】工具，激活【修改|创建楼层边界】上下文选项卡。设置选项栏中的"偏移量"为 0，勾选【延伸至墙中心】选项。如图 14-43 所示。

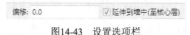

图14-43　设置选项栏

3. 利用【直线】工具在 3 号门与 4 号门之间绘制图 14-44 所示的楼板边界。

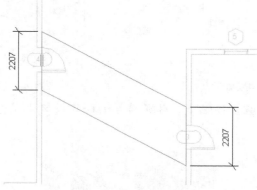

图14-44　绘制楼板边界

4. 单击【绘制】面板中的【坡度箭头】按钮 坡度箭头，切换至坡度箭头绘制模式，设置绘制方式为"直线"，确认选项栏中的"偏移量"为 0，然后绘制从左至右的水平箭头，如图 14-45 所示。

工程点拨：注意绘制箭头时，箭头的头和尾都要接触两边的墙，否则最终的坡度楼层

不会与两侧楼板相接。箭头的头部指向低端、尾部指向高端。

5. 在属性选项板上设置限制条件下的【指定】为"尾高"、【最低处标高】为
   "FM"、【最高处标高】为"F1",单击【应用】按钮应用设置,如图 14-46 所
   示。

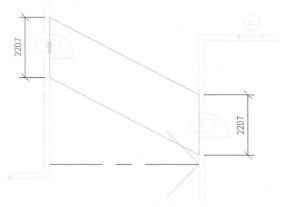

图14-45 绘制坡度箭头

图14-46 设置属性选项板

工程点拨:当需要精确的指定楼板坡度时,可以设置【指定】为"坡度"。

6. 单击"完成编辑状态"按钮 ✓ 完成楼板。切换至三维视图,完成后的楼板如
   图 14-47 所示。

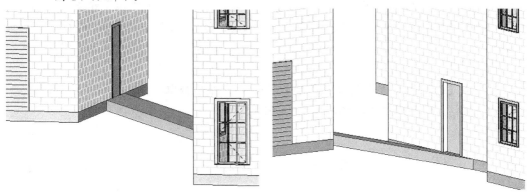

图14-47 创建完成带有坡度的建筑楼板

7. 保存项目文件。

14.5 屋顶设计

不同的建筑结构和建筑样式,会有不同的屋顶结构,如别墅屋顶、农家小院屋顶、办公楼屋顶、迪士尼乐园建筑屋顶等。

针对不同屋顶结构,Revit 提供了不同的屋顶设计工具,包括脊线屋顶、拉伸屋顶、面屋顶、房檐等工具。

14.5.1 迹线屋顶

迹线屋顶分平屋顶和坡屋顶。平屋顶也称平房屋顶,为了便于排水整个屋面的坡度应小

于 10%。坡屋顶也是常见的一种屋顶结构，如别墅屋顶、人字形屋顶、六角亭屋顶等。

【例14-8】 别墅坡度屋顶设计

1. 打开本例源文件 "别墅-1.rvt" 文件。图 14-48 所示为别墅第二层的创建迹线屋顶。

2. 切换视图为 "二层平面"，在【建筑】选项卡的【构建】面板中单击【迹线屋顶】命令，激活【修改|创建屋顶迹线】上下文选项卡。

3. 在属性选项板中选择【基本屋顶：常规 - 250mm】类型，设置底部标高为 "F3"，取消【房间边界】选项的勾选，如图 14-49 所示。

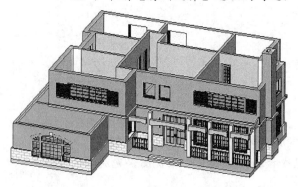

图14-48　别墅模型

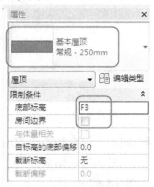

图14-49　设置限制条件

4. 在选项栏勾选【定义坡度】选项，并输入悬挑值 "600"，如图 14-50 所示。

图14-50　设置选项栏

5. 单击【绘制】面板中的【拾取墙】按钮，然后拾取楼层平面视图中第二层的墙体，以创建屋顶迹线，如图 14-51 所示。

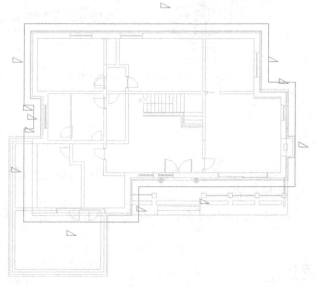

图14-51　创建屋顶迹线

6. 设置属性选项板中【尺寸标注】下的【坡度】值为 30°。

7. 单击【完成编辑模式】按钮 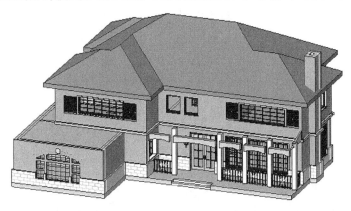，完成坡度屋顶的创建，如图 14-52 所示。

图14-52 完成坡度屋顶的创建

8. 接下来继续创建第一层的坡度屋顶的创建。第一层的坡度屋顶和第二层的坡度屋顶的选项栏设置和属性选项板的设置是完全相同的，只是屋顶边界有区别。切换视图为"一层平面"楼层平面视图。

9. 选择【迹线屋顶】命令，设置选项栏和属性选项板后，利用【拾取墙体】拾取墙体工具绘制图 14-53 所示的屋顶边界线。

10. 取消绘制，拖曳端点连接断开的边界线，如图 14-54 所示。

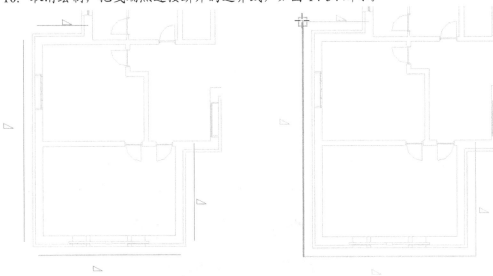

图14-53 拾取墙获取边界线   图14-54 拖曳端点连接边界线

11. 利用【拾取线】工具，设置选项栏的偏移量为"1200"，坡度与第二层的屋顶坡度相同，然后拾取前面绘制的边界线作为参照，得到内偏移的边界线，如图 14-55 所示。

12. 拖曳线端点编辑内偏移的边界线，如图 14-56 所示。

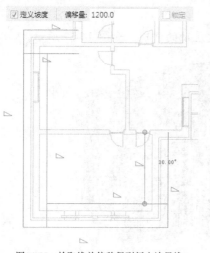

图14-55 拾取线并偏移得到新内边界线

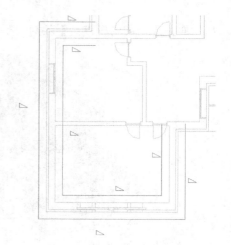

图14-56 拖曳端点编辑内边界线

13. 最后利用【直线】工具封闭外边界线和内边界线，得到完整的屋顶边界线，如图 14-57 所示。选中内侧所有的边界线，然后在属性选项板中取消【定义屋顶坡度】复选选项的勾选，如图 14-58 所示。

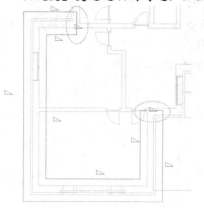

图14-57 绘制线完成完整边界线

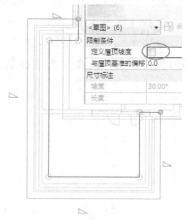

图14-58 设置限制条件

14. 单击【完成编辑模式】按钮 ✓ ，完成第一层坡度屋顶的创建，如图 14-59 所示。

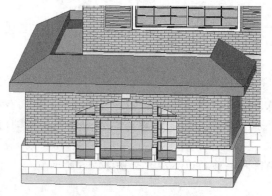

图14-59 完成第一层坡度屋顶的创建

15. 保存项目文件。

【例14-9】 创建平屋顶

1. 打开本例源文件"平房.rvt",如图 14-60 所示。

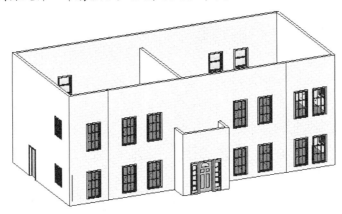

图14-60　平房模型

2. 切换视图为"F4"楼层平面视图。选择【迹线屋顶】命令,激活【修改|创建屋顶迹线】上下文选项卡。设置属性选项板的限制条件,利用【拾取墙体】拾取墙体工具绘制图 14-61 所示的屋顶边界线。

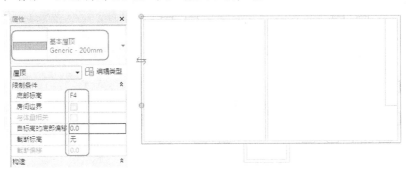

图14-61　设置限制条件绘制屋顶边界线

3. 单击【完成编辑模式】按钮 ✅,完成平屋顶的创建,如图 14-62 所示。

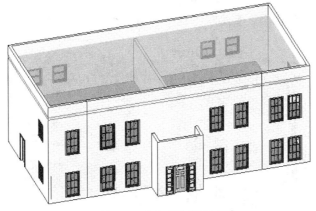

图14-62　完成平屋顶的创建

4. 平面屋顶不利于排水，因此要编辑屋顶的坡度。选中屋顶，激活【修改|屋顶】上下文选项卡。

5. 利用【添加点】工具，在 F4 楼层平面视图中的屋顶上添加两个高程点，如图 14-63 所示。

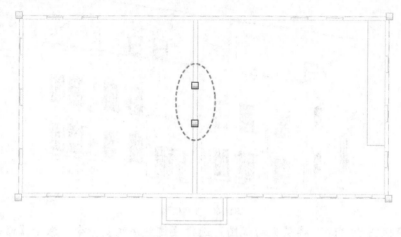

图14-63　添加两个高程点

6. 再利用【修改子图元】工具，编辑两个高程点的高程值为"50"，如图 14-64 所示。

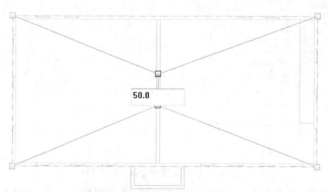

图14-64　编辑高程点的高程

7. 按 Esc 键完成楼板的坡度编辑。最终平面楼板的完成效果如图 14-65 所示。

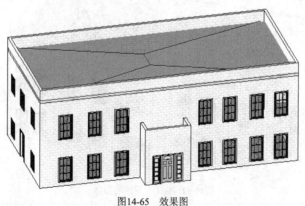

图14-65　效果图

【例14-10】 利用【迹线屋顶】创建人字形屋顶

1. 打开本例源文件"农家小房子.rvt",如图 14-66 所示。

图14-66 小房子

2. 切换视图为"标高 2"楼层平面视图。单击【迹线屋顶】命令,激活【修改|创建屋顶迹线】上下文选项卡。

3. 设置选项栏的悬挑为"600",如图 14-67 所示。

图14-67 设置选项栏

4. 利用【矩形】命令,绘制图 14-68 所示的屋顶边界。

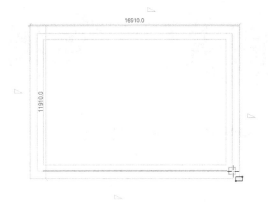

图14-68 绘制屋顶边界

5. 按 Esc 键结束绘制。选中两条短边边界线,然后在属性选项板中取消【定义屋顶坡度】复选框的勾选,如图 14-69 所示。

图14-69 选中长边取消坡度设置

6. 单击【完成编辑模式】按钮 ，完成人字形屋顶的创建，如图 14-70 所示。

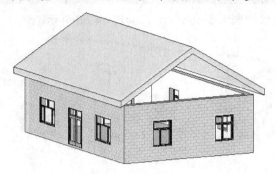

图14-70 创建的人字形屋顶

7. 选中四面墙，激活【修改|墙】上下文选项卡。单击【修改墙】面板中的【附着顶部/底部】按钮 ，再选择屋顶，随后两面墙自动延伸至于拉伸屋顶相交，结果如图 14-71 所示。

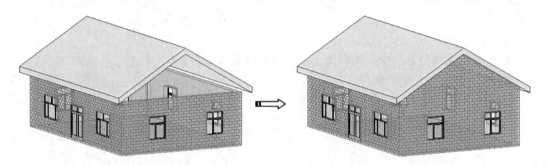

图14-71 墙附着屋顶效果

8. 最终完成的拉伸屋顶及效果图如图 14-72 所示。

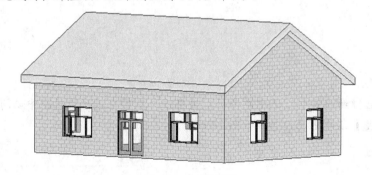

图14-72 完成效果图

9. 保存建筑项目文件。

14.5.2 拉伸屋顶

拉伸屋顶是通过拉伸截面轮廓来创建简单屋顶，如人字屋顶、斜面屋顶、曲面屋顶等。下面以农家小院的房子为例，详解人字形屋顶的创建工程。

【例14-11】 创建拉伸屋顶

1.　打开本例源文件"农家小房子.rvt"，如图 14-73 所示。

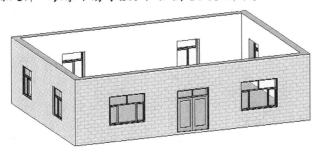

图14-73　小房子

2.　切换视图为东立面图。在【建筑】选项卡的【构建】面板中单击【拉伸屋顶】按钮，弹出【工作平面】对话框，按"拾取一个平面"方法拾取东立面的墙作为工作平面，如图 14-74 所示。

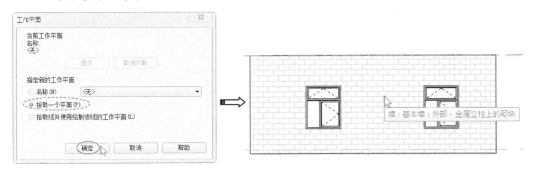

图14-74　拾取工作平面

3.　随后再设置标高和偏移值，如图 14-75 所示。

4.　激活【修改|创建拉伸屋顶轮廓】上下文选项卡。在属性选项板中选择【基本屋顶：保温屋顶-木材】类型，并设置限制条件，如图 14-76 所示。

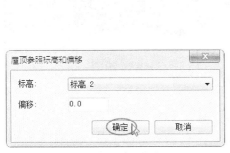

图14-75　设置标高和偏移

图14-76　设置属性选项板

5.　利用【直线】工具绘制两条参考线（一条水平短直线和东立面墙的竖直中分线），如图 14-77 所示。

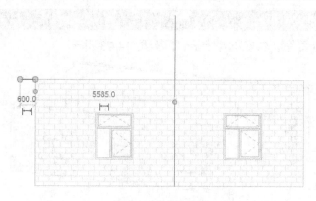

图14-77　绘制参照线

6.　然后再继续绘制拉伸的截面曲线，利用【镜像-拾取轴】工具镜像斜线，最后删除多余的参照线，如图 14-78 所示。

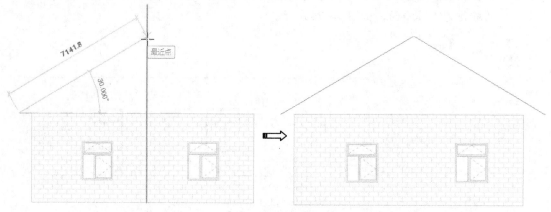

图14-78　绘制拉伸截面曲线

7.　单击【完成编辑模式】按钮✅，Revit 自动创建拉伸屋顶，如图 14-79 所示。

图14-79　创建的拉伸屋顶

8.　很显然右侧屋顶没有伸出墙外一定的距离，需要编辑。选中屋顶，修改属性选项板中【拉伸起点】的值为 "-16310"，单击【应用】按钮完成编辑，如图 14-80 所示。

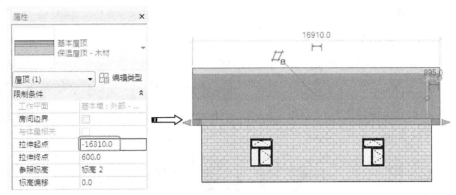

图14-80　编辑拉伸屋顶的拉伸起点值

9. 选中东面墙和西面墙，激活【修改|墙】上下文选项卡。单击【修改墙】面板中的【附着顶部/底部】按钮，再选择屋顶，随后两面墙自动延伸至于拉伸屋顶相交，结果如图 14-81 所示。

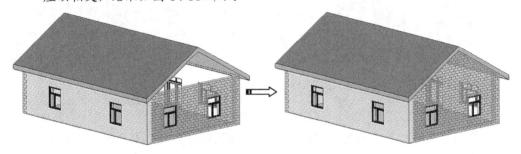

图14-81　墙附着屋顶效果

10. 最终完成的拉伸屋顶及效果图如图 14-82 所示。

图14-82　完成效果图

11. 保存建筑项目文件。

14.5.3　面屋顶

利用【面屋顶】工具可以将体量建筑中楼顶平面或曲面转换成屋顶图元，其制作方法与面楼板的方法是完全相同的，这里就不再赘述了。

14.5.4　房檐工具

创建了屋顶，还要创建屋檐。Revit Architecture 提供了 3 种屋檐工具：屋檐底板、屋顶封檐板和屋顶檐槽。

一、【屋檐：底板】工具

【屋檐：底板】工具是用来创建迹线屋顶底边的底板，底板是水平的，没有斜度。

【例14-12】 创建坡度屋檐和屋檐底板

1. 打开本例练习源文件 "别墅-3.rvt"，此别墅大门上方需要修建遮雨的坡度屋顶和屋檐底板，如图 14-83 所示。

修建屋顶前　　　　　　　　　　　　　　　　　修建屋顶后

图14-83　别墅模型

2. 要创建屋檐底板需要先创建坡度屋顶。切换视图为 "二层平面" 平面视图。单击【迹线屋顶】工具，利用【矩形】命令绘制楼顶边界线，如图 14-84 所示。

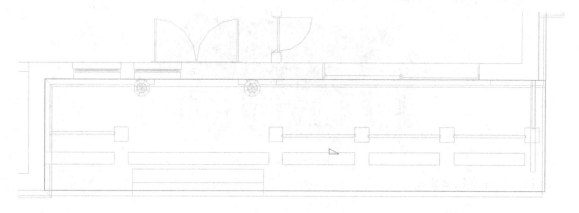

图14-84　绘制屋顶边界线

3. 设置属性选项板和屋顶坡度为 20°（4 条边界线，仅设置外侧的这一条直线具有坡度，其余 3 条应取消坡度），如图 14-85 所示。

4. 单击【完成编辑模式】按钮 ，完成坡度楼顶的创建，如图 14-86 所示。

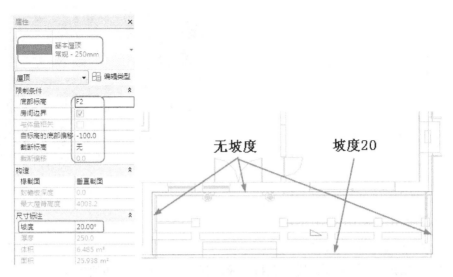

图14-85 设置属性选项板

图14-86 完成坡度楼顶的创建

5. 切换视图为"二层平面"。单击【屋檐：底板】按钮，利用【矩形】命令绘制底板边界线，如图 14-87 所示。

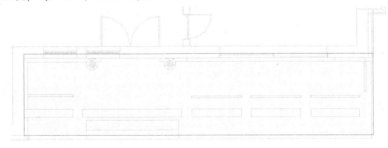

图14-87 绘制底板边界线

6. 设置属性选项板，如图 14-88 所示。单击【完成编辑模式】按钮 ✓，完成屋檐底板的创建，如图 14-89 所示。

图14-88 设置属性选项板

图14-89 创建屋檐底板

7. 保存建筑项目文件。

二、【屋顶：封檐板】工具

对于屋顶材质为瓦的屋顶，需要做封檐板，其作用是支撑瓦和使屋顶更美观。

【例14-13】 设计封檐板

1. 打开本例源文件"农家小房子-1.rvt"，如图 14-90 所示。

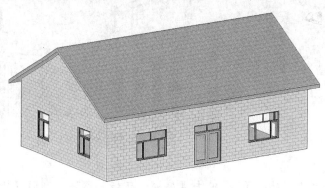

图14-90 小房子

2. 切换视图为三维视图。在【建筑】选项卡的【构建】面板中单击【屋顶：封檐板】按钮，激活【修改|放置封檐板】上下文选项卡。

3. 保留属性选项板中的默认设置，然后依次选择整个屋顶截面的底边线，随后自动放置封檐板，如图 14-91 所示。

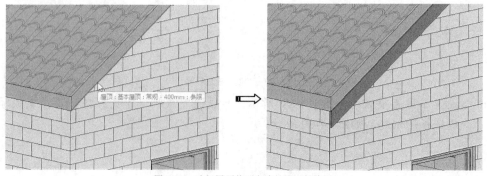

图14-91 选择屋顶截面底边并放置封檐板

500

4. 最终封檐板放置完成的结果如图 14-92 所示。

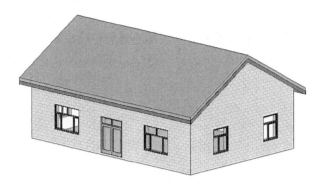

图14-92 封檐板完成结果

三、【屋顶：檐槽】工具

"檐槽"是用来排水的建筑构件，在农村的建房中应用较广。下面以案例说明添加檐槽的操作步骤。

【例14-14】 添加檐槽

1. 打开本例源文件"农家小房子-1.rvt"。

2. 切换视图为三维视图。在【建筑】选项卡的【构建】面板中单击【屋顶：檐槽】按钮，激活【修改|放置檐沟】上下文选项卡。

3. 保留属性选项板中的默认设置，然后小房子前门与后墙屋顶的截面下边线，随后自动放置檐沟，如图 14-93 所示。

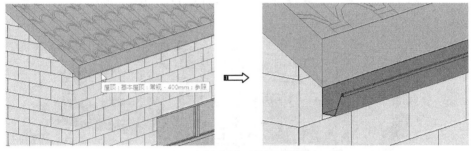

图14-93 选择屋顶截面底边并放置檐沟

4. 最终檐槽放置完成的结果如图 14-94 所示。

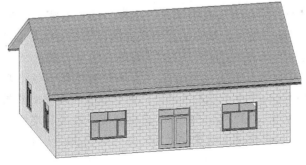

图14-94 檐槽完成结果

14.6 洞口工具

在 Revit 中不仅可以通过编辑楼板、屋顶、墙体的轮廓来实现开洞口，而且 Revit 还提供了专门的"洞口"命令来创建面洞口、垂直洞口、竖井洞口、老虎窗洞口等，如图 14-95 所示。

图14-95 洞口工具

此外对于异型洞口造型，还可以通过创建内建族的空心形式，应用剪切几何形体命令来实现。

14.6.1 创建竖井洞口

建筑物中有各种各样常见的"井"，如天井、电梯井、楼梯井、通风井、管道井等。这类结构的井，在 Revit 中通过【竖井】洞口工具来创建。

下面以某建筑大楼的楼梯井为例，详解【竖井】洞口工具的应用。

【例14-15】 创建电梯井

1. 打开光盘文件中的"综合楼.rvt"项目文件，如图 14-96 所示。

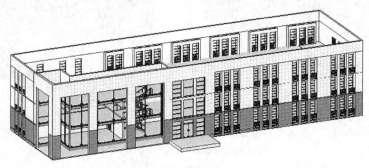

图14-96 综合楼

工程点拨：楼梯间的洞口大小有楼梯上、下梯步的宽度和长度决定，当然也包括楼梯平台和中间的间隔。对数情况下，实际工程中楼梯洞口周边要么是墙体，要么是结构梁。

2. 综合楼模型中已经创建了楼梯模型，按建筑施工流程来说，每一层应该是先有洞口后有楼梯，如果是框架结构，楼梯和楼板则一起施工与设计。在本例中先创建楼梯是为了便于能看清洞口的所在位置，起参照作用。

3. 楼层总共是 3 层，其中第一层的建筑地板是不需要创建洞口的，也就是在第二层楼板和第三层楼板上创建楼梯间洞口，如图 14-97 所示。

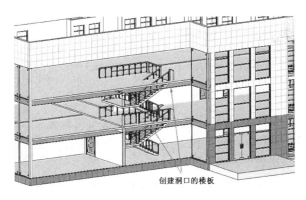

图14-97　要创建洞口的楼板示意图

4.　切换视图为 F1 楼层平面视图，在【建筑】选项卡的【洞口】面板中单击【竖井】按钮，激活【修改|创建竖井洞口草图】上下文选项卡。

5.　在属性选项板设置图 14-98 所示的选项和参数。

6.　利用【矩形】命令绘制洞口边界（轮廓草图），如图 14-99 所示。

图14-98　设置属性和参数

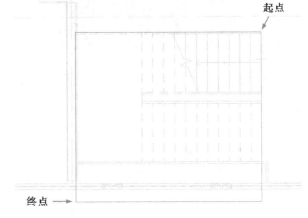

图14-99　绘制洞口草图

7.　单击【完成编辑模式】按钮，完成竖井洞口的创建，如图 14-100 所示。

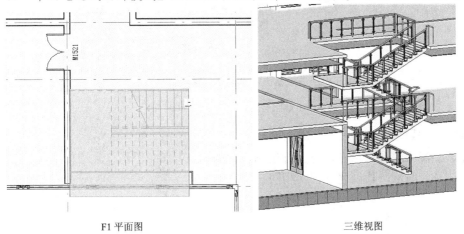

F1 平面图　　　　　　　　　　　三维视图

图14-100　竖井洞口

8.　保存项目文件。

14.6.2　其他洞口工具

一、创建老虎窗

老虎窗也叫屋顶窗，最早在我国出现，其作用是透光和加速空气流通。后来在上海的洋人带来了西式建筑风格，其顶楼也开设了屋顶窗，英文的屋顶窗叫"Roof"，译音跟"老虎"近似，所以有了"老虎窗"一说。

中式的老虎窗如图 14-101 所示，主要在中国农村地区的建筑中存在。西式的老虎窗像别墅之类的建筑都有开设，如图 14-102 所示。

图14-101　中式农村建筑的老虎窗

图14-102　西式别墅的老虎窗

老虎窗的创建方法我们已经在本书第 5 章的"例 5-3：利用工作平面添加屋顶天窗"案例中介绍，这里不再赘述。

二、【按面】洞口工具

利用【按面】洞口工具可以创建出与所选面法向垂直的洞口，如图 14-103 所示。创建过程与【竖井】洞口工具相同。

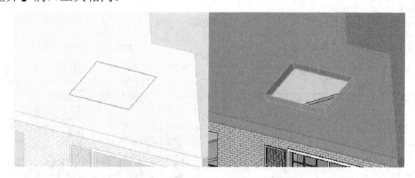

图14-103　用【按面】工具创建的洞口

三、【墙】洞口工具

利用【墙】洞口工具可以在墙体上开出洞口，如图 14-104 所示。且墙体不管是常规墙（直线墙）还是曲面墙，其创建过程都相同。

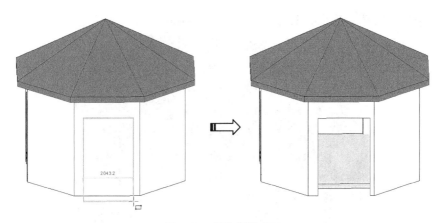

图14-104　创建【墙】洞口

四、【垂直】洞口工具

【垂直洞口】工具也是用来创建屋顶天窗的工具。垂直洞口和按面洞口所不同的是洞口的切口方向，垂直洞口的切口方向为面的法向，按面洞口的切口方向为楼层竖直方向。图14-105所示为【垂直】洞口工具在屋顶上开洞的应用。

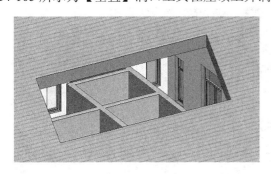
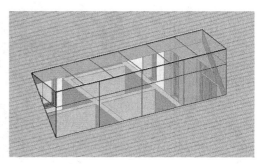

垂直洞口　　　　　　　　　　　　　　　　　　添加幕墙

图14-105　【垂直】洞口工具的应用

14.7　别墅建筑项目案例之五：楼板、天花板、屋顶和洞口

在上一章完成了结构楼板的创建，本节继续创建建筑楼板、天花板、别墅屋顶和楼梯间洞口等。下面详解。

【例14-16】 创建建筑楼板并添加室内构件

本案例以建筑楼板、室内构件的布置为例，详解室内设计步骤与技巧。

1. 打开本例源文件"别墅项目四.rvt"。
2. 对于建筑楼板和结构楼板的区别前面已经介绍很详细了，主要是结构楼板由钢筋混凝土现场浇注而成的，建筑楼板是装修时铺设的地砖板层。建筑楼板和结构楼板的创建过程是相同的，不同的是如果房间内铺设的地板材质不同，那么需要单独为各房间创建建筑楼板并设置材质。
3. 首先一层的是地坪层，为了给建筑层留出厚度空间，要修改地坪层的底部限制条件。隐藏二层及以上的图元，如图 14-106 所示。

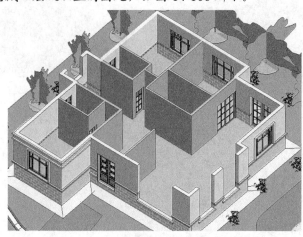

图14-106　显示一层地坪层

4.　选中地坪层，在属性选项板的【限制条件】下"自标高的高度"栏输入值
　　"-100"，使地坪层下沉 100mm，如图 14-107 所示。

图14-107　设置地坪层底部限制条件

5.　一层包括客厅、卧室和卫生间、杂物间等，各房间的地板材质是不一样的，
　　需要逐一创建。切换视图为"标高 1"楼层平面视图。

6.　单击【建筑】选项卡中的【楼板：建筑】按钮 🗔，选择【楼板：常规-
　　100mm】地板类型，然后利用【直线】或【矩形】工具在一层客厅和餐厅绘
　　制楼层边界（沿轴线绘制），如图 14-108 所示。

　　工程点拨：实际施工中，铺设地板砖是在房间边界内进行的，也就是楼层边界准确的
说应该是放假边界，但这里为了方便绘制，才在轴线上绘制。此外，选择楼板类型后，最
好是单击【编辑类型】按钮打开【类型属性】对话框时，复制并重命名新类型为"客厅、
餐厅-100mm"，这样的话在后续创建其他房间地板时才不会因修改结构而影响到前面的地
板类型。

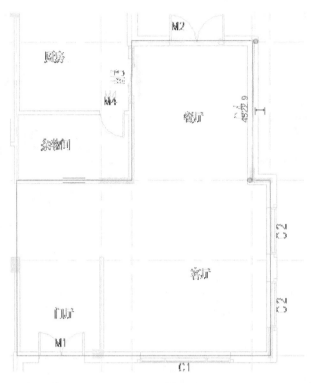

图14-108　绘制楼层边界

7. 在属性选项板中单击【编辑类型】按钮，弹出【类型属性】对话框。复制并重命名类型为"客厅、餐厅-100mm"。单击对话框中【结构】类型参数的【编辑】按钮，打开【编辑部件】对话框，设置图 14-109 所示的楼层结构。

图14-109　设置楼层结构

工程点拨：大理石材质是通过在 **AutoCAD** 材质库中的【石料】子库中找到并添加到材质列表中的，如图 **14-110** 所示。

图14-110 选择材质

8. 设置楼层结构后返回到【修改|编辑边界】上下文选项卡中，单击【完成编辑模式】按钮 ✓，完成客厅地板的创建，如图 14-111 所示。要看见地板材质，切换视图为三维视图，且在状态栏中选择【真实】视觉样式，如图 14-112 所示。

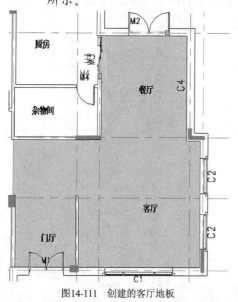

图14-111 创建的客厅地板

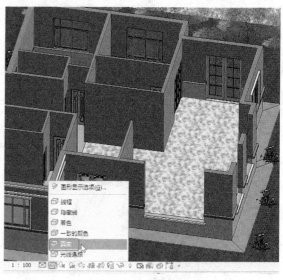

图14-112 设置视觉样式

9. 重新设置视觉样式为"着色"，继续卧室、厨房、卫生间和杂物间地板（建筑了楼板）的创建。厨房和杂物间是相邻的，可以为同一地板材质，绘制的厨房和杂物间的地板及结构如图 14-113 所示。

如果要在标高 1 视图中就能看见设置的地板材质，可以直接设置视觉样式为"真实"。

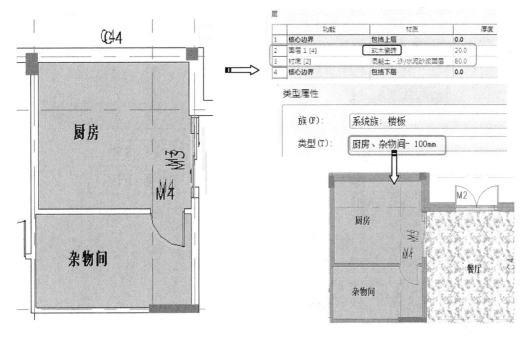

图14-113　创建厨房和杂物间的地板

10. 两个卧室的地板材质为木地板，绘制的地板边界及结构材质情况如图 14-114 所示。

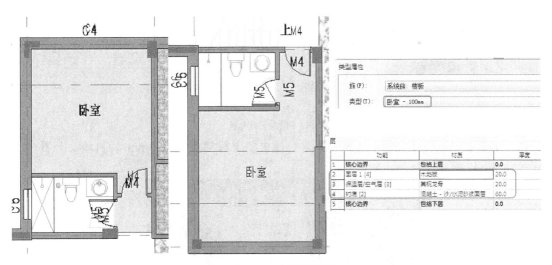

图14-114　创建卧室地板

11. 卫生间的地板高度要比其他房间低 50~100mm，在设置机构时相对的减少厚度即可，事实上在施工中，卫生间地坪需要先下沉 100mm 或更高值，便于安装卫浴设备。创建卫生间的地板及结构设置如图 14-115 所示。

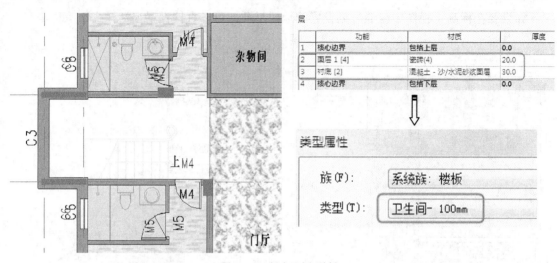

图14-115 创建卫生间地板

12. 最后就是创建楼梯间的地板，如图 14-116 所示。

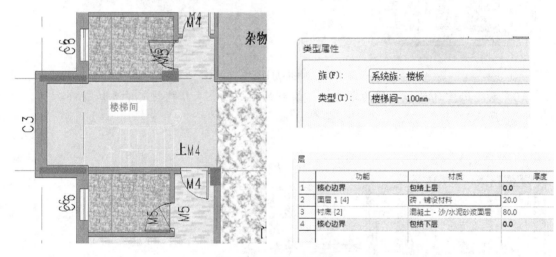

图14-116 创建楼梯间地板

13. 单击右键选择【在整个项目中】命令选中整个别墅项目 120mm 的内墙，如图 14-117 所示。

图14-117 选中 120mm 内墙

14. 在属性选项板单击【编辑类型】按钮，编辑结构如图 14-118 所示，使内墙刷上白色涂料。

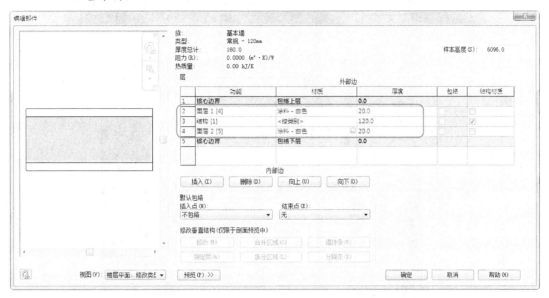

图14-118　编辑 120mm 内墙的结构

15. 同样，选择整个项目中的 180mm 内墙，也编辑其墙体结构，如图 14-119 所示。

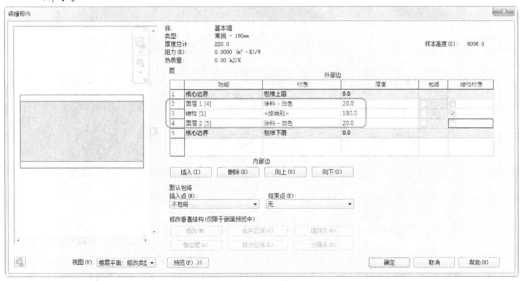

图14-119　编辑 180mm 的内墙结构

16. 接下来放置房间被的家具构件。在【建筑】选项卡的【构建】面板中单击【构件】|【放置构件】按钮，将 Revit 族库【建筑】|【家具】子库中的家具族——放置到各房间中，也可以从本例源文件"别墅项目家具族"中载入家具族。放置完成的家具摆设如图 14-120 所示。

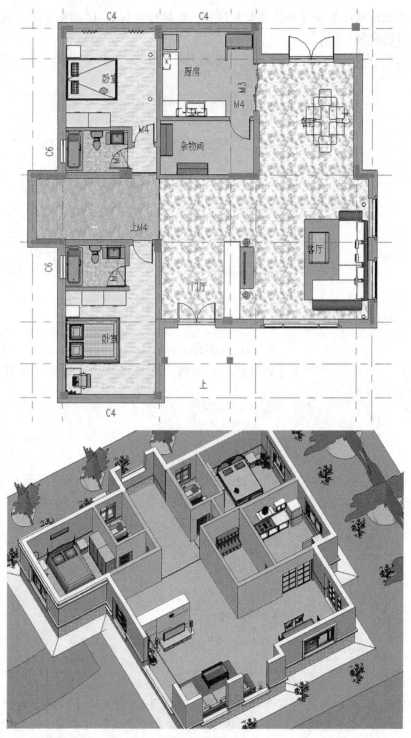

图14-120 添加家具构件

17. 接着创建一层顶部的天花板。为了节省时间，我们统一各房间的天花板材
    质。切换到标高 2 平面视图，利用【天花板】工具，以【绘制天花板】方式
    绘制天花板边界来创建天花板，如图 14-121 所示。

图14-121　创建一层顶部的天花板

18. 再利用【放置构件】工具，将吊灯及其他灯饰添加至天花板或墙壁上，如图14-122所示。

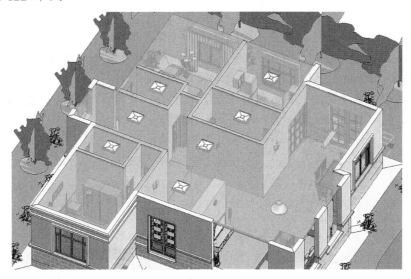

图14-122　添加灯具

19. 完成第一层的建筑楼板、天花板及构件的设计后，二层及三层的设计由读者自行完成，根据房间的功能不同来放置相应的家具、灯具及电器设备等。

【例14-17】　创建结构柱、建筑柱及阳台

在本次练习中进行结构柱、建筑柱的设计，是由于别墅中有几个阳台是结构柱支撑的。

1. 首先创建大门外的门厅，其大样图如图14-123所示，再结合一层平面图来建模。

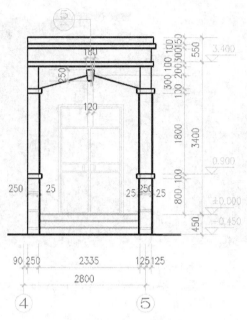

图14-123 大门门厅大样图

2. 切换视图为标高 1。单击【柱：建筑】按钮，选择【矩形柱】类型，再单击【编辑类型】按钮，在打开的【类似属性】对话框中复制并重命名新类型 "300×300mm"，设置深度和宽度都为 "300mm"。

3. 在类型参数【材质】栏右侧的【值】中单击，在材质浏览器中随后选择 "砖石建筑-混凝土砌块" 材质，如图 14-124 所示。

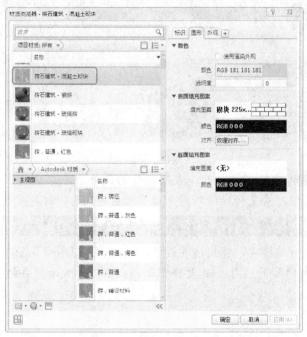

图14-124 为建筑柱选择材质

4. 在属性选项板的【限制条件】下设置底部偏移和顶部偏移，如图 14-125 所示。

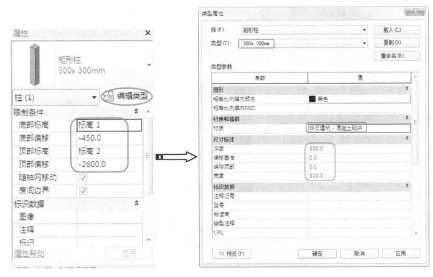

图14-125　设置选项板并编辑类型属性

5. 在 CAD 一层平面图上放置 3 根建筑柱（前门 2 根，后门 1 根），按 Esc 键完成建筑柱的创建，如图 14-126 所示。

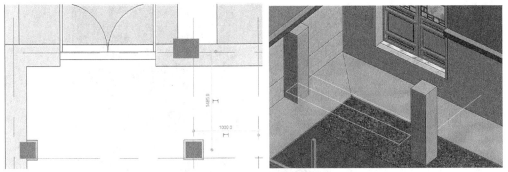

图14-126　创建完成的建筑柱

6. 在 3 根柱子重合的位置上再创建复制并重命名为 "400×400m" 的建筑柱（也是 3 根建筑柱），属性选项板的设置如图 14-127 所示，材质为 "砖石建筑-立砌砖层"。

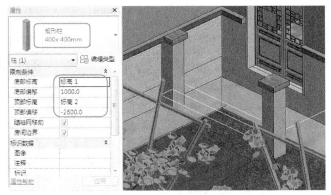

图14-127　创建建筑柱

7. 在 3 根柱子重合的位置上再创建复制并重命名为 "300×300m（1）" 的建筑柱

（也是 3 根建筑柱），属性选项板的设置如图 14-128 所示，材质为"砖石建筑-黄涂料"。

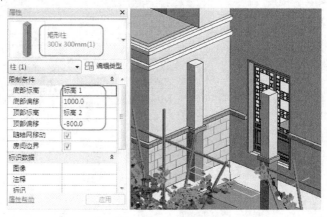

图14-128　创建建筑柱

8. 继续创建建筑柱，在相同的位置再创建 3 根复制并重命名为"400×400m（1）"的建筑柱（只创建前面 2 根建筑柱，后门不创建），属性选项板的设置如图 14-129 所示，材质为"涂层-白色"。

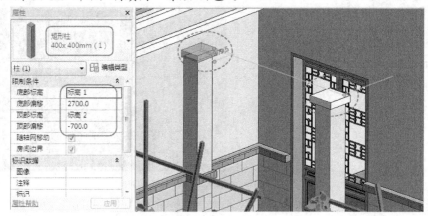

图14-129　创建建筑柱

9. 最后再创建 2 根矩形建筑柱，复制并重命名柱类型为"250×250mm"，属性选项板的设置如图 14-130 所示，材质为"涂层-白色"。

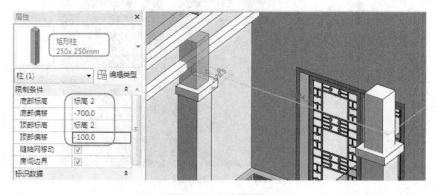

图14-130　创建建筑柱

10. 切换视图为标高 2，利用【墙：结构】工具，选择"常规-120mm"类型，绘制图 14-131 所示的墙体。

图14-131　创建 120mm 墙体

工程点拨：这里的墙体要承重，所以不能使用建筑墙。

11. 再利用【楼板：结构】工具创建类型为"常规-100mm"的结构楼板，如图 14-132 所示。

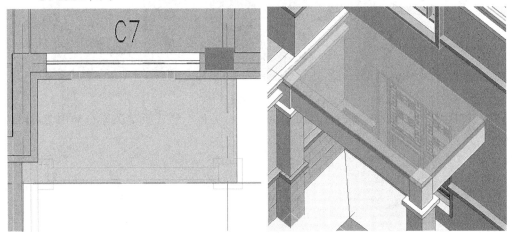

图14-132　创建结构楼板

12. 再利用【墙：建筑】工具，选择"弹涂陶瓷砖墙 250"类型，绘制图 14-133 所示的墙体。

工程点拨：这里的墙体无须承重，可用建筑墙。

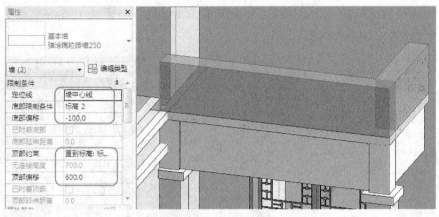

图14-133　创建 250mm 墙体

13. 利用【墙：饰条】工具，在创建的墙体上添加墙饰条，如图 14-134 所示。

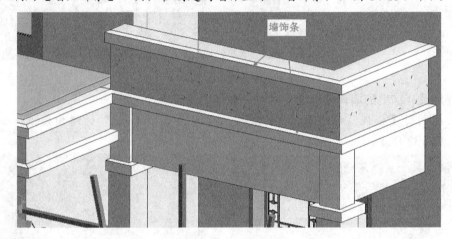

图14-134　创建墙饰条

14. 切换视图为南立面视图。双击 120mm 的墙体，修改轮廓边界，如图 14-135 所示。

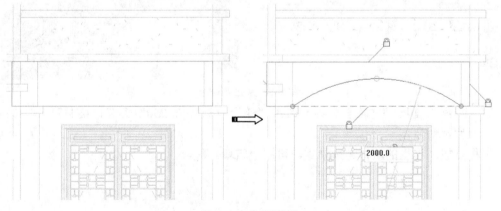

图14-135　修改墙轮廓

15. 修改墙体的前后对比如图 14-136 所示。

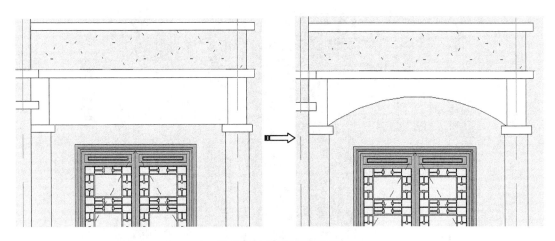

图14-136　修改墙体前后对比

16. 同理，切换至东立面图。修改侧面的墙体轮廓，如图 14-137 所示。修改的墙体效果如图 14-138 所示。

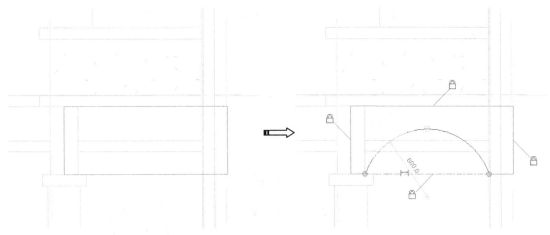

图14-137　修改侧面墙体轮廓

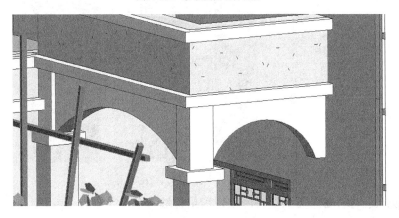

图14-138　修改后的墙体效果

17. 创建后大门的阳台。切换三维视图，旋转视图到后门一侧。选中创建的建筑柱，在属性选项板上修改限制条件，如图 14-139 所示。

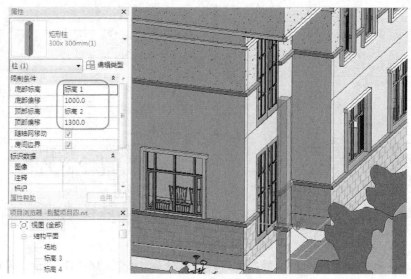

图14-139 修改建筑柱属性

18. 利用【墙：结构】工具，选择"常规-120mm"类型，绘制图 14-140 所示的墙体。

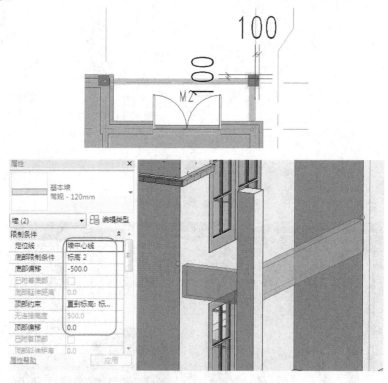

图14-140 创建 120mm 墙体

工程点拨：这里的墙体要承重，所以使用结构墙。

19. 创建结构楼板，如图 14-141 所示。

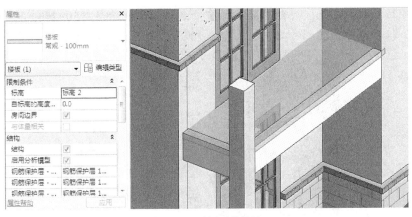

图14-141　创建结构楼板

20. 利用【墙：饰条】工具创建墙饰条，如图 14-142 所示。

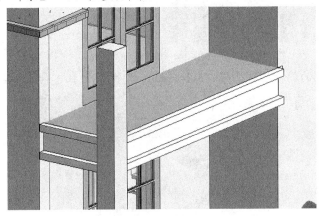

图14-142　创建墙饰条

21. 利用【复制】工具复制矩形柱 400×400mm，移动距离为 0，选中复制的矩形柱，修改其属性选项板中的限制条件，如图 14-143 所示。

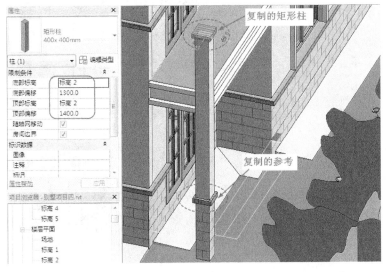

图14-143　复制矩形柱并修改限制条件

22. 在矩形柱基础之上，再创建复制并重命名为"米色涂层 250×250mm"的矩形柱，材质为"涂层-外部-渲染-米色，平滑"，如图 14-144 所示。

图14-144　创建矩形柱

23. 在前门左侧的外墙创建两根"300×300mm"的建筑柱，如图 14-145 所示。

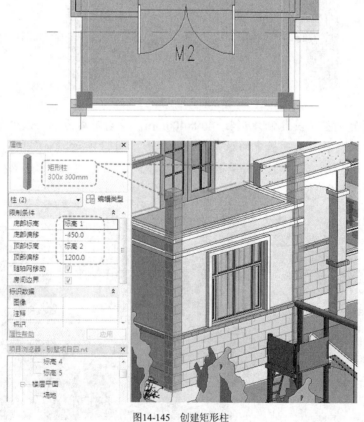

图14-145　创建矩形柱

24. 利用【复制】工具，复制前门 400×400mm 的矩形柱，复制距离为 0，然后修改其限制条件，如图 14-146 所示。

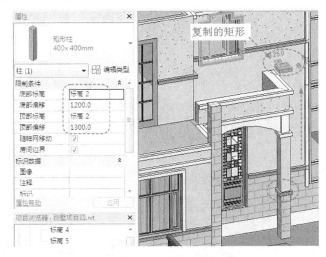

图14-146 复制矩形柱

25. 切换视图为标高 2 视图，然后将复制的矩形柱移动到 300×300mm 的建筑柱位置上，如图 14-147 所示。

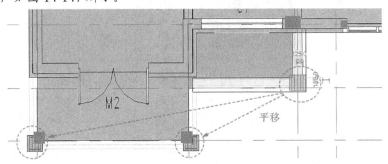

图14-147 移动复制的矩形柱

26. 同理，创建 2 根"白色涂层 250×250mm"的建筑矩形柱，如图 14-148 所示。

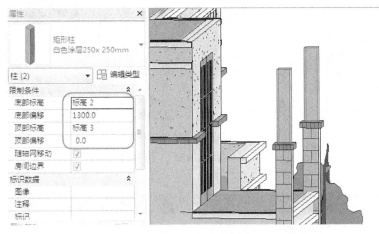

图14-148 创建 2 根矩形建筑柱

27. 利用【墙：结构】工具，在标高 2 视图中绘制图 14-149 所示的"常规-

120mm"结构墙体。

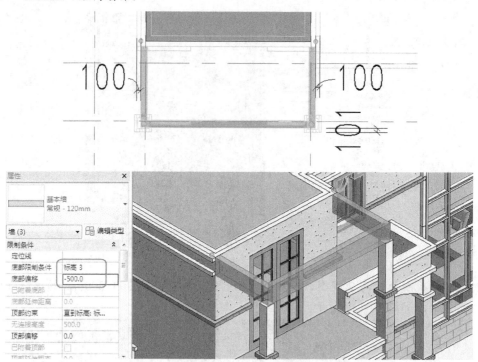

图14-149　创建 120mm 结构墙

28. 创建"常规-100mm"的结构楼板和墙饰条，如图 14-150 所示。

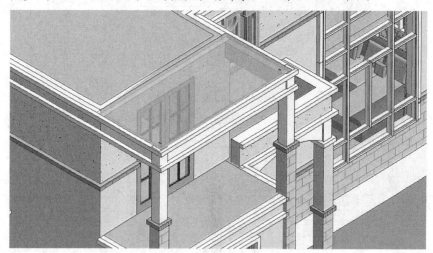

图14-150　创建结构楼板和墙饰条

29. 最后利用【连接】工具，连接墙体与墙体、墙饰条与墙饰条、建筑柱与建筑柱、建筑柱与墙饰条等。

【例14-18】　创建屋顶

1. 本例有 3 个屋顶，二层 1 个三层 2 个。利用"墙体：建筑"工具，在标高 3 视图上创建类型为"弹涂陶粒砖墙250"的墙体，如图 14-151 所示。

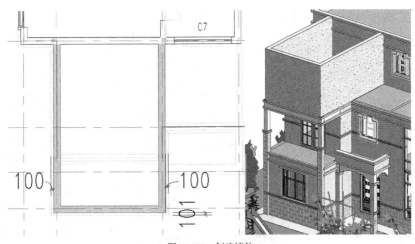

图14-151　创建墙体

2. 切换视图为南立面图，利用【拉伸屋顶】工具，设置图 14-152 所示的工作平面，并绘制草图。

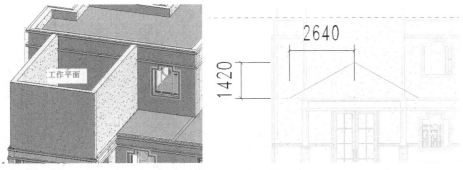

图14-152　选择工作平面并绘制拉伸草图

3. 在属性选项板中单击【编辑类型】按钮，编辑类型结构如图 14-153 所示。

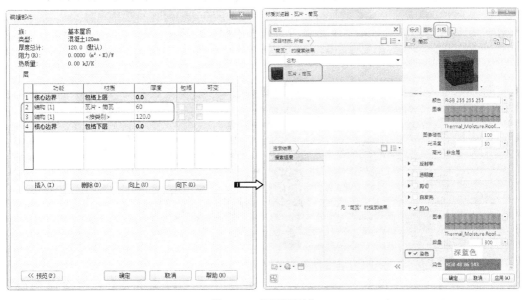

图14-153　编辑类型结构

4. 设置拉伸终点和屋顶类型，如图 14-154 所示。

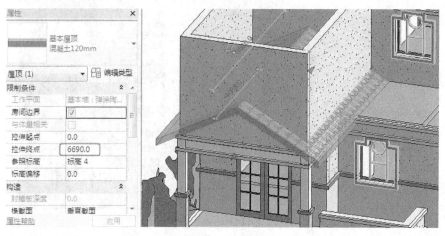

图14-154　设置属性

5. 选中 3 面墙体，在激活的【修改|墙】上下文选项卡中单击【附着 顶部/底部】
按钮，再选择拉伸屋顶进行附着，结果如图 14-155 所示。

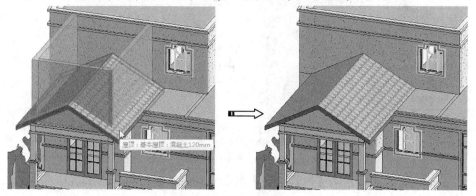

图14-155　编辑墙体的附着

6. 切换视图为标高 4 楼层平面视图，然后绘制一段墙体，如图 14-156 所示。

图14-156　绘制一段墙体

7. 单击【迹线屋顶】按钮，选择与拉伸屋顶相同的屋顶类型，然后绘制图
14-157 所示的屋顶迹线。

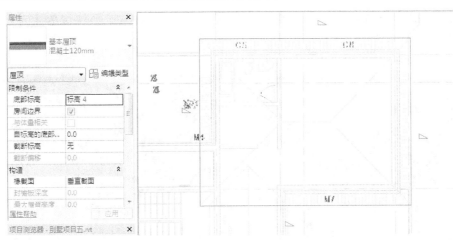

图14-157　绘制屋顶迹线

8.　单击【完成编辑模式】按钮 ，完成迹线屋顶的创建，如图 14-158 所示。

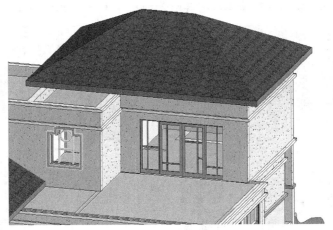

图14-158　创建迹线屋顶

9.　切换视图至南立面。利用【拉伸屋顶】工具，选择迹线屋顶底部结构的端面为工作平面，绘制图 14-159 所示的草图。设置拉伸终点为"2320"，如图 14-160 所示。

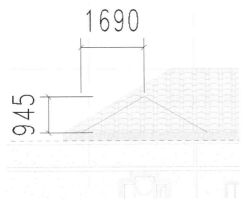

图14-159　绘制拉伸草图

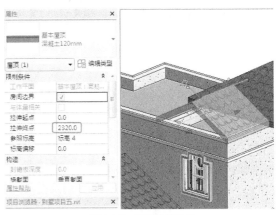

图14-160　设置拉伸终点

10. 在【几何图形】面板中单击【连接/取消连接屋顶】按钮⬚，按信息提示先选取人字形拉伸屋顶的边及大屋顶斜面作为连接参照，随后自动完成连接，结果如图 14-161 所示。

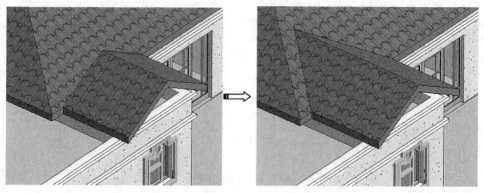

图14-161 连接人字形屋顶与迹线屋顶

11. 最后选中三层楼的 3 段墙体，将其附着到拉伸屋顶，如图 14-162 所示。

图14-162 将所选墙体附着到拉伸屋顶

12. 保存别墅项目文件。

第15章　楼梯、坡道和栏杆扶手

建筑空间的竖向组合交通联系，依托于楼梯、电梯、自动扶梯、台阶、坡道及爬梯等竖向交通设施，而楼梯是建筑设计中一个非常重要的构件，且形式多样，造型复杂。扶手是楼梯的重要组成部分。坡道主要设计在住宅楼、办公楼等大门前作为车道或残疾人安全通道。

本章详解 Revit Architecture 中楼梯、坡度及扶手的设计方法和过程。

 本章要点

- 楼梯概述。
- 楼梯设计。
- 坡道设计。
- 栏杆扶手设计。

15.1　楼梯概述

本节主要介绍楼梯的类型、组成和设计，现浇钢筋混凝土板式楼梯和梁板式楼梯，预制装配式钢筋混凝土楼梯的构造，以及台阶、坡道、电梯和自动扶梯等内容。

15.1.1　楼梯类型

在建筑物中，为解决垂直交通和高差，常采用以下措施。

(1) 坡道。

(2) 台阶。

(3) 楼梯。

(4) 电梯。

(5) 自动扶梯。

(6) 爬梯。

常见的楼梯类型如下。

- 按使用性质分，主要有楼梯、辅助楼梯、疏散楼梯和消防楼梯。
- 按主要承重结构所用材料分，有钢筋混凝土楼梯、木楼梯、钢楼梯等。
- 按楼梯平面形式分，有直上式（直跑楼梯）、曲尺式（折角楼梯）、双折式（双跑楼梯）、多折式（多跑楼梯）、剪刀式、弧形和螺旋式等，如图 15-1 所示。

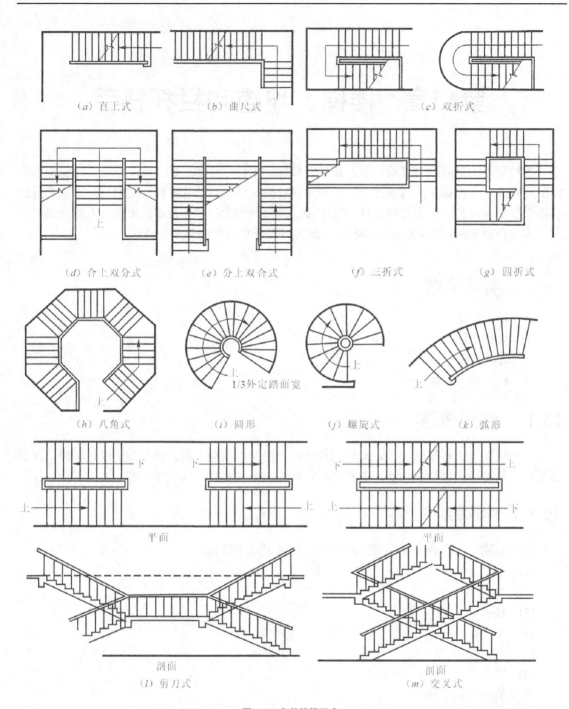

图15-1　各种楼梯形式

- 按位置分，有室内楼梯和室外楼梯等。

15.1.2　楼梯的组成

楼梯一般由楼梯段、平台和栏杆扶手 3 部分组成，如图 15-2 所示。

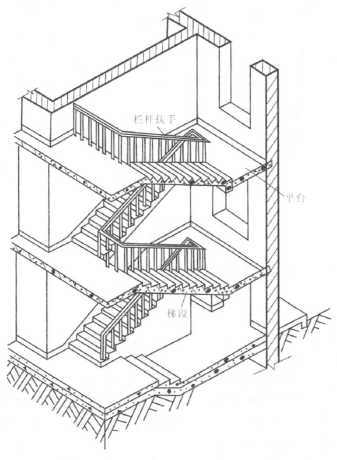

图15-2 楼梯的组成

- 楼梯段：设有踏步和梯段板（或斜梁）供层间上下行走的通道构件称为梯段。踏步又由踏面和踢面组成；梯段的坡度由踏步的高宽比确定。
- 平台：平台是供人们上下楼梯时调节疲劳和转换方向的水平面，故也称缓台或休息平台。平台有楼层平台和中间平台之分，与楼层标高一致的平台称为楼层平台，介于上下两楼层之间的平台称为中间平台。
- 栏杆（或栏板）扶手：栏杆扶手是设在楼梯段及平台临空边缘的安全保护构件，以保证人们在楼梯处通行的安全。栏杆扶手必须坚固可靠，并保证有足够的安全高度。扶手是设在栏杆（或栏板）顶部供人们上下楼梯倚扶用的连续配件。

在建筑物中，布置楼梯的房间称为楼梯间。楼梯间有开敞式、封闭式和防烟楼梯间之分，如图15-3所示。楼梯间的创建我们在上一章的洞口工具应用中已有介绍。

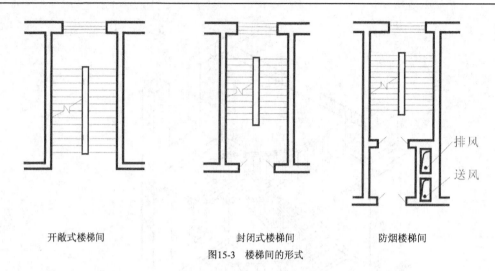

开敞式楼梯间　　　　　　　　封闭式楼梯间　　　　　　防烟楼梯间

图15-3　楼梯间的形式

15.1.3　楼梯尺寸与设计要求

一、楼梯设计要求

(1) 楼梯的设计应严格遵守《民用建筑设计通则》《建筑设计防火规范》和《高层建筑设计防火规范》等的规定。

(2) 楼梯在建筑中的位置应方便到达，并有明显的标志。

(3) 楼梯一般均应设置直接对外出口，并与建筑入口关系密切、连接方便。

(4) 建筑物中设置的多部楼梯应有足够的通行宽度、合适的坡度和疏散能力，符合防火疏散和人流通行要求。

(5) 由于采光和通风的要求，通常楼梯沿外墙设置，可布置在朝向较差的一侧。

(6) 在建筑剖面设计中，要注意楼梯坡度和建筑层高、进深的相互关系，也要安排好人们在楼梯下出入或错层搭接时的平台标高。

二、楼梯设计尺寸

(1) 楼梯坡度。

楼梯坡度一般为 20°~45°，其中以 30°左右较为常用。楼梯坡度的大小由踏步的高宽比确定。

(2) 踏步尺寸。

通常踏步尺寸按图 15-4 所示的经验公式确定。

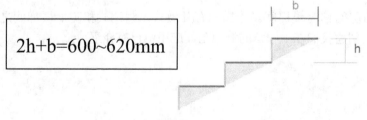

$$2h+b=600 \sim 620mm$$

图15-4　踏步设计公式

楼梯间各尺寸计算参考示意图如图 15-5 所示。

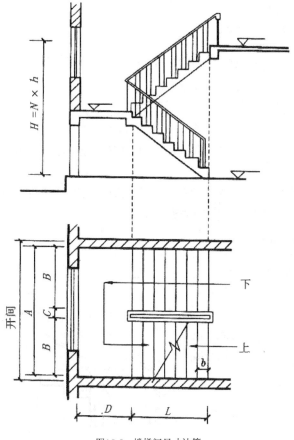

图15-5 楼梯间尺寸计算

A-楼梯间开间宽度   B-梯段宽度   C-梯井宽度   D-楼梯平台宽度 H-层高 L-楼梯段水平投影长度   N-踏步级数   h-踏步高   b-踏步宽

在设计踏步尺寸时，由于楼梯间进深所限，当踏步宽度较小时，可采用踏面挑出或踢面倾斜（角度一般为 1°~3°）的办法，以增加踏步宽度，如图 15-6 所示。

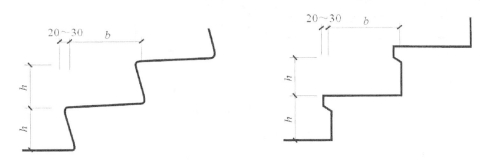

图15-6 增加踏步宽度的两种方法

表 15-1 为各种类型的建筑常用的适宜踏步尺寸。

表 15-1　适宜踏步尺寸

楼梯类型	住宅	学校办公楼	影剧院会堂	医院	幼儿园
踏步高（mm）	156～175	140～160	120～150	150	120～150
踢面深（mm）	300～260	340～280	350～300	300	280～260

(3)　梯井。

两个梯段之间的空隙叫梯井。公共建筑的梯井宽度应不小于 150mm。

(4)　梯段尺寸。

梯段宽度是指梯段外边缘到墙边的距离，它取决于同时通过的人流股数和消防要求。有关的规范一般限定其下限（见表 15-2 和图 15-7）。

表 15-2　楼梯梯段宽度设计依据

每股人流量宽度为 550mm+（0~150mm）		
类别	梯段宽	备注
单人通过	≥900	满足单人携带物品通过
双人通过	1100~1400	
多人通过	1650~2100	

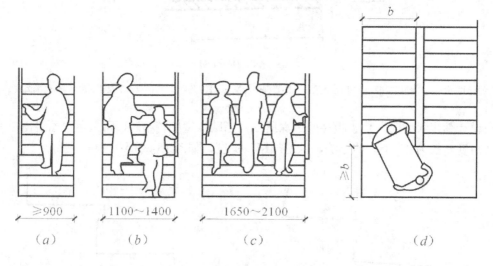

（a）单人通过；（b）双人通过；（c）多人通过；（d）特殊需要

图15-7　楼梯梯段和平台的通行宽度

(5)　平台宽度。

楼梯平台有中间平台和楼层平台之分。为保证正常情况下人流通行和非正常情况下安全疏散，以及搬运家具设备的方便，中间平台和楼层平台的宽度均应大于或等于楼梯段的宽度。

在开敞式楼梯中，楼层平台宽度可利用走廊或过厅的宽度，但为防止走廊上的人流与从楼梯上下的人流发生拥挤或干扰，楼层平台应有一个缓冲空间，其宽度不得小于 500mm，如图 15-8 所示。

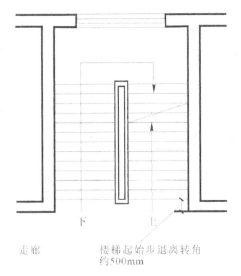

图15-8　开敞式楼梯间转角处的平面布置

（6）栏杆扶手高度。

扶手高度是指踏步前缘线至扶手顶面之间的垂直距离。

扶手高度应与人体重心高度协调，避免人们倚靠栏杆扶手时因重心外移发生意外，一般为 900mm。供儿童使用的楼梯扶手高度多取 500~600mm，如图 15-9 所示。

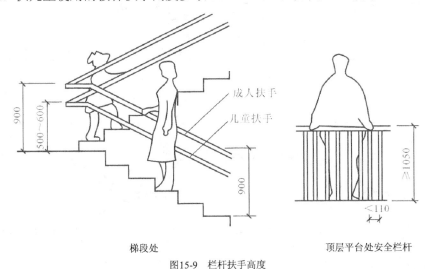

梯段处　　　　　　　　　顶层平台处安全栏杆

图15-9　栏杆扶手高度

（7）楼梯的净空高度。

楼梯的净空高度是指平台下或梯段下通行人时的竖向净高。

平台下净高是指平台或地面到顶棚下表面最低点的垂直距离；梯段下净高是指踏步前缘线至梯段下表面的铅垂距离。

平台下净高应与房间最小净高一致，即平台下净高不应小于 2000mm；梯段下净高由于楼梯坡度不同而有所不同，其净高不应小于 2200mm，如图 15-10 所示。

当在底层平台下做通道或设出入口，楼梯平台下净空高度不能满足 2000mm 的要求时，可采用以下办法解决。

- 将底层第一跑梯段加长，底层形成踏步级数不等的长短跑梯段，如图 15-11（a）所示。
- 各梯段长度不变，将室外台阶内移，降低楼梯间入口处的地面标高，如图 15-11（b）所示。
- 将上述两种方法结合起来，如图 15-11（c）所示。
- 底层采用直跑梯段，直达二楼，如图 15-11（d）所示。

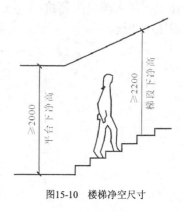

图15-10　楼梯净空尺寸

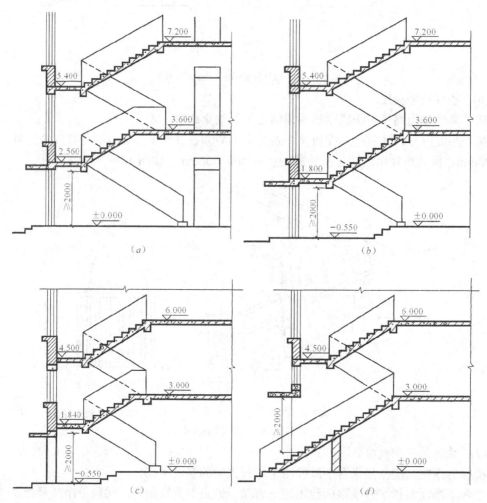

（a）将双跑梯段设计成"长短跑"；（b）降低底层平台下室内地面标高；（c）前两种相结合；（d）底层采用直跑梯段

图15-11　底层平台下做出入口时满足净高要求的几种方式

15.2　楼梯设计

Revit Architecture 中有两种创建楼梯的方向：按构件方式和按草图方式，下面详解。

15.2.1　按构件方式创建楼梯

按构件方式是通过载入 Revit 楼梯构件族的方式组合成楼梯，适合创建规则形状的楼梯。Revit Architecture 中楼梯主要由梯段、平台和支座构件组成，如图 15-12 所示。

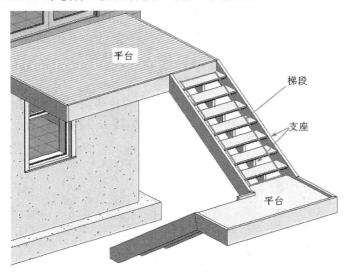

图15-12　Revit Architecture 中楼梯的组成

Revit Architecture 中提供了 6 种梯段的创建方式，如图 15-13 所示。

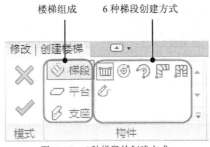

图15-13　6 种梯段的创建方式

接下来用案例——介绍 6 种梯段创建方式。

【例15-1】创建室外直楼梯

要创建按构件方式的直楼梯，需要提前对楼梯进行设计，也就是要得到相关的设计参数，首先要看楼梯构件所提供的楼梯计算规则和相关参数，然后确定楼梯间的大小。

1.　打开本例源文件"别墅-1.rvt"文件，在负一楼到一楼阳台之间创建建筑外楼梯。本例中已经存在相关的楼梯构件，无须另外加载，如图 15-14 所示。

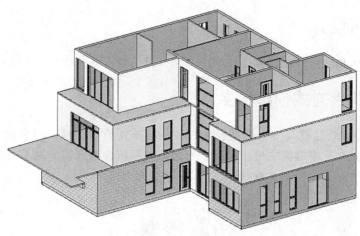

图15-14 别墅模型

2. 首先通过西立面图查看整部楼梯的标高(图中的楼梯是假想效果)，如图 15-15
    所示。由图可以看出，楼梯是从"-1F-1"楼层到 1F 楼层。

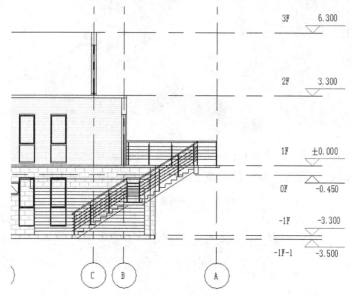

图15-15 楼梯的标高

3. 由于建筑外的空间足够大，不受空间影响的情况下，一般设计成直线式楼
    梯。当楼梯空间有局限性时，才设计成其他形状，如 U 形、螺旋形、L 形
    等。本例楼梯的标高为 3500mm，如果直接设计成没有平台的直线楼梯，会让
    人上楼感受到累，有一种总是走不完的感觉，因此在楼梯中间段要设计休息
    平台，这也是很多观光的天梯每隔十多步就要设计休息平台的原因。就构件
    楼梯的创建过程也分两种方法，下面一一罗列。

4. 构件楼梯的第一种创建方法：切换视图至 1F 楼层平面视图。单击【楼梯】按
    钮，激活【修改|创建楼梯】上下文选项卡。

5. 在属性选项板中选择楼梯构件类型为"现场浇注楼梯：室外楼梯"，设置限制
    条件几个重要参数，如图 15-16 所示。

6. 【构件】面板中的【梯段】命令和【直梯】命令已被自动激活，在楼层平面视图绘制图 15-17 所示的梯段。

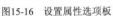

图15-16 设置属性选项板

图15-17 绘制楼梯梯段

7. 在【修改|创建楼梯】上下文选项卡没有关闭的情况下，选中创建的梯段，然后在【工具】面板中单击【转换】按钮，将构件楼梯转换成可编辑草图的形式。再单击【编辑草图】按钮进入草图编辑模式，如图 15-18 所示。

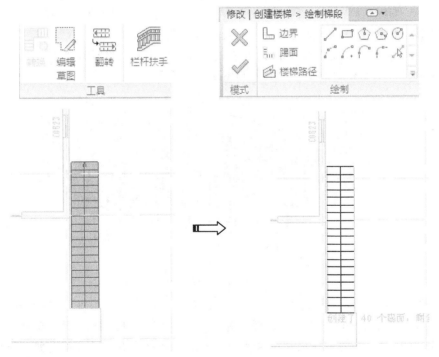

图15-18 转换编辑模式

8. 将楼梯草图通过编辑边界线端点、移动踢面线、添加边界线和楼梯路径的操作，修改成图 15-19 所示的楼梯草图。

工程点拨：楼梯的边界线和平台的边界线必须分隔，不能是一条完整线，否则生成栏杆的时候平台栏杆会出现不平行的问题。

9. 单击【完成编辑模式】按钮☑️退出草图编辑模式，单击【工具】面板的【翻转】按钮📇，翻转楼梯，如图 15-20 所示。

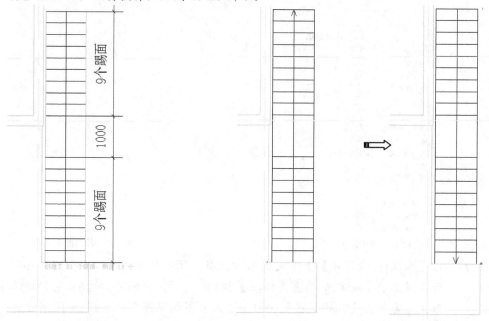

图15-19　绘制草图　　　　　　　　　　　　　　　　图15-20　翻转楼梯

工程点拨：创建楼梯时默认的箭头方向表示是上楼方向。

10. 最后再单击【修改|创建楼梯】上下文选项卡的【完成编辑模式】按钮☑️，完成构件楼梯的创建和编辑。效果如图 15-21 所示。

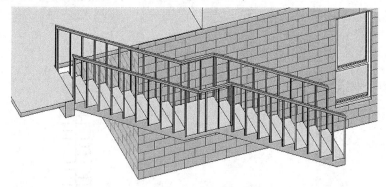

图15-21　创建的构件楼梯

11. 构件楼梯的第二种创建方法：从以上的第一种方法中我们可以得知一些楼梯参数，包括楼梯的需要创建的步数为 20 步、每步高 175mm、每步的踏板进深为 280mm、楼梯平台设计进深为 1000mm（楼梯平台实际上就是将某一步的"踏板深度"扩展）等信息。根据这些信息提前做准备，利用【模型线】工具，在 1F 楼层平面视图中绘制参考线，如图 15-22 所示。

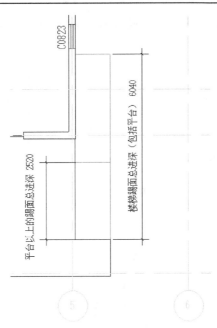

图15-22　绘制模型线作为参考

工程点拨：图 **15-22** 中的"**6040**"是由上半跑楼梯踢面深度 **9** 步（**2520mm**）+中间一步踢面深度 **280mm** 扩展为 **1000mm**（**280+720**）+下半跑楼梯踢面深度 **9** 步（**2520mm**）得到的。楼梯的踢面数永远要比层数少 **1** 个，也就是说 **20** 层数的踏步，其踢面个数为 **19** 个。

12. 单击【楼梯】按钮，激活【修改|创建楼梯】上下文选项卡。

13. 在属性选项板中选择楼梯构件类型为"现场浇注楼梯：室外楼梯"，设置限制条件几个重要参数，如图 15-23 所示。

14. 【构件】面板中的【梯段】命令和【直梯】命令已被自动激活，在楼层平面视图绘制图 15-24 所示的下半跑梯段。

图15-23　设置属性选项板

图15-24　绘制楼梯梯段

15. 紧接着捕捉模型线中点，向上竖直移动指针并输入移动距离为"0"，如图
15-25 所示。

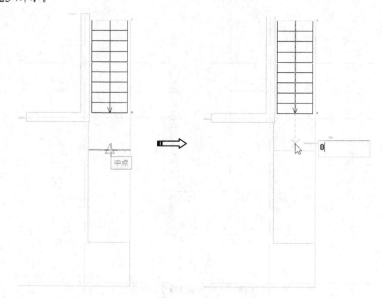

图15-25　拾取上半跑楼梯的起点

　　工程点拨：注意，不要拾取模型线作为绘制上半跑楼梯的起始参考。因为上半跑的起
点标高应该在 **1750mm**，而模型线是在 **1F** 楼层平面上绘制的，更何况是在创建自动创建平
台的直线楼梯过程中。

16. 按 Enter 键后继续绘制上半跑的楼梯，如图 15-26 所示。

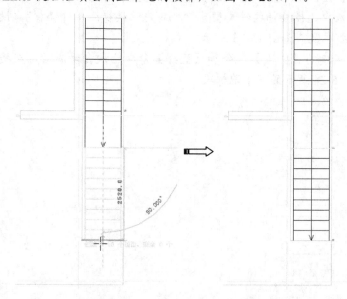

图15-26　创建上半跑楼梯

17. 最后再单击【修改|创建楼梯】上下文选项卡的【完成编辑模式】按钮 ✓，完
成构件楼梯的创建，效果如图 15-27 所示。

18. 最后保存项目文件。

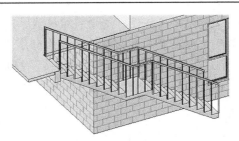

图15-27　完成楼梯的创建

【例15-2】 创建室内直楼梯

室内楼梯跟室外楼梯设计时需要注意楼梯空间的限制，在本例中我们将通过测量工具得到楼梯间的基本信息，然后计算得出整部楼梯的各个设计尺寸。

1. 打开本例源文件"别墅-2.rvt"项目文件，如图 15-28 所示。

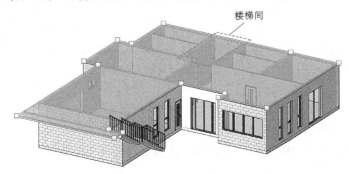

图15-28　别墅模型

2. 要设计楼梯，需明确几个数据：楼梯间长、宽和高（标高）。首先将视图切换为东立面图，查看楼层标高，如图 15-29 所示。从图中可以得知，-1F 至 1F 层标高为 3300mm，1F 至 2F 标高为 3300mm，2F 至 3F 标高为 3000mm，有两层标高是一致的，最顶层标高少于下面两层标高。本例的室内楼梯是从-1F 到 1F。

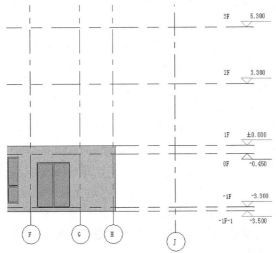

图15-29　查看楼层标高

3. 切换视图为 "-1F-1" 楼层平面视图。选中一根轴线，利用【修改|轴网】上下文选项卡的【对齐尺寸标注】工具，标注楼梯间的水平和竖直方向的轴线间距，如图 15-30 所示。实际上楼梯空间长宽尺寸是 "轴线间距减去墙体" 的尺寸，楼梯间长度为 "4500mm-240mm=4260mm"，宽度为 "2600mm-240mm=2360mm"。

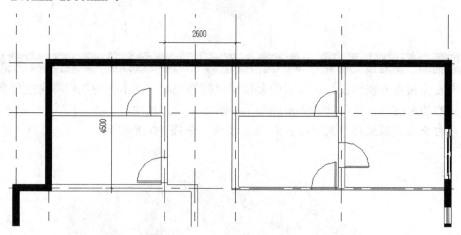

图15-30　测量获得楼梯空间尺寸

4. 下面我们计算一下，如何得到楼梯其他尺寸。

- 根据楼层标高，先做假设：3300mm 标高可以设计 20 层踏步，每层踏步高应该是 165mm。

- 再假设踏步的宽度，根据表 15-1 的数据参考，别墅属于住宅，踏步高为 156~175mm 是合理的，我们假设的踏步高为 165mm 是最佳的。那么踏步宽度先假设为 280mm（也可假定 300mm），也是取中间值。

- 最后假设下楼梯平台进深度：楼梯平台除了供人休息用处外，还有个作用就是缓冲楼梯踏步的深度问题，怎么会如此说呢？因为首先要确保楼梯踏步宽度，最后余下的空间能做多大的平台就做多大。虽然可以这么说，但实际设计时，平台深度是不会小于楼梯宽度的，至少是相等。这里我们先假设平台深度等于楼梯踏步的宽度。踏步的宽度由楼梯间宽度决定，梯井至少设计为 150mm，此刻我们假设梯井为 160mm（这参考了楼梯间宽度为 2360，想得到一个整数），那么楼梯踏步的宽度为 "（2360mm-160mm）÷2=1100mm"。好了，刚才说了平台进深应大于或等于楼梯踏步宽度，假设平台深度此时为 1100mm，由于楼梯间长度为 4260mm，完整半跑的踏步面总深度大致为 "4260mm-1100mm=3160mm"，那么（总深 3160mm÷单步踏步面深度为 280mm）进行计算，得到一个近似值 11.2857，意味着除平台外的空间只能设计 11 个踏步面（也就是 12 层踏步）了。另半跑也就只能设计 7 个踏步面（8 层踏步）。这是假设平台跟踏步宽度相等情况下的假设尺寸，如果想加大平台深度（多一步踏面的深度），与之相对的是完整半跑楼梯的踢面数也相应减少（减少一步踏面深度）。

- 经过以上假设，最终确定楼梯各项参数为：总踏步数为 20 步，每步高度

165mm、深度 280mm、宽度 1100mm，平台深度为 "4260mm-（280mm×11）=1177mm"。完整半跑理论上应当设计在下楼处，另半跑设计在上楼处，如图 15-31 所示。

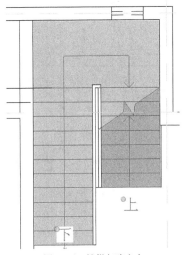

图15-31　楼梯起跑方向

5. 要创建楼梯，先创建楼梯洞口。洞口的尺寸须根据楼梯设计尺寸获得。切换视图为-1F，然后利用【建筑】选项卡【洞口】面板中的【竖井】工具，绘制洞口草图，并完成洞口设计，如图 15-32 所示。

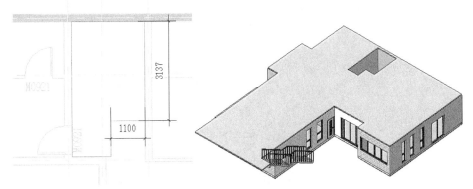

图15-32　创建洞口

6. 单击【楼梯】按钮，激活【修改|创建楼梯】上下文选项卡。

7. 在属性选项板中选择楼梯构件类型为 "现场浇注楼梯：整体式楼梯"，单击【编辑类型】按钮 ，在弹出的【类型属性】对话框中设置【计算规则】下的参数，如图 15-33 所示。

8. 然后在属性选项板中设置限制条件，如图 15-34 所示。

工程点拨：前面我们分析得出要设计 **20** 层楼梯，踢面数应该为 **19**，那么为什么【尺寸标注】下的所需踢面数为 **20** 了呢？这是因为虽然输入了 **20** 个踢面，但最后一个踢面其实就是 1F 的楼层平面，实际上楼梯间内的踢面仍然是 **19** 个，这里请大家特别注意下。

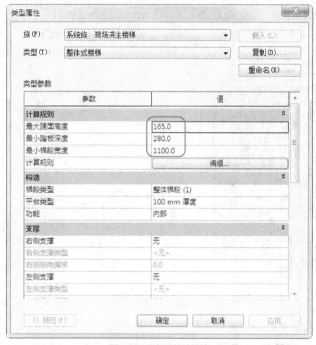

图15-33 设置类型属性

图15-34 设置限制条件

9. 【构件】面板中的【梯段】命令和【直梯】命令已被自动激活，在楼层平面视图绘制图 15-35 所示的下半跑梯段（上楼方向）。

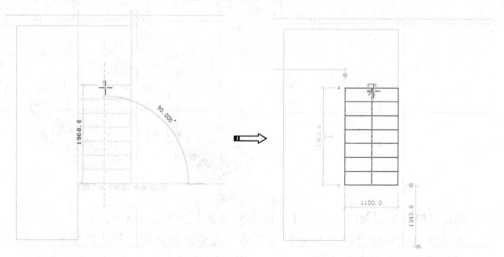

图15-35 绘制楼梯梯段

10. 紧接着平移指针至左侧墙体轴线位置上，捕捉交点，如图 15-36 所示。

11. 然后开始绘制上半跑楼梯梯段（下楼方向），如图 15-37 所示。绘制梯段过程中 Revit 会自动创建平台。

12. 上半跑的楼梯，如图 15-38 所示。很明显上半跑楼梯没有在指定位置上，需要利用【对齐】工具，将楼梯左侧边和洞口左侧边界对齐，调整楼梯位置，如图 15-39 所示。

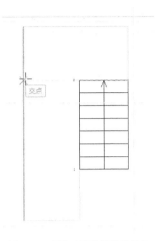

图15-36 拾取上半跑楼梯的起点

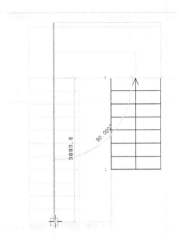

图15-37 绘制上半跑楼梯

工程点拨： 如有发现楼梯边没有与墙边对齐，都可以利用【对齐】工具对齐一下。

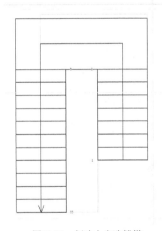

图15-38 创建上半跑楼梯

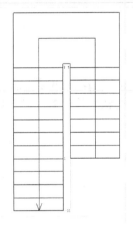

图15-39 对齐楼梯边与墙内侧

13. 最后再单击【修改|创建楼梯】上下文选项卡的【完成编辑模式】按钮 ✅ ，完成构件楼梯的创建，效果如图 15-40 所示。但是从结果看，在靠墙一侧的楼梯上自动生成的楼梯栏杆扶手是多余的，我们修改下楼梯扶手即可。

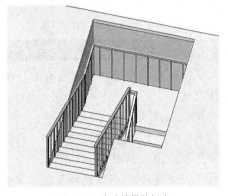

图15-40 完成楼梯的创建

14. 切换视图为-1F。双击栏杆扶手，激活【修改|绘制路径】上下文选项栏，然后利用【对齐】工具或拖动路径线修改扶手路径的位置，如图 15-41 所示。

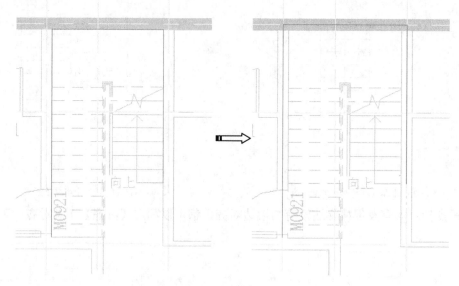

图15-41　修改扶手路径曲线

工程点拨：当然也可以直接删除扶手栏杆。

15. 完成扶手的修改效果如图 15-42 所示。最后保存项目文件。

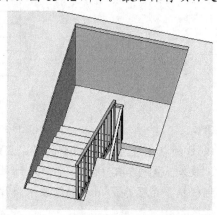

图15-42　修改扶手后的楼梯效果

【例15-3】　创建全踏步螺旋楼梯

螺旋楼梯分两种：中间有立柱的螺旋楼梯和中间没有立柱的悬空螺旋楼梯。本案例介绍中间有立柱的螺旋楼梯的创建方法。

1. 打开本例源文件"结构柱.rvt"。
2. 切换视图为"标高 1"，单击【模型线】按钮，利用【圆形】工具在结构柱圆心上绘制一个同等半径的圆，如图 15-43 所示。
3. 单击【楼梯】按钮，激活【修改|创建楼梯】上下文选项卡。
4. 然后在属性选项板中设置限制条件，如图 15-44 所示。

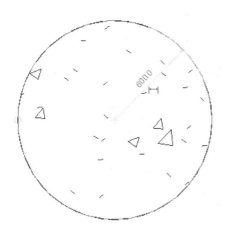

图15-43　绘制参考模型线

图15-44　设置限制条件

5. 【构件】面板中的【梯段】命令和【全踏步螺旋】命令已被自动激活。在视图中拾取圆形模型线的圆心作为螺旋楼梯梯段的圆心，并输入圆心到梯段中心线的距离（半径）为"1200"，按 Enter 键后生成螺旋楼梯预览，如图 15-45所示。

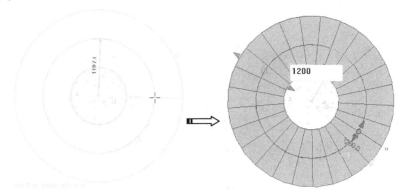

图15-45　绘制楼梯梯段

6. 最后再单击【修改|创建楼梯】上下文选项卡的【完成编辑模式】按钮 ✅，完成构件楼梯的创建。效果如图 15-46 所示。但是是从结果看，在靠结构柱一侧的楼梯上自动生成楼梯栏杆扶手是多余的。删除多余楼梯扶手即可。

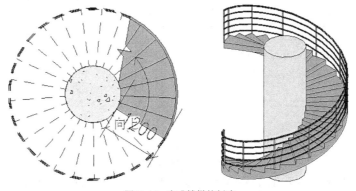

图15-46　完成楼梯的创建

工程点拨：单击【翻转】按钮,可以改变螺旋楼梯的旋向，如图 **15-47** 所示。

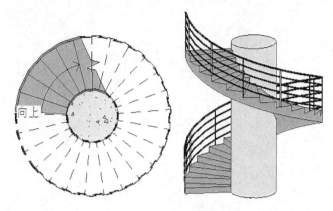

图15-47 改变螺旋楼梯的旋向

7. 保存项目文件。

【例15-4】 创建"圆心-端点"螺旋楼梯

本案例介绍中间没有立柱的悬空螺旋楼梯。

1. 打开本例源文件"别墅-3.rvt"，如图 15-48 所示。

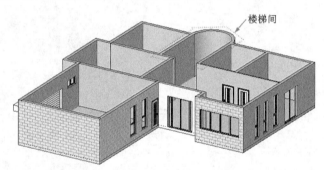

图15-48 别墅模型

2. 要合理的设计这种绕楼梯间内墙旋转的楼梯，必须要现场进行测量，至少要获得两个重要数据：楼层标高、楼梯间空间尺寸。首先切换到南立面视图，查看楼层标高，如图 15-49 所示。

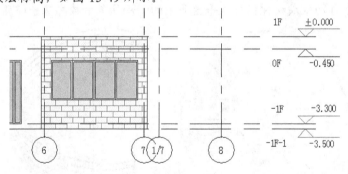

图15-49 查看楼层标高

3. 室内地坪标高层为-1F，一层标高为 1F，意味着要设计的楼梯踏步总高度为

3300mm。再切换视图至-1F 楼层平面视图，利用【模型线】中的【直线】工具测量楼梯间内墙的圆半径或直径（无须绘制直线），如图 15-50 所示。可以清楚地看到内墙圆半径为 1510mm。

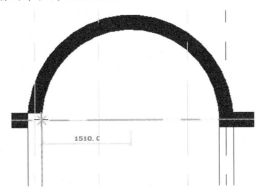

图15-50　测量内墙圆半径

4. 下面根据获得的不完整信息进行楼梯推算。

- 根据内墙半径数据，先假设楼梯宽度为 1000mm。那么楼梯踏步面深度测量线（也是圆）的半径应该为（1510mm-500mm=1010mm），如图 15-51 所示。

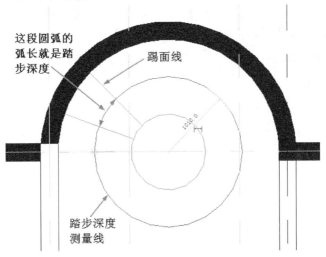

图15-51　踏步深度测量示意图

- 接着假设，楼层标高为 3300mm，按表 15-1 提供的参考，可以设计 20 层左右，但实际上现实中旋转楼梯尽量保证踏高度要低、踏步面深度要深，这样走起来才不会绊脚摔跤。所以我们预定设计为 21 层踏步、有 20 个踏步面。

5. 结合踏步深度测量线半径和 20 个踏步面，经过计算（深度测量线半径 2×1010mm× π ÷20），得到每一步踏步的深度约为 317.3mm。

工程点拨：这样的计算可以利用电脑系统中的计算器工具进行运算，保证计算精度，如图 **15-52** 所示。

图15-52　通过计算器计算踏步深度

6.　计算完成后，开始创建楼梯。单击【楼梯】按钮，激活【修改|创建楼梯】上下文选项卡。

7.　在属性选项板类型选择器中选择"现场浇注楼梯-整体式楼梯"，然后在属性选项板中设置限制条件，如图 15-53 所示。

8.　在【构件】面板中单击【圆心-端点螺旋】，在选项栏设置定位线选项为【梯段：右】，勾选【自动平台】和【改变半径时保持同心】选项，然后在楼梯间拾取圆心和楼梯踏步起点，如图 15-54 所示。

图15-53　设置限制条件

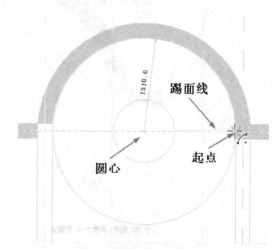

图15-54　拾取圆心和踏步起点

　　工程点拨：从拾取踏步起点时可以看到，第一踏步踢面线与起点有一条缝隙，这说明踏步深度的计算值是有误差的，我们可以通过手动调整该值，或增加一点或减少一点，直到踢面线与起点完全重合为止，经过反复的调整，发现当踏步深度为 **316mm** 时，踢面线正好与起点重合，如图 **15-55** 所示。

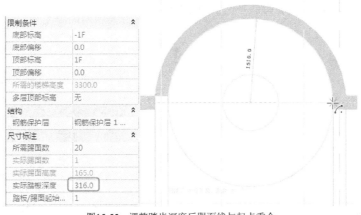

图15-55　调整踏步深度后踢面线与起点重合

9. 拾取起点后逆时针绕内墙旋转，创建逆时针旋转的螺旋楼梯梯段，如图 15-56 所示。

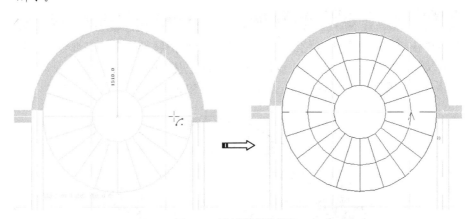

图15-56　创建螺旋楼梯梯段

10. 最后再单击【修改|创建楼梯】上下文选项卡的【完成编辑模式】按钮✓，完成构件楼梯的创建，效果如图 15-57 所示。

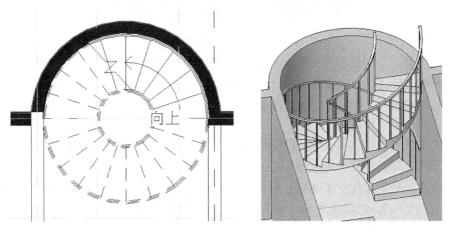

图15-57　完成楼梯的创建

11. 但是从结果看，在靠结构柱一侧的楼梯上自动生成楼梯栏杆扶手是多余的。

双击扶手，编辑扶手曲线即可，如图 15-58 所示。

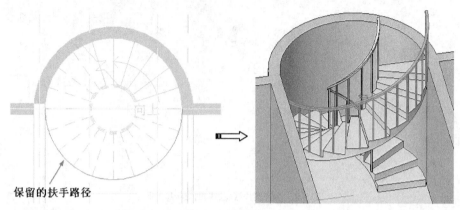

保留的扶手路径

图15-58　编辑扶手路径

12. 最终保留项目文件。

【例15-5】 创建 L 形转角楼梯

　　L 形转角楼梯和后面即将介绍的 U 形转角楼梯都是属于楼层较高或较低、且空间比较局促（不足以设计平台）的情况下才设计的一种紧凑型楼梯。

1. 打开本例源文件"郊区别墅.rvt"，如图 15-59 所示。

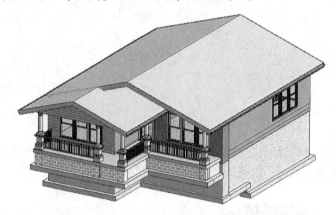

图15-59　别墅模型

2. 我们即将在别墅室外走廊上创建与地面连接的 L 形楼梯。L 形楼梯就无须详细的进行计算了，只需设定几个参数即可。

3. 切换视图为 TOF – Porch，单击【楼梯】按钮，激活【修改|创建楼梯】上下文选项卡。

4. 在属性选项板的类型选择器中选择"组合楼梯-住宅楼梯，无踢面"类型，然后在属性选项板中设置限制条件，如图 15-60 所示。

5. 在【构件】面板中单击【L 形转角】按钮，在选项栏设置定位线选项为【梯段：中心】，勾选【自动平台】选项。查看楼梯预览，如图 15-61 所示。

图15-60　设置限制条件

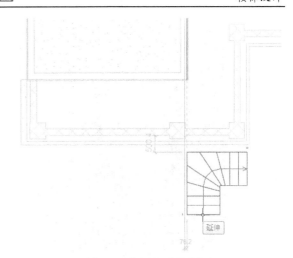

图15-61　拾取圆心和踏步起点

6. 很明显楼梯梯段方向需要更改，单击键盘的空格键，切换梯段朝向，直至合理，如图 15-62 所示。单击鼠标放置 L 形楼梯梯段，如图 15-63 所示。

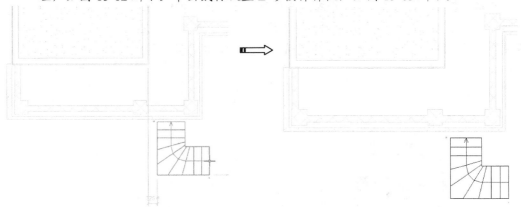

图15-62　改变梯段朝向　　　　　　　　　　　　　　　图15-63　放置梯段

7. 利用【对齐】工具，将梯段对齐至楼梯口中线，效果如图 15-64 所示。

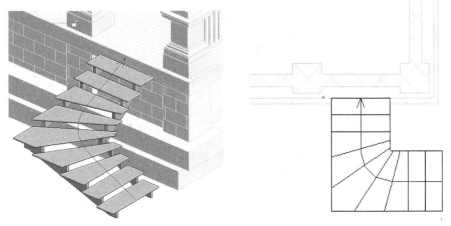

图15-64　对齐梯段踢面线与走廊边

8. 最后再单击【修改|创建楼梯】上下文选项卡的【完成编辑模式】按钮，完

成 L 形楼梯的创建，效果如图 15-65 所示。

图15-65 创建的 L 形楼梯

9. 保存项目文件。

若要改变楼梯的踏步宽度，必须适当增加踏步层数，如图 **15-66** 所示。这是因为踏步宽度增加，转角处的踏步踢面深度也会适当增加，根据楼梯设计规则，深度（踢面）增加的情况下，层高则相应要降低，这样的楼梯走上去才觉得平缓，不会绊脚摔跤。

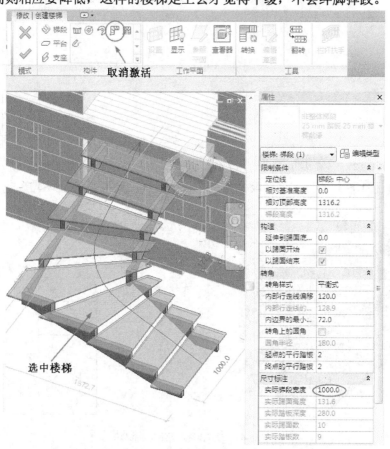

图15-66 设置踏步宽度

【例15-6】 创建 U 形转角楼梯

1. 打开本例源文件"别墅-4.rvt",如图 15-67 所示。

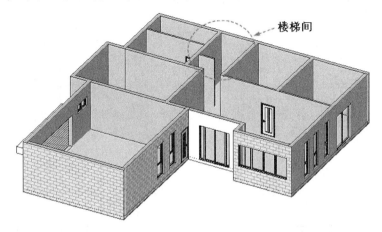

图15-67 别墅模型

2. 切换视图为-1F,单击【楼梯】按钮 ,激活【修改|创建楼梯】上下文选项卡。

3. 在属性选项板的类型选择器中选择"现场浇注楼梯-整体式楼梯"类型,然后在属性选项板中设置限制条件,如图 15-68 所示。

4. 单击【类型属性】按钮,设置计算规则,如图 15-69 所示。

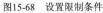

图15-68 设置限制条件

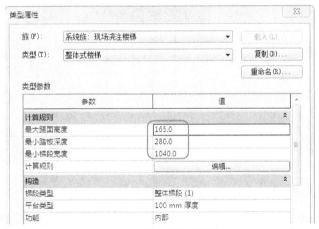

图15-69 设置楼梯计算规则

5. 在【构件】面板单击【U 形转角】 按钮,在选项栏设置定位线选项为【梯段:左】,勾选【自动平台】选项。然后查看楼梯预览,如图 15-70 所示。

6. 单击放置楼梯。很明显,楼梯梯段方向需要更改,再单击【翻转】按钮 ,切换梯段朝向,如图 15-71 所示。

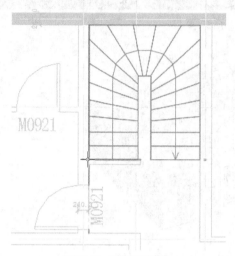

图15-70 预览 U 形楼梯

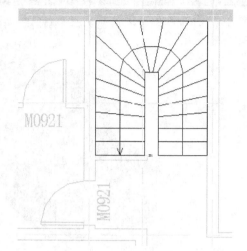

图15-71 改变楼梯朝向

7. 最后再单击【修改|创建楼梯】上下文选项卡中的【完成编辑模式】按钮 ✓，完成 U 形楼梯的创建。删除靠墙一侧的楼梯扶手栏杆，结果如图 15-72 所示。

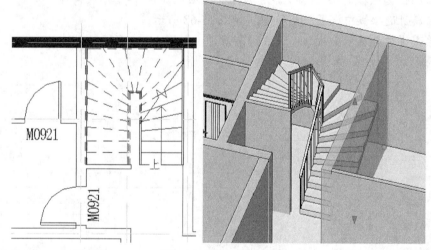

图15-72 创建的 U 形楼梯

8. 保存项目文件。

【例15-7】 创建基于草图的构件楼梯

除了设置选项和计算规则来创建具有规则形状的构件楼梯外，还可以利用草图工具来绘制草图以此创建异形楼梯。一般来说，利用草图来绘制楼梯梯段，可以根据实际的楼梯间大小灵活变动，设计出合理的楼梯。

1. 打开本例源文件"别墅-5.rvt"，如图 15-73 所示。

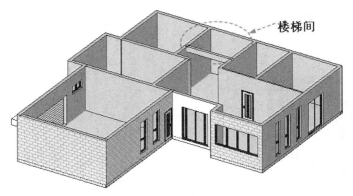

图15-73　别墅模型

2. 切换视图为 1F，但是该楼层平面视图中的模型无法看见，此时可以在属性选项板中【范围】选项栏下单击【视图范围】的【编辑】按钮，设置【视图深度】的标高选项为【无限制】，即可看见所有隐藏或其他视图平面中创建的图元，如图 15-74 所示。

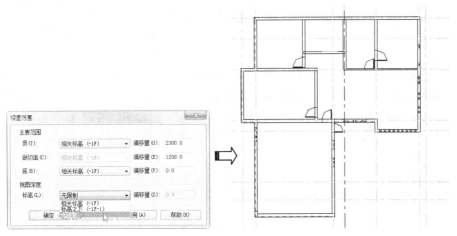

图15-74　设置视图平面中的视图范围

3. 利用【模型线】的【直线】工具，预览楼梯间的空间大小，如图 15-75 所示。得到楼梯间长 3400mm、宽 2800mm。

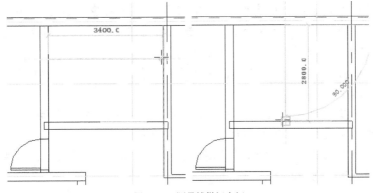

图15-75　测量楼梯间空间

4. 切换到东立面图，查看-1F 到 1F 的标高，如图 15-76 所示。得到楼层踏步总高度为 3300mm。

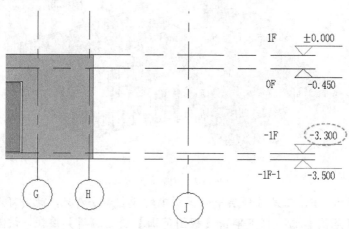

图15-76 查看楼层标高

5. 接下来依据测量的几个参数，进行楼梯各项尺寸参数的推算。

- 楼层标高为 3300mm，可以设计成 20 层楼梯踏步，每层踏步高度 165mm。

- 由每层踏步高度 165mm，根据表 15-1 可以暂定南北方向楼梯的大致单步踢面深度为 280mm 左右。

- 再来看看南北方向的楼梯间尺寸为 2800mm，假定平台深度为 1000mm 的话，那么在（2800mm-1000mm=1800mm）的范围内大致可以设计（1800mm÷280mm≈6）6 个踢面数（7 层踏步）的踏步，设计 6 个踢面的踏步后，余下的空间留给平台。平台的最终深度应该为 2800mm-1680mm=1120mm。

- 本例的楼梯起步和终止步应设计在同一直线上，也就是说上楼踏步和下楼踏步数是相同的，也就是（7 层+7 层=14 层）踏步了，余下的 6 层踏步只有牺牲平台，设计在平台上。平台总宽度为 3400mm，6 层踏步也就是 5 个踢面，每个踢面深度 280mm，那么中间平台一分为二，单个平台的宽度实际上只有（3400mm-280mm×5）÷2=1000mm 了。从而推算出踏步的宽度也是 1000mm。

- 至此推算得到了如下重要参数：20 层踏步；每层踏步高 165mm、踢面深度 280mm、踏步宽度 1000mm；平台长宽均为 1000mm；上跑楼梯踏步层数为 7、中跑楼梯踏步层数为 6、下跑楼梯踏步层数为 7。

6. 切换视图为 1F 楼层平面视图。单击【楼梯】按钮 ，激活【修改|创建楼梯】上下文选项卡。

7. 在属性选项板的类型选择器中选择 "现场浇注楼梯-整体式楼梯" 类型，然后在属性选项板中设置限制条件，如图 15-77 所示。

8. 在【构件】面板单击【创建草图】按钮 ，进入草图模式。绘制梯段边界（左右边界），如图 15-78 所示。

图15-77　设置限制条件

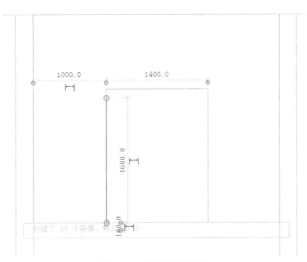

图15-78　绘制梯段边界线

工程点拨：踏步边界与平台边界一定要隔断，否则不能正确创建楼梯。

9. 单击【踢面】按钮，绘制 6 条踢面线，如图 15-79 所示。

10. 利用【修改】面板中的【偏移】工具，设定偏移距离为 280mm，然后依次偏移出其余的踢面线，如图 15-80 所示。

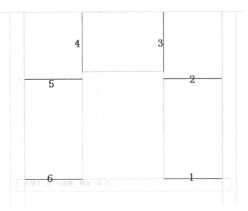

图15-79　先绘制 6 条踢面线

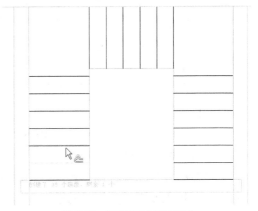

图15-80　再偏移其余的踢面线

11. 单击 楼梯踢径 按钮，按逆时针方向，从第一条踢面线的中点开始，直到最后一条踢面线的中点，绘制出楼梯路径，如图 15-81 所示。

12. 单击【完成编辑模式】按钮 退出草绘模式。可看见楼梯生成预览，如图 15-82 所示。

13. 最后再单击【修改|创建楼梯】上下文选项卡的【完成编辑模式】按钮，完成楼梯的创建。删除靠墙一侧的楼梯扶手栏杆，最终结果如图 15-83 所示。

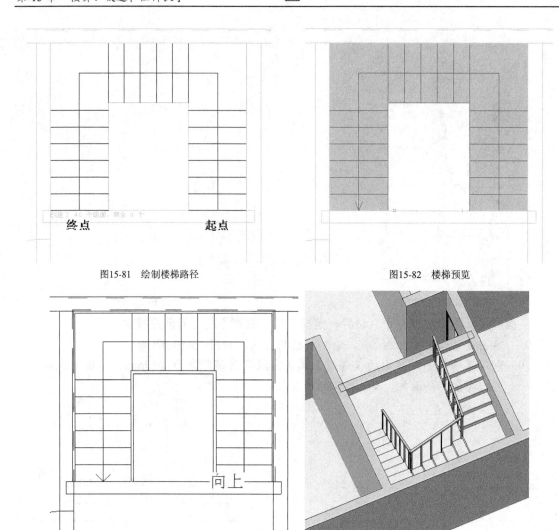

图15-81 绘制楼梯路径

图15-82 楼梯预览

图15-83 创建的草绘构件楼梯

14. 保存项目文件。

构件楼梯还包括平台创建和支座构件设计。平台构件是把不同的楼梯通过绘制平台曲线方式来创建规则或不规则形状的平台，如图 15-84 所示。

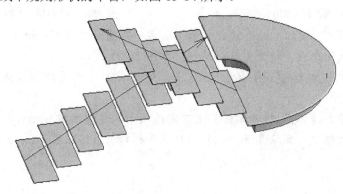

图15-84 圆形平台

支座构件工具是楼梯创建完成后期添加楼梯梯边梁和斜梁的构件，如图15-85所示。

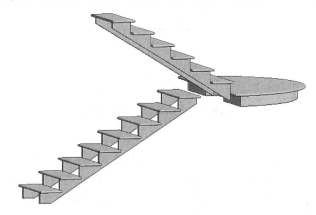

图15-85　楼梯斜梁

15.2.2　按草图方式创建楼梯

按草图方式创建楼梯与按草图创建构件楼梯相似，但前者创建楼梯的方法更为简单一些，创建仅仅创建楼梯梯段和平台，不再包括栏杆、平台和支座等构件。

【例15-8】 按草图方式创建楼梯

1.　打开本例源文件"郊区别墅-1.rvt"。
2.　创建本例楼梯，由于是在室外创建，空间是足够的，所以我们尽量采用 Revit 自动计算规则，设置一些楼梯尺寸即可。
3.　切换视图为 North 立面视图，如图 15-86 所示。将在 TOF 标高至 Top of Foundation 标高之间设计楼梯。

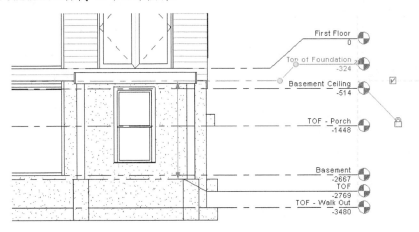

图15-86　查看楼梯设计标高

4.　切换 Top of Foundation 平面视图，测量上层平台尺寸，如图 15-87 所示。

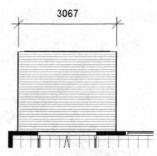

图15-87 测量上层平台尺寸

5. 由于外部空间较大，无须在中间平台上创建踏步，所以单跑踏步的宽度设计为 1200mm，踏步深度为 280mm，踏步高度由输入踢面数（14）确定。

6. 单击【楼梯（按草图）】命令 ，激活【修改|创建楼梯草图】上下文选项卡。在属性选项板中设置图 15-88 所示的类型及限制条件。

7. 然后绘制梯段草图，如图 15-89 所示。

图15-88 设置属性选项板

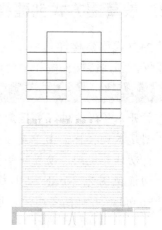

图15-89 绘制梯段草图

8. 利用移动、对齐等工具修改草图，如图 15-90 所示。切换视图为 TOF，如图 15-91 所示。

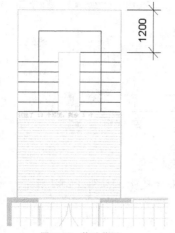

图15-90 修改草图

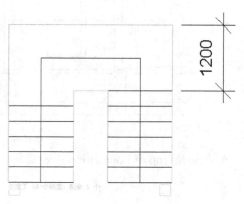

图15-91 切换 TOF 视图

9. 然后利用【移动】工具选中右侧梯段草图与柱子边对齐，如图 15-92 所示。

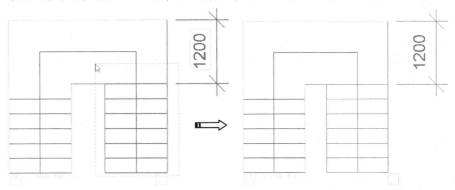

窗交选中对象 　　　　　　　　　　　　　设置移动基点和终点

图15-92　移动草图

10. 切换视图为 Top of Foundation。单击【边界】按钮 ⌐L边界 ，修改边界为圆弧，如图 15-93 所示。

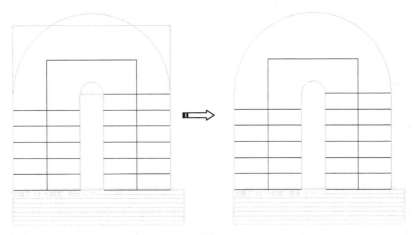

图15-93　修改楼梯边界

11. 最后单击【完成编辑模式】按钮 ✓ ，完成楼梯的创建，如图 15-94 所示。

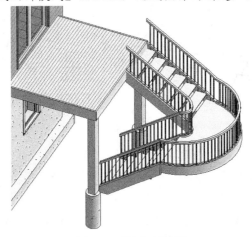

图15-94　创建完成的楼梯

15.3　坡道设计

　　坡道以连续的平面来实现高差过渡，人行其上与地面行走具有相似性。较小坡度的坡道行走省力，坡度大时则不如台阶或楼梯舒服。按理论划分，坡度 10° 以下为坡道，工程设计上另有具体的规范要求。如室外坡道坡度不宜大于 1:10，对应角度仅 5.7°。而室内坡道坡车型通道形式坡度不宜大于 1:8，对应角度虽为 7.1°，但人行走会有显著的爬坡或下冲感觉，非常不适。相比较而言，踏高 120mm、踏宽 400mm 的台阶，对应角度为 16.7°，行走却有轻缓之感。因此，不能机械地套用规范。

15.3.1　坡道设计概述

　　坡道和楼梯都是建筑中最常用的垂直交通设施。坡道可和台阶结合应用，如正面做台阶，两侧做坡道，如图 15-95 所示。

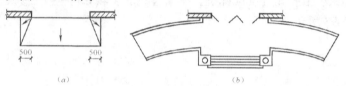

(a) 普通坡道；(b) 与台阶结合回车坡道

图15-95　坡道的形式

　　(1) 坡道尺度。

　　坡道的坡段宽度每边应大于门洞口宽度至少 500mm，坡段的出墙长度取决于室内外地面高差和坡道的坡度大小。

　　(2) 坡道构造。

　　坡道与台阶一样，也应采用坚实耐磨和抗冻性能好的材料，一般常用混凝土坡道，也可采用天然石材坡道，如图 15-96 (a) 和图 15-96 (b) 所示。

　　当坡度大于 1/8 时，坡道表面应做防滑处理，一般将坡道表面做成锯齿形或设防滑条防滑，如图 15-96 (c) 和图 15-96 (d) 所示，亦可在坡道的面层上做划格处理。

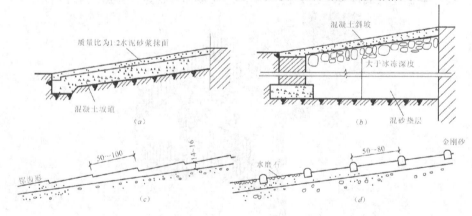

(a) 混凝土坡道；(b) 换土地基坡道；(c) 锯齿形坡面；(d) 防滑条坡面

图15-96　坡道构造

15.3.2　坡道设计工具

Revit 当中的【坡道】工具是为建筑添加坡道的，而坡道的创建方法与楼梯相似。可以定义直梯段、L 形梯段、U 形坡道和螺旋坡道，还可以通过修改草图来更改坡道的外边界。

【例15-9】　教学综合楼大门外坡道设计

1. 打开本例源文件"教学综合楼.rvt"，如图 15-97 所示。

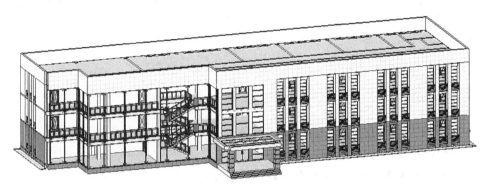

图15-97　教学综合楼

2. 切换至室外地坪平面视图中。单击【楼梯坡道】面板中的【坡道】按钮◇，激活【修改|创建坡道草图】上下文选项卡。

3. 单击属性选项板中的【编辑类型】按钮，打开坡道的【类型属性】对话框，复制类型为"教学综合楼：室外"，设置列表中的参数，如图 15-98 所示。

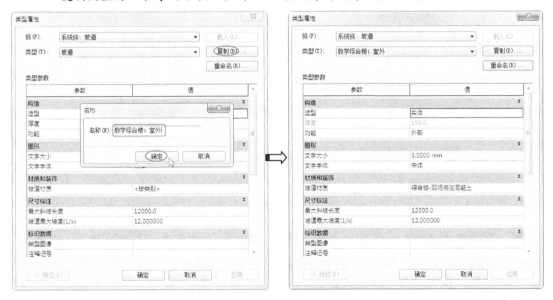

图15-98　复制类型并设置类型选项

4. 在属性选项板中，设置限制条件【顶部偏移】为-20.0，【宽度】为 4000，单击【应用】按钮，如图 15-99 所示。

5. 选择【工具】面板中的【栏杆扶手】工具，在【栏杆扶手】对话框中选择下拉列表中的类型"欧式石栏杆 1"，如图 15-100 所示。

图15-99　设置属性选项板选项

图15-100　选择栏杆类型

6. 利用【绘制】面板中的【边界】工具或【踢面】工具，绘制直线作为参考，如图 15-101 所示。

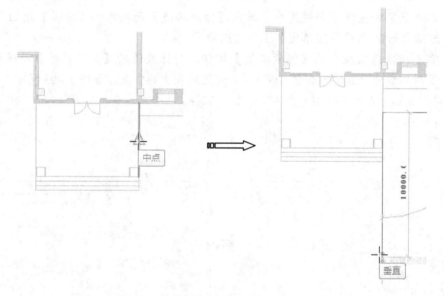

图15-101　绘制参考线

7. 再利用【梯段】的【圆心、端点弧】工具，以参考线末端点作为圆心，以参考线作为半径长度绘制一段圆弧，如图 15-102 所示。

工程点拨：弧长起点可以按要求来确定，当然最好到现场勘察，获得能创建坡道的最大布局空间。

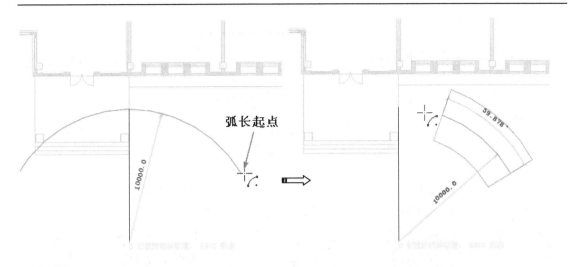

图15-102　绘制梯段圆弧

8. 利用对齐工具，将左侧踢面线与大门平台右侧边对齐，如图 15-103 所示。

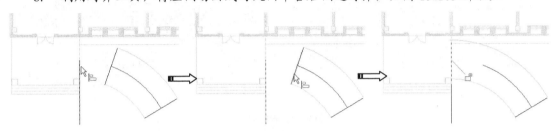

图15-103　对齐踢面线和平台边

9. 删除作为参考的竖直踢面线。单击【完成编辑模式】按钮，完成坡道的创建，如图 15-104 所示。

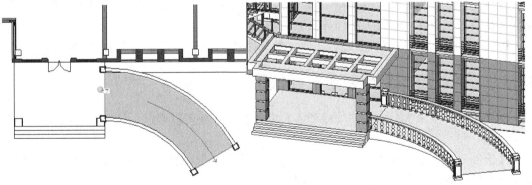

图15-104　创建坡道

10. 平台对称的另一侧坡道无须重建，只需镜像即可。先利用【模型线】的【直线】工具，在平台上的中点位置上绘制竖直线，如图 15-105 所示。

11. 然后再利用【镜像-拾取轴】工具，将平台右边的坡道镜像到平台左侧，如图 15-106 所示。

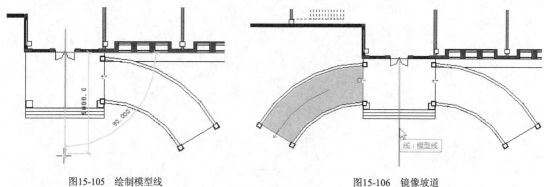

图15-105　绘制模型线　　　　　　　　　　　图15-106　镜像坡道

12. 删除模型线，并保存项目文件。最终完成的坡道效果图如图 15-107 所示。

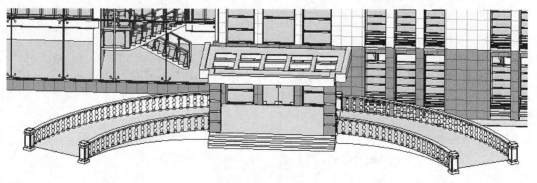

图15-107　坡道效果图

15.4　栏杆扶手设计

栏杆和扶手都是起安全围护作用的设施，栏杆是指在阳台、过道、桥廊等制作与安装的设施，扶手是在楼梯、坡道上制作与安装的设施。

Revit Architecture 中提供了栏杆工具（绘制路径）和扶手工具（放置在主体上）。

15.4.1　通过绘制路径创建栏杆扶手

栏杆和扶手在 Revit 中是三维模型族，栏杆和扶手族可以通过系统族库中调取，也可以自定义栏杆和扶手族。

【绘制路径】工具是将载入的栏杆扶手族按设计者绘制的路径来放置。【绘制路径】工具主要创建栏杆。下面举例说明操作过程。

【例15-10】　创建别墅阳台栏杆

1.　打开本例源文件"别墅-6.rvt"，如图 15-108 所示。

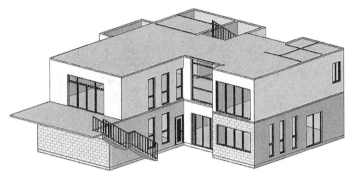

图15-108　别墅模型

2.　切换视图为 1F。在【建筑】选项卡的【楼梯坡道】面板中单击【绘制路径】
　　按钮，激活【修改|创建栏杆扶手路径】上下文选项卡。

3.　在属性选项板选择【栏杆扶手-1100mm】类型，然后利用【直线】命令在 1F
　　阳台上以轴线为参考，绘制栏杆路径，如图 15-109 所示。

4.　单击【完成编辑模式】按钮 ✅，完成阳台栏杆的创建，如图 15-110 所示。

图15-109　绘制栏杆路径

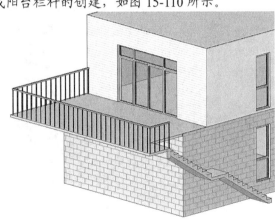

图15-110　创建栏杆

5.　保存项目文件。

15.4.2　放置栏杆扶手

【放置在主体上】工具主要用来添加在楼梯和坡道上的扶手。

【例15-11】　创建楼梯扶手

1.　继续上一案例。在【建筑】选项卡的【楼梯坡道】面板中单击【放置在主体
　　上】按钮，激活【修改|创建柱体上的栏杆扶手位置】上下文选项卡。

2.　在属性选项板中选择【栏杆扶手-1100mm】类型，如图 15-111 所示。

3.　再单击【踏板】按钮 ▦ 踏板，选中楼梯构件模型，如图 15-112 所示。

图15-111　选择扶手类型

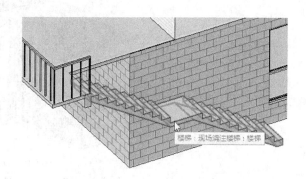

图15-112　选择要添加扶手的楼梯踏板

4. 随后 Revit Architecture 自动识别楼梯踏板，并完成扶手的添加，如图 15-113 所示。

5. 靠墙的扶手可以删除。双击靠墙一侧的扶手，切换到【修改|绘制路径】上下文选项卡。然后删除上楼第一跑梯段和平台上的扶手路径曲线，并缩短第二跑梯段上的扶手路径曲线（缩短 3 条踢面线距离），如图 15-114 所示。

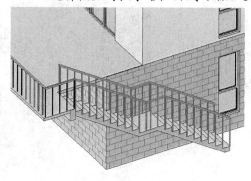

图15-113　创建楼梯扶手

图15-114　修改靠墙扶手的路径曲线

6. 退出编辑模式完成扶手修改，如图 15-115 所示。

7. 从 1F 楼层平面视图上看，外侧扶手与阳台栏杆是错开的，需要连成一条直线，所以要对阳台栏杆的路径进行修改，如图 15-116 所示。

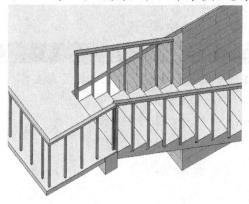

图15-115　修改后的扶手

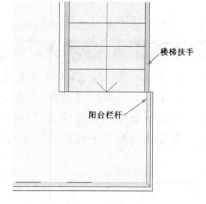

图15-116　要处理细节的栏杆

8. 双击阳台栏杆显示其栏杆路径曲线，然后将与楼梯连接处的路径曲线进行平移，如图 15-117 所示。

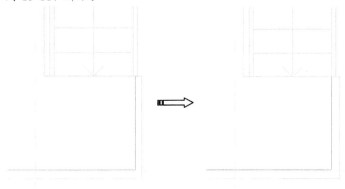

平移前   平移后

图15-117　修改栏杆路径曲线

9. 退出编辑模式，完成阳台栏杆的修改，如图 15-118 所示。最终阳台栏杆和楼梯扶手创建完成的效果如图 15-119 所示。

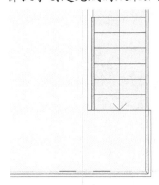

图15-118　修改后的栏杆

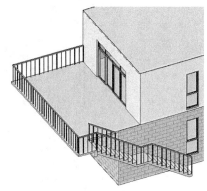

图15-119　栏杆扶手完成效果

10. 虽然完成了楼梯扶手的创建，但放大视图后发现，楼梯扶手和阳台栏杆的连接处出现了问题，有两个立柱在同一位置上，这是不合理的，如图 15-120 所示。

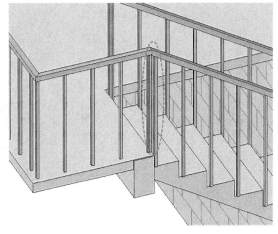

图15-120　出现问题处

11. 其解决方法是，删除创建的栏杆，将栏杆在创建扶手时同时创建，即可避免类似情况发生，如图 15-121 所示。

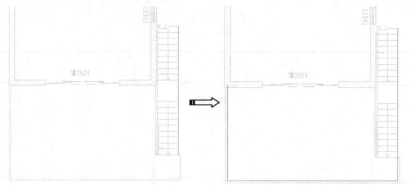

图15-121　修改扶手路径曲线

12. 修改扶手路径曲线后，退出路径模式。然后重新选择栏杆类型为"栏杆-金属立杆"，最终修改后的阳台栏杆和楼梯扶手如图 15-122 所示。

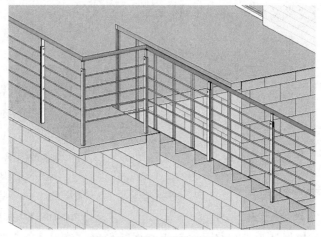

图15-122　修改后的栏杆和扶手

13. 同理，修改另一侧的楼梯扶手路径，如图 15-123 所示。

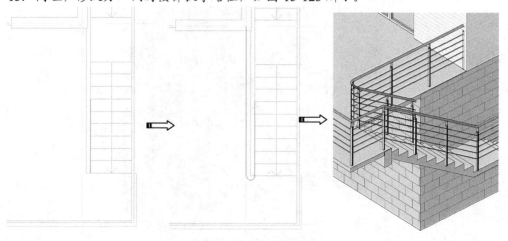

图15-123　修改另一扶手路径

14. 修改另一侧的楼梯扶手后，问题又来了。如图 15-124 所示，连接处的扶手柄是扭曲的，这是怎么回事呢？原来是扶手族的连接方式需要重新设置。选中扶手，然后在属性选项板单击【编辑类型】按钮打开【类型属性】对话框。

15. 将【使用平台高度调整】的选项设置为"否"，如图 15-125 所示。

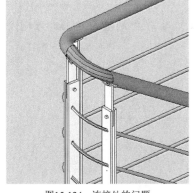

图15-124　连接处的问题

图15-125　修改属性

16. 修改后连接处的问题也就解决了，如图 15-126 所示。

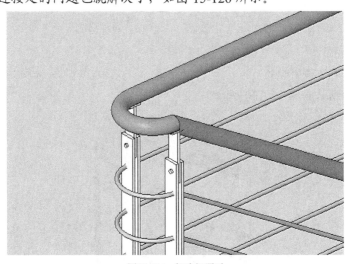

图15-126　解决问题后

17. 由于楼梯扶手的连接问题较多，我们再看一个连接问题。切换视图为三维视图，在 2F 和 3F 之间的楼梯平台处，又是另一种问题，如图 15-127 所示。

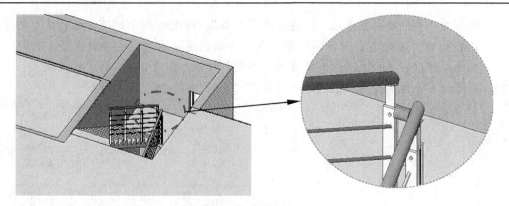

图15-127　另一连接问题

18. 解决方法是：切换至 2F 楼层平面视图。首先将左侧（下楼梯）的路径延伸一定距离，如图 15-128 所示。

19. 右侧的路径不用延伸，而是添加新的直线，添加后与左侧路径连接，如图 15-129 所示。

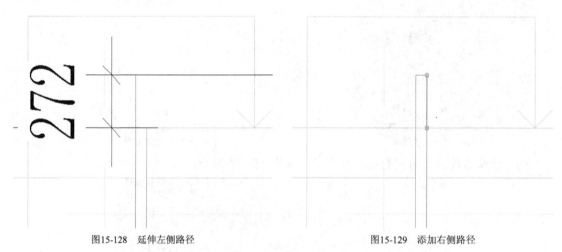

图15-128　延伸左侧路径　　　　　　　　　　图15-129　添加右侧路径

20. 修改后的结果如图 15-130 所示。

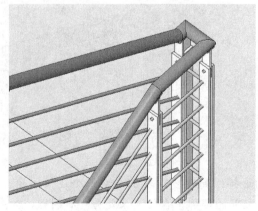

图15-130　修改后的楼梯连接处

21. 最后保存项目文件。

15.5 别墅建筑项目案例之六：楼梯、坡道和栏杆设计

至此，别墅的建模工作仅剩下楼梯及栏杆设计了。

【例15-12】 设计楼梯

1. 打开本例源文件"别墅项目五.rvt"。要创建楼梯，必须先创建楼梯间的洞口。
2. 切换视图至"场地"楼层平面视图，利用【洞口】面板中的【竖井】工具，在楼梯间位置绘制洞口草图，如图 15-131 所示。

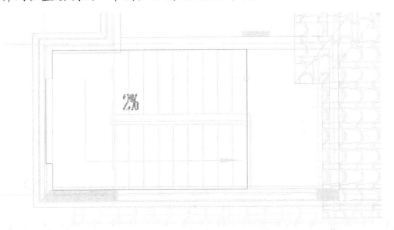

图15-131 绘制洞口草图

3. 单击【完成编辑模式】按钮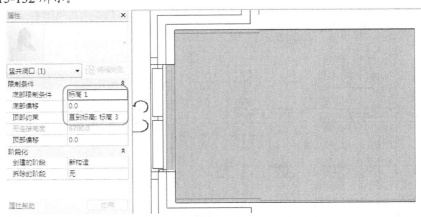，并按 Esc 键结束，完成洞口的创建，如图 15-132 所示。

图15-132 创建楼梯间洞口

4. 首先创建标高 1~标高 2 之间的楼梯，创建楼梯时直接参考 CAD 图纸即可。切换视图至"场地"。在【楼梯坡道】面板中单击【楼梯（按构件）】按钮，在属性选项板中选择【现场浇注楼梯：整体式浇筑楼梯】类型，单击【编辑类型】按钮，设置论坛的计算规则，如图 15-133 所示。

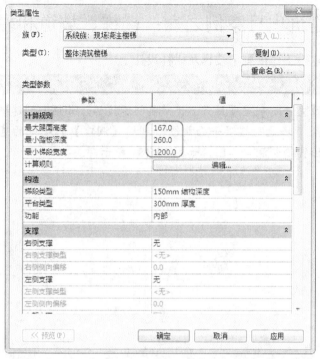

图15-133　设置楼梯的计算规则

5. 在属性选项板的限制条件下设置底部标高为"标高 1"，设置顶部标高为"标高 2"，设置所需踢面数为"21"，然后利用【直梯】形式绘制梯段，如图 15-134 所示。

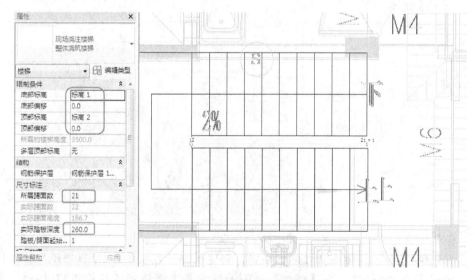

图15-134　绘制梯段并设置楼梯的限制条件

工程点拨：注意，楼梯踏步起步位置和终止位置都要多出一步。原因是，下面半跑要比上面半跑要多出一步（为 11 级踏步），上半跑是 10 级踏步，总高是 3500mm，每步就是约为 167mm。而终止位置多出一步是要与标高 2 至标高 3 之间的楼梯扶手连接，更何况楼板厚度只有 150mm，踏步高度为 167mm，会出现 17mm 的缝隙。

6. 单击【完成编辑模式】按钮完成楼梯的创建，如图 15-135 所示。删除靠墙的楼梯扶手。

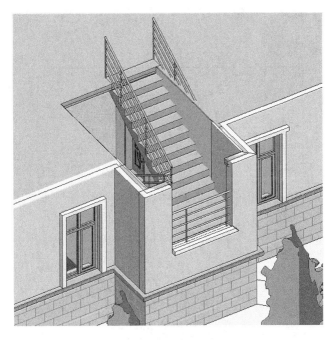

图15-135　设计的楼梯

7. 由于楼梯平台的扶手连接处没有平滑连接，需要修改扶手的曲线，如图 15-136 所示。

8. 切换视图为"场地"，双击扶手显示扶手路径曲线，编辑路径曲线，如图 15-137 所示。

图15-136　需要修改的平台扶手

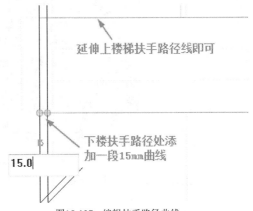

图15-137　编辑扶手路径曲线

9. 编辑完成扶手路径曲线后，在属性选项板重新选择新的扶手类型为【中式木栏杆 1】，单击【编辑类型】按钮打开【类型属性】对话框，设置平台高度调整选项，如图 15-138 所示。

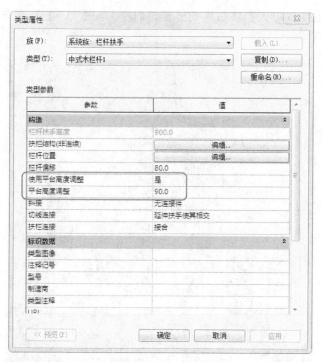

图15-138　设置栏杆类型参数

10. 修改完成的楼梯扶手如图 15-139 所示。

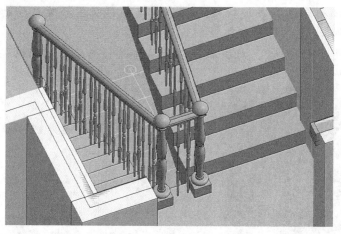

图15-139　修改完成的扶手

11. 此外，还要修改下楼梯位置的扶手曲线，修改的扶手效果如图 15-140 所示。

图 15-140　修改下楼梯位置的扶手

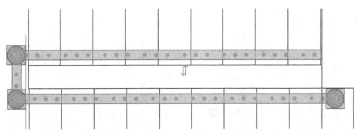

图15-140 修改下楼梯位置的扶手（续）

工程点拨：修改此处的扶手，是为了便于和上一层楼梯起步的扶手进行连接。

12. 同理，按此方法在标高 2 至标高 3 之间创建总高度为 3200mm 的楼梯（共 20 级踏步），如图 15-141 所示。

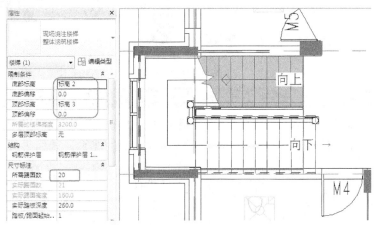

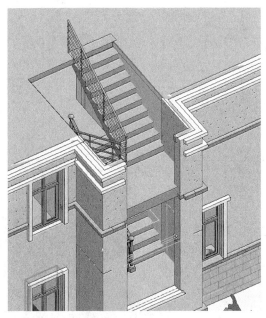

图15-141 创建标高2至标高3之间的楼梯

13. 同样要修改平台上的扶手，如图 15-142 所示。

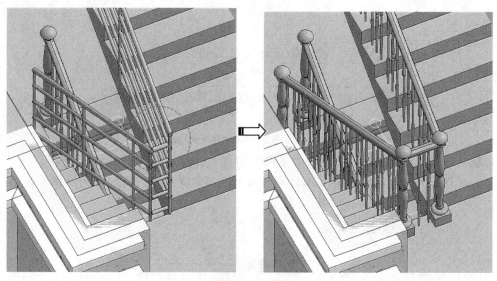

图15-142　修改扶手

【例15-13】 设计前大门和后大门的踏步

1. 切换视图为标高 1，在前门门厅口创建地坪。借助一层的 CAD 参考图纸，利用【楼板：建筑】工具，创建图 15-143 所示的踏步平台。并编辑类型属性。

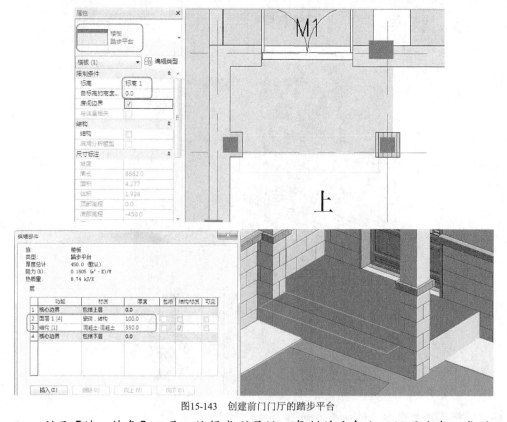

图15-143　创建前门门厅的踏步平台

2. 利用【墙：饰条】工具，编辑类型属性，复制并重命名"门厅踏步"类型，设置轮廓和材质，如图 15-144 所示。

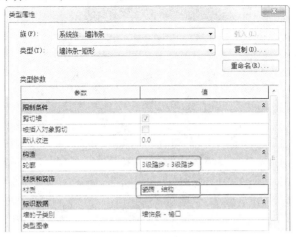

图15-144 设置类型属性

3. 将踏步暂时放置在大门外墙，如图 15-145 所示。

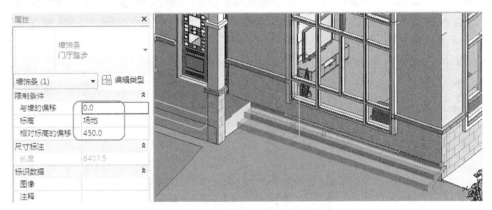

图15-145 放置踏步

4. 利用【对齐】工具，将踏步平移至平台踏步外沿对齐，如图 15-146 所示。

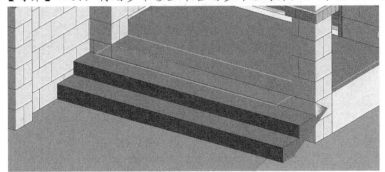

图15-146 对齐踏步与踏步平台外沿

5. 使用【连接】工具连接踏步与踏步平台。同理，按此方法在后门也创建踏步平台和踏步，如图 15-147 所示。

工程点拨：如果要创建两两斜接的踏步，可编辑其中一个踏步的【修改转角】，转角为**90°**，选择踏步的端面即可创建转角，即与另一踏步斜接。

图15-147　创建后大门的踏步平台和踏步

【例15-14】　创建围墙栏杆

1. 首先创建整个别墅小院的围墙，这里我们也用创建栏杆的方式进行创建。切换视图为场地视图。

2. 利用【模型线】的【矩形】工具，在草坪边界绘制矩形参考线，如图 15-148 所示。

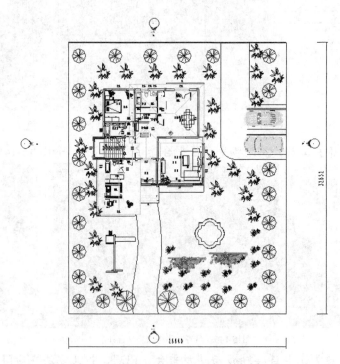

图15-148　绘制模型线

3. 利用【墙: 建筑】工具，选择【叠层墙 1】作为墙体类型，然后在矩形模型线上绘制墙体，如图 15-149 所示。

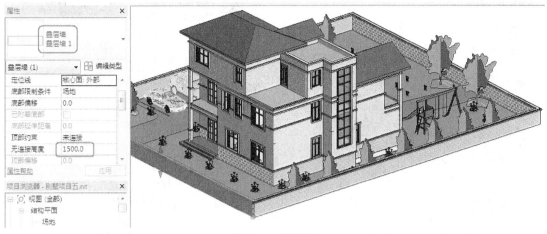

图15-149　创建墙体

4. 在停车场道路和人行道路出口位置修改墙体，如图 15-150 所示。

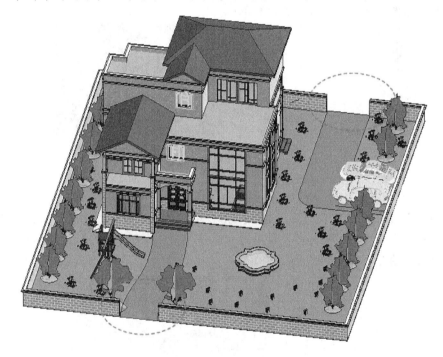

图15-150　修改墙体

5. 利用【门】工具，将本例源文件夹【别墅项目族】中的"铁艺门-室外大门.rfa"族载入并放置到停车场道路的墙体缺口位置，如图 15-151 所示。

6. 同理，将"铁艺门-双扇平开 rfa"门族放置在前面小路的围墙缺口，如图 15-152 所示。

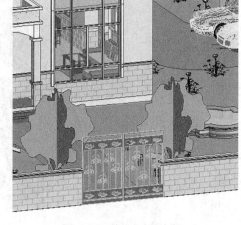

图15-151 放置停车场的铁艺门   图15-152 放置小路的铁艺门

7. 利用【柱：建筑】工具，在前面铁门两侧放置建筑柱（类型为"现代柱 2"，在本例源文件中），如图 15-153 所示。

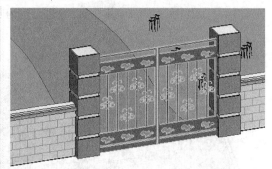

图15-153 放置建筑柱

8. 再利用【柱：建筑】工具，选择 250×250mm 的矩形柱，重新复制并命名为"黄色涂层 250×250mm"，材质为"涂料-黄色"，设置限制条件，将建筑柱放置在围墙转角处，如图 15-154 所示。

图15-154 创建"黄色涂层 250×250mm"的建筑柱

9. 利用【复制】工具，将 250×250mm 的建筑柱依次按复制距离"4500"进行复制，得到最终的围墙上所有的建筑柱，如图 15-155 所示。

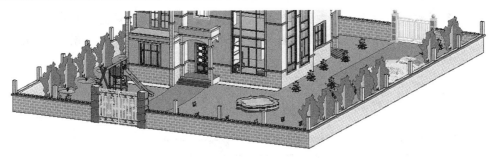

图15-155　复制建筑柱

10. 切换视图为标高 1，单击【建筑】选项卡【楼梯坡道】面板中的【绘制路径】
按钮 ，沿围墙中心线绘制栏杆路径曲线，选择【园艺栏杆】类型并设置限
制条件，创建的围墙栏杆如图 15-156 所示。

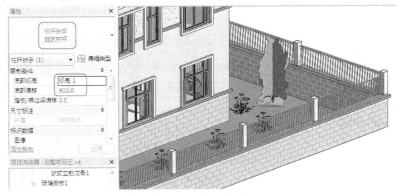

图15-156　创建围墙栏杆

11. 同理，完成其余围墙栏杆的创建。

【例15-15】 创建阳台栏杆

1. 首先创建标高 2 视图上（第二层）的阳台栏杆。

2. 单击【建筑】选项卡【楼梯坡道】面板中的【绘制路径】按钮 ，沿围墙中
心线绘制栏杆路径曲线，如图 15-157 所示。

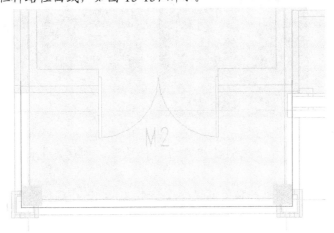

图15-157　绘制阳台栏杆路径曲线

3. 选择【欧式石栏杆 1】类型并编辑类型，在【类型属性】对话框中单击【栏杆位置】选项的【编辑】按钮，在【编辑栏杆位置】对话框中设置图 15-158 所示的栏杆支柱参数。

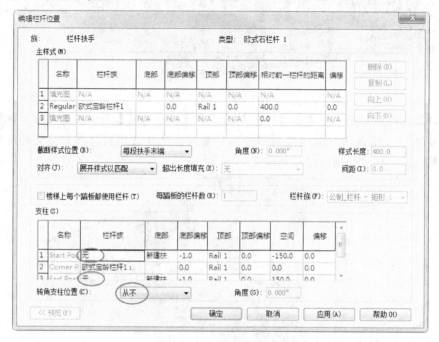

图15-158 编辑栏杆位置属性

4. 创建的阳台栏杆如图 15-159 所示。

图15-159 创建阳台栏杆

5. 同理，在其他阳台上也创建相同的栏杆类型。创建完成的效果如图 15-160 所示。

6. 至此，别墅建筑项目的模型创建阶段全部结束，保存建筑项目文件。

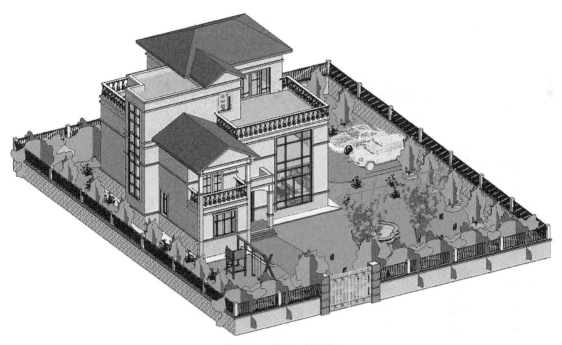

图15-160　创建完成的栏杆

第16章　建筑效果图设计

在传统二维模式下进行方案设计时无法很快地校验和展示建筑的外观形态，对于内部空间的情况更是难于直观地把握。在 Revit Architecture 中我们可以实时地查看模型的透视效果、创建漫游动画、进行日光分析等，并且方案阶段的大部分工作均可在 Revit Architecture 中完成，无须导出到其他软件，使设计师在与甲方进行交流时能充分地表达其设计意图。

 本章要点

- 阴影设置。
- 日光研究。
- 渲染。
- 漫游。

16.1　阴影设置

为了表达真实环境下的逼真场景，必须添加阴影效果。阴影也是日光研究中不可缺少的元素。下面详解项目方向设置和阴影设置方法。

16.1.1　设置项目方向

在设计项目图纸时，为了绘制和捕捉的方便，一般按上北下南左西右东的方位设计项目，此即项目北。默认情况下项目北即指视图的上部，但该项目在实际的地理位置中却未必如此。

Revit Architecture 中的日光研究模拟的是真实的日照方向，因此生成日光研究时，建议将视图方向由项目北修改为正北方向，以便为项目创建精确的太阳光和阴影样式。

【例16-1】　设置项目方向为正北

1. 打开光盘中本例源文件"别墅.rvt"文件。如图 16-1 所示。
2. 在项目浏览器中切换视图为"-1F-1"场地平面视图。
3. 在属性选项板的【图形】选项组下，其中【方向】参数的默认值为【项目北】，如图 16-2 所示。

图16-1　别墅模型

图16-2　查看场地平面视图的方向

4. 单击【项目北】选项，显示下拉三角箭头，然后选择【正北】选项，如图 16-3 所示，单击【应用】按钮。

5. 接下来需要旋转项目使其与真正地理位置上的正北方向保持一致。这里我们需要提前设置下阳光。在图形区下方的状态栏中单击【关闭日光路径】按钮，并选择菜单中的【日光设置】选项，如图 16-4 所示。

图16-3　设置视图方向

图16-4　选择【日光设置】选项

6. 打开【日光设置】对话框。在【日光研究】选项组选择【静止】单选项，【设置】选项组下单击【地点】栏的浏览按钮，然后查找项目的地理位置，如"成都"，如图 16-5 所示。

图16-5　搜索项目的地理位置

7. 在【日光设置】对话框中设置当天的日光照射日期及时间，时间最好是设置为中午 12 点，阴影要短些，角度测量才准确，如图 16-6 所示。

图16-6　设置日期和时间

8. 切换视图为三维视图，并设置为上视图，如图 16-7 所示。

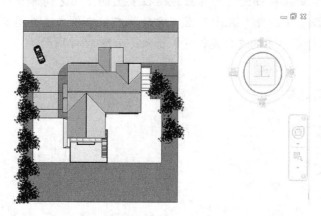

图16-7　设置视图

9. 在状态栏中单击【关闭阴影】按钮，开启阴影。从阴影效果中可以看出，太阳是自东向西的，理论上讲项目中的阴影只能是左东右西的水平阴影，但是三维视图中可以看出在南北朝向上也有阴影，如图 16-8 所示。

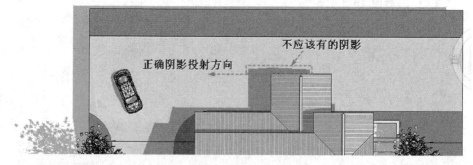

图16-8　阴影查看

10. 这说明了项目北（场地视图中的正北）与实际地理上正北是有偏差的，需要旋转项目。利用模型线的【直线】工具，绘制两条参考线，并测量角度，如图 16-9 所示。测量的角度就是要进行项目旋转的角度（13.28°）。

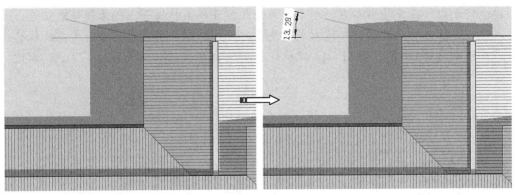

图16-9 绘制参考线并测量角度

11. 切换视图为-1F-1。在【管理】选项卡的【项目位置】面板中单击【位置】|【旋转正北】按钮，视图中将出现旋转中心点和旋转控制柄，如图 16-10 所示。

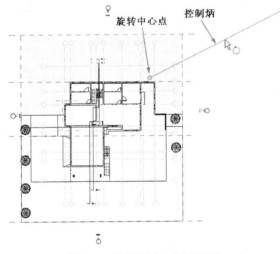

图16-10 显示旋转中心点和控制柄

12. 如果旋转中心不在项目中心位置，可在旋转中心的旋转符号上按住鼠标左键并移动指针，拖曳至新的中心位置后松开鼠标即可，如图 16-11 所示。

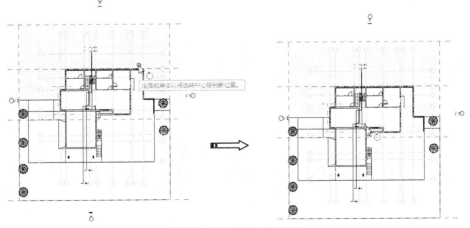

图16-11 移动项目旋转中心点

13. 移动指针在旋转中心右侧水平方向任意位置单击捕捉一点作为旋转起始点，顺时针方向移动指针，将出现角度临时尺寸标注。用键盘直接输入要旋转的角度值 "13.28"，按 Enter 键确认后项目自动旋转到正北方向，如图 16-12 所示。

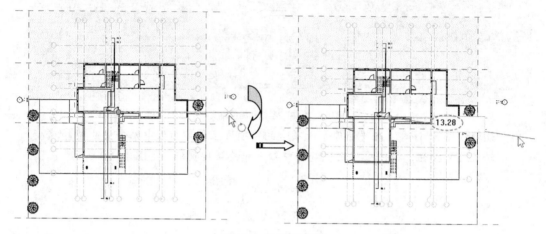

图16-12　旋转项目视图

14. 旋转项目正北后的视图如图 16-13 所示。

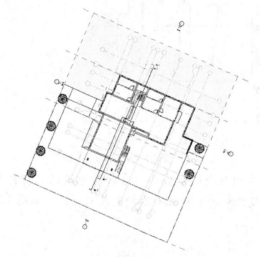

图16-13　旋转项目正北方向

　　工程点拨：上面的操作是直接旋转正北，也可以在选项栏的【逆时针旋转角度】栏中直接输入 "−13.28" 度，按 **Enter** 键确认后自动将项目旋转到正北，如图 **16-14** 所示。

从项目到正北方向的角度: 0° 0' 0"	西　▼	逆时针旋转角度: -13.28

图16-14　设置选项栏上的旋转角度

15. 设置了项目正北后，再来通过三维视图中的阴影显示检验视图中的项目北与实际地理上的项目正北是否重合。如图 16-15 所示，从阴影效果看，完全重合。

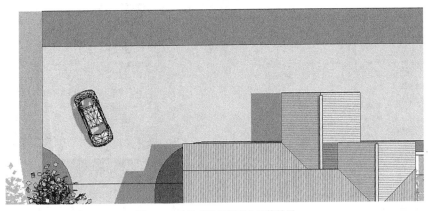

图16-15　检验项目旋转正北后的效果

16.1.2　设置阴影效果

上一小节的案例中我们不难发现阴影的作用，阴影也是真实渲染的必不可少的环境元素。下面介绍阴影的基本设置。

【例16-2】设置阴影

1. 继续上一案例。换视图为"三维视图"。
2. 单击绘图区域左下角的视图控制栏中的"图形显示选项"按钮，打开【图形显示选项】对话框，如图 16-16 所示。

图16-16　打开【图形显示选项】对话框

3. 展开对话框中的【阴影】选项组，包含两个选项，如图 16-17 所示。【投射阴影】选项用于控制三维视图中是否显示阴影，【显示环境光阴影】选项控制是否显示环境光源的阴影。环境光源是除了阳光以外的其他物体折射或反射的自然光源。
4. 展开【照明】选项组。该选项组下包括日光设置和阴影设置的选项，如图 16-18 所示。拖动阴影滑动块或输入值可以调整阴影的强度，如图 16-19 所示。

图16-17 【阴影】选项组

图16-18 【照明】选项组

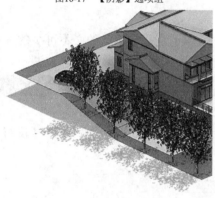

强度为 50

强度为 100

图16-19 阴影强度设置后的前后对比

5. 在状态栏中单击【打开阴影】按钮 或单击【关闭阴影】按钮 ，也可以开启阴影或关闭阴影的显示。

16.2 日光研究

Revit 场景中的日光可以模拟真实地理环境下日光照射的情况，分静态模拟和动态模拟。模拟前可以对日光的具体参数进行设置。

通过创建日光研究，可以看到来自地势和周围建筑物的阴影对于场地有怎样的影响，或者自然光在一天和一年的特定时间会从哪些位置射入建筑物内。

日光研究通过展示自然光和阴影对项目的影响，来提供有价值的信息，帮助支持有效的被动式太阳能设计。

16.2.1 日光设置

日光和灯光等光源都是渲染场景中不可缺少的渲染元素，统称为"照明"。日光主要是应用在白天渲染环境中。

【例16-3】 照明设置

1. 单击绘图区域左下角的视图控制栏中的【图形显示选项】按钮，打开【图形显示选项】对话框。

2. 展开【照明】选项组，该选项组下包括日光设置选项，如图 16-20 所示。

图16-20 【照明】选项组

3. 【照明】选项组可以设置日光、环境光源的强度和日光研究类型选项。强度的设置跟研究当天的天气情况有关，晴朗天气阳光强度大一些，阴雨天气阳光强度要小一些，晚上的阳光强度基本为0。

4. 单击【日光设置】的设置按钮，可打开【日光设置】对话框，如图 16-21 所示。

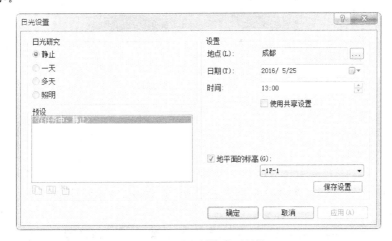

图16-21 【日光设置】对话框

工程点拨：该对话框也可以在状态栏打开或关闭阳光路径的菜单中选择【日光设置】命令打开。

5. 要进行何种类型的日光研究，在此对话框中就选择相应的研究类型。日光研究类型包括静止、一天、多天和照明。

6.　阳光设置完成后，接下来就可以进行日光研究操作了。

16.2.2　静态日光研究

静态日光研究包括静止研究和照明研究。

一、静止日光研究

静止日光研究类型是指在某个时间点的静态的日光照射情况分析。正如我们在设置项目方向时的案例中，静止的日光研究可以给我们获得某个时刻的阳光照射下的阴影长短、投射方向等信息，便于我们及时的调整地理中项目的正北。

静止日光研究操作就不再赘述了。

二、照明日光研究

"照明日光研究"是生成单个图像，来显示从活动视图中的指定日光位置（而不是基于项目位置、日期和时间的日光位置）投射的阴影。

例如，可以在立面视图上投射 45°的阴影，这些立面视图之后可以用于渲染。

【例16-4】　照明日光研究

1.　继续前面的案例。
2.　打开【日光设置】对话框，在对话框中【日光研究】选项组下选择【照明】类型，对话框右边显示"照明"类型的设置选项，如图 16-22 所示。

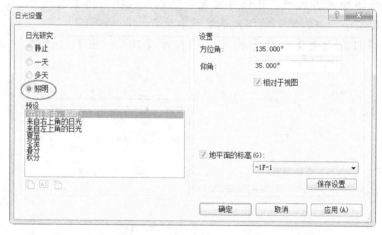

图16-22　选择【一天研究】类型

3.　这里解释一下什么是方位角和仰角。如图 16-23 所示，图中解释了方位角和仰角。

工程点拨：方位角控制照明在建筑物周围的位置，仰角则是控制阴影的长短。仰角越小，阴影越长，反之仰角越大则阴影越短。从图 **16-23** 中可以看出，方位角 **0°**位置在地理正北（不是最初的项目北），所以在调整方位角的时候，一定要注意。仰角是从地平面（地平线）开始的。

图16-23 方位角和仰角示意图

4. 【相对于视图】复选框用来控制照明光源的照射方向。如果勾选，仅仅针对视图进行照射，照射范围相对集中，如图16-24所示。取消勾选，则相对于整个建筑模型的方向来照射，照射范围相对扩散，如图16-25所示。

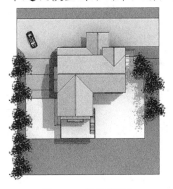

图16-24 相对于视图

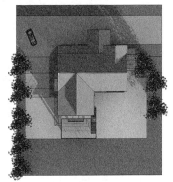

图16-25 相对于模型

5. 对话框中的【地平面的标高】复选框控制仰角的计算起始平面，如果选择2F楼层，意味着2层及2层以上的楼层将会有照明阴影。当然2层平面也是仰角的计算起始平面，如图16-26所示。如果取消勾选【地平面的标高】选项，将对视图中所有标高层投影。

图16-26 【地平面的标高】的设置

16.2.3　动态日光研究

动态日光研究包括一天日光研究和多天日光研究。可以动态模拟（可以生成动画）一天或多天当中指定时间段内阴影的变化过程。

一、一天日光研究

一天日光研究是动态的，可以模拟日出到日落时阳光照射下的建筑物阴影的动态变化。

【例16-5】　一天日光研究

1. 继续前面的案例。
2. 打开【日光设置】对话框。在对话框中【日光研究】选项组下选择【一天】类型，对话框右边显示"一天"类型的设置选项，如图 16-27 所示。

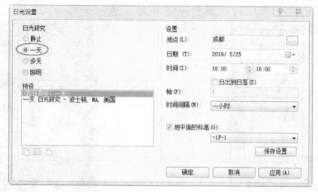

图16-27　选择【一天研究】类型

3. 设置项目地点和日期后，根据设计者需要，可以设置时间段来创建阴影动画，当然也可以勾选【日出到日落】复选框。
4. 然后设置动画帧（一帧就是一幅静止图片）的时间间隔，设置为 1 小时，那么系统会计算得出从日出到日落的所需帧数为 14，如图 16-28 所示。

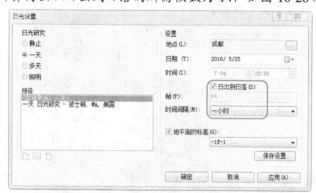

图16-28　设置动画帧

5. 地平面的标高一般是建筑项目中的场地标高，本项目的场地标高就是-1F-1。此选项是控制是否在地平面标高上是否投射阴影，如图 16-29 所示。

☑ 地平面的标高(G)：   ☐ 地平面的标高(G)：

图16-29　控制是否在地平面标高上投影

6. 单击【确定】按钮完成一天日光研究的设置。在状态栏中开启阴影，同时打开日光路径，如图 16-30 所示。

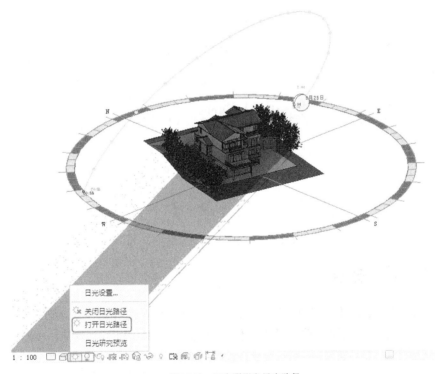

图16-30　开启阴影和日光路径

7. 在选择【打开日光路径】选项时，会发现菜单中增加了【日光研究预览】选项，这个选项也只有在【日光设置】对话框中设置了动画帧以后才会存在。

8. 选择【日光研究预览】选项后，可以在选项栏中演示阴影动画了，如图 16-31 所示。

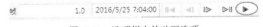

图16-31　选项栏中的动画选项

9. 单击【播放】按钮 ▷，三维视图中开始播放一个小时一帧的阴影动画，如图 16-32 所示。

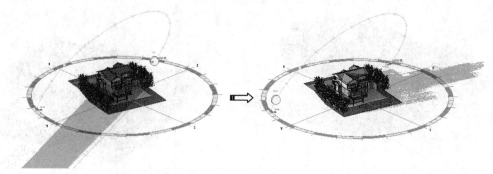

图16-32　播放阴影动画帧

二、多天日光研究

多天日光研究可以在连续多天的动态模拟日光照射和生成阴影动画，其操作过程与一天日光研究是完全相同的，不同的是日期由一天设置变成多天设置，如图 16-33 所示。

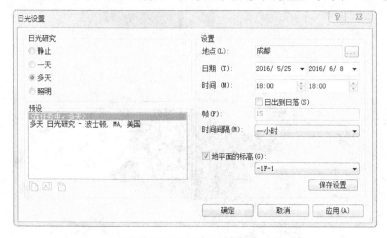

图16-33　多天日光研究的设置

16.2.4　导出日光研究

在 Revit Architecture 中，除了可以在项目文件中预览日光研究外，还可以将日光研究导出为各种格式的视频或图像文件。导出文件类型包括 AVI、JPEG、TIFF、BMP、GIF 和 PNG。

AVI 文件是独立的视频文件，而其他导出文件类型都是单帧图像格式，这允许您将动画的指定帧保存为独立的图像文件。

【例16-6】导出日光研究

1. 接上节练习，准备导出一天日光研究动画。
2. 切换为三维视图。开启阴影，按 16.2.3 小节中的案例操作完成一天日光研究。
3. 选择菜单栏浏览器中的【导出】|【图像和动画】|【日光研究】命令，弹出【长度/格式】对话框，如图 16-34 所示。

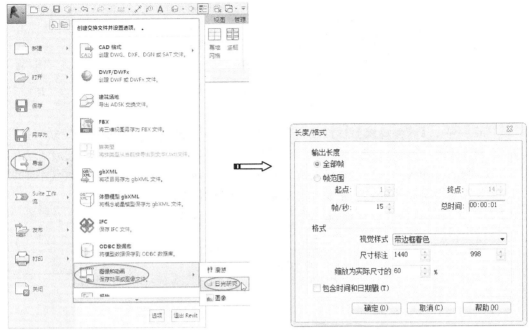

图16-34 执行导出命令

4. 其中【帧/秒】项设置导出后漫游的速度为每秒多少帧，默认为 15 帧，播放速
度会比较快，建议设置为 3~4 帧，速度将比较合适。单击【确定】按钮后弹
出【导出动画日光研究】对话框，输入文件名，并设置路径路径，单击【保
存】按钮，如图 16-35 所示。

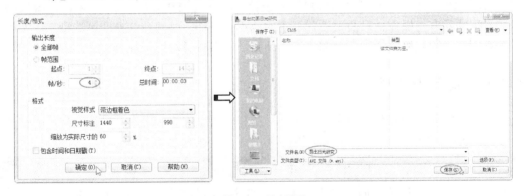

图16-35 导出设置

工程点拨：注意【导出动画日光研究】对话框中的"文件类型"默认为 AVI，单击后面
的下拉箭头，可以看到下拉列表中除了 AVI 还有一些图片格式，如 JPEG、TIFF、BMP、
GIF 和 PNG，只有 AVI 格式导出后为多帧动画，其他格式导出后均为单帧图片，如图
16-36 所示。

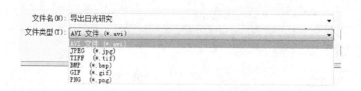

图16-36　导出文件类型

5. 随后弹出【视频压缩】对话框，如图 16-37 所示。默认的"压缩程序"为"全帧（非压缩的）"，产生的文件会非常大，建议在下拉列表中选择压缩模式为"Microsoft Video 1"，此模式为大部分系统可以读取的模式，同时可以减小文件大小。单击【确定】完成日光研究导出为外部 AVI 文件的操作。

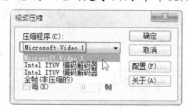

图16-37　视频压缩程序设置

6. 最后保存项目文件。

16.3　渲染

Revit Architecture 集成了 mental ray 渲染器，可以生成建筑模型的照片级真实感图像，可以及时看到设计效果从而可以向客户展示设计或将它与团队成员分享。Revit Architecture 的渲染设置非常容易操作，只需要设置真实的地点、日期、时间和灯光即可渲染三维及相机透视图视图。设置相机路径，即可创建漫游动画，动态查看与展示项目设计。

16.3.1　赋予外观材质

渲染场景中模型的外观是由设计者赋予材质和贴图完成的。用户可以创建自己的材质，也可以使用 Revit Architecture 材质库中的材质。

【例16-7】 添加并编辑材质

1. 在【管理】选项卡的【设置】面板中单击【材质】按钮◎，弹出【材质浏览器】对话框，如图 16-38 所示。

2. 【材质浏览器】对话框的项目材质列表下列出当前可用的材质。本例的建筑项目中的材质均来自于此列表下。

3. 当项目材质中没有合适的材质时，可以在下方的材质库中调取材质。Revit Architecture 的材质库中有两种材质：Autodesk 材质和 AEC 材质，如图 16-39 所示。

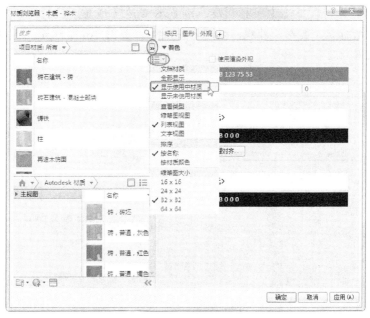

图16-38 【材质浏览器】对话框的项目材质

工程点拨：**Autodesk** 材质是欧特克公司所有相关软件产品通用的材质，比如，**3ds Max** 的材质与 **Revit** 的材质是通用的。**AEC** 材质是建筑工程与施工（**AEC**）行业里通用的材质。

图16-39 材质库中的材质

4. 如果需要材质库中的材质，选择一种材质后，单击【将材质添加到文档中】按钮即可，如图 16-40 所示。

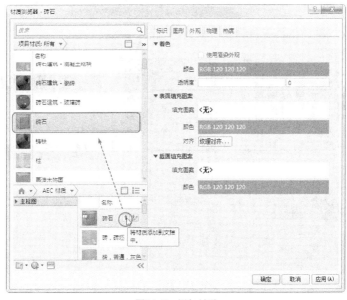

图16-40 添加材质

605

5. 在项目材质列表下选中一种材质，浏览器右边区域显示该材质所有的属性信息，包括标识、图形、外观、物理和热度等，如图 16-41 所示。可以在属性区域中设置材质各项属性。

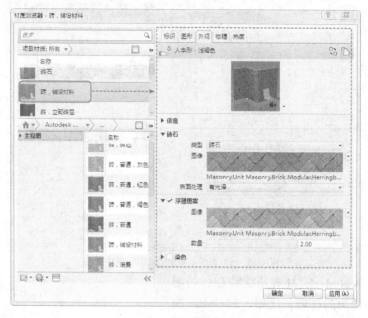

图16-41　材质的属性

6. 在属性设置区中可以编辑颜色、填充图案、外观等属性。如要编辑颜色，单击颜色的色块，即可打开【颜色】对话框，重新选择颜色，如图 16-42 所示。

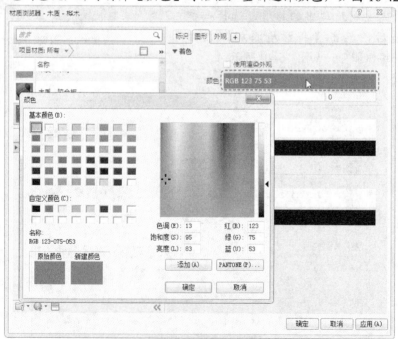

图16-42　设置颜色

7. 完成材质的添加、新建或编辑后，单击对话框中的【确定】按钮。

【例16-8】 新建材质

1. 如果材质库没有设计者所需的材质，可以单击浏览器底部的【创建并复制】
   按钮，并选择弹出菜单中的【新建材质】命令或【复制选定的材质】命
   令，建立自己的材质，如图 16-43 所示。

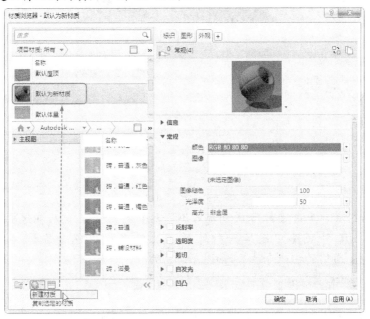

图16-43　新建材质

工程点拨：鉴于项目材质列表中的材质较多，如果新建的材质不容易找到，可以先设置项目材质的显示状态为【显示未使用材质】，很容易就找到自己建立的材质了，通常命名为"默认为新材质"，如果继续建立新材质，会以"默认为新材质（1……6）"的序号进行命名，如图 **16-44** 所示。

图16-44　显示未使用材质

2. 新建材质后，要为新材质设置属性。新材质是没有外观和图形等属性的，如
   图 16-45 所示。

图16-45　新材质的外观

3. 在对话框底部单击【打开/关闭资源浏览器】按钮，然后在弹出【资源浏览器】Revit 外观库中选择一种外观（此外观库中包含各种 AEC 行业和 Auotdesk 通用的物理资源），如图 16-46 所示。

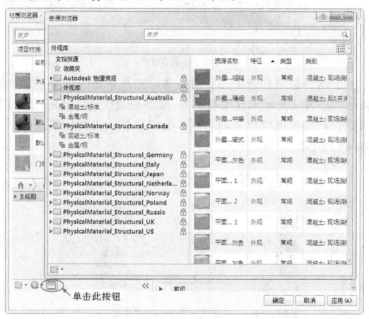

单击此按钮

图16-46　外观资源库

4. 外观库中的没有物理特性性质只有外观纹理，例如，选择外观库中的木材地板，资源列表下列出了所有的木材资源，在列表下指针移动到某种木材外观时，右侧会显示【替换】按钮，单击此按钮，即可替换默认外观为所选的木材外观，如图 16-47 所示。

工程点拨：只有"**Auotdesk 物理资源**"库和其他国家采用的资源库中才具有物理性质，但是没有外观纹理，所以我们在选用外观时要慎重选择。外观纹理就像是贴图一样，只有外表一层，物理性质表示整个图元的内在和外在都具有此材质属性。

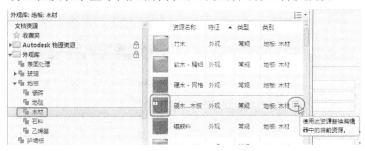

图16-47　选择外观替换默认材质的外观

5. 关闭【资源浏览器】对话框，新建材质的外观已经替换为上步骤所选的外观
了，如图 16-48 所示。

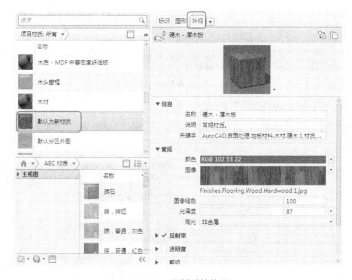

图16-48　新材质的外观

6. 在属性区域的【图形】标签下，只需要勾选【着色】选项组下的【使用渲染
外观】复选框就可以了，如图 16-49 所示。

图16-49　设置图形

7. 当需要设置表面填充图案及截面填充图案时，可以在【图形】标签下单击
【填充图案】一栏的【无】图块，弹出【填充样式】对话框进行图案设置，

如图 16-50 所示。

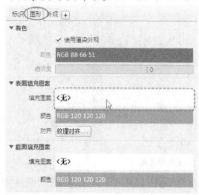

图16-50 设置填充图案

8. 最后单击材质浏览器中的【确定】按钮，完成材质的创建，并关闭对话框进行下一步操作。

【例16-9】 赋予材质给建筑模型图元中

1. 当准备好所有材质，接下来就可以为图元赋予材质了。
2. 赋予材质前我们先看下模型的显示样式，本例的别墅模型在三维视图的 "3D" 视图状态下，所显示的 "着色" 外观如图 16-51 所示，能看清墙体、屋顶的外观材质。

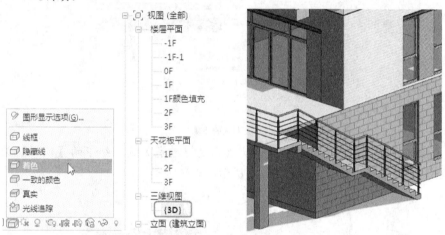

图16-51 "着色"显示样式下的外观

3. 但当视图显示样式调整为 "真实"（渲染环境下真实外观表现）时，墙体却没有了外观，仅仅屋顶有外观，如图 16-52 所示。

工程点拨：渲染的目的就是外观渲染，物体本身的物理性质是无法渲染的。

4. 我们初步为模型进行了渲染，再看看相同部位渲染的效果，如图 16-53 所示。

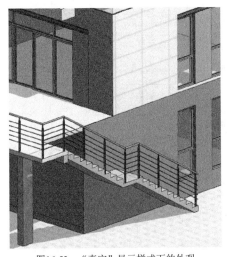

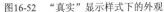

图16-52　"真实"显示样式下的外观　　　　　　　　图16-53　部分渲染效果

5. 由此得知，在着色状态下的外观经过渲染后，跟"真实"显示样式下的外观是一致的，因此材质赋予和贴图操作必须在"真实"显示样式下进行。

工程点拨：如果您打开的建筑模型是在 **Revit** 软件旧版本中创建的，有时在三维视图中部分外观即使在真实显示样式下也是看不见的，如图 **16-54** 所示。此时就要在当前最新软件版本中，在【视图】选项卡【创建】面板中单击【三维视图】按钮，重新创建新版本软件中的三维视图，这样就可以看见所有具备物理性质和外观属性的材质了，如图 **16-55** 所示。

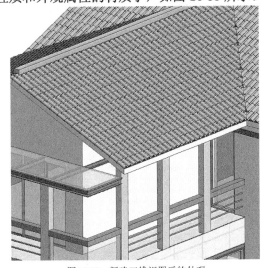

图16-54　旧版本软件的外观　　　　　　　　　　图16-55　新建三维视图后的外观

6. 按照上述的操作，新建三维视图并显示"真实"视觉样式。建筑项目中具有相同材质的图元是比较多的，我们只需设置某个图元的材质属性，其他具有相同材质属性的图元也随之而更新。选中-1F 的一段墙体图元，然后单击属性选项板上的 **编辑类型** 按钮，打开【类型属性】对话框，如图 16-56 所示。

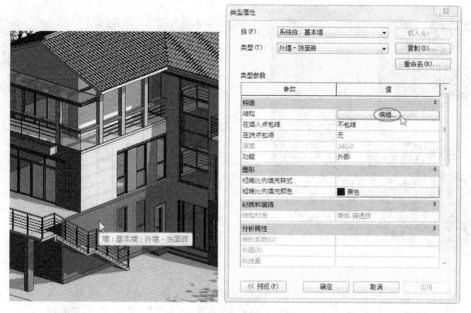

图16-56 选中要编辑材质的图元

7. 单击【类型属性】对话框中的【编辑】按钮打开【编辑部件】对话框，然后在层列表下名为"面层 1"的层中单击材质栏，会显示 按钮。再单击此按钮打开对应材质的材质浏览器对话框，如图 16-57 所示。

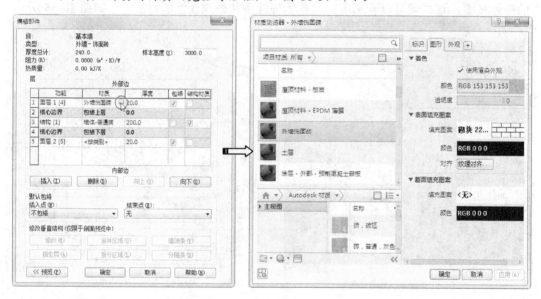

图16-57 打开面层的材质浏览器

8. 在"外墙饰面砖"材质的【外观】标签下，可以看到是没有任何外观纹理的，这也就是为什么在"真实"显示样式下没有外观的原因，如图 16-58 所示。

图16-58　所选墙体的材质无外观

9. 在材质浏览器下方单击【打开/关闭资源浏览器】按钮 ，打开外观资源浏览器。从中选择【外观库】|【陶瓷】|【瓷砖】资源路径下的"1 英寸方形-蓝色马赛克"外观，并替换当前的材质外观，如图16-59所示。

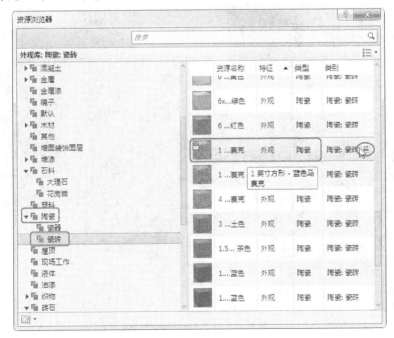

图16-59　在资源浏览器查找外观并替换

10. 关闭资源浏览器后，可以看见"外墙饰面砖"的外观已经被替换成马赛克了，如图16-60所示。

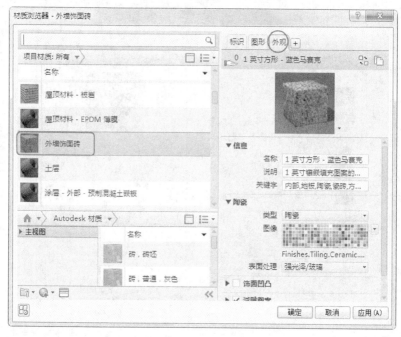

图16-60　替换的材质外观

11. 单击【确定】按钮，关闭材质浏览器。再单击【编辑部件】对话框【确定】
    按钮关闭对话框，完成材质属性的设置。重新设置外观后的-1F 层外墙的饰面
    砖外观如图 16-61 所示。

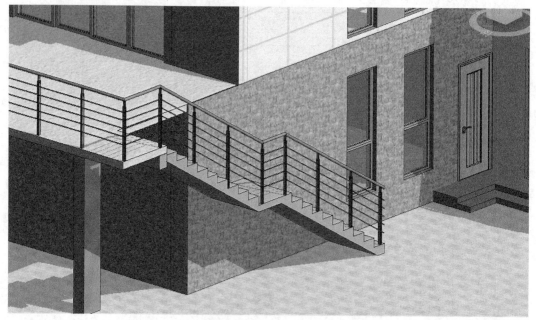

图16-61　-1F 外墙饰面砖新外观

12. 同理，将建筑中不明显的其他材质也一一替换外观，或干脆选择新材质来替
    代当前材质，如草坪的材质。选中草坪后，在属性选项板的【材质】选项下
    单击 … 按钮，如图 16-62 所示。

图16-62　选中地坪材质

13. 在打开的材质浏览器的搜索文本框中输入"草"，然后在下方的材质库中将搜索出来的新材质添加到上方的项目材质列表中，如图 16-63 所示。

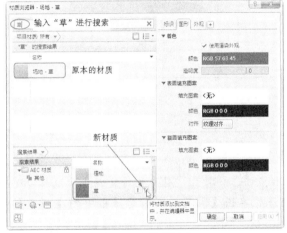

图16-63　添加新材质

14. 在项目材质列表中选中新材质"草"，单击材质浏览器中的【确定】按钮，完成材质的替代，新材质效果如图 16-64 所示。

新材质的草坪

图16-64　替换新材质的草坪效果

工程点拨：剪力墙墙体外观直接用墙漆涂料材质即可，但要新增一个面层并设置厚度。

15. 保存项目文件。

【例16-10】 创建贴花

使用【贴花】工具可以在模型表面或局部放置图像并在渲染的时候显示出来。例如，可以将贴花用于标志、绘画和广告牌。贴花可以放置到水平表面和圆柱形表面上，对于每个贴花对象，也可以像材质那样指定反射率、亮度和纹理（凹凸贴图）。

1. 继续上一案例，切换视图为三维视图。
2. 在【插入】选项卡的【链接】面板中单击【贴花】按钮，弹出【贴花类型】对话框。在对话框底部单击【新建贴花】按钮，新建贴花类型并命名，如图 16-65 所示。

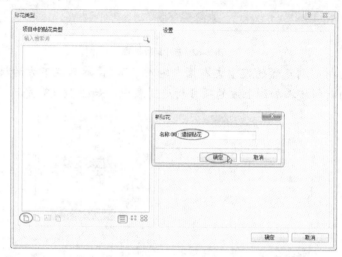

图16-65　新建贴花类型

3. 在【源】选项栏点击 按钮，从本例源文件夹中选择 "Revit 贴图.jpg" 贴图文件，选择文件后单击【贴花类型】对话框中的【确定】按钮完成贴花类型的创建，如图 16-66 所示。

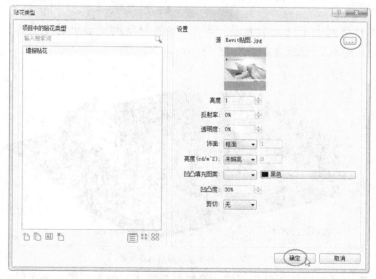

图16-66　添加贴花图片完成贴花类型创建

4. 关闭对话框后，在三维视图中的外墙面上放置贴花图案，如图 16-67 所示。

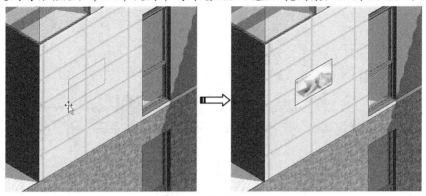

图16-67　放置贴花图案

5. 按 Esc 键完成贴图操作。选中贴图，在选项栏或属性选项板中输入图片宽度和高度来改变贴花的大小，如图 16-68 所示。

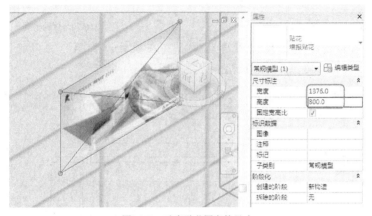

图16-68　改变贴花图案的尺寸

6. 最后保存项目文件。

16.3.2　创建相机视图

在给构件赋材质之后，渲染之前，一般要先创建相机透视图，以便生成室内外不同地点、不同角度的渲染场景。下面介绍 3 种相机视图的创建方法。

【例16-11】　创建室外水平相机视图

1. 接上节练习，或打开源文件中"别墅_16.3.2"文件。
2. 在项目浏览器中切换 1F 楼层平面视图。
3. 在【视图】选项卡的【创建】面板中单击【三维视图】下的【相机】按钮，如图 16-69 所示。
4. 移动指针至绘图区域 1F 视图中，在 1F 外部挑台前单击放置相机。指针向上移动，超过建筑最上端，单击放置相机视点，如图 16-70 所示。

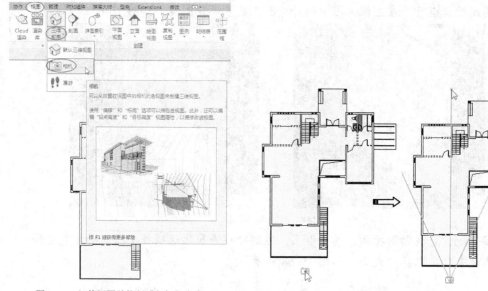

图16-69　切换视图并执行【相机】命令　　　　　　　　图16-70　放置相机

5. 此时一张新创建的三维视图自动弹出，在项目浏览器"三维视图"项目组下，增加了相机视图"三维视图 1"，如图 16-71 所示。

图16-71　生成相机新视图

6. 在状态栏单击模型图形样式图标，替换显示样式为"真实"。

工程点拨：单击设计栏【视图】-【相机】，取消勾选选项栏中的【透视图】选项，创建的相机视图为没有透视的正交三维视图，如图 16-72 所示。

图16-72　选项栏中的【透视图】选项设置

7. 视口各边中点出现 4 个蓝色控制点，按住并拖动这些控制点，可以改变视图范围，如图 16-73 所示。

8. 很明显默认的视图范围较小，拖动至最大范围即可，直至超过屋顶，松开鼠标。单击拖曳左右两边控制点，向外拖曳，超过建筑后放开鼠标，视口被放大，如图 16-74 所示，至此就创建了一个正面相机透视图。

图16-73　拖动控制点改变视口

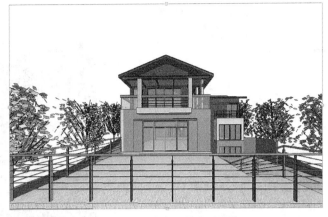

图16-74　创建的正面相机透视图

【例16-12】 创建鸟瞰图

接上节练习，开始创建鸟瞰图，即俯视相机视图。

1. 在项目浏览器切换视图为 1F 平面视图。
2. 在【视图】选项卡的【创建】面板中单击【三维视图】下的【相机】按钮，然后在 1F 视图中右下角单击放置相机，指针向左上角移动，超过建筑最上端，单击放置视点，创建的视线从右下到左上，如图 16-75 所示。

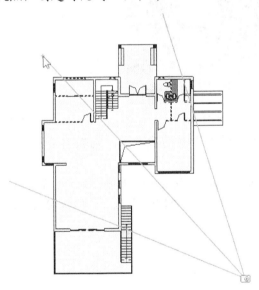

图16-75　设置相机位置

3. 随后一张新创建的"三维视图 2"自动弹出，在状态栏单击模型图形样式图标，设置显示样式为"真实"，如图 16-76 所示。
4. 选择三维视图的视口，单击各边控制点，并按住向外拖曳，使视口足够显示整个建筑模型时放开鼠标，如图 16-77 所示。
5. 在新相机视图处于激活状态下，在项目浏览器切换南立面视图，如图 16-78 所示。

图16-76　创建相机视图并设置显示样式

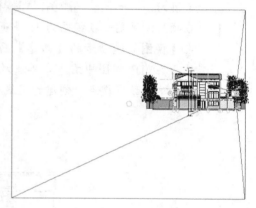

图16-77　拖动控制点放大相机视图

图16-78　显示南立面视图

工程点拨：仅当相机视图处于激活状态下，切换南立面图及其他视图时，相机才会显示。

6. 单击南立面图中的相机，按住鼠标向上拖曳到新位置，如图 16-79 所示。

7. 再切换回三维视图 2，随着相机的升高，三维视图 2 由平行透视图变为俯视图，如图 16-80 所示。

图16-79　在立面图中调整相机位置

图16-80　鸟瞰图

8. 鸟瞰图中建筑物位置不合适，可以拖动视口控制点调整，至此创建了一个别墅的鸟瞰透视图，效果如图 16-81 所示，最后保存项目文件。

图16-81　调整后的鸟瞰图效果图

【例16-13】　创建室内相机视图

使用相同的方法创建图 16-82 所示的室内相机视图用于渲染。

1. 打开源文件"别墅-1.rvt"，在 1F 楼层平面的主卧室中创建相机视图。

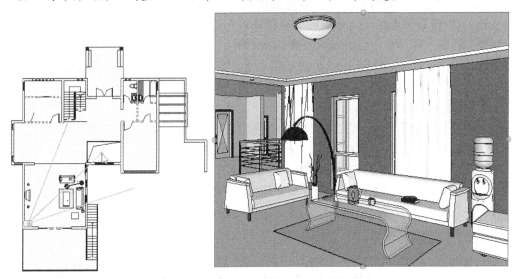

图16-82　客厅相机视图

2. 再创建楼梯间相机视图，如图 16-83 所示。

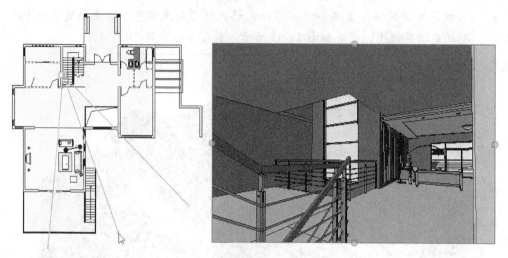

图16-83　楼梯间相机视图

16.3.3　渲染及渲染设置

创建好相机后，可以启动渲染器对三维视图进行渲染。为了得到更好的渲染效果，需要根据不同的情况调整渲染设置，例如，调整分辨率、照明等，同时为了得到更好的渲染速度，也需要进行一些优化设置。

一、渲染优化设置

Revit Architecture 的渲染消耗时间取决于图像分辨率和计算机 CPU 的数量、速度等因素。使用如下一些方法可以让渲染过程得到优化。一般来说分辨率越低，CPU 的数量（如四核 CPU）越多和频率越高，渲染的速度越快。根据项目或设计阶段的需要，选择不同的设置参数，在时间和质量上达到一个平衡。如果有更大场景和需要更高层次的渲染，建议读者将文件导入 3ds Max、Rhino、SketchUp 等其他建筑模型设计软件中渲染或进行云渲染。

以下方法会对提高渲染性能有帮助。

(1) 隐藏不必要的模型图元。

(2) 将视图的详细程度修改为粗略或中等。通过在三维视图中减少细节的数量，可减少要渲染的对象的数量，从而缩短渲染时间。

(3) 仅渲染三维视图中需要在图像中显示的那一部分，忽略不需要的区域。比如可以通过使用剖面框、裁剪区域、摄影机剪裁平面或渲染区域来实现。

(4) 优化灯光数量。灯光越多，需要的时间也越多。

二、室外场景渲染

接上节练习，或打开光盘中"别墅_16.3.3.rvt"文件。

【例16-14】　室外渲染

1. 在项目浏览器切换"三维视图 1"打开相机视图。

2. 单击【视图】选项卡【图形】面板中的【渲染】按钮，打开【渲染】对话框。

3. 在【渲染】对话框中设置图 16-84 所示的渲染选项。单击【渲染】按钮，开始
   对场景进行渲染，经过一段时间的渲染后，效果如图 16-85 所示。

图16-84　渲染设置

图16-85　渲染效果

4. 完成渲染后单击对话框中的【保存到项目中】按钮保存渲染效果在建筑项目
   中，并单击【导出】按钮，将渲染图片输出到路径文件夹中。

5. 同样的操作，完成其余相机视图的渲染，效果如图 16-86 所示。

图16-86　其他室外相机视图渲染效果

【例16-15】　室内日光场景渲染

继续上一案例，完成室内日光场景的渲染。

1. 切换视图为"楼梯间"。

2. 单击【视图】选项卡【图形】面板中的【渲染】按钮，打开【渲染】对
   话框。

3. 在【质量】选项组的下拉列表中选择【编辑...】选项，如图 16-87 所示，打开
   【渲染质量设置】对话框。

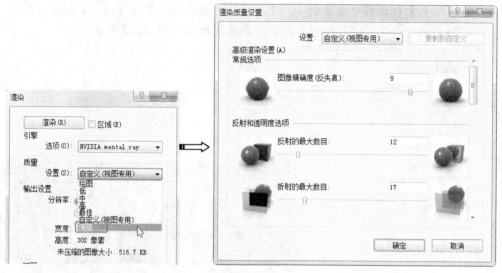

图16-87　图像质量编辑

工程点拨：图中高级渲染设置下的选项【图形精确度（反失真）】【反射的最大数目】
和【折射的最大数目】等设置将决定渲染的质量，数值越大，质量越高，速度也就越慢。

4.　向下拖曳右边位置条到最下方，如图 16-88 所示。如果渲染室内场景，需要天
　　光进入室内，在采光口选项下勾选适当采光口，渲染"楼梯间"中需要勾选
　　【窗】和【幕墙】选项作为采光口。

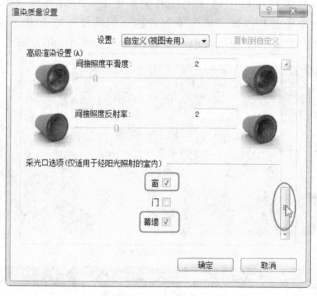

图16-88　设置采光口

5.　设置其余渲染选项，单击【渲染】对话框中的【渲染】按钮，开始渲染，渲
　　染结果如图 16-89 所示。

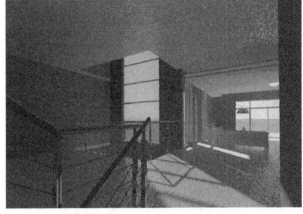

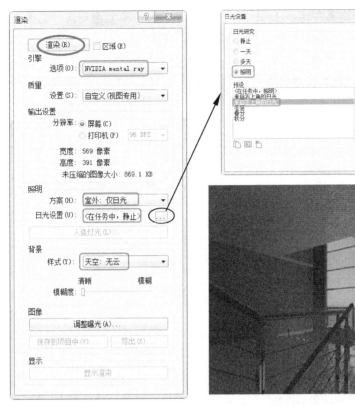

图16-89　渲染效果

【例16-16】　室内灯光场景渲染

接上节练习，完成室内人造灯光的渲染。

1. 切换视图为三维视图中的"客厅"视图。

2. 单击【视图】选项卡【图形】面板中的【渲染】按钮🫖，打开【渲染】对话框。

3. 在【质量】选项组的下拉列表中选择【编辑...】选项，如图 16-90 所示，打开【渲染质量设置】对话框。

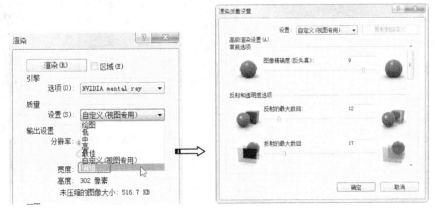

图16-90　图像质量编辑

4. 向下拖曳右边位置条到最下方，如图 16-91 所示。如果渲染室内场景，需要天光进入室内，在采光口选项下勾选适当采光口，渲染"楼梯间"中需要勾选【窗】和【幕墙】选项作为采光口。

5. 设置其余渲染选项，单击【渲染】对话框中的【渲染】按钮开始渲染，如图16-92 所示。

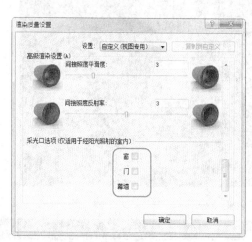

图16-91　设置采光口

图16-92　设置渲染

工程点拨：如果渲染后发现灯光太亮，可以通过单击【调整曝光】按钮，设置灯光的强度，得到理想的渲染效果，如图 **16-93** 所示。

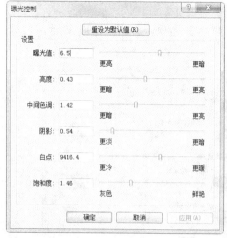

图16-93　设置曝光度

16.4 漫游

漫游是指沿着定义的路径移动的相机，该路径由帧和关键帧组成，其中，关键帧是指可在其中修改相机方向和位置的可修改帧。默认情况下，漫游创建为一系列透视图，但也可以创建为正交三维视图。

1. 继续前面案例。切换至"1F"楼层平面视图。
2. 在【视图】选项卡的【创建】面板中单击【三维视图】下的【漫游】按钮，在选项栏设置相机路径偏移量为 1750，取消【透视图】选项的勾选，如图 16-94 所示。

图16-94　设置选项栏

3. 指针移至绘图区域，在 1F 视图中别墅外围任意位置单击，开始绘制路径，即漫游所要经过的路线。指针每单击一个点，即创建一个关键帧，也就是相机所处位置，沿别墅外围逐个单击放置关键帧，路径围绕别墅一周后，鼠标单击【修改|漫游】上下文选项卡中的【完成漫游】按钮或按快捷键 Esc 完成漫游路径的绘制，如图 16-95 所示。

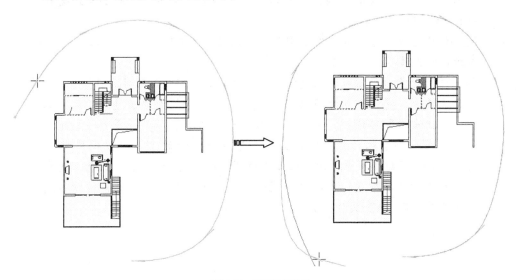

图16-95　绘制漫游路径

4. 随后在项目浏览器中新增"漫游"视图，可以看到刚才创建的漫游名称是【漫游1】，双击"漫游 1"打开漫游视图，如图 16-96 所示。
5. 将漫游视图的显示模式设置为"真实"，选择漫游视口边界，单击【修改|相机】上下文选项卡中的【编辑漫游】按钮，显示【编辑漫游】选项卡，如图 16-97 所示。

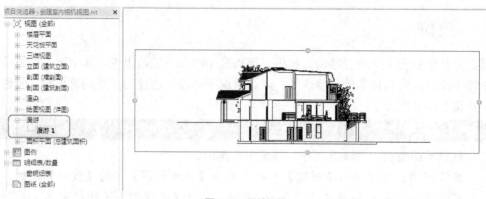

图16-96　漫游视图

图16-97　【编辑漫游】选项卡

6. 选项栏中的 300 帧，是整个漫游完成的帧数，如果要播放漫游，请输入 "1" 并按 Enter 键，表示从第一帧开始播放。

7. 单击选项卡中的【播放按钮】按钮▷，开始播放漫游。中途要停止播放，可以按 Esc 键结束播放。

8. 漫游创建完成后可选择菜单栏浏览器中的【导出】|【图像和动画】|【漫游】命令，弹出【长度/格式】对话框，如图 16-98 所示。

9. 其中【帧/秒】项设置导出后漫游的速度为每秒多少帧，默认为 15 帧，播放速度会比较快，建议设置为 3~4 帧，速度将比较合适。单击【确定】按钮后弹出【导出漫游】对话框，输入文件名，并选择路径，单击【保存】按钮，弹出【视频压缩】对话框，默认为 "全帧（非压缩的）"，产生的文件会非常大。建议在下拉列表中选择压缩模式为 "Microsoft Video 1"，此模式为大部分系统可以读取的模式，同时可以减小文件大小，单击【确定】按钮将漫游文件导出为外部 AVI 文件，如图 16-99 所示。

图16-98　【长度/格式】对话框

图16-99　设置视频压缩

10. 至此完成漫游的创建和导出，保存项目文件。

16.5 别墅建筑项目案例之七：效果图制作

制作别墅项目的效果图，需要先将模型进行渲染，从而得到各视角的渲染效果图，最终用来制作图纸。

【例16-18】 设置项目方向

要想正确的得到精确的渲染效果，必须将项目方向设为正北。

1. 打开本项目源文件"别墅项目六.rvt"。
2. 切换视图为"场地"平面视图。
3. 在属性选项板的【图形】选项组下，其中【方向】参数的默认值为【项目北】。单击【项目北】选项，显示下拉三角箭头，然后选择【正北】选项，如图 16-100 所示，单击【应用】按钮。
4. 接下来需要旋转项目使其与真正地理位置上的正北方向保持一致。这里我们需要提前设置下阳光。在图形区下方的状态栏中单击【关闭日光路径】按钮 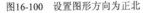，并选择菜单中的【日光设置】选项，如图 16-101 所示。

图16-100 设置图形方向为正北

图16-101 选择【日光设置】选项

5. 打开【日光设置】对话框。在【日光研究】选项组选择【静止】单选项，在【设置】选项组下单击【地点】栏中的浏览按钮 ，然后设置定义位置的依据为【默认城市列表】，如图 16-102 所示。

图16-102 设置地理位置

6. 在【日光设置】对话框中设置当天的日光照射日期及时间，时间最好是设置为中午 12 点，阴影要短些，角度测量才准确，如图 16-103 所示。

图16-103　设置日期和时间

工程点拨：当进行日光研究时，如果正好是晚上，没有阳光，所以可以设置照明。白天有阳光的情况下可设置为"静止""一天"或"多天"。

7. 切换视图为三维视图，并设置为上视图，如图 16-104 所示。

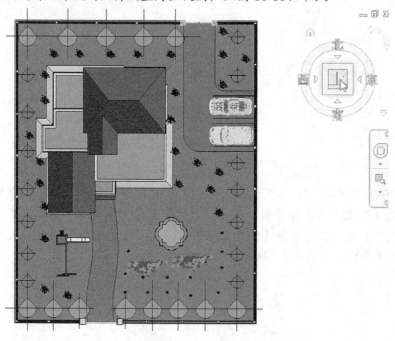

图16-104　设置视图

8. 在状态栏中单击【关闭阴影】按钮 ，开启阴影。从阴影效果中可以看出，太阳是自东向西的，理论上讲项目中的阴影只能是左东右西的水平阴影，但是三维视图中可以看出在南北朝向上也有阴影，如图 16-105 所示。说明项目北（场地视图中的正北）与实际地理上正北偏差还是较大的，需要旋转项目。

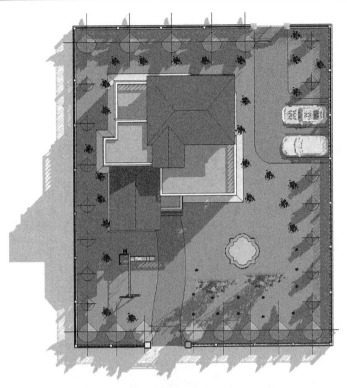

图16-105　阴影查看

9. 利用模型线的【直线】工具，绘制两条参考线，并测量角度，如图 16-106 所示。测量的角度就是我们要进行项目旋转的角度（45°）。

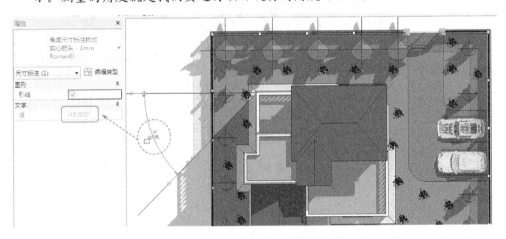

图16-106　绘制参考线并测量角度

10. 切换视图为场地。在【管理】选项卡的【项目位置】面板中单击【位置】|【旋转正北】按钮，视图中将出现旋转中心点和旋转控制柄。

11. 别墅项目的地理旋转中心正好在建筑的中心位置。移动指针在旋转中心竖直方向任意位置单击捕捉一点作为旋转起始点，顺时针方向移动指针，将出现角度临时尺寸标注。用键盘直接输入要旋转的角度值"45"，按 Enter 键确认后项目自动旋转到正北方向，如图 16-107 所示。

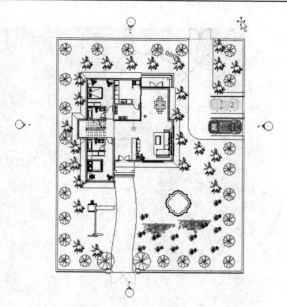

图16-107　旋转项目视图

12. 旋转项目正北后的视图如图 16-108 所示。

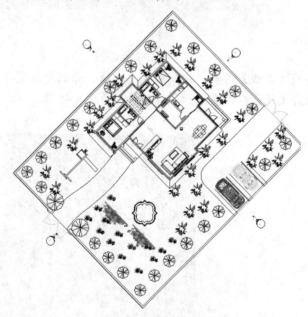

图16-108　旋转项目正北方向

　　工程点拨：上面的操作是直接旋转正北，也可以在选项栏的【逆时针旋转角度】栏中直接输入"–45"，按 Enter 键确认后自动将项目旋转到正北。

【例16-19】　赋予建筑模型材质

1. 整个模型中，除阳台地板、道路没有设置材质外，其余在建模时已经赋予了材质。

2. 切换视图为标高 3，利用【楼板：建筑】工具在大阳台和小阳台上创建建筑地板，并设置地板表面材质，如图 16-109 所示。

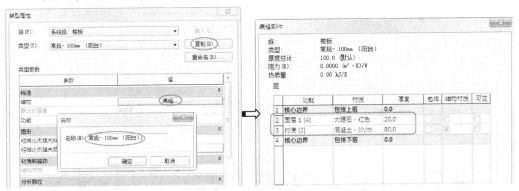

图16-109 设置地板材质

3. 创建的地板如图 16-110 所示。

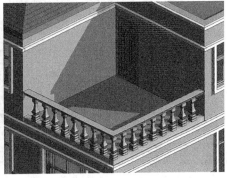

图16-110 创建三楼的大小阳台的建筑地板

4. 切换视图至场地视图。利用【楼板：建筑】工具，在场地地形表面上绘制封闭的样条曲线和直线，作为前门大路的地板边界，如图 16-111 所示。

图16-111 绘制道路边界

5. 以【常规-100mm】楼板类型为基础，复制并重命名"常规-100mm（道路）"楼板，并设置结构属性，如图 16-112 所示。创建完成的前面道路地板如图 16-113 所示。

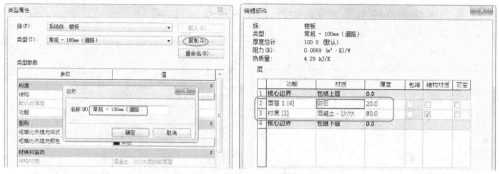

图16-112 设置新楼板的结构

图16-113 创建的道路地板

【例16-20】 创建室内外相机视图

1. 切换"标高 1"楼层平面视图。

2. 在【视图】选项卡【创建】面板中单击【三维视图】|【相机】按钮，移动指针至绘图区域 1F 视图中，在 1F 外部挑台前单击放置相机。指针向上移动，超过建筑最上端，单击放置相机视点，如图 16-114 所示。

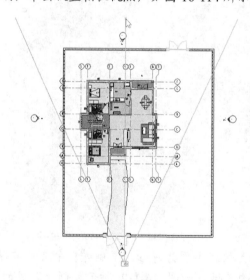

图16-114 放置相机视点

3. 此时一张新创建的三维视图自动弹出，在项目浏览器的"三维视图"项目组下，增加了相机视图"三维视图1"，如图16-115所示。

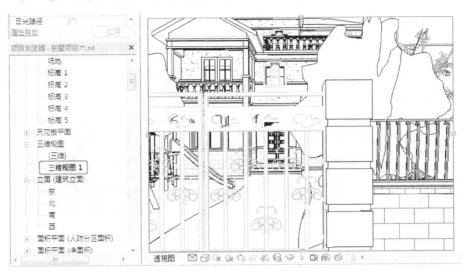

图16-115 生成相机新视图

4. 在状态栏单击模型图形样式图标，替换显示样式为"真实"。视口各边中点出现4个蓝色控制点，按住并拖动这些控制点，改变视图范围，如图16-116所示，创建了一个大门外正面相机透视图。

5. 同样，在大门内再创建一个相机视图，如图16-117所示。继续创建后门正面的相机视图等。

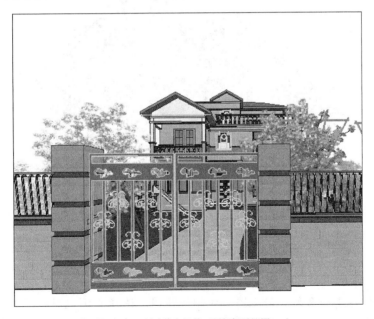

图16-116 创建的大门外正面相机透视图

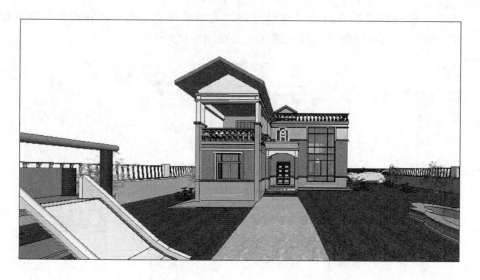

图16-117　创建大门内正面相机透视图

6. 切换视图为"场地"平面视图。单击【相机】按钮，然后在视图中右下角单击放置相机，指针向左上角移动，超过建筑最上端，单击放置视点，创建的视线从右下到左上，如图 16-118 所示。

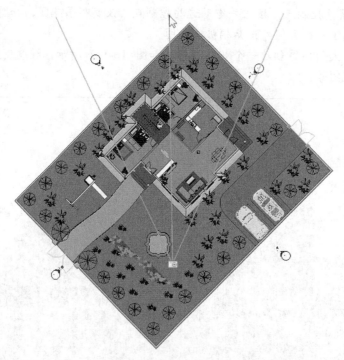

图16-118　设置相机位置

7. 自动创建重命名为"俯瞰图"的相机视图。选择三维视图的视口，单击各边控制点，并按住向外拖曳，使视口足够显示整个建筑模型时放开鼠标，如图 16-119 所示。

图16-119　拖动控制点放大相机视图

8. 在新相机视图处于激活状态下，在项目浏览器切换南立面视图，如图 16-120 所示。

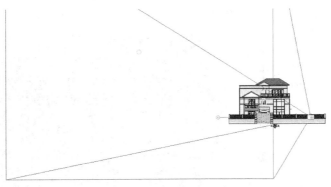

图16-120　显示南立面视图

9. 单击南立面图中的相机，按住鼠标向上拖曳到新位置，如图 16-121 所示。

10. 再切换回"俯瞰图"，随着相机的升高，相机视图由平行透视图变为俯视图，如图 16-122 所示。

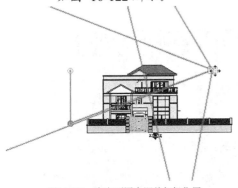

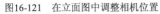

图16-121　在立面图中调整相机位置

图16-122　鸟瞰图

11. 鸟瞰图中建筑物位置不合适，可以拖动视口控制点调整，至此创建了一个别墅的鸟瞰透视图，效果如图 16-123 所示，最后保存项目文件。

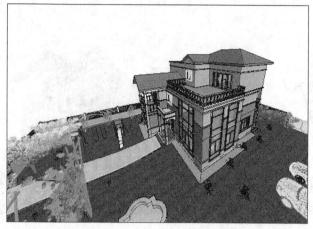

图16-123　调整后的鸟瞰图效果图

12. 同理，使用相同的方法创建室内相机视图用于渲染。将创建客厅相机视图（见图 16-124）、厨房相机视图（见图 16-125）、卧室相机视图（见图 16-126）、卫生间相机视图（见图 16-127）和楼梯间相机视图（见图 16-128）。

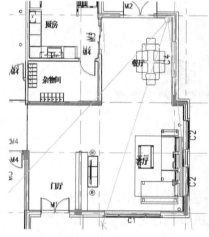

图16-124　客厅相机视图

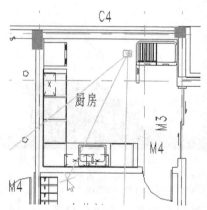

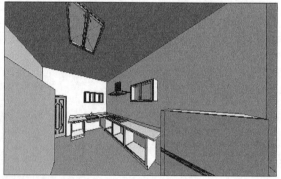

图16-125　厨房相机视图

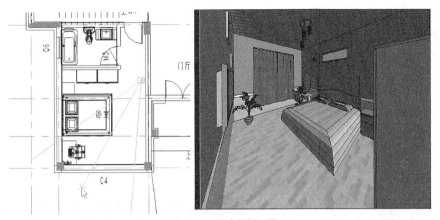

图16-126　卧室相机视图

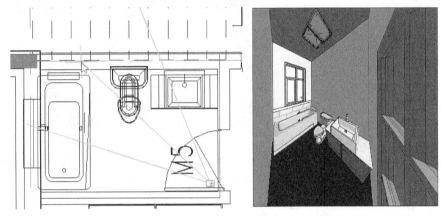

图16-127　卫生间相机视图

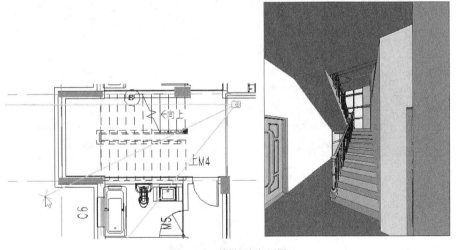

图16-128　楼梯间相机视图

【例16-21】　室内外场景渲染

1. 在项目浏览器【三维视图】节点下切换"大门内相机视图"，打开该相机视图。

2. 单击【视图】选项卡【图形】面板中的【渲染】按钮，打开【渲染】对话框。在【渲染】对话框中设置图 16-129 所示的渲染选项。

3. 单击【渲染】按钮，开始对场景进行渲染，经过一段时间的渲染后，效果如图 16-130 所示。

图16-129　渲染设置　　　　　　　　　　　　　图16-130　渲染效果

4. 完成渲染后单击对话框中的【保存到项目中】按钮保存渲染效果在建筑项目中，并单击【导出】按钮，将渲染图片输出到路径文件夹中。

5. 同样的操作，完成其余相机视图的渲染效果如图 16-131 所示。

图16-131　其他室外相机视图渲染效果

【例16-22】 室内日光和灯光场景渲染

1. 打开"客厅相机视图"。

2. 单击【视图】选项卡【图形】面板中的【渲染】按钮 🫖，打开【渲染】对话框。

3. 设置渲染选项，单击【渲染】对话框中的【渲染】按钮开始渲染，如图16-132所示。

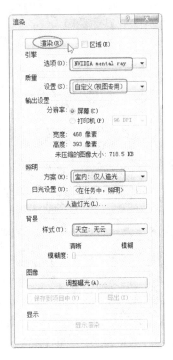

图16-132　设置渲染

工程点拨： 如果渲染后发现灯光太亮，可以通过单击【调整曝光】按钮，设置灯光的强度，得到理想的渲染效果，如图 **16-133** 所示。

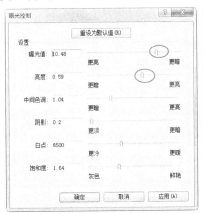

图16-133　设置曝光度

4. 同理，完成楼梯间、卧室、厨房等相机视图的渲染，如图 16-134 所示。

图16-134 其余房间的室内相机视图渲染效果

5. 最后保存别墅项目文件。

第17章 建筑施工图设计

Revit Architecture 除了建模功能，还有建筑设计必备的施工图设计功能，从项目浏览器中我们可以看到有很多视图类型，这些视图类型就是施工图出图的基本视图，但要通过一些设置、修改才能达到出图的要求。有些建筑图纸其实是室内制图的依据，也就是说室内制图的基本就是建筑图纸，在 Revit Architecture 中也是可以制作出完整的室内施工图纸的。那么接下来本章就着重讲解从建筑总平面图到建筑与室内详图设计全过程。

 本章要点

- 建筑总平面图设计。
- 建筑与室内平面图设计。
- 建筑立面图设计。
- 建筑剖面图设计。
- 建筑详图设计。
- 图纸导出和打印。

17.1 建筑总平面图设计

建筑总平面图主要表示整个建筑基地的总体布局，具体表达新建房屋的位置、朝向及周围环境（原有建筑、交通道路、绿化、地形）基本情况的图样，它是【新建房屋定位】、【施工放线】、【布置施工现场】的依据，一般在图上会标出新建筑物的外形，建筑物周围的地物和旧建筑、建成后的道路、水源、电源、下水道干线、停车的位置、建筑物的朝向等。如图17-1 所示。

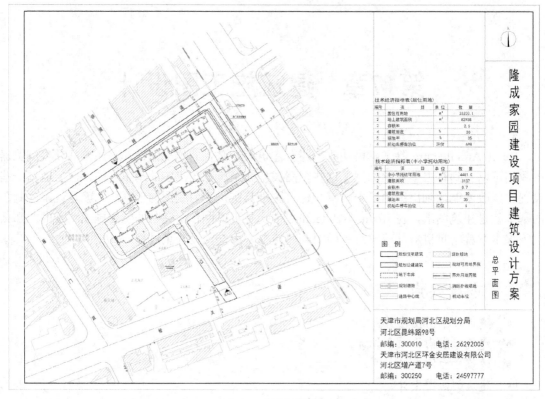

图17-1　建筑总平面图

17.1.1　总平面图概述

建筑施工中，建筑总平面图是将拟建的、原有的、要拆除的建筑物或构筑物，以及新建、原有道路等内容用水平投影的方法在地形图上绘制出来，便于让施工人员阅读。

建筑总平面图的功能与作用表现如下。

- 总平面图在方案设计阶段着重体现拟建建筑物的大小、形状及周边道路、房屋、绿地和建筑红线之间的关系，表达室外空间设计效果。

- 在初步设计阶段，通过进一步推敲总平面设计中涉及的各种因素和环节，推敲方案的合理、科学性。初步设计阶段总平面图是方案设计阶段的总平面图的细化，为施工图阶段的总平面图打基础。

- 施工图设计阶段的总平面图，是在深化初步设计阶段内容的基础上完成的，能准确描述建筑的定位尺寸、相对标高、道路竖向标高、排水方向及坡度等；是单体建筑施工放线、确定开挖范围及深度、场地布置以及水、暖、电管线设计的主要依据，也是道路及围墙、绿化、水池等施工的重要依据。

- 总平面设计在整个工程设计、施工中具有极其重要的作用，而建筑总平面图则是总平面设计当中的图纸部分，在不同的设计阶段的作用有所不同。

由于总平面图采用较小比例绘制，各建筑物和构筑物在图中所占面积较小，根据总平面图的作用，无须绘制得很详细，可以用相应的图例表示，《总图制图标准》中规定的几种常用图例，见表 17-1。

表 17-1　建筑总平面图的常见图例

符　号	说　明	符　号	说　明
	新建建筑物 粗线绘制 需要时，表示出入口位置 ▲ 及层数 X 轮廓线以±0.00 处外墙定位 轴线或外墙皮线为准 需要时，地上建筑用中实线 绘制，地下建筑用细虚线绘 制		新建地下建筑或构筑物。粗 虚线绘制
	拟扩建的预留地或建筑物 中虚线绘制		原有建筑。细线绘制
	拆除的建筑物。用细实线表 示		建筑物下面的通道
	广场铺地		台阶，箭头指向表示向上
	烟囱。实线为下部直径，虚 线为基础 必要时，可注写烟囱高度和 上下口直径		实体性围墙
	通透性围墙		挡土墙。被挡土在【突出】 的一侧
	填挖边坡。边坡较长时，可 在一端或两端局部表示		护坡。边坡较长时，可在一 端或两端局部表示
X323.38 Y586.32	测量坐标	A123.21 B789.32	建筑坐标
32.36(±0.00)	室内标高	32.36	室外标高

17.1.2　处理场地视图

Revit Architecture 中的总平面图是在场地视图平面中制作的。制作总平面图的第一步是对场地视图中所要表达的各建筑信息进行标注，如等高线标签设置、高程标注、坐标标注、尺寸及文字标注。

【例17-1】 标注地形图

1. 打开本例源文件 "商业中心广场.rvt"，如图 17-2 所示。

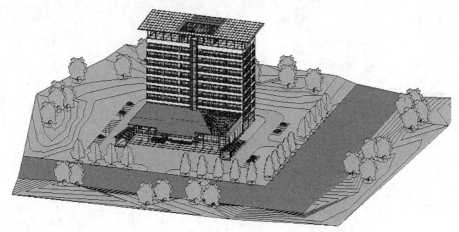

图17-2　商业中心广场

2. 在项目浏览器中的【楼层平面】节点项目下，打开【场地】视图，如图 17-3 所示。

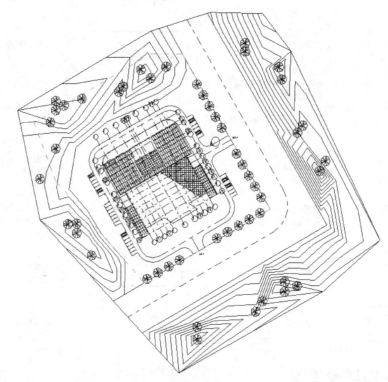

图17-3　场地视图

3. 标记等高线。在【体量和场地】选项卡的【修改场地】面板中单击【标记等高线】按钮，然后绘制一条鱼等高线相交的线，此时等高线标签显示在绘制的线上，如图 17-4 所示。

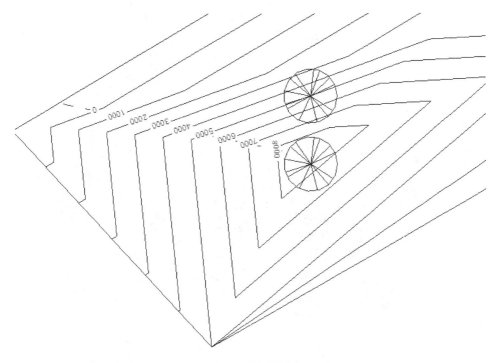

图17-4　标记等高线

4. 标注高程点坐标。在【注释】选项卡的【尺寸标注】面板中单击【高程点坐标】按钮 ⊕，然后选择项目基点来创建引线，完成高程点坐标标注，如图17-5 所示。

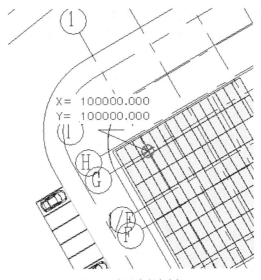

图17-5　标注高程点坐标

5. 继续在场地视图中（在整个项目的建筑范围边界上，为红色点画线表示）标注其余的高程点坐标，如图 17-6 所示。

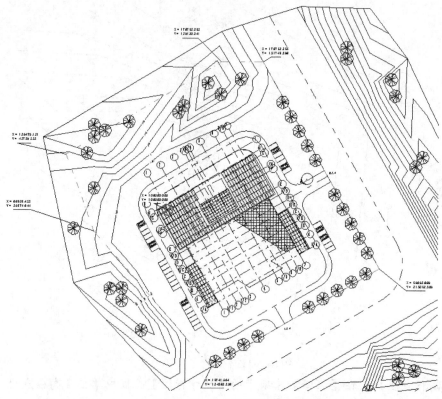

图17-6 标注其他高程点坐标

6. 标注高程标高。在【注释】选项卡的【尺寸标注】面板中单击【高程点】按钮，在属性选项板类型选择器中选择"高程点-三角形（项目）"类型，接着在场地视图中放置高程点，如图 17-7 所示。继续完成其余地点高程点的放置。

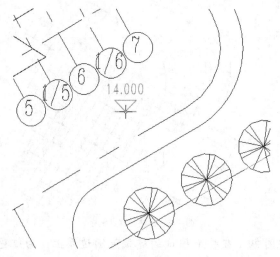

图17-7 标注高程点

7. 尺寸和文字标注。主要标注本建筑项目的建筑施工范围，以及各部分建筑、道路及公共设施的名称等。利用【注释】选项卡【尺寸标注】面板中的【对齐标注】工具，标注建筑范围，如图 17-8 所示。

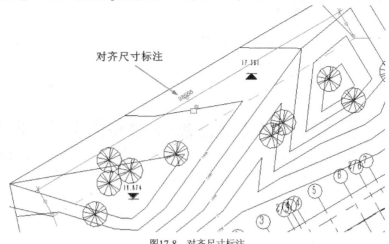

图17-8　对齐尺寸标注

在拾取参照点进行标注时，如果直选选不中参照点，可以按 Tab 键切换。

8.　隐藏轴线。总平面图中有些轴线是不需要显示出来的，一般仅显示建筑物整体尺寸的轴线即可。隐藏无须显示的轴线的方法是：选中该轴线，在弹出的右键菜单中选择【在视图中隐藏】|【图元】命令，即可隐藏该轴线及轴线编号，如图 17-9 所示。

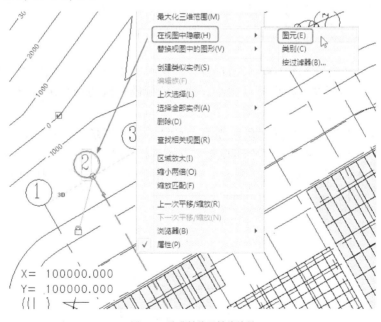

图17-9　隐藏轴线及轴线编号

工程点拨：如果不方便选择轴线及编号，也可按 **Tab** 键切换，直至选中要选的对象即可。如果要隐藏的对象比较多，可以先选中右键菜单中的【选择全部实例】|【在视图中可见】命令，然后再选择【在视图中隐藏】命令，全部隐藏轴线及编号。然后在状态栏单击【显示所有图元】按钮 💡 ，显示所有图元后，再将原本要显示的那几条轴线及编号操作一次【取消在视图中隐藏】命令即可。

17.1.3 图纸样板与设置

制作图纸时,根据 GB 建筑制图标准,需要对施工图中的线型、线宽、颜色、图层、图幅图框、标题栏、明细表等进行设置。

相关的设置我们在本书第 4 章已经详细介绍过了,这里介绍一下如何使用 Revit 自带的图纸模板来制作总平面图图纸。

【例17-2】创建总平面图

1. 继续上一案例。在【插入】选项卡的【从库中载入】面板中单击【载入族】按钮,从 Revit 族库中的【标题栏】文件夹中载入"A1 公制.rfa"族文件,如图 17-10 所示。

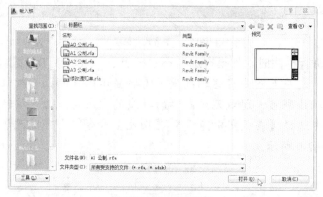

图17-10 载入标题栏族

工程点拨: 载入哪种标题栏,跟用户设计的图纸大小有关,一般来说,只要完整的放置整个视图即可,不可太大,也不可太小。载入的标题栏族在项目浏览器【族】节点项目下【注释符号】子节点中。

2. 在【视图】选项卡的【图纸组合】面板中单击【图纸】按钮,弹出【新建图纸】对话框。从对话框中选择先前载入的标题栏,如图 17-11 所示。

3. 新建的 A1 图纸如图 17-12 所示。新建的图纸将显示在项目浏览器的【图纸】项目节点下。

图17-11 新建图纸

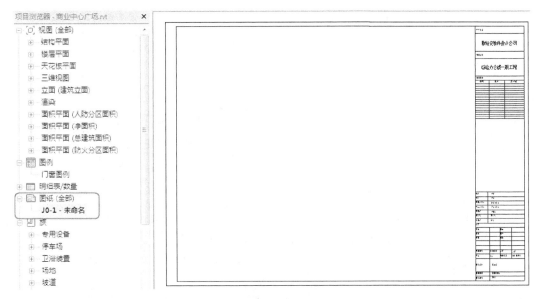

图17-12　项目浏览器中的图纸项目

4. 新建图纸后要添加场地视图到图纸图框内。在【图纸组合】面板中单击【视图】按钮，打开【视图】对话框。从视图列表中选择"楼层平面：场地"视图，并单击【在图纸中添加视图】按钮完成添加，如图 17-13 所示。

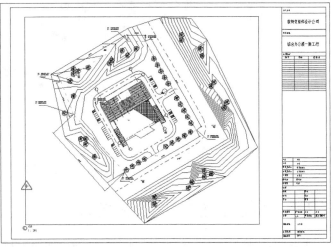

图17-13　添加场地视图到图纸中

工程点拨： 如果发现添加的场地视图在图中显示的区域较小或较大，可以先选中添加的视图，然后在属性选项板中设置视图比例。

5. 在项目浏览器的【族】|【注释符号】项目节点下，找到"符号-指北针"族，选中将其拖曳到图中，如图 17-14 所示。

6. 在项目浏览器的【图纸】项目下，右键选中创建的图纸"J0-1-未命名"，执行右键菜单中的【重命名】命令，弹出【图纸标题】对话框。在对话框中输入新的名称为"总平面图"，单击【确定】按钮后完成图纸的命名，如图 17-15 所示。

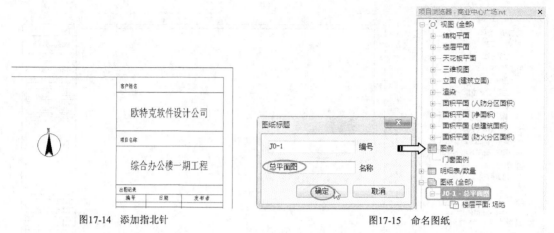

图17-14　添加指北针　　　　　　　　　　　　　　　　　　图17-15　命名图纸

7. 最终的建筑总平面图如图 17-16 所示，保存项目文件。

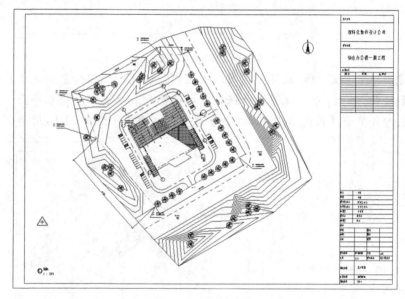

图17-16　建筑总平面图

17.2　建筑与室内平面图设计

建筑平面图也是制作室内设计施工平面图时的原始户型图。建筑平面图与室内设计平面图的区别是：建筑平面图中没有室内家装装饰物，室内平面图中是必须有的。

建筑平面图是整个建筑平面的真实写照，用于表现建筑物的平面形状、布局、墙体、柱子、楼梯及门窗的位置等。

17.2.1　建筑平面图概述

为了便于理解，建筑平面图可用另一方式表达：用一假想水平剖切平面经过房屋的门窗洞口之间把房屋剖切开，剖切面剖切房屋实体部分为房屋截面，将此截面位置向房屋底平面作正投影，所得到的水平剖面图即为建筑平面图，如图 17-17 所示。

建筑平面图其实就是房屋各层的水平剖面图。虽然平面图是房屋的水平剖面图，但按习惯不必标注其剖切位置，也不必称其为剖面图。

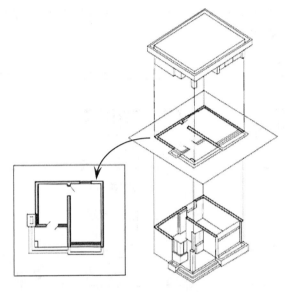

图17-17　建筑平面图的形成示意图

　　建筑中的平面图包括一层平面图、二层平面图、三层及三层以上的平面图等。当房屋中间若干层的平面布局，构造情况完全一致时，则可用一个平面图来表达这相同布局的若干层，称之为标准层平面图。对于高层建筑，标准层平面图比较常见。

17.2.2　建筑平面图绘制规范

　　用户在绘制建筑平面图时，无论是绘制底层平面图、楼层平面图、大详平面图、屋顶平面图等时，应遵循国家制定的相关规定，使绘制的图形更加符合规范。

一、比例、图名

　　绘制建筑平面图的常用比例有 1：50、1：100、1：200 等，而实际工程中则常用1：100 的比例进行绘制。

　　平面图下方应注写图名，图名下方应绘一条短粗实线，右侧应注写比例，比例字高应比图名的字高小，如图 17-18 所示。

图17-18　图名及比例的标注

　　工程点拨：如果几个楼层平面布置相同时，也可以只绘制一个"标准层平面图"，其图名及比例的标注如图 **17-19** 所示。

三至七层平面图 1:100

图17-19　相同楼层的图名标注

二、图例

建筑平面图由于比例小，各层平面图中的卫生间、楼梯间、门窗等投影难以详尽表示，便采用国标规定的图例来表达，而相应的详尽情况则另用较大比例的详图来表达。

建筑平面图的常见图例如图 17-20 所示。

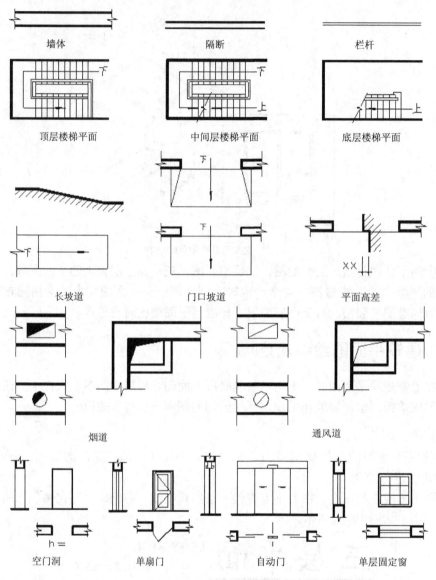

图17-20　建筑平面图常见图例

三、图线

线型比例大致取出图比例倒数的一半左右（在 AutoCAD 的模型空间中应按 1∶1 进行绘图）。

- 用粗实线绘制被剖切到的墙、柱断面轮廓线。
- 用中实线或细实线绘制没有剖切到的可见轮廓线（如窗台、梯段等）。

- 尺寸线、尺寸界线、索引符号、高程符号等用细实线绘制。
- 轴线用细单点长画线绘制。

图 17-21 所示为建筑平面图中的图线表示。

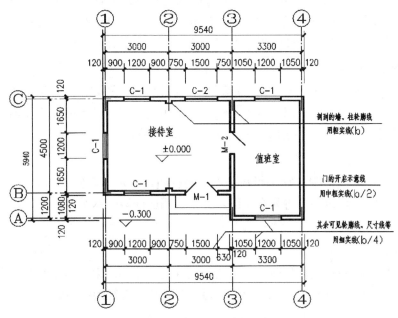

图17-21　建筑平面图中的图线

四、字体

汉字字型优先考虑采用 hztxt.shx 和 hzst.shx；西文优先考虑 romans.shx、simplex 或 txt.shx。所有中英文的标注应按表 17-2 所示执行。

表 17-2　建筑平面图中常用字型

用途	图纸名称	说明文字标题	标注文字	说明文字	总说明	标注尺寸
	中文	中文	中文	中文	中文	中文
字型	St64f.shx	St64f.shx	Hztxt.shx	Hztxt.shx	St64f.shx	Romans.shx
字高	10mm	5mm	3.5mm	3.5mm	5mm	3mm
宽高比	0.8	0.8	0.8	0.8	0.8	0.7

五、尺寸标注

建筑平面图的标注包括外部尺寸、内部尺寸和标高。

- 外部尺寸：在水平方向和竖直方向各标注 3 道。

第一道尺寸：标注房屋的总长、总宽尺寸，称为总尺寸。
第二道尺寸：标注房屋的开间、进深尺寸，称为轴线尺寸。
第三道尺寸：标注房屋外墙的墙段、门窗洞口等尺寸，称为细部尺寸。

- 内部尺寸：标出各房间长、宽方向的净空尺寸，墙厚及与轴线之间的关系、柱子截面、房内部门窗洞口、门垛等细部尺寸。
- 标高：平面图中应标注不同楼地面标高房间及室外地坪等标高，而且是以米作单位，精确到小数点后两位。

六、剖切符号

剖切位置线长度宜为 6～10mm，投射方向线应与剖切位置线垂直，画在剖切位置线的同一侧，长度应短于剖切位置线，宜为 4～6mm。为了区分同一形体上的剖面图，在剖切符号上宜用字母或数字，并注写在投射方向线一侧。

七、详图索引符号

图样中的某一局部或构件，如需另见详图，应以索引符号标出。索引符号是由直径为10mm 的圆和水平直径组成，圆及水平直径均以细实线绘制。详图的位置和编号，应以详图符号表示。详图符号的圆应以直径为 14mm 的粗实线绘制。

八、引出线

引出线应以细实线绘制，宜采用水平方向的直线，与水平方向成 30°、45°、60°、90° 的直线，或经上述角度再折为水平线。文字说明应注写在水平线的上方，也可注写在水平线的端部。

九、指北针

指北针是用来指明建筑物朝向的。圆的直径宜为 24mm，用细实线绘制，指针尾部的宽度宜为 3mm，指针头部应标示【北】或【N】。需用较大直径绘制指北针时，指针尾部宽度宜为直径的 1/8。

十、高程

高程符号用以细实线绘制的等腰直角三角形表示，其高度控制在 3mm 左右。在模型空间绘图时，等腰直角三角形的高度值应是 30mm 乘以出图比例的倒数。

高程符号的尖端指向被标注高程的位置。高程数字写在高程符号的延长线一端，以米为单位，注写到小数点的第 3 位。零点高程应写成【±0.000】，正数高程不用加【+】，但负数高程应注上【−】。

十一、定位轴线及编号

定位轴线确定房屋主要承重构件（墙、柱、梁）位置及标注尺寸的基线称为定位轴线，如图 17-22 所示。

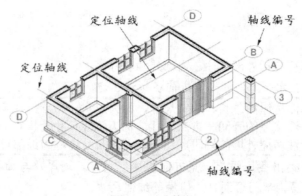

图17-22　定位轴线

定位轴线用细单点长画线表示。定位轴线的编号注写在轴线端部的 $\Phi 8 \sim \Phi 10$ 的细线圆内。

- 横向轴线：从左至右，用阿拉伯数字进行标注。
- 纵向轴线：从下向上，用大写拉丁字母进行标注。一般承重墙柱及外墙编为主轴线，非承重墙、隔墙等编为附加轴线（又称分轴线）。

图 17-23 所示为定位轴线的编号注写。

图17-23　定位轴线的编号注写

工程点拨：在定位轴线的编号中，分数形式表示附加轴线编号。其中分子为附加编号，分母为前一轴线编号。1 或 A 轴前的附加轴线分母为 01 或 0A。

为了让读者便于理解，下面用图形来表达定位轴线的编号形式。

定位轴线的分区编号如图 17-24 所示。圆形平面定位轴线编号如图 17-25 所示。折线形平面定位轴线编号如图 17-26 所示。

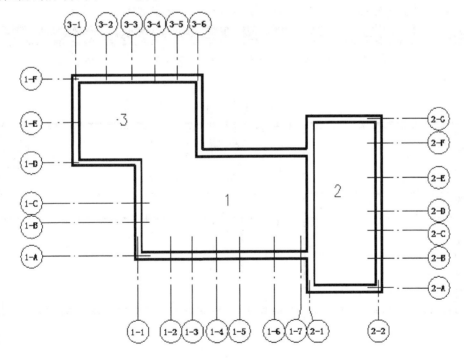

图17-24　定位轴线的分区编号

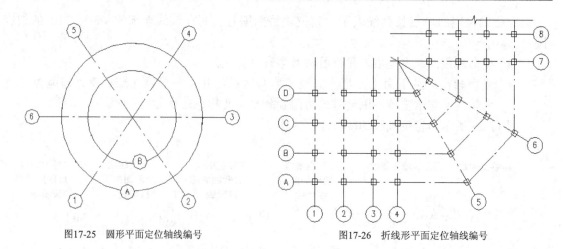

图17-25　圆形平面定位轴线编号　　　　　　图17-26　折线形平面定位轴线编号

17.2.3　创建建筑平面图

在进行施工图阶段的图纸绘制时，建议在含有三维模型的平面视图进行复制，将二维图元：房间标注、尺寸标注、文字标注、注释等信息绘制在新的"施工图标注"平面视图中，便于进行统一性的管理。

下面以创建商务中心广场的第 5 层平面图为例，详解平面图制作步骤。

【例17-3】创建建筑平面图

1. 继续前面的案例。切换视图为"楼层平面"项目节点下的 5F 楼层平面视图，如图 17-27 所示。

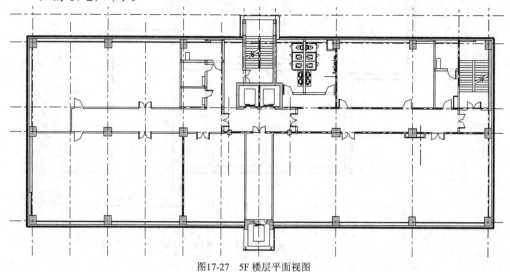

图17-27　5F 楼层平面视图

2. 在【视图】选项卡的【创建】面板中单击【平面视图】下拉列表的下三角箭头，展开命令菜单选择【楼层平面】命令，或者在项目浏览器中选中要复制的 5F 视图，并执行右键菜单中的【复制视图】|【带细节复制】命令，复制 5F 视图，如图 17-28 所示。

图17-28　复制视图

3. 重命名复制的 5F 视图为 "5F-建筑平面图"，双击切换到此视图中。

工程点拨：3 种不同的视图复制方法。

- 带细节复制：原有视图的模型几何形体，如墙体、楼板、门窗等，以及详图几何形体都将被复制到新视图中。其中，详图几何图形包括了：尺寸标注，注释、详图构件、详图线、重复详图、详图组和填充区域。
- 复制：原有视图中仅有模型几何形体会被复制。
- 复制作为相关：通过这个命令所创建的相关视图与主视图保持同步，在一个视图中进行的修改，所有视图都会反映此变化。

4. 利用【注释】选项卡中的尺寸对齐标注工具，首先标注视图中的轴线，如图17-29 所示。

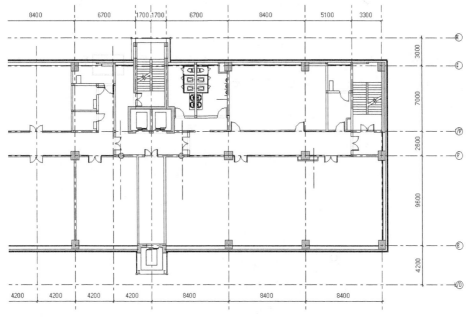

图17-29　标注轴线

5. 接下来再利用对齐标注工具，在选项栏中选择【整个墙】作为标注参照，设置【选项】，如图 17-30 所示。

6. 标注 5F 视图中的楼梯间、电梯间、阳台等内部结构，如图 17-31 所示。

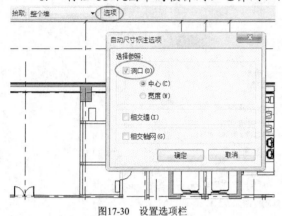

图17-30　设置选项栏

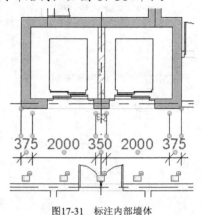

图17-31　标注内部墙体

7. 利用【尺寸标注】面板中的【高程点】工具，在选项栏设置"相对于基面"为【1F】，显示高程为【顶部高程和底部高程】，然后在 5F 平面视图中添加高程点标注，如图 17-32 所示。

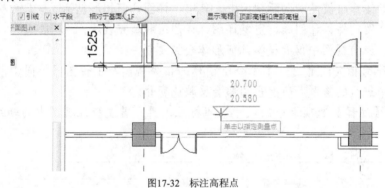

图17-32　标注高程点

8. 将项目浏览器中【族】项目节点下的【注释符号】|【标记_门】标记拖曳到视图中的门位置，标记门，如图 17-33 所示。

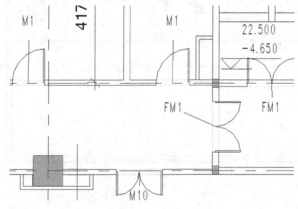

图17-33　标记门

9. 接下来标记房间。在【建筑】选项卡的【房间和面积】面板中单击【房间】按钮⊠，在选项栏上选择房间名称为"办公室"，然后在 5F 平面视图中放置房间标记，如图 17-34 所示。继续完成其他房间的标记放置。

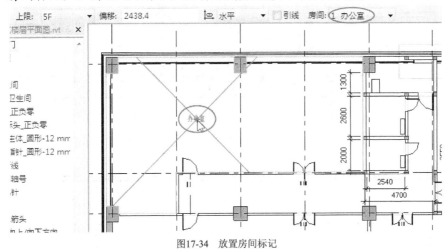

图17-34　放置房间标记

工程点拨：如果选项栏中没有您要标记的房间名，可以新建房间，然后在属性选项板中设置房间名称，如图 **17-35** 所示。或者在视图中直接双击房间名称进行修改，如图 **17-36** 所示。

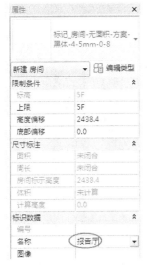

图17-35　通过属性选项板修改

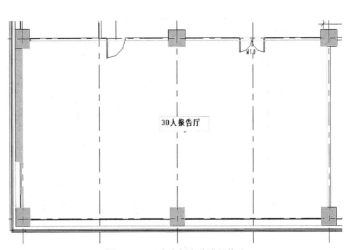

图17-36　双击房间名称进行修改

10. 将 5F 楼层平面视图中的多余轴线及编号删除，并调整轴线及编号（修改水平编号名称）的位置，如图 17-37 所示。

11. 利用【注释】选项卡【文字】面板中的【文字】工具，在平面图下方输入文字"三至九层平面图　比例 1:100"，在属性选项板设置文字类型为"黑体4.5mm"，通过【编辑类型】命令修改【类型属性】对话框中字体大小为 15，如图 17-38 所示。

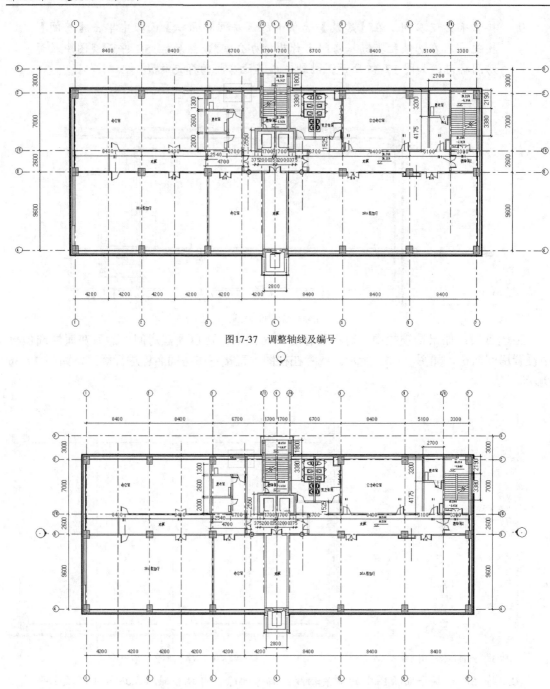

图17-37　调整轴线及编号

三至九层平面图　　比例1:100

图17-38　添加建筑平面图图纸文字

12. 按创建建筑总平面图纸的方法，创建建筑平面图图纸（选择 A1 公制标题栏），并将图纸重命名为"三层至九层平面图"，如图 17-39 所示。

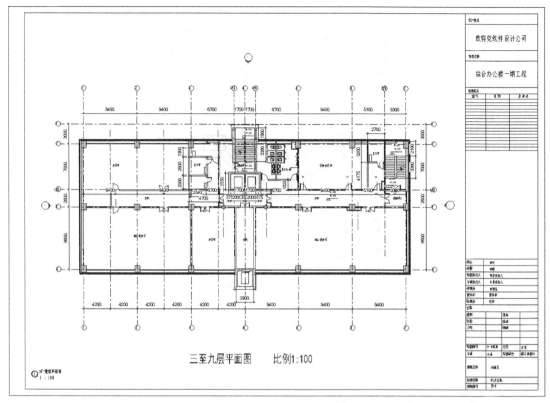

图17-39　创建的建筑平面图图纸

13. 保存项目文件。按此方法，还可以创建一层平面图和二层平面图。

17.3　建筑立面图设计

建筑立面图是指用正投影法对建筑各个外墙面进行投影所得到的正投影图。与平面图一样，建筑的立面图也是表达建筑物的基本图样之一，它主要反映建筑物的立面形式和外观情况。

17.3.1　立面图的形成和内容

在与建筑立面平行的铅直投影面上所做的正投影图称为建筑立面图，简称立面图。如图17-40所示，从房屋的4个方向投影所得到的正投影图，就是各方向立面图。

立面图是用来表达室内立面形状（造型），室内墙面、门窗、家具、设备等的位置、尺寸、材料和做法等内容的图样，是建筑外装修的主要依据。

立面图的命名方式有3种。

- 按各墙面的朝向命名：建筑物的某个立面面向哪个方向，就称为哪个方向的立面图。如东立面图、西立面图、西南立面图、北立面图，等等。
- 按墙面的特征命名：将建筑物反映主要出入口或比较显著地反映外貌特征的那一面称为正立面图，其余立面图依次为背立面图、左立面图和右立面图。
- 用建筑平面图中轴线两端的编号命名：按照观察者面向建筑物从左到右的轴

线顺序命名，如①-③立面图、Ⓒ-Ⓐ立面图等。

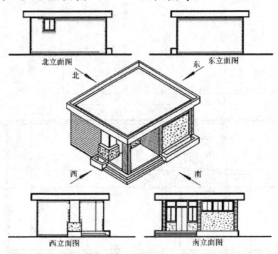

图17-40　立面图的形成

施工图中这 3 种命名方式都可使用，但每套施工图只能采用其中的一种方式命名。

图 17-41 所示为某住宅建筑的南立面图。

某住宅南立面图　　1∶100

图17-41　住宅建筑立面图

从图 17-41 可以得知，建筑立面图应该表达的内容和要求如下。

- 画出室外地面线及房屋的踢脚、台阶、花台、门窗、雨篷、阳台，以及室外的楼梯、外墙、柱、预留孔洞、檐口、屋顶、流水管等。
- 注明外墙各主要部分的标高，如室外地面、台阶、窗台、阳台、雨篷、屋顶等处的标高。

- 一般情况下，立面图上可不注明高度方向尺寸，但对于外墙预留孔洞除注明标高尺寸外，还应标注其大小和定位尺寸。
- 标注立面图中图形两端的轴线及编号。
- 标出各部分构造、装饰节点详图的索引符号。用图例或文字来说明装修材料及方法。

17.3.2　创建建筑立面图

与平面视图一样，立面图视图也是 Revit 自动创建的，在此基础上进行尺寸标注、文字注释、编辑外立面轮廓等图元后并创建图纸，即可完成立面出图。

【例17-4】创建建筑立面图

1. 继续上一案例。在项目浏览器中带细节复制"北立面图"视图，并重新命名为"北立面-建筑立面图"。

2. 切换至"北立面-建筑立面图"视图。在状态栏单击【显示裁剪区域】按钮，显示立面图中的裁剪边界线，如图 17-42 所示。

1 : 100　□ □ □ ⑨ ⑨ ⑥ 彩 ♀ ◫ 彩 △ ☜ ◄

图17-42　显示裁剪区域

3. 选中裁剪边界线，激活【修改|视图】上下文选项卡。单击【编辑裁剪】按钮，然后修改裁剪区域编辑边界，如图 17-43 所示。

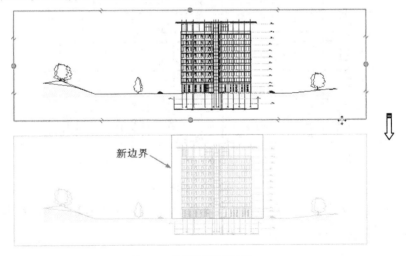

新边界

图17-43　编辑裁剪区域边界

4. 单击【编辑完成模式】按钮退出修改操作，编辑区域的结果如图 17-44 所示。

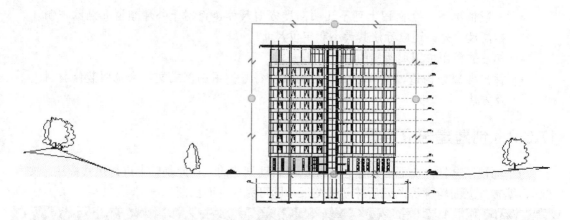

图17-44 编辑裁剪区域后的效果

5. 在状态栏单击【裁剪视图】按钮，剪裁视图，结果如图 17-45 所示。

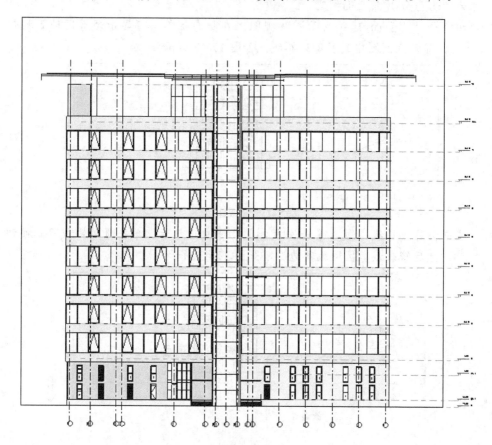

图17-45 剪裁视图

6. 在属性面板的【范围】选项组下取消【剪裁区域可见】选项的勾选，视图中将不显示裁剪边界线，如图 17-46 所示。

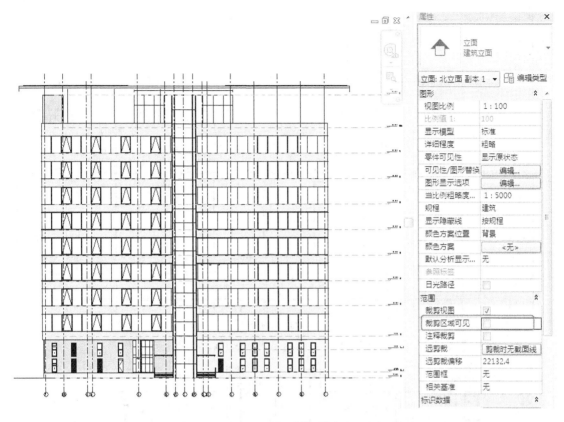

图17-46　不显示裁剪区域边界

7. 利用【对齐】尺寸标注工具，标注纵向轴线尺寸和楼层标高尺寸，如图 17-47 所示。

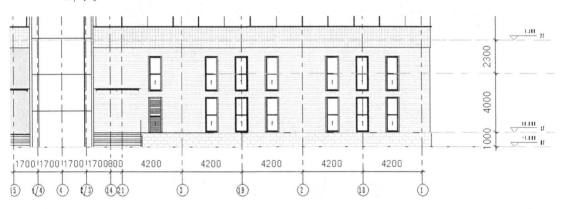

图17-47　标注轴线

8. 在【注释】选项卡的【标记】面板中单击【材质标记】按钮，然后在图上 标注玻璃、外墙等材质，如图 17-48 所示。

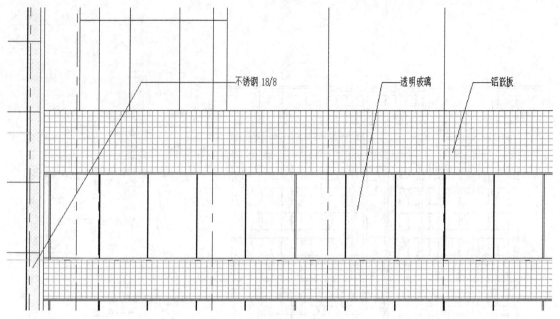

不锈钢 18/8　　透明玻璃　　铝嵌板

图17-48　材质标记

9. 利用【文字】工具，注写建筑立面图名称和比例，如图 17-49 所示。

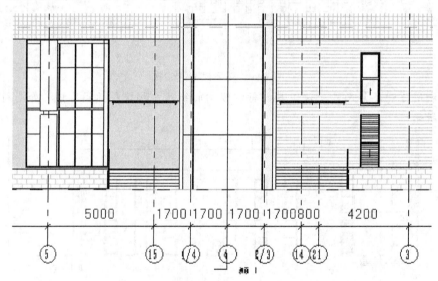

5000　　1700 1700 1700 1700 800　　4200

⑤　　　　　⑮　①/4　④　②/3　⑭ ㉑　　　　　③

北立面图　　比例 1:100

图17-49　立面图名称和比例注写

10. 同理，最后再按照创建平面图图纸的方法，创建立面图的图纸（使用 A0 公制标题栏），如图 17-50 所示。

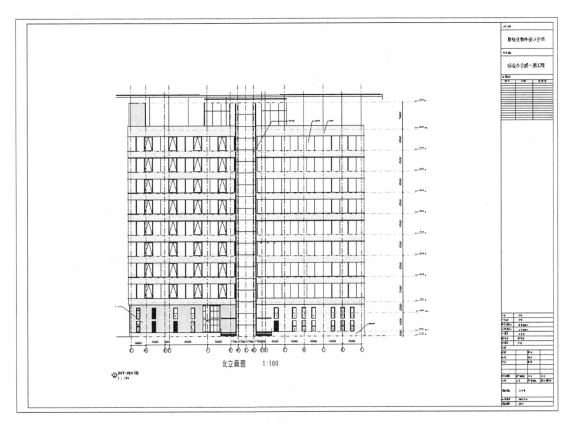

图17-50　创建完成的北立面图

17.4　建筑剖面图设计

建筑剖面图是指用一个假想的剖切面将房屋垂直剖开所得到的投影图。建筑剖面图是与平面图和立面图相互配合来表达建筑物的重要图样，它主要反映建筑物的结构形式、垂直空间利用、各层构造做法和门窗洞口高度等情况。

17.4.1　建筑剖面图的形成与作用

假想用一个或多个垂直于外墙轴线的铅垂副切面，将房屋剖开所得的投影图，称为建筑剖面图，简称剖面图，如图 17-51 所示。

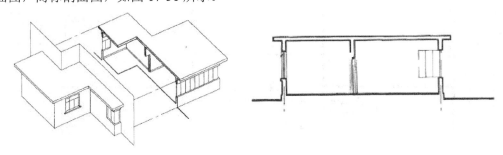

图17-51　剖面图的形成

剖面图主要是用来表达室内内部结构、墙体、门窗等的位置、做法、结构和空间关系的图样。

根据规范规定，剖面图的剖切部位应根据图纸的用途或设计深度，在平面图上选择空间复杂、能反映全貌、构造特征，以及有代表性的部位剖切。

投射方向一般宜向左、向上，当然也要根据工程情况而定。剖切符号标在底层平面图中，短线的指向为投射方向。剖面图编号标在投射方向一侧，剖切线若有转折，应在转角的外侧加注与该符号相同的编号。

17.4.2 创建建筑剖面图

Revit 中的剖面视图不需要一一绘制，只需要绘制剖面线就可以自动生成，并可以根据需要任意剖切。

【例17-5】 创建建筑剖面图

1. 接上一案例。切换至 1F 楼层平面视图。
2. 在【视图】选项卡的【创建】面板中单击【剖面】按钮，然后在 1F 平面图中以直线的方式来放置剖面符号，如图 17-52 所示。

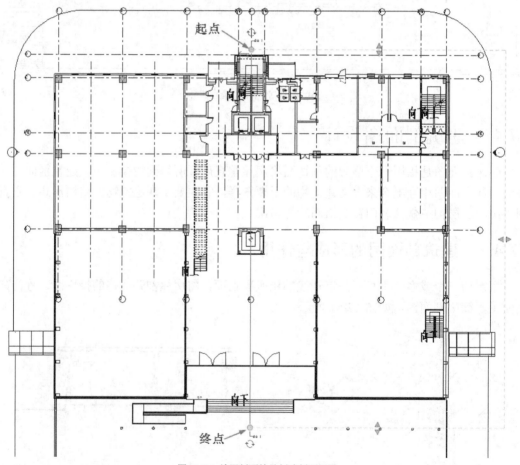

图17-52 放置剖面符号创建剖面视图

工程点拨：一般剖面图最需要表达的就是建筑中的楼梯间、电梯间、消防通道、门窗门洞剖面等情况。

3. 随后在项目浏览器中自动创建【剖面】项目，其节点下生成"剖面 1"剖面视图，如图 17-53 所示。

图17-53 自动创建剖面视图项目

4. 双击"剖面 1"剖面视图，激活该视图，图 17-54 所示为剖面视图。

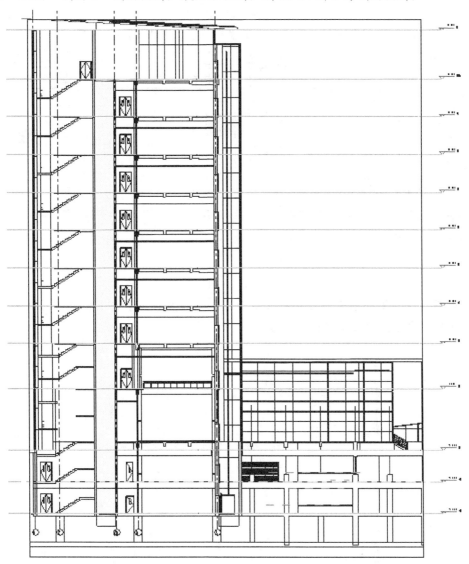

图17-54 创建的剖面视图

5. 在属性选项板的【范围】选项组下取消【裁剪区域可见】复选框的勾选。选中纵向轴线并将其拖动到视图的最下方，如图 17-55 所示。

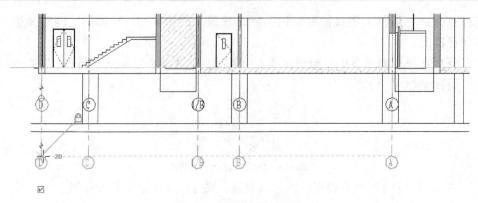

图17-55 编辑轴线编号位置

6. 利用【对齐】尺寸标注工具，标注轴线和标高，如图 17-56 所示。

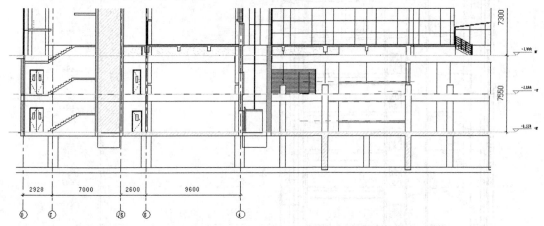

图17-56 标注轴线和标高

7. 利用【注释】选项卡【尺寸标注】面板中的【高程点】工具，在各层楼梯间的楼梯平台上标注高程点，如图 17-57 所示。

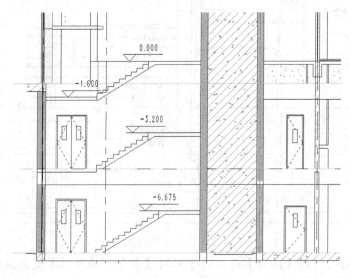

图17-57 标注高程点

8. 利用【文字】工具注写"剖面图-1 比例 1:100",然后创建剖面图图纸(A0 公制标题栏),如图 17-58 所示。

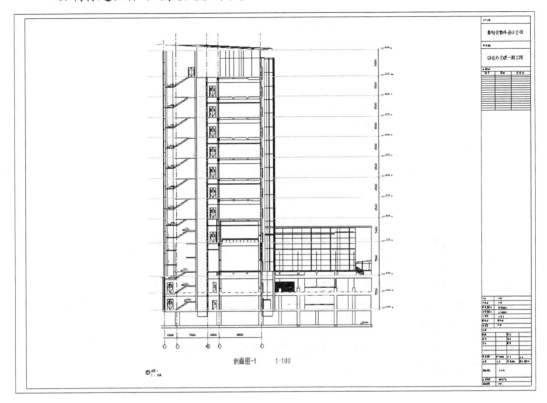

图17-58 创建完成的剖面图

9. 还可以创建该建筑中其余构造的剖面图。保存项目文件。

17.5 建筑详图设计

建筑详图作为建筑施工图纸中不可或缺的一部分,属于建筑构造的设计范畴。其不仅为建筑设计师表达设计内容,体现设计深度,还将在建筑平、立、剖面图中,因图幅关系未能完全表达出来的建筑局部构造、建筑细部的处理手法进行补充和说明。

17.5.1 建筑详图的图示内容与分类

一、图示内容

前面介绍的平、立、剖面图均是全局性的图纸,由于比例的限制,不可能将一些复杂的细部或局部做法表示清楚,因此需要将这些细部、局部的构造、材料及相互关系采用较大的比例详细绘制出来,以指导施工。这样的建筑图形称为建筑详图,也称详图。

对于局部平面(如厨房、卫生间)放大绘制的图形,习惯叫做放大图(或大样图)。需要绘制详图的位置一般有室内外墙节点、楼梯、电梯、厨房、卫生间、门窗、室内外装饰等构造详图(节点详图)或局部平面放大(大样图)。

图 17-59 所示为建筑房屋中使用详图表达的部位。

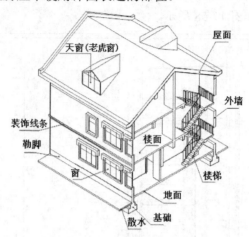

图17-59 建筑物中要使用详图表达的部位

图 17-60 所示为某公共建筑墙身详图。建筑详图主要包括以下图示内容。

- 注出详图的名称与比例。
- 注出详图的符号及编号，如要另画详图时，还要标注所引出的索引符号。
- 注出建筑构件的形状规格及其他构配件的详细构造、层次、有关的详细尺寸和材料图例等。
- 各部位和各个层次的用料、做法、颜色以及施工要求等。
- 定位轴线及编号，标高表示。

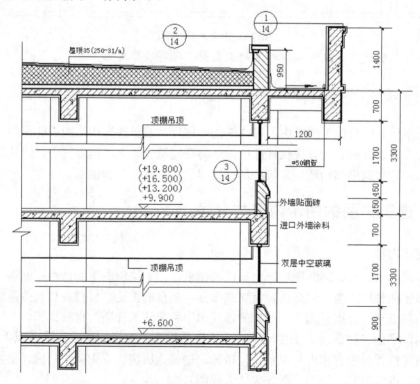

图17-60 某公共建筑墙身详图

二、详图分类

建筑详图是整套施工图中不可缺少的部分，主要分为以下 3 类。

(1) 局部构造详图（放大图或大样图）。

指屋面、墙身、墙身内外装饰面、吊顶、地面、地沟、地下工程防水、楼梯等建筑部位的用料和构造做法。图 17-61 所示的卫生间局部放大图，就是局部构造详图。

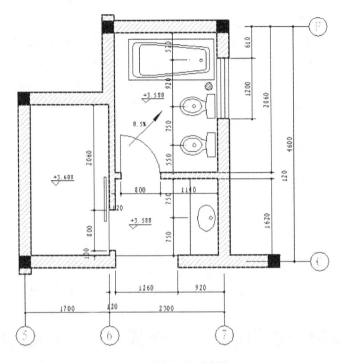

图17-61　卫生间局部放大图

(2) 构件详图（节点详图）。

主要指门、窗、幕墙、固定的台、柜、架、桌、椅等的用料、形式、尺寸和构造（活动的设施不属于建筑设计范围）。

如门窗详图，如图 17-62 所示。门窗详图一般绘制步骤是先绘制樘，再绘制开启扇及开启线。

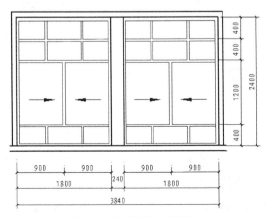

图17-62　某建筑的门窗详图

(3) 装饰构造详图（节点详图）。

是指美化室内外环境和视觉效果，在建筑物上所做的艺术处理。如花格窗、柱头、壁饰、地面图案的花纹、用材、尺寸和构造等。

17.5.2　创建建筑详图

Revit 中有两种建筑详图设计工具：详图索引和绘图视图。

- 详图索引：通过截取平面、立面或剖面视图中的部分区域，进行更精细的绘制，提供更多的细节。单击【视图】选项卡【创建】面板的【详图索引】下拉列表中选择【矩形】或【草图】命令，如图 17-63 所示。选取大样图的截取区域，从而创建新的大样图视图，进行进一步的细化。

图17-63　详图索引工具

- 绘图视图：与已经绘制的模型无关，在空白的详图视图中运用详图绘制工具进行工作。单击【视图】选项卡【创建】面板中的【绘制视图】按钮，可以创建节点详图。

【例17-6】　创建大样图

1. 继续上一案例。切换视图为"5F-建筑平面图"楼层平面视图。
2. 在【视图】选项卡【创建】面板选择【详图索引】|【矩形】命令，在视图中最右侧的楼梯间位置绘制矩形，如图 17-64 所示。
3. 随后在项目浏览器的【楼层】项目节点下创建了自动命名为"5F-建筑平面图 - 详图索引 1"的新平面视图，如图 17-65 所示。

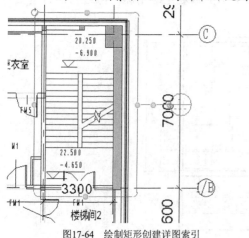

图17-64　绘制矩形创建详图索引

图17-65　自动创建详图索引视图

4. 双击打开"5F-建筑平面图 - 详图索引 1"的新平面视图，如图 17-66 所示。

5. 接着在属性选项板的【标识数据】选项组下选择"视图样板"为【楼梯_平面大样】，使用视图样板后的效果如图 17-67 所示。

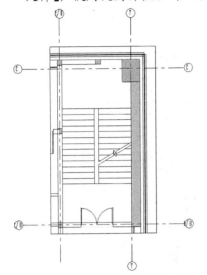

图17-66 新建的楼梯间详图   图17-67 使用视图样板后的详图

6. 利用【对齐】尺寸标注工具和【高程点】工具标注视图，如图 17-68 所示。

7. 添加门标记，并利用【文字】工具注写"楼梯间大样图　比例 1:50"。字体大小为 8mm，如图 17-69 所示。

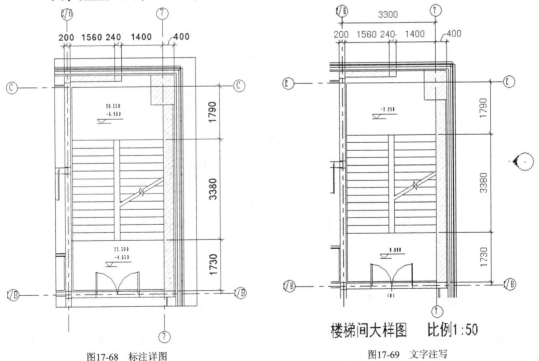

图17-68 标注详图   图17-69 文字注写

工程点拨：如果注写的文字看不见，请在属性选项板中取消【裁剪区域可见】和【注释裁剪】选项的勾选，如图 17-70 所示。

图17-70　设置范围

8.　最后创建图纸（选择"修改通知单"标题栏），如图 17-71 所示。

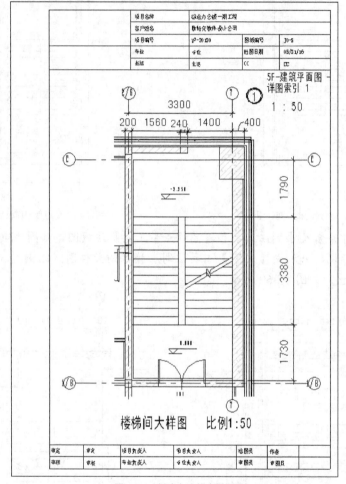

图17-71　创建完成的大样图

　　工程点拨： 如果图纸容不下视图，可以先在视图中调整轴线位置、文字位置，直至放下图纸为止。

9.　保存项目文件。

17.6　图纸导出与打印

　　图纸布置完成后，可以通过打印机将已布置完成的图纸视图打印为图档或指定的视图或图纸视图导出为 CAD 文件，以便交换设计成果。

17.6.1　导出文件

在 Revit 中完成所有图纸的布置之后，可以将生成的文件导成 DWG 各种的 CAD 文件，供其他的用户使用。

要导出 DWG 格式的文件，首先要对 Revit 及 DWG 之间的映射格式进行设置。

【例17-7】导出文件

1. 继续上一案例。在菜单浏览器选择【导出】|【选项】|【导出设置DWG/DXF】选项，如图 17-72 所示。

图17-72　执行导出命令

2. 打开【修改 DWG/DXF 导出设置】对话框，如图 17-73 所示。

图17-73　【修改 DWG/DXF 导出设置】对话框

工程点拨：由于在 **Revit** 当中使用的是构建类别的方式管理对象，而在 **DWG** 图纸当中是使用图层的方式进行管理。因此，必须在【修改 **DWG/DXF** 导出设置】对话框中对构建类别以及 **DWG** 当中的图层进行映射设置。

3. 单击对话框底部的【新建导出设置】按钮，创建新的导出设置，如图 17-74 所示。

图17-74 新建导出设置

4. 在【层】选项卡中选择【根据标准加载图层】列表中的【从以下文件加载设置】选项，在打开的【导出设置-从标准载入图层】对话框中单击【是】按钮，打开【载入导出图层文件】对话框，如图 17-75 所示。

图17-75 加载图层操作

5. 选择光盘源文件夹中的 exportlayers-dwg-layer.txt 文件，单击【打开】按钮打开此输出图层配置文件。其中，exportlayers-dwg-layer.txt 文件中记录了如何从 Revit 类型转出为天正格式的 DWG 图层的设置。

工程点拨：在【修改 **DWG/DXF** 导出设置】对话框中，还可以对【线】、【填充图案】、【文字和字体】、【颜色】、【实体】、【单位和坐标】及【常规】选项卡中的选项进行设置，这里就不再一一介绍。

6. 单击【确定】按钮，完成 DWG/DXF 的映射选项设置，接下来即可将图纸导出为 DWG 格式的文件。

7. 在菜单浏览器中选择【导出】|【CAD 格式】|【DWG】命令，打开【DWG 导出】对话框。设置【选择导出设置】列表中的选项为刚刚设置的"设置 1"，选择【导出】为【<任务中的视图/图纸集>】选项，选择【按列表显示】选项为【模型中的图纸】，如图 17-76 所示。

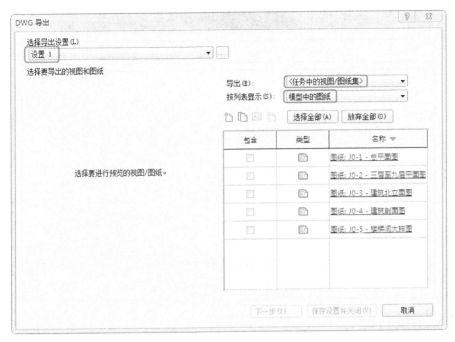

图17-76 设置 DWG 导出选项

8. 先单击 选择全部(A) 按钮再单击 下一步(X)... 按钮, 打开【导出 CAD 格式-保存到目
   标文件夹】对话框。选择保存 DWG 格式的版本, 禁用【将图纸上的视图和链
   接作为外部参照导出】选项, 单击【确定】按钮, 导出为 DWG 格式文件, 如
   图 17-77 所示。

图17-77 导出 DWG 格式

9. 这时, 打开放置 DWG 格式文件所在的文件夹, 双击其中一个 DWG 格式的文
   件即可在 AutoCAD 中将其打开, 并进行查看与编辑, 如图 17-78 所示。

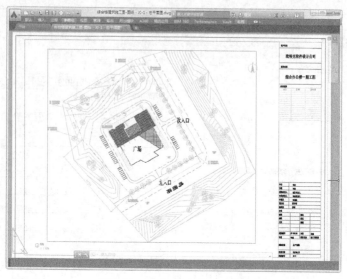

图17-78　在 AutoCAD 中打开图纸

17.6.2　图纸打印

当图纸布置完成后，除了能够将其导出为 DWG 格式的文件外，还能够将其打印成图纸，或者通过打印工具将图纸打印成 PDF 格式的文件，以供用户查看。

【例17-8】打印图纸

1. 在菜单浏览器中选择【打印】|【打印】命令，打开【打印】对话框。
2. 选择【名称】列表中的 Adobe PDF 选项，设置打印机为 PDF 虚拟打印机；启用【将多个所选视图/图纸合并到一个文件】选项；启用【所选视图/图纸】选项，如图 17-79 所示。

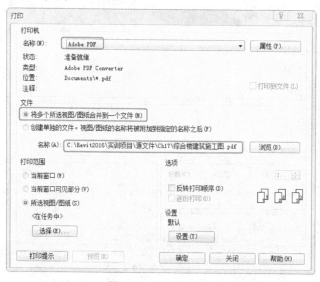

图17-79　设置打印选项

3. 单击【打印范围】选项组中的【选择】按钮，打开【视图/图纸集】对话框。

禁用【视图】选项后，在列表中选择所有图纸后单击【确定】按钮，如图17-80所示。

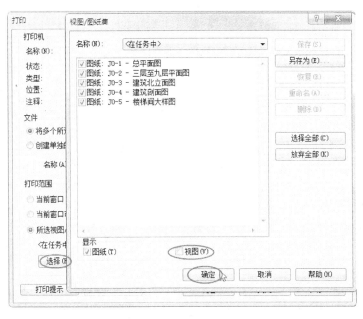

图17-80　选择要打印的图纸

4.　单击【设置】选项组中的【设置】按钮，打开【打印设置】对话框。选择图纸【尺寸】为 A0，启用【从角部偏移】选项和【缩放】选项，单击【保存】按钮，将该配置保存为 Adobe PDF_A0，如图 17-81 所示。单击【确定】按钮，返回【打印】对话框。

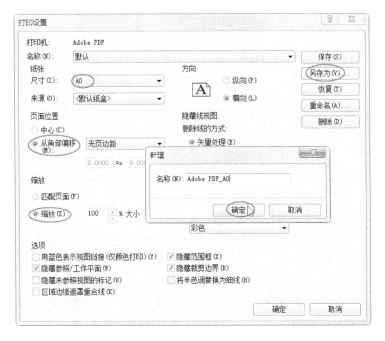

图17-81　打印设置

5. 单击【打印】对话框中的【确定】按钮，在打开的【另存 PDF 文件为】对话框中设置【文件名】选项后，单击【保存】按钮创建 Adobe PDF，如图 17-82 所示。

图17-82　保存打印的 PDF 文件

6. 完成 PDF 文件创建后，在保存的文件夹中打开 PDF 文件，即可查看施工图在 PDF 中的效果，如图 17-83 所示。

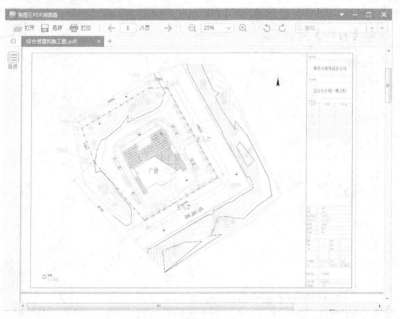

图17-83　查看 PDF 文件

工程点拨：使用 **Revit** 中的【打印】命令，生成 **PDF** 文件的过程与使用打印机打印的过程是一致的，这里不再赘述。

附录　Revit 工程师认证考试及模拟试卷

附录1　Revit 工程师认证考试说明

一、考试性质

Revit 工程师认证项目考试是为提高大中专院校的在校学生，以及企事业单位的工程技术人员的数字化设计能力而实施的应用、专业技术水平考试。

它的指导思想是既要有利于建筑设计等领域对专业工程设计人才的需求，也要有利于促进大中专、职业技术院校各类课程教学质量的提高。

考试对象为大中专、职业技术院校的考生以及企事业单位的工程技术人员。

二、考试基本要求

要求考生比较系统地理解 Autodesk Revit Architecture 的基本概念和基本理论，掌握其使用的基本命令、基本方法，要求考生具有一定空间想象能力、抽象思维能力，要求考生达到综合运用所学的知识、方法提高设计应用与开发能力。

三、考试方式与考试时间

Revit 工程师认证项目采用上机考试的形式，共 100 题。考试时间为 180 分钟。

四、考试等级分类

Autodesk Revit 软件认证项目前有 Revit 工程师（1 级）和 Revit 工程师（2 级）的认证。

五、试题类型

Autodesk Revit 软件的认证题型为选择题。题目包括单选题和多选题。

六、考试介绍

Revit Architecture 软件能够按照建筑师和设计师的思维方式工作。专为建筑信息模型（BIM）而设计的 Revit Architecture，能够帮助用户捕捉和分析早期设计构思，并能够从设计、文档到施工的整个流程中更精确地保持您的设计理念。

Revit 工程师认证的考试内容包括：Revit 入门，创建体量并将体量转换为建筑构件，绘制轴网和标高，添加尺寸标注和注释，使用和编辑建筑构件和结构构件，应用场地工具绘制和编辑场地、建筑红线和场地构件，了解、使用和创建族和组，各种视图的查看方法，创建图纸、明细表和演示视图，渲染视图并创建漫游，创建、设置、使用、管理工作集，为视图和建模构件提供阶段表示，应用设计选项，定义面积方案并进行面积分析，链接建筑模型和共享坐标等。

七、考试难度

Revit 工程师（1 级）考试以 Revit 中基本概念为主，辅以部分实战操作，考查学员操作和动手能力。总体难度属于简单级别，少部分试题提高了试题至中等，旨在考查学员的思考和对 Revit 概念的深入理解和应用探索能力。当学员理解和掌握了 Revit 的基本操作和概念后，完全有能力一次性通过考试。

Revit 工程师（2 级）认证要求考生能够系统的理解 Revit 软件的功能、设计理念和基本概念，能够熟练地理解和应用各种命令，并具有空间想象和抽象思维能力，能够达到将 Revit 软件应用到实际项目中的水平。

八、考试内容与考试要求

请参阅《Revit 工程师（1 级）认证考试大纲》和《Revit 工程师（2 级）认证考试大纲》。

附录2 Revit 认证建筑师模拟试卷

（100 题，每题 1 分，满分 100 分，考试时间 90 分钟）

1.在链接模型时，主体项目是公制，要链入的模型是英制，如何操作（C）

A.把公制改成英制再链接

B.把英制改成公制再链接

C.不用改就可以链接

D.不能链接

（关键词：链接　公制）也可以用屋顶的两个文件临时试验一下

2.下列哪个视图应被用于编辑墙的立面外形（C）

A.表格

B.图纸视图

C.3D 视图或是视平面平行于墙面的视图

D.楼层平面视图

（常识题，容易）

3.导入场地生成地形的 DWG 文件必须具有以下数据（C）

A.颜色

B.图层

C.高程

D.厚度

（常识题，容易）

4.使用"对齐"编辑命令时，要对相同的参照图元执行多重对齐，请按住（A）

A.Ctrl 键

B.Tab 键

C.Shift 键

D.Alt 键

（关键词：对齐）

5.可以将门标记的参数改为（D）

A.门族的名称

B.门族的类型名称

C.门的高度

D.以上都可

（常识题：记忆）

6.放置幕墙网格时，系统将首先默认捕捉到（D）

A.幕墙的均分处，或 1/3 标记处

B.将幕墙网格放到墙、玻璃斜窗和幕墙系统上时，幕墙网格将捕捉视图中的可见标高、网格和参照平面

C.在选择公共角边缘时，幕墙网格将捕捉相交幕墙网格的位置

D.以上皆对

（关键词：幕墙网格 捕捉）

7.以下哪个不是选项栏"编辑组"命令的作用（D）

A.进入编辑组模式

B.用"添加到组"命令可以将新的对象添加到组中

C.用"从组中删除"命令可以将现有对象从组中排除

D.可以将模型组改为详图组

（常识题：脑筋急转弯）

8.如何在天花板建立一个开口（B）

A.修改天花板，将"开口"参数的值设为"是"

B.修改天花板，编辑它的草图加入另一个闭合的线回路

C.修改天花板，编辑它的外侧回路的草图线，在其上产生曲折

D.删除这个天花板，重新创建，使用坡度功能

（常识题，容易，天花板和楼板一样）

9.如何将临时尺寸标注更改为永久尺寸标注（A）

A.单击尺寸标注附近的尺寸标注符号

B.双击临时尺寸符号

C.锁定

D.无法互相更改

（常识题，容易。关键词：临时尺寸标注永久）

10.以下哪项不是符号（D）

A.比例尺

B.指北针

C.排水符号

D.标高

（常识题：记忆）

11.由于 Revit 中有内墙面和外墙面之分，最好按照哪种方向绘制墙体（A）

A.顺时针

B.逆时针

C.根据建筑的设计决定

D.顺时针逆时针都可以

（常识题：记忆）

12.如果无法修改玻璃幕墙网格间距，可能的原因是（A）

A.未点开锁工具

B.幕墙尺寸不对

C.竖挺尺寸不对

D.网格间距有一定限制

（常识题：记忆、容易）

13.以下哪种方法可以在幕墙内嵌入基本墙（A）

A.选择幕墙嵌板，将类型选择器改为基本墙

B.选择竖挺，将类型改为基本墙

C.删除基本墙部分的幕墙，绘制基本墙

D.直接在幕墙上绘制基本墙

（关键词：幕墙　嵌入）

14.对工作集和样板的关系描述错误的是（ABC）

A.可以在工作集中包含样板

B.可以在样板中包含工作集

C.不能在工作集中包含样板

D.不能在样板中包含工作集

（关键词：工作集　样板）

15.以下说法错误的是哪些（ABD）

A.实心形式的创建工具要多于空心形式

B.空心形式的创建工具要多于实心形式

C.空心形式和实心形式的创建工具都相同

D.空心形式和实心形式的创建工具都不同

（常识题：记忆、容易，绕口令）

16."实心放样"命令的用法，正确的有以下哪 3 项（ABD）

A.必须指定轮廓和放样路径

B.路径可以是样条曲线

C.轮廓可以是不封闭的线段

D.路径可以是不封闭的线段

（常识题：记忆、容易，关键词：实心放样）

17.选用预先做好的体量族，以下错误的有哪些（ACD）

A.使用"创建体量"命令

B.使用"放置体量"命令

C.使用"构件"命令

D.使用"导入/链接"命令

（常识题：记忆）

18."实心拉伸"命令的用法，错误的有哪些（ABC）

A.轮廓可沿弧线路径拉伸

B.轮廓可沿单段直线路径拉伸

C.轮廓可以是不封闭的线段

D.轮廓按给定的深度值作拉伸，不能选择路径

（常识题：记忆）

19.下列哪些表述方法是错误的（ABD）

A.两个体量被连接起来就合成一个主体

B.两个有重叠的体量被连接起来就合成一个主体

C.两个体量被连接起来仍是两个主体

D.A 和 B 的表述都是正确的

（常识题：记忆）

20.下列哪些项属于不可录入明细表的体量实例参数（D）

A.总体积

B.总表面积

C.总楼层面积

D.以上选项均可

（常识题：可以简单地试一下）

21.在一个主体模型中导入两个相同的链接模型，修改链接的 RVT 类别的可见性，则（B）

A.三个模型都受影响

B.两个链接模型都受影响

C.只影响原文件模型

D.都不受影响

（不常用：记忆，关键词：链接 可见性）

22.关于弧形墙，下面说法正确的是（B）

A.弧形墙不能直接插入门窗

B.弧形墙不能应用"编辑轮廓"命令

C.弧形墙不能应用"附着顶/底"命令

D.弧形墙不能直接开洞

（常识题：可以简单地试一下）

23.在绘制墙时，要使墙的方向在外墙和内墙之间翻转，如何实现（C）

A.单击墙体

B.双击墙体

C.单击蓝色翻转箭头

D.按 Tab 键

（常识题：容易，可以简单地试一下）

24.旋转建筑构件时，使用旋转命令的哪个选项使原始对象保持在原来位置不变，旋转的只

是副本（C）

A.分开

B.角度

C.复制

D.以上都不是

（容易题：可以简单地试一下）

25.用"标记所有未标记"命令为平面视图中的家具一次性添加标记，但所需的标记未出现，原因可能是（B）

A.不能为家具添加标记

B.未载入家具标记

C.只能一个一个的添加标记

D.标记必须和家具构件一同载入

（中难度：记忆）

26.在幕墙网格上放置竖梃时如何部分放置竖梃（B）

A.按住 Ctrl 键

B.按住 Shift 键

C.按住 Tab 键

D.按住 Alt 键

（常识题、容易题：可以简单地试一下）

27.如何设置组的原点（C）

A.默认组原点在组的几何中心，不能重新设置

B.在组的图元属性中设置

C.选择组，拖曳组原点控制柄到合适的位置

D.单个组成员分别设置原点

（容易题：可以简单地试一下，关键词：组　原点）

28.天花板高度受何者定义（A）

A.高度对标高的偏移

B.创建的阶段

C.基面限制条件

D.形式

（中难度：记忆，关键词：天花板　高度）

29.显示剖面视图描述最全面的是（D）

A.从项目浏览器中选择剖面视图

B.双击剖面标头

C.选择剖面线，在剖面线上单击鼠标右键，然后从弹出菜单中选择"进入视图"

D.以上皆可

（容易题：可以简单地试一下，关键词：剖面视图）

30.缩放匹配的默认快捷键是（B）

A.ZZ

B.ZF

C.ZA

D.ZV

（容易题：可以简单地试一下，去 KeyboardShortcuts.txt 找）

31.以下有关相机设置和修改描述最准确的是（D）

A.在平面、立面、三维视图中鼠标拖曳相机、目标点、远裁剪控制点，可以调整相机的位置、高度和目标位置

B.单击选项栏中的"图元属性"，可以修改"视点高度"或"目标高度"参数值调整相机

C.在"视图"菜单中选择"定向"命令，可设置三维视图中相机的位置

D.以上皆正确

（容易题：可以简单地试一下）

32.以下有关视口编辑说法有误的是（C）

A.选择视口，鼠标拖曳可以移动视图位置

B.选择视口，单击选项栏，从"视图比例"参数的"值"下拉列表中选择需要的比例，或选"自定义"，在下面的比例值框中输入需要的比例值可以修改视图比例

C.一张图纸多个视口时，每个视图采用的比例都是相同的

D.鼠标拖曳视图标题的标签线可以调整其位置

（中难度：记忆，可以试验一下）

33.以下有关在图纸中修改建筑模型说法有误的是（D）

A.选择视口单击鼠标右键，选择"激活视图"命令，即可在图纸视图中任意修改建筑模型

B."激活视图"后，鼠标右键选择"取消激活视图"命令可以退出编辑状态

C."激活视图"编辑模型时，相关视图将更新

D.可以同时激活多个视图修改建筑模型

（中难度：记忆，可以试验一下）

34.将明细表添加到图纸中的正确方法是（D）

A.图纸视图下，在设计栏"基本－明细表/数量"中创建明细表后单击放置

B.图纸视图下，在设计栏"视图－明细表/数量"中创建明细表后单击放置

C.图纸视图下，在"视图"下拉菜单"新建－明细表/数量"中创建明细表后单击放置

D.图纸视图下，从项目浏览器中将明细表拖曳到图纸中，单击放置

（容易题：可以简单地试一下）

35.向视图中添加所需的图元符号的方法（D）

A.可以将模型族类型和注释族类型从项目浏览器中拖曳到图例视图中

B.可以通过从设计栏的"绘图"选项卡中单击"图例构件"选项，添加模型族符号

C.可以通过从设计栏上的"绘图"选项卡中单击"符号"选项，添加注释符号

D.以上皆可

（中难度：记忆，可以试验一下）

36.下列关于修订追踪描述最全面的是（D）

A.在设计栏的"绘图"选项卡上单击"修订云线"按钮，或选择"绘图"菜单中的"修订云线"命令，Revit Building 将进入绘制模式

B.修订云线包括修订、修订编号、修订日期、发布到、注释等参数

C.要修改修订云线的外观，可选择"设置"菜单中的"对象样式"命令，选择"注释对象"选项卡，编辑修订云线样式的线宽、线颜色和线型

D.以上表述都是正确的

（高难度：记忆，用得少）

37.以下有关"修订云线"说法有误的是（D）

A.在设计栏的"绘图"选项卡中单击"修订云线"按钮，进入云线绘制模式

B.在"绘图"菜单中选择"修订云线"命令，进入云线修改模式

C.要改变修订云线的外观，请选择"设置"菜单中的"线样式"命令，修改修订云线线样式的线宽、线颜色和线型

D.发布修订后，您可以向修订添加修订云线，也可以编辑修订中现有云线的图形

（高难度：记忆，用得少）

38.绘制详图构件时，按以下那个键可以旋转构件方向以放置（C）

A.Tab 键

B.Shift 键

C.Space 键

D.Alt 键

（中难度：记忆，可以试验一下，只要看到旋转马上想到空格键 Space）

39.关于"绘图-详图线"命令，说法不正确的是（D）

A.可在线样式中修改线类型的线宽、线型和线颜色，并可设置线型比例

B.可从下拉列表中选择不同的线类型

C.可在线样式中设置新的线类型，或删除某个线类型

D.详图线仅在当前视图中显示

（中难度：记忆，关键词：绘图-详图线）

40.下列关于详图工具的概念描述有误的是（B）

A.隔热层：在显示全部墙体材质的墙体详图中放置隔热层

B.详图线：使用详图线，在现有图元上添加信息

C.文字注释：使用文字注释来指定构造方法

D.详图构件：创建和载入自定义详图构件，以放置到详图中

（中难度：记忆，关键词：详图工具）

41.在导入链接模型时，下面的哪项不能链接到主体项目（D）

A.墙体

B.轴网

C.参照平面

D.注释文字

（中难度：记忆，关键词：链接　主体项目）

42.编辑墙体结构时，可以（D）

A.添加墙体的材料层

B.可以修改墙体的厚度

C.可以添加墙饰条

D.以上都可

（容易题：可以简单地试一下）

43.当旋转主体墙时，与之关联的嵌入墙（A）

A.嵌入墙将随之移动

B.嵌入墙将不动

C.嵌入墙将消失

D.嵌入墙将与主体墙反向移动

（容易题：可以简单地试一下）

44.哪种命令相当于复制并旋转建筑构件（B）

A.镜像

B.镜像阵列

C.线性阵列

D.偏移

（容易题：可以简单地试一下）

45.不能给以下哪种图元放置高程点（D）

A.墙体

B.门窗洞口

C.线条

D.轴网

（中难度：记忆，可以试验一下）

46.为幕墙上所有的网格线加上竖挺，选择哪个命令（C）

A.单段网格线

B.整条网格线

C.全部空线段

D.按住 Tab 键

（容易题：可以简单地试一下）

47.当单击某个组实例进行编辑后，则（B）

A.其他组实例不受影响

B.其他组实例自动更新

C.其他组实例出错

D.其他组实例被删除

（容易题：可以简单地试一下）

48.在 1 层平面视图创建天花板，为何在此平面视图中看不见天花板（C）

A.天花板默认不显示

B.天花板的网格只在 3D 视图显示

C.天花板位于楼层平面切平面之上，开启天花板平面可以看见

D.天花板只有渲染才看得见

（中难度：记忆，可以试验一下）

49.以下有关调整标高位置最全面的是（D）

A.选择标高，出现蓝色的临时尺寸标注，鼠标单击尺寸修改其值可实现

B.选择标高，直接编辑其标高值

C.选择标高，直接用鼠标拖曳到相应的位置

D.以上皆可

（容易题：可以简单地试一下）

50.光能传递和光线先光线追踪说法正确的是（AB）

A.光能传递一般用于室内场景

B.光线追踪一般用于室外场景

C.光能传递一般用于室外场景

D.光线追踪一般用于室内场景

（高难度：记忆，很少用到）

51.下面关于详图编号的说法中错误的是（ABD）

A.只有视图比例小于 1:50 的视图才会有详图编号

B.只有详图索引生成的视图才有详图编号

C.平面视图也有详图编号

D.剖面视图没有详图编号

（中难度：记忆 关键词：详图编号）

52.下面关于详图构件的说法正确的是（BD）

A.线属于详图构件

B.详图构件时，可以按 Shift 键旋转构件方向

C.构件可出现在三维视图中

D.详图构件后，用鼠标拖曳控制柄可以调整构件形状

（中难度：记忆，关键词：详图构件）

53.要在图例视图中创建某个窗的图例，以下正确是（ABC）

A.用"绘图-图例构件"命令，从"族"下拉列表中选择该窗类型

B.可选择图例的"视图"方向

C.可按需要设置图例的主体长度值

D.图例显示的详细程度不能调节，总是和其在视图中的显示相同

54.以下说法有误的是（C）

A.可以在平面视图中移动、复制、阵列、镜像、对齐门窗

B.可以在立面视图中移动、复制、阵列、镜像、对齐门窗

C.不可以在剖面视图中移动、复制、阵列、镜像、对齐门窗

D.可以在三维视图中移动、复制、阵列、镜像、对齐门窗

55.用"拾取墙"命令创建楼板，使用哪个键切换选择，可一次选中所有外墙，单击生成楼板边界（A）

A.Tab 键

B.Shift 键

C.Ctrl 键

D.Alt 键

56.以下有关"墙"的说法描述有误的是（B）

A.当激活"墙"命令以放置墙时，可以从类型选择器中选择不同的墙类型

B.当激活"墙"命令以放置墙时，可以在"图元属性"中载入新的墙类型

C.当激活"墙"命令以放置墙时，可以在"图元属性"中编辑墙属性

D.当激活"墙"命令以放置墙时，可以在"图元属性"中新建墙类型

57.以下哪个不是可设置的墙的类型参数（D）

A.粗略比例填充样式

B.复合层结构

C.材质

D.连接方式

58.选择墙以后，鼠标拖曳控制柄不可以实现修改的是（B）

A.墙体位置

B.墙体类型

C.墙体长度和高度

D.墙体内外墙面

59.放置构件对象时中点捕捉的快捷方式是（B）

A.SN

B.SM

C.SC

D.SI

60.在平面视图中放置墙时，下列哪个键可以翻转墙体内外方向（D）

A.Shift 键

B.Ctrl 键

C.Alt 键

D.Space 键

61.在链接模型中，将项目和链接文件一起移动到新位置后（A）

A.使用绝对路径链接会无效

B.使用相对路径链接会无效

C.使用绝对路径和绝对路径链接都会无效

D.使用绝对路径和绝对路径连接不受影响

62.墙结构（材料层）在视图中如何可见（C）

A.决定墙的连接如何显示

B.设置材料层的类别

C.视图精细程度设置为中等或精细

D.连接柱与墙

63.关于明细表，以下说法错误的是（BCD）

A.同一明细表可以添加到同一项目的多个图纸中

B.同一明细表经复制后才可添加到同一项目的多个图纸中

C.同一明细表经重命名后才可添加到同一项目的多个图纸中

D.目前，墙饰条没有明细表

64.关于组的操作，说法错误的是（D）

A.组可以通过其编辑工具条上连接（Link）生成外部文件

B.组可以通过保存到库中成外部文件

C.组的外部文件扩展名 RVT 和 RVG

D.以上全错

65.在平面视图中可以给以下哪种图元放置高程点（C）

A.墙体

B.门窗洞口

C.楼板

D.线条

66.幕墙系统是一种建筑构件，它由什么主要构件组成（D）

A.嵌板

B.幕墙网格

C.竖挺

D.以上皆是

67.绘制建筑红线的方法包括（D）

A.直接划线绘制

B.用表格生成

C.从 DWG 文件导入

D.A 和 B 都正确

68.楼板的厚度决定于（A）

A.楼板结构

B.工作平面

C.构件形式

D.实例参数

69.关于扶手的描述，错误的是（A）

A.扶手不能作为独立构件添加到楼层中，只能将其附着到主体上，如楼板或楼梯

B.扶手可以作为独立构件添加到楼层中

C.可以通过选择主体的方式创建扶手

D.可以通过绘制的方法创建扶手

70.关于图元属性与类型属性的描述，错误的是（B）

A.修改项目中某个构件的图元属性只会改变构件的外观和状态

B.修改项目中某个构件的类型属性只会改变该构件的外观和状态

C.修改项目中某个构件的类型属性会改变项目中所有该类型构件的状态

D.窗的尺寸标注是它的类型属性，而楼板的标高就是实例属性

71.下列哪些不属于体量族和内建体量具有的实例参数（D）

A.楼层面积面

B.总体积

C.总表面积

D.底面积

72.选择了第一个图元之后，按住哪个键可以继续选择添加和删除相同图元（B）

A.Shift 键

B.Ctrl 键

C.Alt 键

D.Tab 键

73.以下命令对应的快捷键哪个是错误的（C）

A.复制 Ctrl+C

B.粘贴 Ctrl+V

C.撤销 Ctrl+X

D.恢复 Ctrl+Y

74.新建视图样板时，默认的视图比例是（B）

A.1:50

B.1:100

C.1:1000

D.1:10

75.在 Revit Building 9 中，以下关于"导入/链接"命令描述有错误的是（B）

A.从其他 CAD 程序，包括 AutoCAD（DWG 和 DXF）和 MicroStation（DGN），导入或链接矢量数据

B.导入或链接图像（BMP、GIF 和 JPEG）。图像只能导入到二维视图中

C.将 SketchUp（SKP）文件直接导入 Revit Building 体量或内建族

D.链接 Revit Building、Revit Structure 和/或 Revit Systems 模型

76.在项目浏览器中选择了多个视图并单击鼠标右键，则可以同时对所有所选视图进行以下哪些操作（D）

A.应用视图样板

B.删除

C.修改视图属性

D.以上皆可

77.以下哪些是属于项目样板的设置内容（D）

A.项目中构件和线的线样式线及样式和族的颜色

B.模型和注释构件的线宽

C.建模构件的材质，包括图像在渲染后看起来的效果

D.以上皆是

78.在线样式中不能实现的设置是（D）

A.线型

B.线宽

C.线颜色

D.线比例

79.关于链接项目中的体量实例，以下描述最全面的是（D）

A.在连接体量形式时，会调整这些形式的总体积值和总楼层面积值以消除重叠

B.如果移动连接的体量形式，则这些形式的属性将被更新。如果移动体量形式，使得它们不再相互交叉，则 Revit Building 将出现警告，提示连接的图元不再相互交叉

C.可以使用"取消连接几何图形"命令取消它们的连接

D.以上皆正确

80.在体量族的设置参数中，以下不能录入明细表的参数是（D）

A.总体积

B.总表面积

C.总楼层面积

D.总建筑面积

81.链接建筑模型，设置定位方式中，自动放置的选项不包括（D）

A.中心到中心

B.原点到原点

C.按共享坐标

D.按默认坐标

82.在定义垂直复合墙的时候不能把下面哪些对象事先定义到墙上（C）

A.墙饰条

B.墙分割缝

C.幕墙

D.挡土墙

83.将明细表添加到图纸中的正确方法是（D）

A.图纸视图下，在设计栏"基本－明细表/数量"中创建明细表后单击放置

B.图纸视图下，在设计栏"视图－明细表/数量"中创建明细表后单击放置

C.图纸视图下，在"视图"下拉菜单中"新建－明细表/数量"中创建明细表后单击放置

D.图纸视图下，从项目浏览器中将明细表拖曳到图纸中，单击放置

84.不属于"修剪/延伸"命令中的选项的是（B）

A.修剪或延伸为角

B.修剪或延伸为线

C.修剪或延伸一个图元

D.修剪或延伸多个图元

85.符号只能出现在（D）

A.平面图

B.图例视图

C.详图索引视图

D.当前视图

86.下面对幕墙中竖挺的操作哪个是可以实现的（D）

A.阵列竖挺

B.修剪竖挺

C.选择竖挺

D.以上皆不可实现

87.如何为阵列组添加一个"阵列数"参数，使阵列的个数可调（A）

A.在阵列组上单击右键，在"编辑标签"中选择"阵列数"即可

B.选择阵列组，在其状态栏中给项目数添加"阵列数"参数

C.在"族类型"对话框中给阵列数的个体添加"阵列数"参数

D.不能给阵列数添加参数

88.Revit Building 提供几种方式创建斜楼板（C）

A.1

B.2

C.3

D.4

89.在 Autodesk Revit 中可以对那些对象设置颜色（D）

A.对象样式

B.线样式

C.分阶段

D.以上都是

90.对象样式中的注释对象有哪些属性可做修改（D）

A.线宽

B.线颜色

C.线形

D.以上都是

91.新建的线样式保存在（A）

A.项目文件中

B.模板文件中

C.线型文件中

D.族文件中

92.当改变视图的比例时，以下对填充图案的说法正确的是（A）

A.模型填充图案的比例会相应改变

B.绘图填充图案的比例会相应改变

C.模型填充图案和绘图填充图案的比例都会改变

D.模型填充图案和绘图填充图案的比例都不会改变

93.下列哪些操作可以直接应用于模型填充图案线（D）

A.移动

B.旋转

C.镜像

D.A 和 B 都可以

94.可以对哪种填充图案上的填充图案线进行尺寸标注（A）

A.模型填充图案

　B.绘图填充图案

C.以上两种都可以

D.以上两种都不可以

95.可以应用"对齐"命令的是（A）

A.模型填充图案

B.绘图填充图案

C.以上两种都可以

D.以上两种都不可以

96.Revit 的线宽命令中包含哪几个选项卡（D）

A.模型线宽

B.注释线宽

C.透视视图线宽

D.以上都是

97.注释线宽可以定义哪些对象的线宽（A）

A.剖面线

B.门

C.屋顶

D.家具

98.模型线宽可以定义哪些对象的线宽（D）

A.门

B.窗

C.尺寸标注

D.A 和 B 皆可以

99.注释命令中不包含哪个对象（B）

A.箭头

B.架空线

C.尺寸标注

D.载入的标记

100.在 Revit 中能对导入的 DWG 图纸进行哪种编辑（C）

A.线宽

B.线颜色

C.线长度

D.线型